U0142162

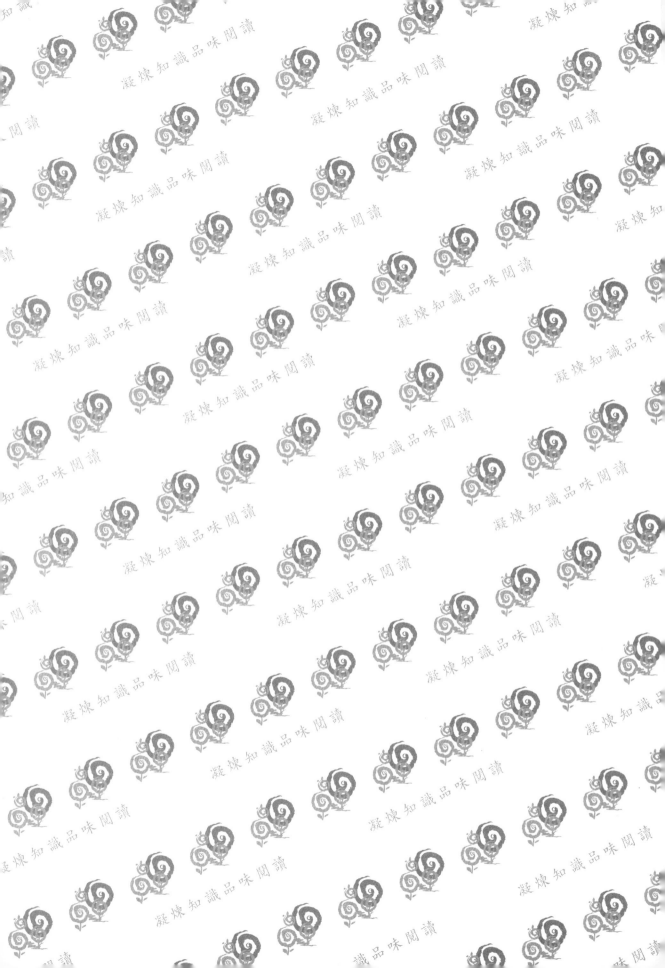

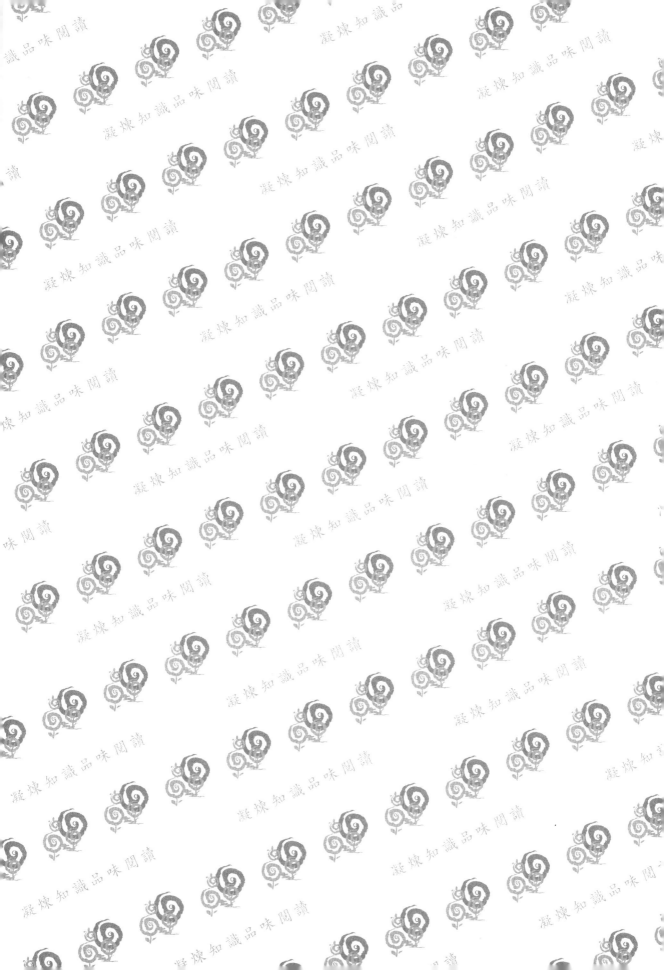

半導體元件物理與製程
理論與實務

Semiconductor Device Physics and Process: Theory & Practice

劉傳璽　陳進來　編著　第四版

五南圖書出版公司 印行

推薦序

　　我從 1960 年開始研究半導體。于 1964 年與張瑞夫博士、郭雙發教授共同成立半導體研究中心，後陸續於 1965 年起在交大電子研究所講授固態物理、量子力學、半導體元件物理、與半導體製程技術，于 1969 年成為正教授，教授不少半導體人才。

　　台灣 30 年來在電子領域的經營，不論學術界或產業界的成就，全世界有目共睹，尤其在半導體的製程技術與電路設計上，可與世界先進技術並駕齊驅，不徨多讓。台灣在半導體製造技術已屬於業界前沿，擁有全世界最密集的半導體製造工廠，且在晶片電路設計上，技術及產值能在激烈的國際競爭下名列前矛。在學術上，有了相關產業的支援，加上學校師生的努力，在重要的論壇或學術會議上（如 IEDM、VLSI、ISSCC、ISCAS 等），無不大放異采，成就令人刮目相看。

　　陳進來博士是我 1997 年至 2001 年的博士班學生，除了在繁忙的半導體廠研發部門工作之外，能完成交大電子所的博士養成教育，實屬難得，且於畢業後，能受邀進入國際電子元件會議（IEDM），審核業界最前沿的學術論文，並於 2003～2004 年擔任亞洲區主席，提攜相當多國內學術界及產業界先進加入此國際學會，對提升台灣電子工業的能見度有相當貢獻，對於完全在國內受教育的本土學生來說，相當難能可貴。

　　劉傳璽博士目前任職於銘傳大學電子系副教授。在進入學術界之前，曾先後任職於聯華電子的元件、製程整合、與技術研發等部門，並於 2000 年派遣至美國 IBM 研發部門參與新製程研發團隊的主要成員之一。由於他在業界服務多年的優異表現，於 2002 年擔任 IEEE-DMR 論文審查委員、2003 年受邀擔任 IRPS 議程主持人、以及 2003～2004 年擔任 IEDM 委員會委員。特別一提，他在目前先進 CMOS 奈米技術很熱門的 NBTI 這個主題上的一系列論文，除了廣受研究者的引用外，其方法亦為 JEDEC & FSA 國際標準所採用。

　　坊間談到半導體元件物理與製程技術的書不勝枚舉，但常偏向於理論的研究或顯得抽象。本書藉由兩位作者在產業界超過十年的實務經驗，不強調理論的推導，而著重於實際的應用，使電子相關從業人員容易接受體會，希望讀者研讀之後能進一步將已知的知識串連，並應用於實際的學習與工作中。

　　本書適合對半導體元件研習中的學生或從事半導體製程與電路設計者。希望對有電子學基礎者或剛入門的人能很快了解電晶體工作原理及想要利用 MOS 電晶體作為電路設計的工程師，能將此書作為電路設計與半導體製程的良好橋樑。

國立交通大學校長　張俊彥

2005 年 12 月 1 日

作者自序

目前積體電路的設計生產模式分為兩種，一為整合元件製造（IDM），將電路設計與晶片製造在同一積體電路公司內完成。另一則為台灣發展出的垂直分工模式，電路設計公司（circuit design house）專門負責設計特定功能的晶片，而晶片的製造則交給專業的晶圓專工廠（foundry）來做。這種生產模式的優點是專業分工，電路設計公司負責設計更多工，更高效率的電路，晶圓專工則專注於半導體製程的整合開發，以提升良率（yield）與產能（throughput）。但此分工模式往往存在一道專業上的隔閡於電路設計者（circuit designer）與製程整合工程師（process integration engineer）之間。

電路設計者與製程整合工程師共同關注的重點為半導體元件的操作與性能，本書以深入淺出的方式，系統性地介紹 CMOS 元件物理與製程整合所必須具備的基礎理論、重要觀念、先進技術以及製程與電路間的相互關係。由於強調觀念與實用並重，因此儘量避免深奧的物理與繁瑣的數學；但對於重要的觀念或關鍵技術均會清楚地交代，並盡可能以直觀的解釋來幫助讀者理解與想像，以期收事半功倍之效。

本書宗旨是提供讀者在積體電路製造工程上的 know-how 與 know-why，希望藉由本書的發行，能夠提供製程整合工程師與電路設計者之間一座最佳的橋樑。因此我們花了接近兩年的時間把在半導體業界多年來的技術研發經驗與實務心得，配合參考相關的技術論文和書籍、以及受邀至學界與業界授課的資料，編寫成冊。為了避免談論到產業的營業機密，引述的內容多來自已公開發表的學術論文。另外在先進製程部分，可能存在著專業看法的差異，歡迎業界先進來函討論，謬誤部分也敬請予以指正，以作為再版時參考，謝謝。

劉傳璽　陳進來　謹識
2022 年元月

目 錄

1 半導體元件物理的基礎

2 P-N 接面 29

3 金氧半場效電晶體（MOSFET）的基礎

4 長通道 MOSFET 元件

5　短通道 MOSFET 元件

6　CMOS 製造技術與製程介紹

7 製程整合

8　先進元件製程

9 邏輯元件

10 邏輯／類比混合訊號

11 記憶體

12 分離元件

13 元件電性量測

14　SOC 與半導體應用

1
半導體元件物理的基礎

◆ 半導體能帶觀念與載子濃度

◆ 載子的傳輸現象

◆ 支配元件運作的基本方程式

本章內容綜述

本章主要是複習半導體元件物理的基本觀念，以期為隨後的章節奠定良好的基礎。我們將先介紹半導體的能帶觀念與熱平衡狀況下的載子濃度觀念，接著再討論半導體元件中載子的傳輸現象與特性，最後將推導支配半導體元件運作的基本方程式。

在此先敬告讀者，由於本書強調觀念與實用並重，因此儘量避免太深奧的物理與繁瑣的數學；反之，對於重要的物理觀念或公式均會清楚地交代，並盡可能地以直觀的物理觀念來幫助理解與想像，使讀者能收事半功倍之效。

1.1　半導體能帶觀念與載子濃度

本節討論的主題包括能帶（energy band）與能隙（energy gap）、費米分布函數（Fermi distribution function）、本質載子濃度（intrinsic carrier concentration）、施體（donors）與受體（acceptors）、以及外質半導體（extrinsic semiconductor）之載子濃度。

1.1.1　能帶（energy band）與能隙（energy gap 或 bandgap）

能帶理論為量子物理最重要的結果之一，其說明了離散能階的分裂、允許能帶與禁止能帶的形成。電子在固體（solid）中可佔據的稱為允許能帶（allowed energy band），而允許能帶間則是禁止能帶（forbidden energy band）加以分隔。以圖 1-1 所示半導體的能帶圖（energy-band diagram）為例，在絕對零度時，電子佔據最低能量態位，因此所有態位均被電子填滿的稱為價電帶（valence band 或 valance band），而在較高能帶的所有態位都是空的稱為導電帶（conduction band）。導電帶的最底部以 E_c 表示，而價電帶的最頂部以 E_v 表示。導電帶底部與價電帶頂部間的禁止能帶寬度稱為禁止能隙（forbidden energy gap）或簡稱為能隙（energy gap 或 bandgap）E_g：

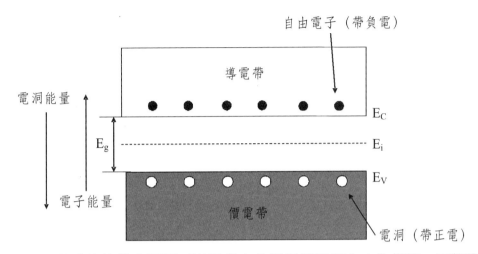

圖 1-1   半導體的能帶表示圖（導電帶中的電子能量朝上方為增加，而價電帶中的電洞能量為朝下方增加）。

$$E_g = E_C - E_V \qquad (1.1)$$

上式的物理意義：E_g 代表將半導體的一個鏈結打斷，因而釋放一個電子到導電帶，並在價電帶留下一個空隙稱為「電洞（hole）」所需的能量。在室溫下，矽的 $E_g = 1.12eV$ 應是（或將是）耳熟能詳的。

一個固體的能帶與能隙常被用來定性地解釋絕緣體（insulator）、半導體、與金屬（即導體）的差別。絕緣體的能隙很大（如 SiO_2 的能隙約等於 9eV），因此在室溫下基本上電子完全佔滿整個價電帶（意即沒有電洞），而導電帶中並沒有自由電子。熱能或一般外加電場能量並無法使價電帶最頂端的電子激發到導電帶，因此雖然絕緣體的導電帶有很多空缺可接受電子，但沒有電子有足夠的能量（至少 E_g）可以佔據導電帶上的態位，所以絕緣體沒有可以參與導電的自由電子與電洞。（注意：僅導電帶中的電子與價電帶中的電洞會參與導電；價電帶中的電子不會參與導電。）半導體材料的能隙約在 1eV 附近（如矽在室溫下的 E_g 為 1.12eV，而砷化鎵的 E_g 為 1.42eV）。因此即使在室溫下，熱能仍可激發一部分價電帶中的電子到導電帶成為自由電子，並同時在價電帶中留下等數量的電洞。只要有外加電位，就可移動自由電子與電洞來傳導電流（注意，雖然傳導係數不大，但我們將於 §1.1.5 節中介紹，半導

體的傳導係數可經由摻雜雜質來加以控制，並改變許多個數量級）。至於金屬，由於其導電帶與價電帶部分重疊，所以根本沒有能隙。因此，只要存在一個微小的外加電位，電子就可自由移動，所以金屬可以輕易地傳導電流。

1.1.2　費米分布函數（Fermi distribution function）

我們知道電流是電荷流動的速率，而且在半導體中，導電帶中的自由電子（一旦熟悉後，我們就可以省略「自由」二字，僅稱其為電子；但讀者須了解其與價電帶中的電子之區別）與價電帶中的電洞這二種型式的電荷載子均可對電流產生貢獻，因此我們需要知道半導體中這二種電荷載子的濃度。然而，半導體中這二種電荷載子的數目非常多，我們不可能（也沒有興趣）去追蹤個別粒子的運動。相反地，我們將使用統計力學中的能量狀態分配機率函數來決定粒子在所有能量狀態中的分布情形。

晶體中電子的能量狀態分布遵守所謂的 Fermi-Dirac 分布函數或稱為 Fermi 分布函數：

$$f_F(E) = \frac{1}{1 + e^{(E - E_F)/kT}} \qquad (1.2)$$

其中 k 是波茲曼函數（Boltzmann constant），T 是絕對溫度，而 E_F 是費米能階（Fermi level）的能量。式子（1.2）表示一個電子佔據某個能量為 E 的態位之機率；另一種解釋是 $f_F(E)$ 為能量 E 的所有態位中被電子所填滿的比例。為了幫助瞭解 $f_F(E)$ 與 E_F 的意義，先考慮於絕對零度 T = 0K，當 E < E_F 時 $f_F(E) = 1$，且當 E > E_F 時 $f_F(E) = 0$。這個結果表示在絕對零度時，電子都是位於它們的最低可能能量態位，所有低於 E_F 的能量態位都被電子填滿（即為價電帶）而所有高於 E_F 的態位被佔據的機率為零（即為導電帶），因此在絕對零度時所有的電子能量都是低於 E_F。另外，當 T > 0K 時，將 E = E_F 代入（1.2）式得到 $f_F(E = E_F) = 1/2$，表示能量為 E_F 的態位被電子佔據的機率剛好為 1/2。而且由式（1.2），我們可觀察到當溫度高於絕對零度時，高於 E_F 的態位被電子佔據的機率將不再等於零，而低於 E_F 的態位中有一些是空的（因為 $f_F < 1$）。這個意謂隨著熱能的升高，使得某些電子由較低能階（即價電帶）「跳躍」至

較高的能階上（即導電帶）。最後，我們再留意當能量 E 高於或低於費米能階 3kT 時，式（1.2）的指數部分會分別大於 20 或小於 1/20，且實際上大部分的情形都是 E 會高於或低於 E_F 至少 3kT，因此式（1.2）可以近似成：

$$f_F(E) \cong e^{-(E-E_F)/kT} \qquad 當 E > E_F 時 \qquad (1.3)$$

以及

$$f_F(E) \cong 1 - e^{-(E_F-E)/kT} \qquad 當 E < E_F 時 \qquad (1.4)$$

我們可改寫式（1.4）為：

$$1 - f_F(E) \cong e^{-(E_F-E)/kT} \qquad 當 E < E_F 時 \qquad (1.5)$$

式子（1.5）可詮釋為：在低於 E_F 的某個能量態位 E，存在電洞（即不為電子佔據）的機率是 $e^{-(E_F-E)/KT}$。而且式（1.3）表示在高於 E_F 的某個態位 E，存在電子的機率是 $e^{-(E-E_F)/kT}$。注意，式（1.3）中的 $e^{-(E-E_F)/kT}$ 與式（1.5）中的 $e^{-(E_F-E)/kT}$ 值介於 0 與 1 之間，符合「機率」之本質，因此我們不會將兩式中的 E 與 E_F 的位置混淆。

1.1.3 本質載子濃度（intrinsic carrier concentration）

利用（1.3）式，我們可得到導電帶的電子濃度（或電子密度）為：

$$n = N_C e^{-(E_C-E_F)/kT} \qquad (1.6)$$

其中 E_C 是導電帶的最底部，以及 N_C 是導電帶中的有效態位密度（effective density of states）。在室溫下，矽的 N_C 等於 $2.86 \times 10^{19} cm^{-3}$。雖然我們沒有推導（1.6）式，但直觀的想法為：「導電帶中所有有可能的有效態位密度 N_C」乘以「存在電子的機率 $e^{-(E_C-E_F)/kT}$」就等於「導電帶中的電子濃度 n」。

同樣地由（1.5）式，可得到價電帶中的電洞濃度（或電洞密度）爲：

$$p = N_V e^{-(E_F - E_V)/kT} \tag{1.7}$$

其中 E_V 是價電帶的最頂部，以及 N_V 是價電帶中的有效態位密度。在室溫下，矽的 N_V 等於 $2.66 \times 10^{19} cm^{-3}$，其值與 N_C 算是相當接近。

所謂本質半導體（intrinsic semiconductor），是指沒有添加任何雜質於半導體材料中，因此在溫度高於絕對零度時，由於電子激發到導電帶上的同時會在價電帶上產生等量的電洞如圖 1-1 所示，故導電帶中的電子濃度 n 等於價電帶中的電洞濃度 p（註：本質半導體較廣義的定義爲半導體中的雜質濃度遠小於熱能產生的電子電洞濃度，因爲此時的自由電子濃度仍幾乎等於電洞濃度）。我們可使用 n_i 與 p_i 來分別表示本質半導體中的電子與電洞濃度，但這兩個參數相等，所以可僅使用參數 n_i 來表示本質半導體中的電子或電洞濃度。換言之，對本質半導體而言：

$$n = p = n_i \tag{1.8}$$

其中 n_i 稱爲本質載子濃度（intrinsic carrier concentration）或本質載子密度（intrinsic carrier density）。

另外，本質半導體的費米能階 E_F 特別被稱爲本質費米能階（intrinsic Fermi level）並常用符號 E_i 表示。藉由式（1.6）與（1.7）的相等，可得到本質費米能階：

$$E_i = E_F = \frac{E_c + E_v}{2} - \frac{kT}{2} \ln\left(\frac{N_c}{N_v}\right) \tag{1.9}$$

且經由（1.6）、（1.7）、（1.8）、與（1.9）式，我們可得到以下關於本質載子濃度 n_i 的關係式：

$$np = n_i^2 \tag{1.10}$$

$$n_i^2 = N_c N_v e^{-(E_c - E_v)/kT} = N_c N_v\, e^{-Eg/kT} \tag{1.11a}$$

$$n_i = \sqrt{N_c N_v}\, e^{-(E_c - E_v)/2kT} = \sqrt{N_c N_v}\, e^{-E_g/2kT} \qquad (1.11b)$$

其中 E_g 爲式（1.1）所定義的能隙。接下來，我們將針對以上所推導的式子，作進一步的重要說明：

(1) 由於 N_c 與 N_v 的值相當接近（尤其是矽），所以（1.9）式的本質費米能階 E_i 相當接近能隙的中央（即 E_c 與 E_v 的中間位置）如圖 1-1 中所顯示。因此，在實際的應用上 E_i 常被稱爲能隙中心（midgap），即：

$$E_i \cong \frac{E_c + E_v}{2} \qquad (1.12)$$

(2) 公式（1.6）與（1.7）乃分別利用（1.3）與（1.5）得到的，因此不論對本質半導體或對有摻雜雜質的半導體（稱爲外質半導體，將於§1.1.5 節中作深入介紹）來說都適用。只不過，對本質半導體而言，E_F 可視爲與 E_i 重疊，因此（1.6）與（1.7）式亦可分別寫成：

$$n_i = N_c e^{-(E_c - E_i)/kT} \qquad (1.13)$$
$$n_i = N_v e^{-(E_i - E_v)/kT} \qquad (1.14)$$

以上兩式亦用到了本質半導體的基本定義（1.8）式。

(3) 注意式（1.6）與（1.7）中 n 和 p 的乘積等於式（1.13）與（1.14）的乘積 n_i^2，此結果亦可由本質半導體的（1.8）式得到。因此，只要在熱平衡狀態下，公式（1.10）對於本質半導體或是外質半導體都適用。此式說明對一給定的半導體，在固定溫度下，半導體導電帶中的電子濃度 n 與價電帶中的電洞濃度 p 的乘積永遠是一個固定常數。雖然這個方程式看起來很簡單，但卻是半導體在熱平衡狀況的基礎原理，稱爲質量作用定律（mass-action law）。此公式須牢記在心！

(4) 由式（1.11）可知，對一已知半導體材料在固定溫度下，n_i 值爲固定常數。表 1.1 列出在室溫（300K）時矽（Si）砷化鎵（GaAs）與鍺（Ge）一般接受的 n_i 值。

表 1.1   在室溫時一般接受 n_i 的值

	E_g	n_i
矽	1.12eV	$1.5 \times 10^{10} cm^{-3}$
砷化鎵	1.42eV	$2 \times 10^{10} cm^{-3}$
鍺	0.66eV	$2.5 \times 10^{10} cm^{-3}$

　　另外，圖 1-2 為矽、砷化鎵、以及鍺的本質載子濃度 n_i 對溫度的關係圖形。正如預期的，能隙 E_g 越大的半導體材料有越小的 n_i 值，因為價電帶的電子需要較大的能量（即 E_g 值）才可跳躍到導電帶中。而且，對一給定的半導體而言，n_i 會隨溫度 T 的增加而變大，因為較多的熱能可激發較多的電子到導電帶。

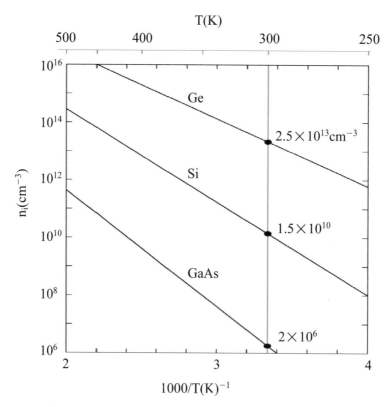

圖 1-2   Si、GaAs 與 Ge 的本質載子濃度 n_i 對溫度的關係圖形（取自 Streetman and Banerjee[14]）。

1.1.4 施體（donors）與受體（acceptors）

　　由前面的討論可知本質半導體是個很有趣的材料，但是半導體真正吸引人與威力之所在卻是經由添加某些特定雜質後才具體地呈現出來。有摻雜雜質的半導體稱為外質半導體（extrinsic semiconductor），半導體的特性經由摻雜（doping）可大幅地改變並呈現出我們想要的電特性，因此也是我們得以製作後續章節將介紹的各種半導體元件的主要原因。

　　圖 1-3 顯示半導體材料矽晶體的共價鍵示意圖，其中每個 Si 原子被四個最鄰近原子所包圍。此乃因 Si 是週期表中的第四族（IV 族）元素故每個原子在最外圍軌道有四個電子，因此與四個最鄰近 Si 原子共用這四個價電子以形成外圍八個電子的穩定狀態。這種共用電子的結構稱為共價鍵結（covalent bonding），而共用的電子對組成一個所謂的共價鍵（covalent bond）。

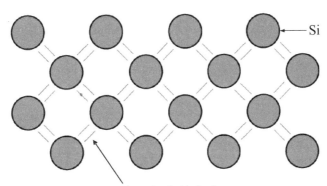

每個共價鍵有二個共用電子

圖 1-3　矽晶體的共價鍵結二維空間示意圖。

　　當摻雜雜質（impurity）進入半導體就成為外質半導體，而且會引入額外的雜質能階於原來的半導體能帶結構中。舉例來說，若在半導體矽中添加第 V 族元素（如磷、砷或銻）則會在接近 Si 的導電帶附近引入一個雜質能階 E_D。雖然此能階在絕對零度時是填滿電子的如圖 1-4(a) 所示，但僅需要少量的熱能就可將能階上的電子激發到導電帶上（因為 E_D 很靠近導電帶）；因此當溫度高於約 50K 時，雜質能階 E_D 就「施捨」所有的電子至導電帶。是故，此類的雜質能階稱為施體能階（donor level），且這些第 V 族元素的摻雜（dopant）

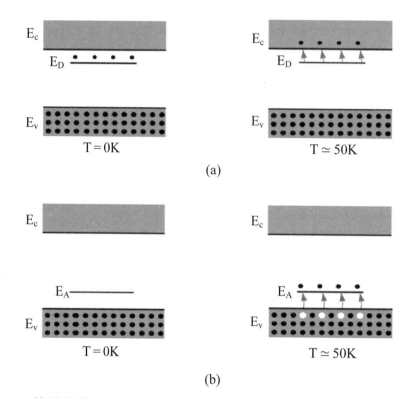

圖 1-4　(a) 摻雜施體（donor）與 (b) 摻雜受體（acceptor）之半導體能階示意
圖（取自 Streetman and Banerjee[14]）。

稱爲施體雜質（donor impurity）或施體（donor）。磷（P）、砷（As）與銻
（Sb）等施體原子被摻雜到半導體矽中，只會增加導電帶的電子，而不會在
價電帶中產生電洞。且由於負電載子的增加，所得到的材料稱爲 n 型半導體
（n 代表負電荷的電子）。

　　同樣地，若在半導體 Si 中第 III 族元素如硼（B）則會在靠近價電帶之處
有雜質能階 E_A 如圖 1-4(b) 中顯示。此能階在絕對零度時是空的（即沒有電子
的）；但當溫度高於約 50K 時，熱能就足以將價電帶中的電子激發到雜質能
階 E_A 上（因爲 E_A 很靠近價電帶）並同時在價電帶生成等量的電洞。因爲這類
的雜質能階「接受」價電帶來的電子故被稱爲受體能階（acceptor level），此
類第 III 族元素的雜質稱爲受體雜質（acceptor impurity）或受體（acceptor）。
硼（B）這類的受體原子摻雜到 Si 中，只會增加價電帶的電洞，而不會增加導

電帶的電子。（註：雖然受體能階 E_A 上有價電帶來的電子，但這些電子不會參與導電；會參與導電的只有導電帶中的電子與價電帶中的電洞。）這種形式的半導體材料稱為 p 型半導體（p 代表帶正電的電洞）。

上述施體與受體的觀念亦可使用如圖 1-5 的共價鍵結模型（covalent bonding model）來解釋。圖 1-5(a) 顯示一個帶有五個價電子的 As 原子（第 V 族元素）摻雜於矽晶矽中並取代其中一個矽原子。此砷原子的其中四個價電子會與四個鄰近矽原子形成共價鍵，剩下的第五個電子則是被砷原子鬆散地束縛住，因此僅需要少量的熱能就可將此電子「游離（ionize）」成為自由電子參與電流的傳導。因此類似圖 1-4(a) 的邏輯，砷原子被稱為施體。類似地，圖 1-5(b) 顯示當一個帶有三個價電子的 B 原子（第 III 族元素）若要取代一個矽原子，必須從鄰近共價鍵結接受一個額外的電子，才可在硼的四周形成四個共價鍵。而鄰近的共價鍵少了一個電子就相當於形成一個帶正電的電洞。因此硼原子被稱為受體。

1.1.5　外質半導體之載子濃度

我們已定義了本質半導體為晶體中沒有摻雜雜質的半導體，其電子濃度與電洞濃度均等於本質載子濃度 n_i，而且其費米能階 E_F 與本質費米能階 E_i 重

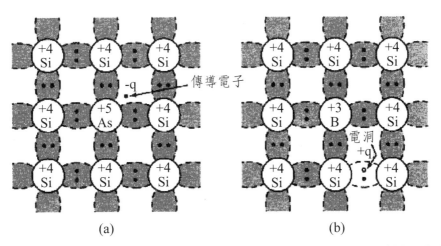

(a)　　　　　　　　　　　(b)

圖 1-5　(a) 摻雜 As（為施體）與 (b) 摻雜 B（為受體）之化學鍵結模型（取自 Sze[5]）。

疊。而外質半導體則是加入特定數量的雜質原子，會使得熱平衡時電子與電洞濃度不同於本質半導體之載子濃度。雜質原子可分為施體與受體兩類。當施體加入半導體中，半導體為 n 型，其電子濃度大於電洞濃度；反之，當受體加入時，半導體為 p 型，其電洞濃度大於電子濃度。

　　一般來說，在室溫下即有足夠的熱能，供給游離所有施體或受體雜質所需的能量，因此可提供等量的電子數或電洞數，此稱為「完全游離」。讓我們考慮一個 n 型半導體，其摻雜施體濃度 $N_D \gg n_i$，因此在完全游離的情形下，自由電子濃度等於 $n = N_D + n_i \cong N_D$，將此代入式（1.6）可得到：

$$E_C - E_F = kT\ln\left(\frac{N_C}{N_D}\right) \qquad (1.15)$$

　　相同地，若 p 型半導體中受體濃度 $N_A \gg n_i$，在完全游離下之電洞濃度 $p = N_A + n_i \cong N_A$，代入式（1.7）可得到：

$$E_F - E_V = kT\ln\left(\frac{N_V}{N_A}\right) \qquad (1.16)$$

　　由式（1.15）可知，當施體濃度 N_D 愈大，則能量差（$E_C - E_F$）愈小，表示費米能階 E_F 愈往導電帶底部 E_C 接近，如圖 1-6(a) 所顯示。同樣地，若 p 型半導體中的受體濃度 N_A 愈大，則式（1.16）中的（$E_F - E_V$）愈小，表示費米

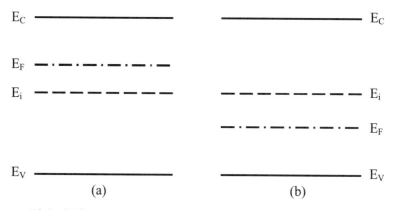

圖 1-6　(a)n 型半導體　(b)p 型半導體之費米能階 E_F 在能帶圖中的位置（但本質費米能階仍位於能隙中央）。

能階 E_F 愈遠離本質費米能階 E_i，且愈往價電帶頂部 E_V 靠近，如圖 1-6(b) 所顯示。

外質半導體的載子濃度常以本質載子濃度 n_i 和本質費米能階 E_i 來表示。由式（1.6）與式（1.13）可得到外質半導體於熱平衡時電子濃度的表示式：

$$n = n_i e^{(E_F - E_i)/kT} \qquad （1.17）$$

同樣地，由式（1.7）與式（1.14）可得到電洞濃度的表示式：

$$p = n_i e^{(E_i - E_F)/kT} \qquad （1.18）$$

而且式（1.17）的 n 與式（1.18）的 p 之乘積爲：

$$np = n_i^2 \qquad （1.19）$$

上式即爲式（1.10）稱爲質量作用定律（mass-action law），適用於本質半導體與外質半導體。由式（1.17）、（1.18）、與（1.19）顯示當 E_F 偏離 E_i 時，n 與 p 亦會偏離 n_i 值。n 型半導體的 E_F 往導電帶靠近使得 $n > n_i$ 且 $p < n_i$（因此 $n > p$）；p 型半導體的 E_F 往價電帶靠近使得 $p > n_i$ 且 $n < n_i$（因此 $p > n$）。故在 n 型半導體中，電子稱爲多數載子（majority carrier）而電洞稱爲少數載子（minority carrier）；反之，在 p 型半導體中，電洞稱爲多數載子而電子稱爲少數載子。

1.2 載子的傳輸現象

在上一節，我們介紹了半導體在熱平衡時導電帶與價電帶中的電子與電洞密度。這些帶電載子的濃度對於半導體元件的電性是很重要的，因爲它們的流動會產生電流。這些載子移動的過程稱爲傳輸。在此節，我們將介紹半導體中載子的二種基本傳輸現象：漂移（drift）與擴散（diffusion）。簡單地說，漂

移是受到外加電場的影響而移動的現象，而擴散是由於濃度梯度的不同而造成的電荷流動。載子傳輸現象是決定半導體元件電流－電壓關係的基礎。

1.2.1　載子漂移（carrier drift）與漂移電流（drift current）

　　當一個電場施加在含有自由載子的半導體材料上時，其中的載子（電子或電洞）受到電場的作用力而被加速，因此一個額外的速度成份稱爲漂移速度（drift velocity）加到它們的隨機熱運動（random thermal motion）上。電洞的漂移速度與施加電場的方向相同；但電子由於帶負電的緣故，它的漂移速度與電場方向相反。圖 1-7(a) 爲半導體在沒有電場時，電子隨機熱運動的示意圖；而圖 1-7(b) 爲加上一個小電場 E 後，電子在電場相反方向有一漂移速度 v_n：

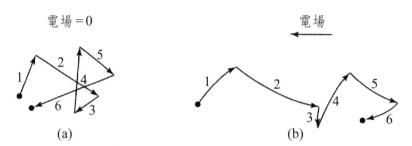

圖 1-7　半導體中的電子在 (a) 沒有電場　(b) 有電場狀況下的運動示意圖。

$$v_n = -\mu_n E \qquad （1.20）$$

　　上式中的比例常數 μ_n 定義爲電子移動率（electron mobility，或譯爲電子遷移率），其單位通常爲 $cm^2/V-sec$。同樣地，在低電場 E 下，電洞的漂移速度 v_p 可表示爲：

$$v_p = \mu_p E \qquad （1.21）$$

　　上式中 μ_p 爲電洞移動率，而且由於電洞的漂移方向與電場方向相同，因此式中不用加負號。載子移動率是一個重要的參數，由公式（1.20）與（1.21）

可將移動率視為單位電場下的載子速度。

　　表 1.2 列出在室溫（300K）時，對低摻雜濃度的一些典型移動率數值。需注意的是，電子的遷移率大於電洞的遷移率（如 Si 中的 μ_n 約為 μ_p 的三倍），這主要是因為電子有較小的有效質量（effective mass）。

表 1.2　在室溫與低摻雜濃度時的遷移率值

	μ_n (cm^2 / V−sec)	μ_p (cm^2 / V−sec)
矽	1430	470
砷化鎵	9200	320
鍺	3900	1800

　　半導體中的電子與電洞受到電場的作用發生漂移，而產生的電流稱為漂移電流（drift current）。若先考慮體積電荷密度為 ρ 的電子以平均漂移速度 v_n 移動，則電子的漂移電流密度為：

$$J_{n,\,drift} = -\rho v_n = -qn v_n \qquad (1.22)$$

　　其中漂移電流密度的單位 coul/cm^2–sec 為或 amp/cm^2。式（1.22）中由於電子漂移所造成的電流方向與漂移速度方向相反，因此有一負號；體積電荷密度是電子所構成的，故 $\rho = qn$ 其中 n 為電子濃度。將（1.20）式代入（1.22）式，可得：

$$J_{n,\,drift} = qn\mu_n E \qquad (1.23)$$

　　上式說明即使電子漂移方向與電場方向相反，但漂移電流與外加電場具有相同方向。

　　同樣地，如果體積電荷密度 ρ 是由於帶正電的電洞所造成的，則電洞的漂移電流密度為：

$$J_{p,\,drift} = \rho v_p = q p v_p \qquad (1.24)$$

其中 p 為電洞濃度。若將（1.21）式之電洞漂移速度表示式代入上式，可得：

$$J_{p,\,drift} = q p \mu_p E \qquad (1.25)$$

由上式，電洞漂移電流與外加電場的方向相同。

因為半導體中電子與電洞的漂移都會對漂移電流有所貢獻，因此總漂移電流密度 J_{drift} 為（1.23）與（1.25）二式之和：

$$J_{drift} = (q n \mu_n + q p \mu_p) E \qquad (1.26)$$

在上式括號中的量定義為半導體材料的電導率（conductivity，或譯作傳導係數）以符號 σ 表示，且單位為 $(\Omega{-}cm)^{-1}$。

$$\sigma = q n \mu_n + q p \mu_p \qquad (1.27)$$

電阻率（resistivity，或譯作電阻係數）為電導率的倒數，以符號 ρ 表示，且單位為（Ω−cm）。因此半導體的電阻率公式為：

$$\rho = \frac{1}{\sigma} = \frac{1}{q n \mu_n + q p \mu_p} \qquad (1.28)$$

一般來說，外質半導體之電子與電洞濃度中只有一個是顯著的。對 n 型半導體而言，因為 $n \gg p$，（1.28）式可簡化為：

$$\rho \cong \frac{1}{q n \mu_n} \qquad (1.29)$$

同理，對 p 型半導體而言，因為 $p \gg n$，（1.28）式可簡化為：

$$\rho \cong \frac{1}{qp\mu_p}$$　　　　　　（1.30）

　　因此外質半導體的電導率與電阻率主要是多數載子參數的函數。圖 1-8 為矽在 300K 時，其電阻率與雜質濃度的關係圖形。在此溫度下，施體或受體雜質可視為完全游離，因此多數載子濃度等於雜質濃度。假設我們知道將摻雜在半導體的雜質濃度（N_A 或 N_D），就可由圖 1-8 的曲線得到半導體摻雜後的電阻率，反之亦然。圖 1-8 顯示摻雜濃度愈濃則電阻率愈小，代表半導體的導電能力愈強（即電導率愈大）。

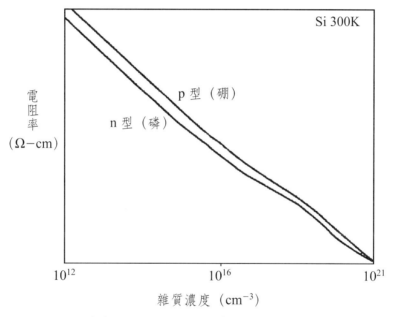

圖 1-8　矽在 300K 時，電阻率對雜質濃度關係圖。

1.2.2 載子擴散（carrier diffusion）與擴散電流（diffusion current）

　　在半導體材料中，除了漂移外，還有另一種可在半導體中產生電流的機制—擴散（diffusion）。擴散是載子由高濃度區域往低濃度區域流動的過

程。由於半導體中載子（電子或電洞）是帶電的，因此載子的擴散會產生另一個電流成份稱爲擴散電流（diffusion current），且擴散電流是與濃度梯度（concentration gradient）成正比。對電子而言，電子擴散電流密度爲：

$$J_{n,diff} = qD_n \frac{dn}{dx} \qquad (1.31)$$

其中 dn/dx 爲電子濃度對空間的微分或濃度梯度，而比例常數稱爲電子擴散係數（diffusion coefficient 或 diffusivity）單位爲 cm^2/sec。考慮圖 1-9 之電子濃度 n 對距離 x 的變化情形，電子濃度隨 x 增加，梯度爲正，電子將往負 x 方向擴散。由於電子具有負電荷，因此電流方向是往 x 方向。反之，如果電子濃度梯度 dn/dx 爲一負值（即電子濃度隨 x 減少），則電子擴散電流密度的方向將會是負 x 方向。

類似地，電洞擴散電流密度爲：

$$J_{p,diff} = -qD_p \frac{dp}{dx} \qquad (1.32)$$

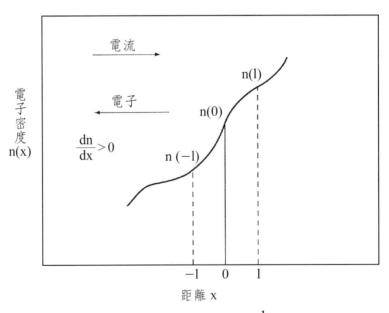

圖 1-9　電子濃度對距離的變化情形，在此例中 $\frac{dn}{dx} > 0$ 且電子流與電流方向如圖中箭頭所示。

其中 dp/dx 爲電洞濃度梯度，而 D_p 爲電洞擴散係數。注意，（1.32）式中有一個負號，因爲此擴散電流是流向低的電洞濃度方向。舉例，若電洞濃度隨 x 增加（即梯度 dp/dx > 0），電洞將朝負 x 方向擴散（因爲負 x 方向的電洞濃度較低），又電洞爲正電荷，因此電流方向是負 x 方向，故電洞擴散電流方向與濃度梯度相差一個負號。

若半導體材料中電子與電洞的濃度梯度均存在，則總擴散電流密度 J_{diff} 爲：

$$J_{diff} = qD_n \frac{dn}{dx} - qD_p \frac{dp}{dx} \tag{1.33}$$

1.3 支配元件運作的基本方程式

本節將討論支配半導體元件運作的兩個基本方程式：電流密度方程式與連續方程式。

1.3.1 電流密度方程式（current-density equations）

在 1.2 節裏，我們介紹了半導體中四種可能的電流機制：公式（1.23）所表示的電子漂移電流、（1.31）式的電子擴散電流、（1.25）式的電洞漂移電流、與（1.32）式的電洞擴散電流。當電場與濃度梯度同時存在時，漂移電流與擴散電流都會產生，因此電流密度爲二電流分量的和。對電子而言：

$$J_n = qn\mu_n E + qD_n \frac{dn}{dx} \tag{1.34}$$

同樣地，對電洞來說：

$$J_p = qp\mu_p E - qD_p \frac{dp}{dx} \tag{1.35}$$

當電子與電洞同時存時，總電流密度即爲上二式之和：

$$J = J_n + J_p \qquad\qquad （1.36）$$

由（1.34）、（1.35）、與（1.36）式組成的電流密度方程式（current-density equations）在分析元件操作非常重要。雖然總電流密度表示式包含四個電流分量，但很幸運地在大部分情形下，通常只需考慮其中的一項或二項。

1.3.2　連續方程式（continuity equations）

截至目前為止，我們尚未考慮半導體中載子的復合（recombination）與產生（generation）效應。在熱平衡下，載子的產生速率等於復合速率，因此載子濃度維持不變且關係式 $np = n_i^2$ 是成立的。但假如超量載子導入半導體中（例如藉由照光的方式）使得 $np > n_i^2$，處於非平衡狀態。此時復合速率會大於產生速率，因為藉此系統回復平衡狀態（即 $np = n_i^2$）。因此我們需要考慮半導體中當漂移、擴散、復合、與產生同時發生時的總效應，且得到的方程式稱為連續方程式（continuity equations）。連續方程式可針對多數載子或少數載子來表示，但少數載子的連續方程式相對重要許多，因為許多元件的應用上須對其求解。

為了推導電子的一維連續方程式，我們考慮如圖 1-10 所示位在 x 且厚度為 dx 的極小薄片。在薄片內的電子數會因淨電子流量流入薄片與薄片內的淨載子產生而增加。因此，整個電子增加的速率等於：

(1) 在 x 處流入的電子數目，減掉
(2) 在（x + dx）處流出薄片的電子數目，加上
(3) 在薄片中電子產生的速率，再減掉
(4) 在薄片中電子與電洞的復合速率。

前兩個成分可將薄片每一端的電流除以電子的帶電量（–q）得到，而電子的單位體積產生速率與復合速率分別以 G_n 與 R_n 來表示。因此，薄片內電子數目的變化率為：

$$\frac{\partial n}{\partial t} A dx = \left[\frac{J_n(x)A}{-q} - \frac{J_n(x+dx)A}{-q} \right] + (G_n - R_n)A dx \qquad （1.37）$$

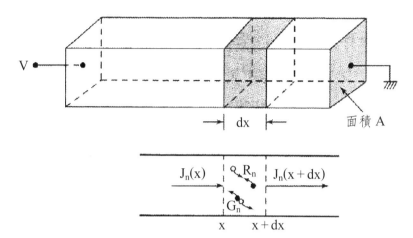

圖 1-10　用來推導電子的一維連續方程式之極小薄片中的電流流量及產生與
　　　　復合過程（取自 Sze[5]）。

　　其中 A 為薄片的截面積。將上式等號右邊的第二項 $J_n(x+dx)$ 以泰勒級數
展開，可得：

$$J_n(x+dx)=J_n(x)+\frac{\partial J_n}{\partial x}dx+\cdots\cdots \tag{1.38}$$

上式取前二項近似，並代入（1.37）式可化簡得到電子的基本連續方程式：

$$\frac{\partial n}{\partial t}=\frac{1}{q}\frac{\partial J_n}{\partial x}+G_n-R_n \tag{1.39}$$

　　同樣地，對電洞亦可推導出類似的基本連續方程式，只不過（1.39）式等
號右邊的第一項符號須改變（因為電洞的電荷為正）：

$$\frac{\partial p}{\partial t}=-\frac{1}{q}\frac{\partial J_p}{\partial x}+G_p-R_p \tag{1.40}$$

　　上式中，G_p 與 R_p 分別為單位體積的電洞產生與復合速率。

　　若我們將（1.34）式與（1.35）式分別代入（1.39）式與（1.40）式，則
可分別得到電子與電洞的連續方程式為：

$$\frac{\partial n}{\partial t} = n\mu_n \frac{\partial E}{\partial x} + \mu_n E \frac{\partial n}{\partial x} + D_n \frac{\partial^2 n}{\partial x^2} + G_n - R_n \qquad (1.41)$$

$$\frac{\partial p}{\partial t} = -p\mu_p \frac{\partial E}{\partial x} - \mu_p E \frac{\partial p}{\partial x} + D_p \frac{\partial^2 p}{\partial x^2} + G_p - R_p \qquad (1.42)$$

上面兩公式雖然看起來很複雜，但在很多實際狀況下都可作進一步的簡化。以下為常見的幾個情況：

(1) 若外加電場等於零或幾乎等於零時，則兩個公式之等號右邊前二項可略去不看。

(2) 即使電場不為零，但為一常數時，等號右邊的第一項仍可省略掉。

(3) 當達到穩態時（steady state），$\frac{\partial n}{\partial t} = \frac{\partial p}{\partial t} = 0$，連續方程式由偏微分方程式簡化為常微分方程式。

最後，我們討論低階注入（low-level injection）情況下，少數載子（即 p 型半導體中的電子濃度以 n_p 表示，與 n 型半導體中的電洞濃度以 p_n 表示）的連續方程式，因為曾在前面提到過它的重要性遠大於多數載子的連續方程式。載子的低階注入意指注入的少數載子濃度遠小於多數載子濃度，此時少數載子的復合速率正比於超量少數載子濃度，且反比於少數載子生命期（minority-carrier lifetime）。因此若少數載子為電子時，其復合速率可表示為：

$$R_n = \frac{n_p - n_{p0}}{\tau_n} \qquad (1.43)$$

其中 n_{p0} 為熱平衡時 p 型半導體中的電子濃度，因此（$n_p - n_{p0}$）為超量少數載子（即電子）濃度；而 τ_n 為生命期。類似地，若少數載子為電洞時，其復合速率的關係式為：

$$R_p = \frac{p_n - p_{n0}}{\tau_p} \qquad (1.44)$$

其中 p_{n0} 為熱平衡時 n 型半導體中的電洞濃度，而 τ_p 為少數載子（電洞）的生命期。

將（1.43）式與（1.44）式分別代入（1.41）式與（1.42）式，則可分別得到低階注入情況下之少數載子的連續方程式：

$$\frac{\partial n_p}{\partial t} = n_p \mu_n \frac{\partial E}{\partial x} + \mu_n E \frac{\partial n_p}{\partial x} + D_n \frac{\partial^2 n_p}{\partial x^2} + G_n - \frac{n_p - n_{p0}}{\tau_n} \tag{1.45}$$

$$\frac{\partial p_n}{\partial t} = -p_n \mu_p \frac{\partial E}{\partial x} - \mu_p E \frac{\partial p_n}{\partial x} + D_p \frac{\partial^2 p_n}{\partial x^2} + G_p - \frac{p_n - p_{n0}}{\tau_p} \tag{1.46}$$

公式（1.45）適用於 p 型半導體中的少數載子電子；而公式（1.46）適用於 n 型半導體中的電洞。

1.4　本章習題

1. 請分別使用化學鍵結模型（chemical bond model）與能帶模型（energy band model）來解釋施體（donor）與受體（acceptor），並各舉一例。

2. 試區別本質半導體（intrinsic semiconductor）與外質半導體（extrinsic semiconductor）；以及分辨本質費米能階（intrinsic Fermi level）E_i 與費米能階（Fermi level）E_F。

3. 何謂質量作用定律（mass-action law）？它適用在本質半導體還是外質半導體，還是都適用？

4. 何謂 n 型半導體與 p 型半導體。並請使用 E_c，E_v，E_i，與 E_F 來分別畫出其典型之能帶圖（energy band diagram）。

5. 在溫度為 0K 時，於 Si 中摻雜磷（P）原子 10^{16}cm^{-3}，求電子與電洞的濃度？並請畫出能帶圖（圖中標示須包括 E_D 或 E_A）？

6. 在溫度為 300K 時，於 Si 中摻雜硼（B）原子 10^{16}cm^{-3}，求電子與電洞的濃度？並請畫出能帶圖（圖中標示須包括 E_D 或 E_A）？

7. 在室溫完全游離的情況下，於半導體 Si 中摻雜濃度為 N_A 的 boron（注意，N_A 並不一定遠大於 n_i），則請以 N_A 和 n_i 來表示此半導體中電洞的濃度。

8. 上題中，若摻雜 boron 的量 N_A 遠大於 n_i，則請以 N_A 和 n_i 來表示此半導體中自由電子的濃度。

9. 在 300K 下，若於 Si 中摻雜濃度為 N_D 的磷會使得 Fermi level 位於 Ec 下方 Eg/4 之處。今若改使用摻雜硼，且使得 Fermi level 位於 Ec 下方 7Eg/8 之處，則欲摻雜硼離子的濃度須等於多少？（請用 N_D 表示，並假設 E_i 恰位於 Ec 與 Ev 之中央）

10. 考慮在溫度為 300K 時的一個 n 型矽半導體，假設電子濃度在 0.01cm 的距離中由 $1 \times 10^{14} \text{cm}^{-3}$ 之濃度作線性增加至 $5 \times 10^{15} \text{cm}^{-3}$。如果電子擴散係數 $D_n = 35 \text{cm}^2/\text{sec}$，求擴散電流密度與擴散電流方向。

11. 某個 n 型矽半導體在溫度爲 300K 時之電子濃度可表示爲：$n(x) = 10^{18}\exp(-x/L)\mathrm{cm}^{-3}$（$x \geq 0$），其中 $L = 2\mu m$。另外，在此半導體中，還存在一個 +x 方向的固定電場 E = 1200V/cm。如果電子的擴散係數與遷移率分別爲 $D_n = 30\mathrm{cm}^2/\mathrm{sec}$ 與 $\mu_n = 1100\mathrm{cm}^2/\mathrm{V\text{-}sec}$，試決定 (a) 電子的漂移電流方向與漂移電流密度對距離 x 的函數表示式，(b) 電子的擴散電流方向與擴散電流密度對距離 x 的函數表示式，(c) 在 x = 0 處的總電流密度。

12. 若上題中的條件僅電場 E 的方向改爲朝 –x 方向（即大小仍爲 1200V/cm，但方向改爲朝 –x 方向），其餘保持不變。則上題的答案變爲如何？

13. 在溫度 300K 的環境，一 n 型（n-type）矽晶圓，其摻雜磷（Phosphorus）之濃度爲 $3 \times 10^{17}\mathrm{atoms/cm}^3$，假設其摻雜之雜質均勻分布於晶圓，同時摻雜雜質完全游離化（complete ionization），有效導帶能態密度（effective density of states in the conduction band）$N_C = 2.86 \times 10^{19}\mathrm{cm}^{-3}$，有效價帶能態密度（effective density of states in the valence band）$N_V = 2.6 \times 10^{19}\mathrm{cm}^{-3}$，請計算及畫圖說明此晶圓之費米能階（Fermi level, E_F）和導電帶（conduction band, E_c）最低點之電子伏特（eV）差值。

（2014 年特考）

14. 在半導體 Si 中同時摻雜濃度爲 N_A 的硼與濃度爲 N_D 的砷，若均完全解離，請用 N_A、N_D 和 n_i 來表示半導體中的電子濃度和電洞濃度。

15. (1) 已知矽晶體在常溫下（300K）之本質載子濃度（intrinsic carrier concentration）爲 $n_i = 1.5 \times 10^{10}\mathrm{cm}^{-3}$，$1kT/q = 0.0259V$，該晶體同時摻雜硼原子（濃度爲 $N_A = 3 \times 10^{15}\mathrm{cm}^{-3}$）及磷原子（濃度爲 $N_D = 5 \times 10^{14}\mathrm{cm}^{-3}$），請求出該晶體於熱平衡時：

A. 電子濃度 $n_0 = $?

B. 電洞濃度 $p_0 = $?

C. 費米能階（Fermi energy level）E_F 相對本質費米能階（intrinsic Fermi energy level）E_{Fi} 之位置爲 $(E_F - E_{Fi}) = $?

（以上三子題爲 2012 年特考題目）

(2) 若電子的遷移率 $\mu_n = 1200\mathrm{cm}^2/\mathrm{V\text{-}s}$，電洞的遷移率 $\mu_p = 400\mathrm{cm}^2/\mathrm{V\text{-}s}$，

　　求子題 (1) 中此矽晶體的電阻率。

16. 請寫出 p-type 半導體中之連續方程式，並說明此些項次受何影響。

（2020 年高考）

參考文獻

1. C. Kittel, *Introduction to Solid State Physics*, 6th edition, Wiley, New York, 1986.

2. W. Shockley, *Electrons and Holes in Semiconductor*, D. Van Nostrand, New York, 1950.

3. C.D. Thurmond, "The Standard Thermodynamic Function of the Formation of Electrons and Holes in Ge, Si, GaAs, and GaP," *J. Electrochem. Soc.*, 122, 1133 (1975).

4. W.F. Beadle, J.C.C. Tsai, and R.D. Plummer (Eds.), Quick Reference Manual for Semiconductor Engineers, Wiley, New York, 1985.

5. S.M. Sze, *Semiconductor Devices-Physics and Technology*, 2nd edition, Wiley, New York, 2001.

6. A.S. Grove, *Physics and Technology of Semiconductor Devices*, Wiley, New York, 1967.

7. M. Quirk and J. Serda, *Semiconductor Manufacturing Technology*, Prentice Hall, New Jersey, 2001.

8. Y. Taur and T.H. Ning, *Fundamentals of Modern VLSI Devices*, Cambridge, New York, 1998.

9. R.S. Muller and T.I. Kamins, *Device Electronics for Integrated Circuits*, 3rd edition, Wiley, New York, 2003.

10. D.A. Neamen, *Semiconductor Physics and Devices*, 3rd edition, McGraw-Hill, New York, 2003.

11. D.A. Neamen, *An Introduction to Semiconductor Devices*, McGraw-Hill, New York, 2006.

12. J. Singh, *Semiconductor Devices-Basic Principles*, Wiley, New York, 2001.

13. R.A. Levy, *Microelectronic Materials and Processes*, Kluwer Academic, 1986.

14. B.G. Streetman and S. Banerjee, *Solid State Electronic Devices*, 5th edition, Prentice Hall, New Jersey, 2000.

15. R.F. Pierret, *Semiconductor Device Fundamentals*, Addison-Wesley, MA, 1996.

16. D.K. Schroder, *Semiconductor Material and Device Characterization*, Wiley, New York, 1990.

17. M. Zambuto, *Semiconductor Devices*, McGraw-Hill, New York, 1989.

18.「半導體製程整合專業訓練講義」，劉傳璽，民國 94 年一月。

19.「應材半導體元件與良率分析講義」，劉傳璽，民國 94 年七月。

2 P-N 接面

- ◆ p-n 接面的基本結構與特性
- ◆ 零偏壓
- ◆ 逆向偏壓
- ◆ 空乏層電容
- ◆ 單側陡接面
- ◆ 理想的電流－電壓特性
- ◆ 實際的電流－電壓特性
- ◆ 接面崩潰現象與機制

本章內容綜述

　　由於大部分的半導體元件都包含至少一個由 p 型與 n 型半導體區域所形成的接面，我們在這一章主要就是來討論將 p 型及 n 型的半導體材料接合後所形成 p-n 接面的行為。

2.1　p-n 接面的基本結構與特性

　　圖 2-1 為 p-n 接面形成前分開的二個均勻摻雜的 p 型與 n 型半導體材料。其中，如第一章所述，費米能階 E_F（Fermi-level）在 p 型半導體是靠近價電帶邊緣，而在 n 型半導體中則較靠近導電帶邊緣。

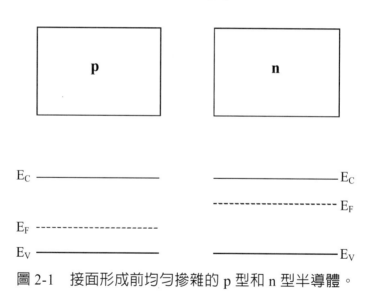

圖 2-1　接面形成前均勻摻雜的 p 型和 n 型半導體。

　　當這兩個區域結合時會形成一個 p-n 接面，其中 p 型和 n 型區域的界面稱為冶金接面（metallurgical junction）。圖 2-2 為一 p-n 接面的示意圖。當 p 型和 n 型半導體剛接合時，在冶金接面的二側處由於電子與電洞有很大的濃度梯度，因此在 n 型區中的多數載子（即電子）會開始擴散進入 p 型區中，而留下帶正電的施體原子；同樣地，在 p 型區中的多數載子（即電洞）也會擴散進

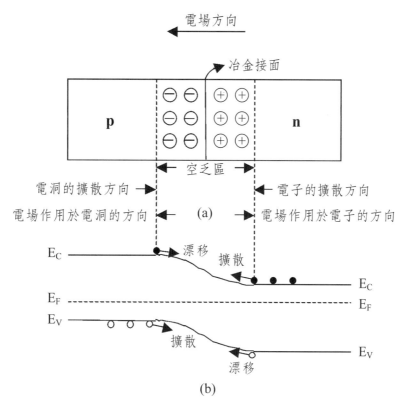

圖 2-2　p-n 接面的 (a) 結構示意圖　(b) 能帶圖。

入 n 型區中，留下帶負電的受體原子。因此，在接面的二側會有施體正離子與受體負離子，形成所謂的空間電荷（space charge），我們也因此稱此區域為空間電荷區（space charge region）。注意，在空間電荷區中的空間電荷是無法移動的。又由於在此空間電荷區內缺乏任何可移動的自由電荷，所以此區域又稱為空乏區（depletion region）。另外，在此空乏區中，由於空間電荷的作用，會感應出一個電場。這個電場的方向是由正電荷區域指向負電荷區域，也就是由 n 型區指向 p 型區。

　　如圖 2-2 所示，對每一種帶電載子，電場的方向和擴散電流方向相反，所以這個電場可阻擋多數載子的擴散。另外，此電場也可使進入空乏區的少數載子受到此電場力的作用通過空乏區，使得 p 型區內的電子往右移動與 n 型區內的電洞往左移動如圖 2-2 所示。這種少數載子因為此內建電場的作用而產生的移動稱為漂移（drift），其形成的電流稱為漂移電流（drift current）；而多數

載子因擴散所形成的電流稱為擴散電流（diffusion current）。故 p 型與 n 型半導體材料剛形成 p-n 接面的瞬間，只有擴散電流通過，也同時開始形成空乏區並建立電場與產生和擴散電流反向的漂移電流。隨著此空乏區電場逐漸變大，漂移電流也逐漸增加直到剛好抵消由濃度梯度所造成的擴散電流。因此，在熱平衡時，即在某給定溫度下沒有外界激發的穩態下，流經接面的淨電流等於零。

2.2　零偏壓

在上節中，我們已討論 p 型與 n 型材料結合時是如何達到熱平衡的。其中，熱平衡一詞也間接表示整個半導體系統的費米能量為一個常數。在這一節，我們將決定一個 p-n 接面在熱平衡狀態下空乏區的寬度、內建電位（built-in potential）、與電場分布。

2.2.1　內建電位

當 p 型和 n 型半導體材料接觸時，如果沒有外加電壓，p-n 接面會達到熱平衡狀態，此時兩邊的費米能階 E_F 必須對齊。因此，p 型半導體的電位會下降，而 n 型半導體的電位會上升，如圖 2-3 所示，並且在空乏區區域的傳導帶與價電帶能量是彎曲的，且其斜率的正負號與大小分別代表電場的方向與大小。

從圖 2-3 可清楚看出 p-n 接面的二邊有一個內建電位（built-in potential）V_{bi}，而且此內建電位可由 p 型區與 n 型區中的本質費米能階 E_i 來決定：

$$V_{bi} = \frac{1}{q} \left[(E_F - E_i)|_{x \geq x_n} + (E_i - E_F)|_{x \leq -x_p} \right] \qquad (2.1)$$

又在熱平衡狀況下，p 型半導體中多數載子電洞的濃度 p_{p0}，以及 n 型半導體中多數載子電子的濃度 n_{n0} 分別為：

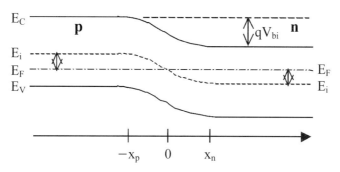

圖 2-3　p-n 接面在熱平衡時的能帶圖。

$$p_{p0} = n_i \exp\left(\frac{E_i - E_F}{kT}\right)$$
（2.2）

$$n_{n0} = n_i \exp\left(\frac{E_F - E_i}{kT}\right)$$
（2.3）

所以，內建電位可改寫爲：

$$V_{bi} = \frac{kT}{q} \ln\left(\frac{p_{p0}n_{n0}}{n_i{}^2}\right)$$
（2.4）

如果半導體中的摻質完全解離（即 $p_{p0} = N_A$；$n_{n0} = N_D$），則內建電位亦可表示爲：

$$V_{bi} = \frac{kT}{q} \ln\left(\frac{N_A N_D}{n_i{}^2}\right)$$
（2.5）

又由質量作用定律（mass action law），即 $n_{n0}p_{n0} = n_{p0}p_{p0} = n^2$，（2.4）式可以改寫爲：

$$V_{bi} = \frac{kT}{q} \ln\left(\frac{p_{p0}}{p_{n0}}\right) = \frac{kT}{q} \ln\left(\frac{n_{n0}}{n_{p0}}\right)$$
（2.6）

上式中的第一個等號是藉由內建電位來表示電洞在 p-n 接面兩端的濃度關係；而第二個等號則連結在 p-n 接面兩端的電子濃度。

2.2.2 電場分析

在 §2.1 節中提到，由於正負空間電荷的作用，在空乏區中會產生一電場。而且，此電場可由波松（Poisson）方程式得到：

$$\frac{d^2\phi(x)}{dx^2} = -\frac{dE(x)}{dx} = -\frac{\rho(x)}{\varepsilon_s} \qquad (2.7)$$

其中 $\phi(x)$ 為電位，$E(x)$ 為電場，$\rho(x)$ 為空乏區中的空間電荷密度，而 ε_s 則是半導體的介電常數（dielectric constant）。假設在 p 型及 n 型半導體區域為均勻摻雜，而且在熱平衡下空乏區的空間電荷分布以陡接面（abrupt junction）近似如圖 2-4(a) 所示：

$$\rho(x) = \begin{cases} 0 & \text{當 } x < -x_p \\ -qN_A & \text{當 } -x_p \leq x < 0 \\ qN_D & \text{當 } 0 < x \leq x_n \\ 0 & \text{當 } x_n < x \end{cases} \qquad (2.8)$$

此類接面的雜質分布可應用在 p 型和 n 型區之間摻質濃度陡峭變化的近似。

將（2.7）式積分可以得到如圖 2-4(b) 的電場函數。我們先求 p 型區中的電場，得到：

$$E(x) = \int \frac{\rho(x)}{\varepsilon_s} dx = -\int \frac{qN_A}{\varepsilon_s} dx = -\frac{qN_A}{\varepsilon_s} x + c \qquad (2.9)$$

其中 c 為積分常數。此積分常數可經由設定 $x = -x_p$ 的電場 E 為零來決定。此乃，對 $x < -x_p$ 的中性 p 型區域，由於在熱平衡時電流為零，所以電場可視為零。又由於在 p-n 接面結構內並沒有表面電荷，因此電場為一連續函數，故亦為零。P 型區中的電場求得為：

$$E(x) = -\frac{qN_A(x + x_p)}{\varepsilon_s} \qquad \text{當 } -x_p \leq x \leq 0 \qquad (2.10a)$$

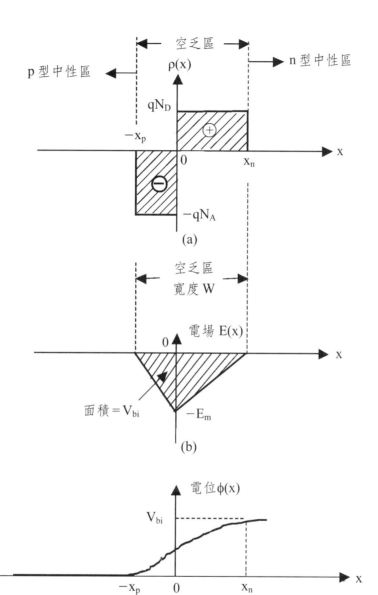

圖 2-4　(a) 熱平衡下，一均勻摻雜 p-n 接面於陡接面近似時的空間電荷分布
　　　　(b) 空乏區中的電場分布，陰影部分面積等於內建電位 V_{bi}　(c) 經過空
　　　　乏區的電位分布。

同樣地，n 型區中的電場可求得爲：

$$E(x) = -\frac{qN_D(x_n - x)}{\varepsilon_s} \quad 當 0 \leq x \leq x_n \qquad （2.10b）$$

在求得上式的過程中，我們亦經由設定 $x = x_n$ 處的電場爲零來決定積分常數。另外，從式（2.10）可知最大電場 E_m 是位於 $x = 0$ 之處：

$$E_m = \frac{qN_A x_p}{\varepsilon_s} = \frac{qN_D x_n}{\varepsilon_s} \qquad （2.11）$$

由上式可得：

$$N_A x_p = N_D x_n \qquad （2.12）$$

式（2.12）說明在 p 型區中單位面積的全部負電荷等於在 n 型區中單位面積的全部正電荷；亦即，全部空間電荷必須保持電中性。

圖 2-4(b) 爲空乏區內的電場分布圖。此電場方向是由 n 型區至 p 型區的方向，而且最大電場是位於冶金接面處（$x = 0$）。

若欲求得如圖 2-4(c) 的電位分布，我們可經由將電場分布函數積分得到。先求 p 型區中的電位，得到：

$$\phi(x) = -\int E(x)dx = \int \frac{qN_A(x + x_p)}{\varepsilon_s} dx = \frac{qN_A}{\varepsilon_s}\left(\frac{x^2}{2} + x_p x\right) + c_1 \qquad （2.13）$$

其中 c_1 爲積分常數。又通過 p-n 接面的電位差是一個相對值，因此我們設定在 $x = -x_p$ 處的電位爲零。積分常數可求得爲：

$$c_1 = \frac{qN_A}{2\varepsilon_s} x_p{}^2 \qquad （2.14）$$

將（2.14）式代入（2.13）式可得到 p 型區中的電位：

$$\phi(x) = \frac{qN_A}{2\varepsilon_s}(x + x_p)^2 \quad \text{當} -x_p \leq x \leq 0 \tag{2.15a}$$

同理，在 n 型區中的電位可求得為：

$$\phi(x) = -\frac{qN_D}{2\varepsilon_s}(x^2 - 2x_n x) + \frac{qN_A}{2\varepsilon_s}x_p^{\ 2} \quad \text{當} \ 0 \leq x \leq x_n \tag{2.15b}$$

在求得上式的過程中，我們可經由設定當 x = 0（即冶金接面處）時，p 型區的電位等於 n 型區的電位來決定積分常數。

圖 2-4(c) 為通過 p-n 接面空乏區的電位分布。在 x = −x_p 處的電位為零；在 x = x_n 處，電位的大小等於內建電位 V_{bi}。由（2.15b）式，可得到：

$$V_{bi} = \frac{qN_D x_n^{\ 2}}{2\varepsilon_s} + \frac{qN_A x_p^{\ 2}}{2\varepsilon_s} \tag{2.16}$$

利用（2.11）式以及整個空乏區的寬度 W 為：

$$W = x_p + x_n \tag{2.17}$$

（2.16）式可改寫為：

$$V_{bi} = \frac{1}{2}E_m W \tag{2.18}$$

亦即，圖 2-4(b) 中電場三角形的面積就等於內建電位。

2.2.3 空乏區寬度

求空乏區的寬度，我們可先分別決定由冶金接面延伸進入 p 型區空間電荷區的距離 x_p 與 n 型區的距離 x_n，再代入（2.17）式。由（2.12）式，我們有：

$$x_p = \frac{N_D x_n}{N_A} \tag{2.19}$$

將（2.19）式代入（2.16）式並求解 x_n，可得到：

$$x_n = \left\{ \frac{2\varepsilon_s V_{bi}}{q} \left(\frac{N_A}{N_D} \right) \left(\frac{1}{N_A + N_D} \right) \right\}^{\frac{1}{2}} \tag{2.20}$$

式（2.20）為零外加電壓狀況下，延伸進入 n 型區中的距離。相同地，如果由（2.12）求解，並代入（2.16）可求得 x_p：

$$x_p = \left\{ \frac{2\varepsilon_s V_{bi}}{q} \left(\frac{N_D}{N_A} \right) \left(\frac{1}{N_A + N_D} \right) \right\}^{\frac{1}{2}} \tag{2.21}$$

式（2.21）為零外加電壓時，延伸進入 p 型區中的距離。將（2.20）與（2.21）式代入（2.17）式，可得到空乏區寬度：

$$W = \left\{ \frac{2\varepsilon_s V_{bi}}{q} \left(\frac{N_A + N_D}{N_A N_D} \right) \right\}^{\frac{1}{2}} \tag{2.22}$$

內建電位可由（2.4）式或（2.5）式來決定；而空乏區寬度則可由（2.22）式得到。另外，由（2.12）式與（2.17）式可知每一空間電荷的寬度是那邊摻雜濃度的倒數關係，因此空乏區會延伸入較淡摻雜的一區。

2.3　逆向偏壓

至目前為止的討論均侷限於熱平衡下無外加偏壓的 p-n 接面。圖 2-5(a) 所示的能帶圖說明跨過整個接面的靜電電位是內建電位 V_{bi}。但是，如果在 p 型區與 n 型區之間加上一外加電壓，此 p-n 接面將不再是處於熱平衡狀況，亦即，通過系統的費米能階 E_F 將不再是固定不變的。假如我們在 p 型區施加一相對於 n 型區的正電壓 V_F，則 p-n 接面是為順向偏壓（forward bias）如圖 2-5(b) 所示。此時，跨過接面的全部靜電電位降低了 V_F，而變成（$V_{bi} - V_F$），也使得空乏區寬度縮小。

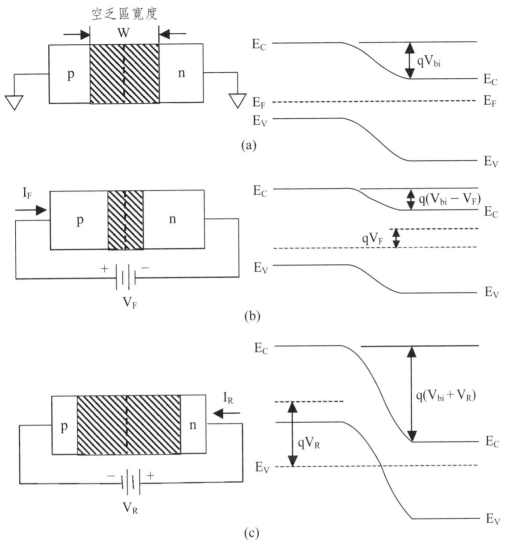

圖 2-5　在不同偏壓情況下 p-n 接面的空乏區寬度與能帶圖：
(a) 零偏壓　(b) 順向偏壓　(c) 逆向偏壓。

　　反之，如果我們對 n 型區施加一相對於 p 型區的正電壓 V_R，則 p-n 接面是為逆向偏壓（reverse bias）如圖 2-5(c) 所示。此時，跨過接面的全部靜電電位變成（$V_{bi}+V_R$），也使得空乏區寬度變大。

　　特別一提，在之前適用於零偏壓情況下的所有方程式中，將內建電位 V_{bi} 以總電位（$V_{bi}+V_R$）來加以取代就適用於逆向偏壓的情況。例如，在外加一

逆向偏壓 V_R 時（V_R 為一正數）的空乏區寬度可由（2.22）式得到為：

$$W = \left\{ \frac{2\varepsilon_s (V_{bi} + V_R)}{q} \left(\frac{N_A + N_D}{N_A N_D} \right) \right\}^{\frac{1}{2}} \qquad (2.23)$$

（2.23）式不僅顯示當外加一逆向偏壓時，空乏區的寬度會增加，其總寬度和橫過接面的全部電位差之平方根成正比。

在逆向偏壓情況下，空乏區中的電場依然可由（2.10）式求得。又由於 x_n 與 x_p 會隨著逆向偏壓電壓而增大，因此電場強度也會變大，而且最大電場仍然是位於冶金接面處（$x = 0$）。

以（$V_{bi} + V_R$）取代（2.18）式中的 V_{bi}，可將逆向偏壓下的最大電場表示為：

$$E_m = \frac{2(V_{bi} + V_R)}{W} \qquad (2.24)$$

若將（2.23）式代入（2.24）式，可得到：

$$E_m = \left\{ \frac{2q (V_{bi} + V_R)}{\varepsilon_s} \left(\frac{N_A N_D}{N_A + N_D} \right) \right\}^{\frac{1}{2}} \qquad (2.25)$$

2.4　空乏層電容

由於在空乏區中有分離的正電荷與負電荷而且其電荷量是由外加電壓所決定，因此 p-n 接面會有一個附屬的電容。這個附屬的電容稱為空乏層電容（depletion capacitance）或接面電容（junction capacitance）。

圖 2-6 以一均勻摻雜 p-n 接面來說明 p-n 接面的空乏層電容。當逆向偏壓電壓微量增加 dV_R 時，將會使 n 型區中有額外正電荷而 p 型區中有額外負電荷微增量。空乏區 p 側和 n 側的增量空間電荷大小相等，但極性相反，所以整體仍保持為電中性。因此，我們可將此空乏層電容想像為一個平行板電容器，其空乏區寬度對應於平行板間的距離，而介電常數為 ε_s 的半導體則對應於平行板間的介電質。故單位面積的空乏層電容或接面電容可表示為：

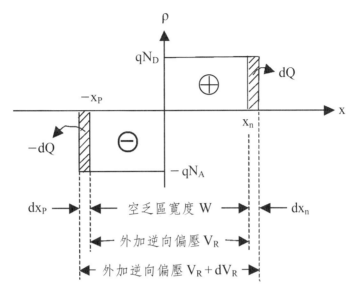

圖 2-6　一均勻摻雜 p-n 接面由於逆向偏壓之微量變化使得空間電荷亦產生微量改變。

$$C_j = \frac{\varepsilon_s}{W} = \left\{ \frac{q\varepsilon_s N_A N_D}{2(V_{bi} + V_R)(N_A + N_D)} \right\}^{\frac{1}{2}} \qquad (2.26)$$

上式的推導中，用（2.23）式代入。由於在 p-n 接面中空乏區寬度為外加電壓的函數，因此空乏層電容也是外加電壓的函數如（2.26）式所示。故 p-n 接面二極體可以作為可變電容器（variable reactor）或簡稱變容器（varactor）使用，因為其接面電容的電容值是隨外加逆向偏壓電壓改變而改變。

另外須注意，式（2.26）是適用於逆向偏壓的情況下，因為在逆向偏壓時，接面電容是主要的電容。然而，在順向偏壓時，會有一個大電流通過接面，亦即相當於空乏區內有大量的移動載子。依電容定義 C = dQ/dV，這由偏壓造成移動載子的增加，必會形成另一個所謂的擴散電容（diffusion capacitance）或電荷儲存電容（charge storage capacitance）。

2.5 單側陡接面

在這一節中，我們要考慮陡接面的一個重要特例稱為單側陡接面（one-sided abrupt junction）。這種 p-n 接面是陡接面的一側雜質濃度遠大於另一側，如圖 2-7(a) 所示。假如如圖 2-7(b) 顯示 $N_A \gg N_D$，則這個接面稱為 p^+-n 陡接面。在此情形，由式（2.12）可知 p 側（即高摻雜濃度的一側）空乏區的寬度遠小於 n 側（即低摻雜濃度的一側）空乏區的寬度，亦即 $x_p \ll x_n$。而且，

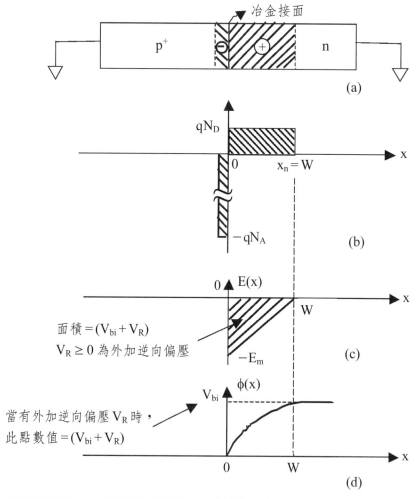

圖 2-7　熱平衡下，一單側陡接面的 (a) 結構示意圖（其中 $N_A \gg N_D$）　(b) 空間電荷分布　(c) 空乏區中的電場分布　(d) 經過空乏區的電位分布。

由式（2.17）亦可得知幾乎整個空間電荷層是延伸進入接面中較低摻雜濃度的一側（在此情形為 n 側）：

$$W \approx x_n \qquad (2.27)$$

若加上考慮有外加逆向偏壓 V_R（V_R 為一正數）時，空乏區的總寬度可依（2.27）或（2.23）式簡化為：

$$W = \left\{ \frac{2\varepsilon_s (V_{bi} + V_R)}{qN_D} \right\}^{\frac{1}{2}} \qquad (2.28)$$

至於逆向偏壓下的最大電場可由式（2.24）或（2.25）得到：

$$E_m = \left\{ \frac{2q (V_{bi} + V_R) N_D}{\varepsilon_s} \right\}^{\frac{1}{2}} \qquad (2.29)$$

注意，在（2.28）與（2.29）式中，N_D 是較低摻雜側的濃度；換言之，如果此單側接面為 n^+–p 陡接面（即 $N_D \gg N_A$），則式（2.28）與（2.29）中的 N_D 以 N_A 取代之。

而整個電場分布表示式可由式（2.10b）、（2.11）、與（2.27）得到：

$$E(x) = -E_m \left(1 - \frac{x}{W} \right) \qquad (2.30)$$

所以，最大電場 E_m 仍是位於 x = 0（即冶金接面）處；而在 x = W 處，電場降為零。電場分布如圖 2-7(c) 所示。

同前，電位分布可經由將電場分布（2.30）積分得到：

$$\phi(x) = -\int_0^x E(x)dx = E_m \left(x - \frac{x^2}{2W} \right) + c \qquad (2.31)$$

其中積分常數 c 可設定 x = 0 為參考零電位，即 $\phi(0) = 0$，得到 c = 0。若

再利用式（2.24），可得到：

$$\phi(x) = E_m\left(x - \frac{x^2}{2W}\right) = \frac{(V_{bi} + V_R)x}{W}\left(2 - \frac{x}{W}\right) \qquad (2.32)$$

電位分布如圖 2-7(d) 所示。

此 $p^+ - n$ 單側陡接面的空乏層電容或接面電容可由式（2.26）簡化為：

$$C_j = \left\{\frac{q\varepsilon_s N_D}{2(V_{bi} + V_R)}\right\}^{\frac{1}{2}} \qquad (2.33)$$

所以類似（2.28）與（2.29）式，單側陡接面的接面電容是較低摻雜側中摻雜濃度的函數。上式亦可改寫為：

$$\frac{1}{C_j^2} = \frac{2(V_{bi} + V_R)}{q\varepsilon_s N_D} \qquad (2.34)$$

式（2.34）顯示電容平方的倒數是外加逆向偏壓的線性函數。意即，若將 $1/C_j^2$ 對 V_R 作圖可得到一條直線，如圖 2-8 所示。

圖 2-8 顯示接面的內建電位 V_{bi} 可將直線外插到 $1/C_j^2 = 0$ 得到，而由直線的斜率可決定接面中低摻雜區域的摻雜濃度。

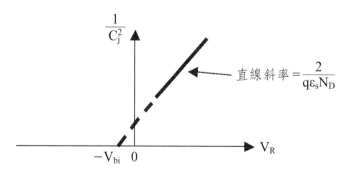

圖 2-8　均勻摻雜 $p^+ - n$ 陡接面的 $1/C_j^2$ 與 V_R 的線性關係。

2.6　理想的電流－電壓特性

p-n 二極體的理想電流 - 電壓關係的推導通常是基於以下的假設：

(1) 適用陡峭空乏層近似。即空間電荷區具有陡峭邊界；而且空乏區外沒有任何空間電荷，故為中性區（neutral region）。又因為中性區內沒有空間電荷存在，因此中性區內的電場可假設為零，此被稱為準中性近似（quasi-neutral approximation）。

(2) 載子的能量分布可近似為 Maxwell-Boltzmann 分布。

(3) 載子注入是在低階注入（low-level injection）的情況，也就是說注入的少數載子密度比多數載子密度小很多。

(4) 在空乏區內沒有載子「產生（generation）」或「復合（recombination）」的電流存在，故通過空乏區的電子和電洞為常數。因此空乏區內的電流是保持在一固定值。

2.6.1　邊界條件與接面定律

在熱平衡下，內建電位可以 p-n 接面兩側的電洞或電子濃度表示，如式（2.6）所示。我們重新整理（2.6）式中的二個等號，可得到：

$$n_{n0} = n_{p0}e^{qV_{bi}/kT} \qquad (2.35)$$

$$p_{p0} = p_{n0}e^{qV_{bi}/kT} \qquad (2.36)$$

注意，以上兩式是在熱平衡狀態下成立，其中接面兩側的電子密度和電洞密度與跨過接面的靜電位差（此時為 V_{bi}）有關。

如果在接面上加一個順向偏壓 V_F 如圖 2-5(b) 所示，則跨過接面的靜電位差降為（$V_{bi} - V_F$）；反之，若加上逆向偏壓 V_R 如圖 2-5(c) 所示，則靜電位差增加為（$V_{bi} + V_R$）。所以當外加偏壓存在時，式（2.35）與（2.36）可分別修改成：

$$n_n = n_p e^{q(V_{bi} - V)/kT} \qquad (2.37)$$

$$p_p = p_n e^{q(V_{bi} - V)/kT} \qquad (2.38)$$

其中，當為順向偏壓時 V 為正，而逆向偏壓時 V 為負。式（2.37）中的 n_n 和 n_p 分別表示在不平衡時 n 型區中多數載子（majority carrier）電子密度與 p 型區中少數載子（minority carrier）電子密度；而式（2.38）中的 p_p 和 p_n 分別為不平衡時 p 型區中的電洞密度（在此為多數載子）與 n 型區中的電洞密度（在此為少數載子）。

在低階注入的情況下（即本節初的第三個假設），注入的少數載子濃度遠小於多數載子濃度。所以，n 型區中多數載子電子濃度不會有明顯的改變，即 $n_n \cong n_{n0}$。將此情況以及式（2.35）代入式（2.37），可得到 p 側空乏區邊界（即 $x = -x_p$）處少數載子電子的濃度為：

$$n_p = n_{p0} e^{qV/kT} \qquad (2.39a)$$

或求其偏離熱平衡狀態下之值，得到：

$$n_p - n_{p0} = n_{p0} (e^{qV/kT} - 1) \qquad (2.39b)$$

同樣的，將 $p_p \cong p_{p0}$（低階注入的假設）與（2.36）代入（2.38），可得到 n 側空乏區邊界（即 $x = x_n$）處少數載子電洞的濃度：

$$p_n = p_{n0} e^{qV/kT} \qquad (2.40a)$$

或

$$p_n - p_{n0} = p_{n0}(e^{qV/kT} - 1) \qquad (2.40b)$$

圖 2-9 依照（2.39）及（2.40）式圖示一個 p-n 二極體在順向或逆向偏壓時，在空乏區邊界少數載子濃度偏離熱平衡（即零偏壓）狀態的情形。在順向偏壓

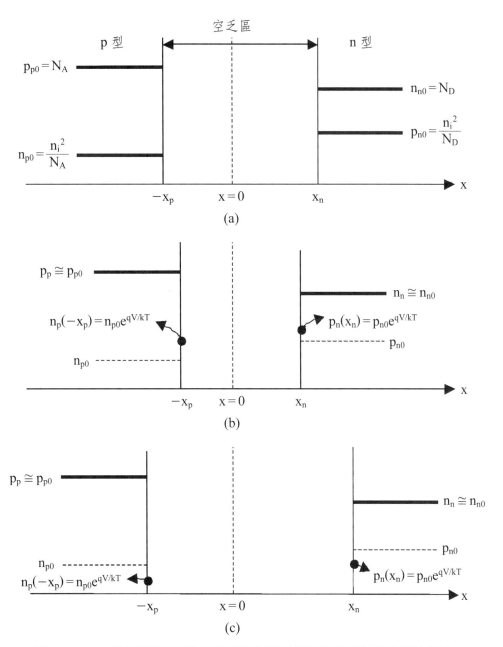

圖 2-9 p-n 接面二極體在空乏區邊界載子濃度隨外加偏壓的變化
(a) 熱平衡（V = 0） (b) 順向偏壓（V > 0） (c) 逆向偏壓（V < 0）。

下，邊界處的少數載子濃度大於其熱平衡值，此乃因順向偏壓的電壓會降低位勢障（potential barrier）如圖 2-5(b) 所示，使得 n 型區中多數載子電子通過接面注入 p 型區，因而增加 p 型區中少數載子電子的濃度（即 n_p）。這種由於外加電壓使得半導體中少數載子增加的現象，稱爲少數載子注入（minority carrier injection）。同樣地，在順向偏壓下，p 型區中的多數載子電洞也會通過空乏區注入 n 型區，增加 n 型區中少數載子電洞的濃度（即 p_n）。故經由加上一順向偏壓電壓，在 p-n 接面的每一區域會產生過量的少數載子。反之，在逆向偏壓的狀況下，少數載子濃度會降低且低於熱平衡值，圖 2-9(c) 顯示此結果。

　　特別一提，（2.39）與（2.40）二式稱爲接面定律（junction law），因爲此二式定義了少數載子在接面邊緣處的濃度。接面定律也是在下二節中推導理想電流－電壓特性過程中，求解連續方程式（continuity equation）所必要的邊界條件。

2.6.2　中性區中的少數載子分布

　　首先讓我們來推導中性 n 型區中的少數載子分布。在第一章，我們推導過 n 型半導體中少數載子電洞（p_n）於一維低階注入情況下的連續方程式爲：

$$\frac{\partial p_n}{\partial t} = -p_n \mu_p \frac{\partial E}{\partial x} - \mu_p E \frac{\partial p_n}{\partial x} + D_p \frac{\partial^2 p_n}{\partial x^2} + G_p - \frac{p_n - p_{n0}}{\tau_p} \qquad (2.41)$$

　　在本節初理想化的假設中，可得中性區中電場 E = 0（第一個假設）與載子產生率 $G_p = 0$（第四個假設）。所以，當達到穩定狀況（steady state）時（即 $\frac{\partial p_n}{\partial t} = 0$），式（2.41）可簡化爲：

$$\frac{d^2 p_n}{dx^2} - \frac{p_n - p_{n0}}{D_p \tau_p} = 0 \qquad (2.42)$$

　　利用（2.40a）和 $p_n(x = \infty) = p_{n0}$ 爲邊界條件來求解微分方程式（2.42），

我們可求得中性 n 型區中（x ≥ x_n 時）的過量少數載子電洞之濃度分布為：

$$p_n(x) - p_{n0} = p_{n0} (e^{qV/kT} - 1) e^{(x_n - x)/L_p} \qquad （2.43）$$

式中，$L_p \equiv \sqrt{D_p \tau_p}$ 稱為少數載子電洞之擴散長度（diffusion length）。這個長度代表由空乏區邊緣注入中性半導體區的少數載子在被多數載子復合消滅前，可移動的平均長度。

同樣地，在 p 型中性區（x ≤ $-x_p$ 時）中的過量少數載子電子之濃度分布為：

$$n_p(x) - n_{p0} = n_{p0} (e^{qV/kT} - 1) e^{(x_p + x)/L_n} \qquad （2.44）$$

式中，$L_n \equiv \sqrt{D_n \tau_n}$ 為少數載子電子的擴散長度。

從（2.43）與（2.44）式可知，在順向偏壓的狀況下，中性區中的少數載子濃度由圖 2-9(b) 中的值，隨著與接面的距離以指數型式衰減至熱平衡值。然而，在逆向偏壓下，中性區中的少數載子由圖 2-9(c) 之值，隨著與接面的距離以指數形式增加至熱平衡值。圖 2-10 顯示以上所述中性區中的少數載子分布情形。

2.6.3 接面二極體的理想 I-V（電流—電壓）特性

在這一節，我們將推導 p-n 接面二極體的理想電流特性。由於通過整個元件的電流為定值，可知流過元件任一截面的電流都應相等，因此我們可挑選適當的截面位置來作分析以簡化推導。又基於本節之前所提過的第四個假設，通過空乏區的電子和電洞電流是固定不變的，且其和為通過空乏區的總電流（亦即等於流經元件的電流）。因此，p-n 接面的總電流等於在 x = x_n 處少數載子電洞的擴散電流，加上在 x = $-x_p$ 處少數載子電子的擴散電流。以上所述決定 p-n 接面電流的方法圖示於圖 2-11。

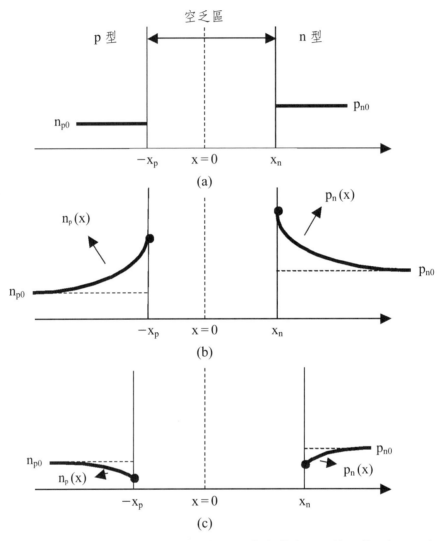

圖 2-10　p-n 二極體在中性區中少數載子的濃度分布 (a) 熱平衡（V = 0）；(b) 順向偏壓（V > 0）；(c) 逆向偏壓（V < 0）（注意：為了更清楚圖示少數載子的分布情形，所以圖 2-9 中的多數載子濃度均未在此圖中顯示）。

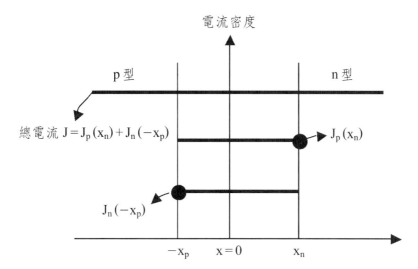

圖 2-11　p-n 接面的電流等於通過空乏區的電子電流與電洞電流之和。

在 n 型空乏區邊界 $x = x_n$ 處，少數載子電洞的擴散電流為：

$$J_p(x_n) = -qD_p\frac{dp_n}{dx}\bigg|_{x=x_n} = \frac{qD_p p_{n0}}{L_p}(e^{qV/kT} - 1)$$（2.45）

在順向偏壓的狀況下，由電洞引起的擴散電流是往 +x 方向（即由 p 型區往 n 型區方向流）。

同樣地，我們可得到在 p 型空乏區邊界 $x = -x_p$ 處之少數載子電子的擴散電流：

$$J_n(-x_p) = qD_n\frac{dn_p}{dx}\bigg|_{x=-x_p} = \frac{qD_n n_{p0}}{L_n}(e^{qV/kT} - 1)$$（2.46）

在順向偏壓的狀況下，由電子所構成的擴散電流也是由 p 型區流向 n 型區。圖 2-12 所示為在順向偏壓時，通過 p-n 接面二極體的理想電子與電洞電流分布。在空乏區邊界處的少數載子電流密度可由（2.45）與（2.46）式得到，然而其大小隨著與接面的距離呈指數衰減（就如同前面所推導過的中性區中之少數載子濃度一樣）：

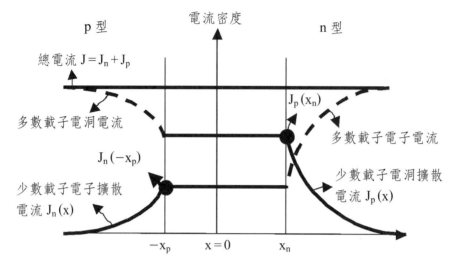

圖 2-12　p-n 接面二極體在順向偏壓下，電子與電洞電流的分量情形。

$$J_p(x) = \frac{qD_p p_{n0}}{L_p}(e^{qV/kT} - 1)\, e^{(x_n - x)/L_p} \quad (x \geq x_n) \tag{2.47}$$

與

$$J_n(x) = \frac{qD_n n_{p0}}{L_n}(e^{qV/kT} - 1)\, e^{(x_p + x)/L_n} \quad (x \leq -x_p) \tag{2.48}$$

　　如前所述，假設在空乏區內沒有載子的產生或復合，所以通過空乏區的電子與電洞電流都是固定值，即 $J_p(x_n) = J_p(-x_p)$ 與 $J_n(-x_p) = J_n(x_n)$。又通過元件任一截面的電流都應相等，所以通過 p-n 接面的總電流為：

$$J = J_p(x_n) + J_n(x_n) = J_p(-x_p) + J_n(-x_p) \tag{2.49}$$

將（2.45）與（2.46）二式代入上式，可得：

$$J = \left[\frac{qD_p p_{n0}}{L_p} + \frac{qD_n n_{p0}}{L_n}\right](e^{qV/kT} - 1) \tag{2.50}$$

（2.50）式為 p-n 接面二極體的理想電流電壓關係式。在此，我們可定義一重要參數 J_s 逆向飽和電流（reverse saturation current）：

$$J_s = \frac{qD_p p_{n0}}{L_p} + \frac{qD_n n_{p0}}{L_n} = q\left(\frac{D_p}{L_p}\frac{n_i^2}{N_D} + \frac{D_n}{L_n}\frac{n_i^2}{N_A}\right) \qquad (2.51)$$

（2.51）式中的第二個等號乃利用質量作用定律及假設摻質完全解離。所以，（2.50）式可改寫成下面常用來表示二極體電流的式子：

$$J = J_s\left(e^{qV/kT} - 1\right) \qquad (2.52)$$

方程式（2.52）即為著名的 Shockley 方程式或稱為理想二極體方程式（ideal diode equation），此方程式對 p-n 接面二極體於相當寬廣的電流與電壓範圍中有相當精確的I-V（電流―電壓）特性描述。另外，經由注意（2.51）和（2.52）二式與圖 2-12 可知 p-n 接面二極體的總電流與逆向飽和電流是由少數載子所主控的。

接下來，我們將對理想二極體方程式與逆向飽和電流作稍進一步的討論。圖 2-13 為理想接面二極體的 I-V 特性。圖中顯示在逆向偏壓下，當電壓超過

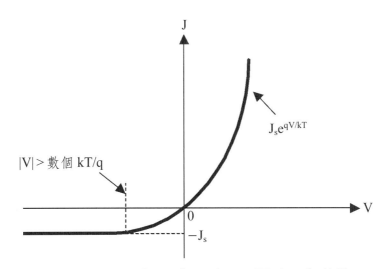

圖 2-13　接面二極體的理想電流―電壓（I-V）特性圖。

數個 kT/q 的負電壓時，在理想二極體方程式（2.52）中的電壓指數項可忽略不計，使得逆向偏壓電流密度近似於逆向飽和電流密度 $-J_s$。換言之，在逆向偏壓時，電流會趨近於逆向飽和電流並達到飽和，其值與外加逆向偏壓電壓無關。相反地，當外加順向偏壓大於數個 kT/q 的正電壓時，（2.52）式中的（-1）項可忽略不計，所以電流近似於 $J_s \exp(qV/kT)$。故在順向偏壓狀況下，電流基本上會隨著外加電壓以指數函數型式增加。也因為如此，二極體在順向偏壓下的理想電流－電壓特性關係常繪製成如圖 2-14 的半對數圖。因為，當 V 大於數個 kT/q 時：

$$\ell n(J) = \ell n(J_s) + \frac{q}{kT} V \qquad (2.53)$$

所以，將 $\ell n(J)$ 對正向偏壓電壓 V 作圖，理論上可得到一條斜率為 q/kT 的直線而且逆向飽和電流 J_s 可將此直線外插到 V = 0 求得。

下面，我們再對理想逆向飽和電流提出三個重要說明。第一，逆向飽和電流 J_s 會隨著溫度的增加而迅速增加。因為由（2.51）式可知 J_s 和 n_i^2 成正比，而 n_i^2 又是溫度的非常強烈函數（註：對矽而言，$n_i = 3.93 \times 10^{16} T^{3/2} e^{-7000/T} cm^{-3}$，其中 T 為絕對溫度）。對矽的 p-n 接面來說，當溫度每升高 10℃，理想逆向

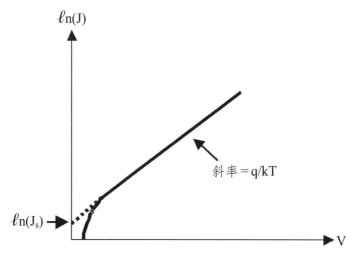

圖 2-14　接面二極體在順向偏壓下的理想 I-V 特性，圖中電流是繪製在對數座標（即半對數圖）。

飽和電流約會增加為四倍。第二，J_s 會依製造 p-n 二極體的半導體材料不同而明顯不同。這種由於不同半導體材料而產生的 J_s 差異亦是由（2.51）式中的 n_i^2 所引起。舉例來說，在室溫下矽的 n_i 約等於 $10^{10}/cm^3$ 而鍺的 n_i 約等於 $10^{13}/cm^3$，所以我們期待鍺的 p-n 二極體的逆向飽和電流 J_s 大約是矽 p-n 二極體的 10^6 倍。第三，由（2.51）的逆向飽和電流表示式可看出，對 §2.5 節中所討論的單側陡接面而言，高摻雜側的濃度對 J_s 的貢獻可忽略不計，即：

$$J_s \cong q \frac{D_p}{L_p} \frac{n_i^2}{N_D} \quad \text{for } p^+ - n \quad \text{diodes} \quad （2.54a）$$

與

$$J_s \cong q \frac{D_n}{L_n} \frac{n_i^2}{N_A} \quad \text{for } n^+ - p \quad \text{diodes} \quad （2.54b）$$

2.7 實際的電流－電壓特性

在前面推導理想接面二極體的電流 - 電壓關係時，我們將空乏區內所發生的所有效應都忽略不看。然而，在空乏區中會有其他電流分量產生，所以 p-n 接面二極體的實際電流 - 電壓特性會偏離如圖 2-13 的理想 I-V 特性圖。圖 2-15 圖示出一個二極體的實際 I-V 特性曲線。此特性曲線與上節中所推導的理想電流 - 電壓特性相差不大：在順向偏壓下的電流隨著外加電壓變大而快速增加（呈指數增加），而在逆向偏壓下的電流值大致上是很小的（即逆向飽和電流）。然而，此實際 I-V 特性圖與理想上的有一個很明顯的不同：當逆向偏壓電壓升高到某一特定值時，逆向偏壓電流會突然劇增。這個現象稱為 p-n 二極體的崩潰（breakdown），而在崩潰點時的外加逆向偏壓稱為崩潰電壓（breakdown voltage）V_{BD}。由於 p-n 接面崩潰現象及其物理機制是很重要的課題，因此我們將此部分保留到 §2.8 節來作個別的探討。

另外，我們也注意到逆向偏壓電流並非如理想二極體方程式（2.52）所預測的會趨近於逆向飽和電流並達到飽和。事實上，逆向偏壓電流會隨著逆向偏壓電壓增加而增加。最後，為了檢視順向偏壓電流的偏離情形，我們將實際順

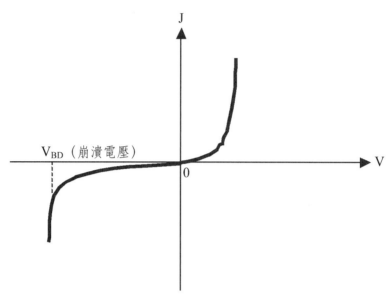

圖 2-15　實際 p-n 接面二極體的 I-V 特性曲線。

向偏壓電流 - 電壓特性的半對數圖顯示於圖 2-16，並與理想的 I-V 特性圖 2-14
作比較可看出圖 2-16 大致可分為三個區域，而僅第二個區域是符合理想電流 -
電壓關係。在第三個區域中特性曲線的斜率逐漸變小，乃因在此偏壓狀況下載
子注入為高階注入（high-level injection），此時電流被半導體本身的串聯電
阻（series resistance）所限制。而在第一區中特性曲線的斜率是接近 q/2kT 之
值，這個偏離理想狀況的情形（以及前面提到逆向偏壓電流會隨逆向偏壓的增
加而增加）是由於理想電流 - 電壓關係式的推導是假設空乏區中沒有載子的產
生或復合。

2.7.1　逆向偏壓下的產生電流與總電流

　　參照圖 2-17 p-n 接面在逆向偏壓時產生過程的示意圖可看出：在逆向偏壓
下，空乏區中實際上是會有電子─電洞對（electron-hole pairs）產生。這是因
為在逆向偏壓時空乏區中的載子濃度會低於熱平衡值，然而為了試圖重新建立
熱平衡，電子與電洞也就因此而產生；當電子與電洞被產生之後，它們會受到
電場的作用而自空乏區中排除形成所謂的產生電流（generation current）J_{gen}。

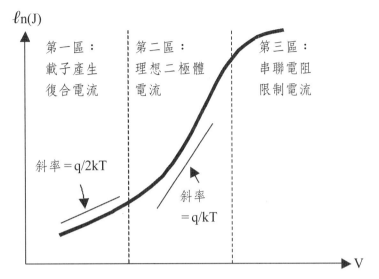

圖 2-16 實際 p-n 接面二極體在順向偏壓下的 I-V 特性曲線（半對數圖）。

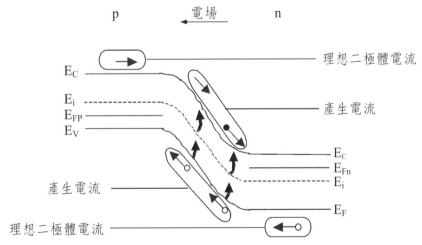

圖 2-17 p-n 接面在逆向偏壓下，於空乏區中產生電流的示意圖。

這個逆向偏壓產生電流是理想逆向飽和電流（J_s）之外的額外電流。所以，逆向偏壓下的總電流為：

$$J = J_s + J_{gen} \qquad (2.55)$$

　　注意，雖然理想逆向飽和電流是和逆向偏壓電壓無關如（2.51）式所示，但由於產生電流 J_{gen} 會隨著逆向偏壓電壓的增加而變大，因此實際的逆向偏壓電流將不再是與外加逆向偏壓電壓無關。而且，對室溫下矽 p-n 接面二極體，一般來說產生電流會比理想逆向飽和電流大上好幾個數量級，所以產生電流是逆向偏壓的主控電流。

2.7.2　順向偏壓下的復合電流與總電流

　　反之，p-n 接面在順向偏壓狀況時，空乏區中的電子和電洞濃度都會超出其熱平衡值，所以載子會以復合方式回復其平衡值的傾向，形成復合電流（recombination current）J_{rec} 如圖 2-18 復合過程的示意圖所示。所以，順向偏壓下的總電流爲理想擴散電流與復合電流的總和：

$$J = J_{Diff} + J_{rec} \qquad （2.56）$$

　　其中，理想擴散電流可以（2.57a）表示，

$$J_{Diff} = J_s e^{qV/kT} \qquad （2.57a）$$

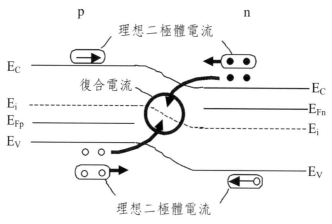

圖 2-18　p-n 接面在順向偏壓下，於空乏區中復合電流的示意圖。

　　爲（2.52）式中的（−1）項忽略不計如前所述；至於 J_{rec}，經由實驗結果其可表示爲（2.57b）

$$J_{rec} = J_{r0}e^{qV/2kT} \qquad\qquad （2.57b）$$

　　我們可將式（2.57）進一步改寫爲：

$$\ell n(J_{Diff}) = \ell n(J_s) + \frac{qV}{kT} \qquad\qquad （2.58a）$$

$$\ell n(J_{rec}) = \ell n(J_{r0}) + \frac{qV}{2kT} \qquad\qquad （2.58b）$$

　　圖 2-19 中分別繪製（2.58）式的理想擴散電流與復合電流分量，以及順向偏壓下的總電流（即上述兩個電流分量的和）。由此圖可看出在低電流密度時是由復合電流所主控，而在較高電流密度時才由理想擴散電流所主控。

　　一般來說，二極體在順向偏壓下的電流 - 電壓關係常表示爲：

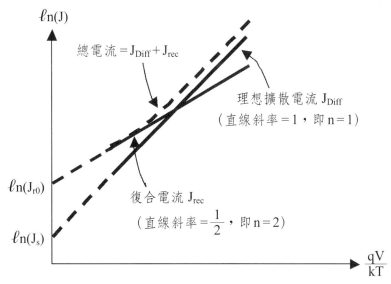

圖 2-19　p-n 接面在順向偏壓下的理想擴散電流分量、復合電流分量、與總電流，圖中的 n 爲二極體的理想因子。

$$J = J_s \left(e^{qV/nkT} - 1 \right) \qquad (2.59)$$

其中 n 稱為二極體的理想因子（ideality factor），其值應介於 1 與 2 之間。對低順向偏壓且復合電流是電流的主控機制時 n = 2，如圖 2-16 中的第一區；而對大順向偏壓且電流是由擴散電流所主控時 n = 1（注意，此時式子與理想二極體方程式相同），如圖 2-16 中的第二區。但在兩者之間會有一段 n 值介於 1 和 2 之間的轉換區。

2.8　接面崩潰現象與機制

在一個 p-n 二極體中，如果逆向偏壓逐漸升高，當空乏區中的電場增大到某一個特定值時，逆向偏壓電流將會急速上升。這個現象稱為二極體的崩潰（breakdown），而在崩潰點時的外加逆向偏壓稱為崩潰電壓（breakdown voltage）V_{BD}。崩潰後的二極體，由於逆向電流很大，也就失去原二極體的單向導通特性。然而，值得一提的是這個崩潰過程並非一定是破壞性的，只要有適當的散熱機制，並不致於造成元件永久性的破壞。

依據崩潰機制的不同，二極體的崩潰可分為兩種：第一種為稽納崩潰（Zener breakdown）是發生在較低的逆向偏壓，另一種為雪崩崩潰（avalanche breakdown）則是發生在較高的逆向偏壓。以下將討論這兩種崩潰的物理機制。

2.8.1　穿透效應與稽納崩潰

當一逆向高電場加於 p-n 接面時，p 側半導體價電帶上的電子能夠傳送到 n 側半導體的導電帶上，如圖 2-20 所示。這種電子穿透過能隙的過程稱為穿透（tunneling）。一般來說，電子要能夠產生穿透效應，需要滿足以下兩個條件：

(1) 在穿透邊一側的電子須有填滿的狀態（filled states），而且另一側必須存在相同能量的空置狀態（empty states）可以用來接受穿透過來的電子。

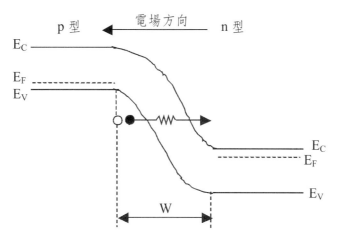

圖 2-20 p-n 接面的稽納崩潰機制：穿透效應。

(2) 小的穿透距離。對 p-n 接面二極體而言，穿透距離大約等於空乏區寬度 W，其值須小於 50～100Å。

由 §2.2.3 節的討論可知，爲了要得到小的穿透距離（或空乏區寬度 W），在 p 側和 n 側的摻質濃度都必須非常高（> ～10^{17}/cm³）。所以，稽納崩潰通常是發生在高雜質濃度的二極體，其崩潰電壓值也較低。對矽的 p-n 接面，若崩潰電壓小於 $4E_g/q$（～4.5V 於溫度 300K 時，其中 E_g 爲能隙），代表造成稽納崩潰的穿透效應爲二極體產生崩潰的主要機制。若 $V_{BD} > 6E_g/q$（～6.7V at 300K），則雪崩崩潰爲主要的崩潰機制；而當 $4E_g/q < V_{BD} < 6E_g/q$ 時，則爲穿透效應和雪崩崩潰的混合，很難說那一種崩潰效應較顯著。

另外，經由量測崩潰電壓隨溫度改變而改變的關係，可分辨稽納崩潰與雪崩崩潰。稽納崩潰的溫度係數爲負，意即：稽納崩潰的崩潰電壓是隨測試溫度的升高而減小。這是因爲升高溫度會使得半導體的能隙 E_g 變小，同時也增加電子的穿透機率（這可經由想像圖 2-20 中的穿透距離變得較窄了）。由於愈大的穿透機率就愈易形成逆向偏壓電流，因此其崩潰電壓也隨之降低。相反地，雪崩崩潰的溫度係數爲正，其崩潰電壓是隨溫度的升高而升高。至於雪崩崩潰的物理機制將在下節中作說明。

2.8.2　衝擊游離與雪崩崩潰

上節討論過，稽納崩潰一般是發生在高摻雜濃度的接面上。因此當接面的任一邊濃度較低（如 p^+-n 單側陡接面中 $N_D \cong 10^{17}/cm^3$ 或更小）將使得空乏區寬度 W 太寬以致於不易發生穿透效應，取而代之的崩潰機制乃是所謂的衝擊游離（impact ionization）。考慮如圖 2-21 所示一 p^+-n 單側陡接面在逆向偏壓下的能帶圖，當電子（如圖中標記為 1 的電子）進入空乏區時，電子會由空乏區的電場加速而獲得動能。假如電場夠大，這個電子就可得到足夠大的動能，並經由撞擊空乏區中的原子而產生電子—電洞對（如標記為 2 的電子與標記為 2' 的電洞），此被稱為衝擊游離。而在衝擊游離的過程中，載子數目會增加的現象稱為載子倍增（carrier multiplication）。新產生的電子與電洞由於受到電場的作用，會往相反方向移動，也因此會使逆向偏壓電流增加。此外，這些經由衝擊游離所產生的電子與電洞又可再被電場加速而有足夠的能量再撞擊出新的電子—電洞對（如 3 和 3'）。這個連鎖反應的過程類似於雪崩的現象，會導致電流的大幅增加，稱為雪崩崩潰。一般而言，大部分 p-n 接面主控的崩潰機制為雪崩崩潰。一旦了解雪崩崩潰的物理機制，就可解釋為何其崩潰電壓是隨溫度的升高而升高如下：由於原子的晶格散射（lattice scattering，是由溫度大於絕對零度時晶格產生熱振動所引起的）在溫度愈高時愈顯著，所以

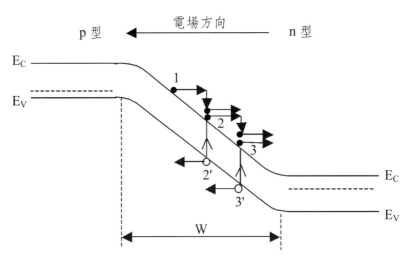

圖 2-21　p-n 接面的雪崩崩潰機制：衝擊游離。

電子的遷移率（mobility）與動能也隨溫度的升高而降低，因此較不易經由衝擊游離撞出電子─電洞對（即也較不會使逆向電流增加），故崩潰電壓也跟著升高。

接下來，我們要推導發生雪崩崩潰的條件。假設在圖 2-21 中，於寬度為 W 的空乏區左側（x = 0）有一逆向偏壓電子電流 I_{n0} 入射。由於在雪崩崩潰的過程中，通過空乏區的電子電流 $I_n(x)$ 會隨著距離而增加，並在 x = W 處達到：

$$I_n(W) = MI_{n0} \qquad (2.60)$$

其中 M 為衝擊游離過程中載子倍增的倍增因數（multiplication factor）。同樣地，電洞電流 $I_p(x)$ 從 x = W 通過空乏區到 x = 0 亦會隨著增加，並在 x = 0 處有最大值。由於在穩態下通過接面的總電流 I 是固定不變的，故：

$$I = I_n(x) + I_p(x) \qquad (2.61)$$

又在某一點 x 處的電子電流增加量等於在 dx 的距離中電子 - 電洞對於單位時間的產生數目，所以：

$$dI_n(x) = I_n(x)\,\alpha_n dx + I_p(x)\,\alpha_p dx \qquad (2.62)$$

其中 α_n 和 α_p 分別為電子和電洞的解離速率（ionization rate），而解離速率乃是由一個電子或由一個電洞在單位距離內所產生的電子─電洞對數目。我們可改寫（2.62）式為：

$$\frac{dI_n(x)}{dx} = I_n(x)\,\alpha_n + I_p(x)\,\alpha_p \qquad (2.63)$$

由（2.61）式與（2.63）式，可得：

$$\frac{dI_n(x)}{dx} + (\alpha_p - \alpha_n)\,I_n(x) = \alpha_p I \qquad (2.64)$$

　　為了簡化起見，假設電子和電洞的解離速率相等（即令 $\alpha_n = \alpha_p \equiv \alpha$），並將（2.64）式對整個空乏區積分，可得到：

$$I_n(W) - I_n(0) = I \int_0^W \alpha dx \qquad (2.65)$$

　　將（2.60）式代入（2.65）式，可得到：

$$\frac{MI_{n0} - I_n(0)}{I} = \int_0^W \alpha dx \qquad (2.66)$$

　　由於 $I_n(0) = I_{n0}$ 與 $MI_{n0} \cong I$，所以（2.66）式變成：

$$1 - \frac{1}{M} = \int_0^W \alpha dx \qquad (2.67)$$

　　又雪崩崩潰電壓是定義在 M 接近無窮大時的電壓（此時會有很大的逆向電流），因此雪崩崩潰發生的條件為：

$$\int_0^W \alpha dx = 1 \qquad (2.68)$$

　　理論上，我們可使用（2.68）式來計算發生雪崩崩潰時的臨界電場（即在崩潰時的最大電場）與崩潰電壓。但是，實務上我們卻很難正確地知道解離速率的大小與接面的摻質分布來求得崩潰電壓。現代的 VLSI 元件之崩潰電壓值絕大多數是靠量測得來。

　　不過，衝擊游離的解離速率常以下面的經驗式子來表示：

$$\alpha = AE\exp(-B/E) \qquad (2.69)$$

　　其中 A 和 B 為常數，而 E 為電場大小。在目前存在的文獻中，雖然報導的解離速率量測值差異頗大，圖 2-22 顯示一個對矽和砷化鎵在不同電場下所量測得的解離速率。由圖 2-22 可得到兩個重要的觀察。第一，電子的解離速率 α_n 遠大於電洞的解離速率 α_p，特別是在低電場時更加明顯。這是因為電子

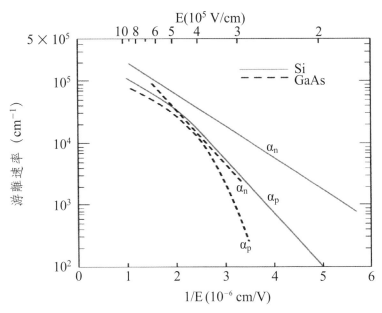

圖 2-22 在 Si 和 GaAs 中測得的解離速率與電場的關係圖（取自 Sze[2]）。

有較小的有效質量（effective mass）。第二，解離速率隨著電場的增加而急速增加。又 p-n 二極體空乏區中的電場分布並不是一定值，所以在最大電場的區域附近會貢獻大部分因衝擊游離產生的電流。也因此，我們希望能儘量減小空乏區中的最大電場來降低衝擊游離的解離速率。

因為解離速率會隨外加電場的增加而急速增加，所以由（2.67）式可知載子的倍增因數 M 也會隨電場的增加而快速增加（尤其是當二極體的接面接近產生崩潰時）：這也說明了為何當外加逆向偏壓達到崩潰電壓時，會引起電流的激增。關於倍增因數 M 和外加逆向偏壓 V_R（V_R 為一正數）的關係常用一個簡單的經驗公式來表示：

$$M = \frac{1}{1 - \left(\dfrac{V_R}{V_{BD}}\right)} \qquad （2.70）$$

其中 V_{BD} 是接面的崩潰電壓，而常數 n 之值約介於 3 到 6 之間，與接面的材質和摻雜程度有關。一般而言，對能隙較大的半導體，發生衝擊游離

需要有較大的能量,故其崩潰電壓也較大。例如,圖 2-23 顯示數種不同半導體材料製成的 p⁺–n 單側陡接面之崩潰電壓對 N_D（即較淡摻雜側的濃度）的函數圖,其中 GaAs 的能隙比 Si 大,故也有較大的崩潰電壓。同時,圖中也指出當摻雜濃度 N_D 大到某一程度時（約 $10^{17}/cm^3$）,造成稽納崩潰的穿透效應開始發生。

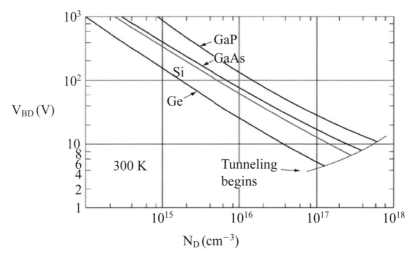

圖 2-23　p⁺–n 單側陡接面雪崩崩潰電壓對雜質濃度 N_D 的關係圖（取自 Streetman & Banerjee[6]）

從圖 2-23,我們亦觀察到一個重要的現象:當單側陡接面之較淡摻雜側的濃度增加,其崩潰電壓會跟著降低。為了說明,我們仍考慮如圖 2-7 所示的 p⁺–n 單側陡接面。由（2.29）式可知,在逆向偏壓下的最大電場為:

$$E_m = \left\{ \frac{2q\,(V_{bi} + V_R)\,N_D}{\varepsilon_s} \right\}^{\frac{1}{2}} \tag{2.71}$$

我們若將上式中的外加逆向偏壓 V_R 設定為達到崩潰時的崩潰電壓 V_{BD},則最大電場 E_m 可界定為崩潰時的臨界電場 E_{crit},並將（2.71）式兩邊平方可得到:

$$E_{crit}{}^2 = \frac{2q\,(V_{bi} + V_R)\,N_D}{\varepsilon_s} \qquad （2.72）$$

由於崩潰電壓 V_{BD} 遠大於內建電位 V_{bi}（故 $V_{bi} + V_{BD} \cong V_{BD}$），所以（2.72）式可改寫為：

$$V_{BD} = \frac{\varepsilon_s E_{crit}{}^2}{2q} \cdot \frac{1}{N_D} \qquad （2.73）$$

實務上，臨界電場 E_{crit}（注意：非最大電場 E_m）受接面摻雜濃度大小的影響可忽略不計。如此，（2.73）式表示單側陡接面的崩潰電壓和低摻雜側的濃度成反比：

$$V_{BD} \propto \frac{1}{N_B} \qquad （2.74a）$$

其中 N_B 為接面中較低摻雜那一側的半導體摻雜濃度。雖然（2.74）式中 V_{BD} 與 N_B 的反比關係並非和實際量測值完全一致，但簡單的反比關係使其在實用上很好用而且可得到令人相當滿意的近似。若是考慮如圖 2-24 所繪製之崩潰臨界電場 E_{crit} 與背景摻雜濃度 N_B 的關係（注意：E_{crit} 為 N_B 的輕微函數），則 V_{BD} 與 N_B 的關係變為：

$$V_{BD} \propto \frac{1}{N_B{}^{0.75}} \qquad （2.74b）$$

由以上可知雪崩崩潰的崩潰電壓與 p-n 接面內的電場大小息息相關。當我們增加單側陡接面中較淡摻雜側的摻雜濃度，會使得空乏區中的最大電場變大，也因此降低接面的崩潰電壓，如圖 2-23 或（2.74）式顯示。所以，為了增加 p-n 接面的崩潰電壓，我們希望能夠降低空乏區內的電場。例如降低半導體的摻雜濃度，使空乏區的寬度變寬（如使用 p-i-n 二極體的設計），因為在外加電壓一定時，空乏區變寬，電場就愈小，故較不易達到崩潰臨界電場，意即有較高的崩潰電壓。

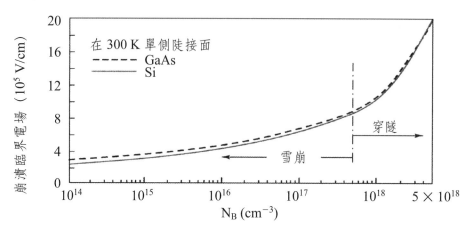

圖 2-24 在單側陡接面中,崩潰臨界電場和雜質摻雜濃度 N_B 的關係圖(取自 Sze[2])。

最後,我們來討論另一個對崩潰電壓的重要考量為接面的曲率效應 (curvature effect)。參照圖 2-25 中的插圖,當一個 p-n 接面藉由半導體上絕緣層窗口擴散(diffusion)或離子佈植(ion implantation)形成時,雜質會往下和兩旁擴散,因此接面的邊緣會包括一個有曲率而非平坦的區域。由於對一給定的外加電壓,這些不平坦的區域有較高的電場強度,所以接面崩潰會提早在這些不平坦的區域中發生,從而導致降低接面的崩潰電壓。由圖 2-25 可看出,當接面深度(junction depth)或曲率半徑(radius of curvature)x_j 愈小,則接面曲率效應愈顯著(即接面崩潰電壓愈小),尤其是對低摻雜濃度的接面更加明顯。

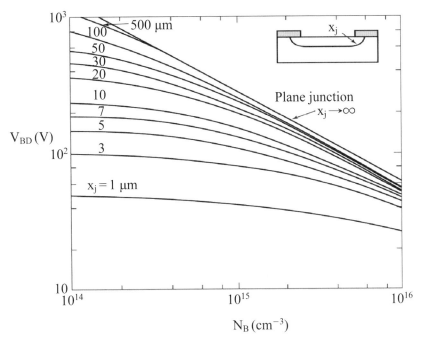

圖 2-25　單側陡接面之摻質側圖，其崩潰電壓 V_{BD} 對雜質濃度 N_B 和接面深度 x_j 的關係（取自 Muller & Kamins[4]）。

2.9 本章習題

1. 試述 p–n 接面的內建電位（built-in potential）V_{bi}，並利用圖 2-3 與式（2.1）說明內建電位隨摻雜濃度 N_A 與 N_D 的增加而變大。

2. 將如圖均勻摻雜之 n 型與 p 型矽半導體材料結合形成 p–n 接面後。請 (a) 畫出此 p–n 接面之能帶圖，(b) 於能帶圖中標示出 E_c、E_v、E_i、E_F、電場方向、和 V_{bi}，(c) 標示出作用於電子與電洞之擴散與漂移方向。

3. 均勻摻雜之 p 型與 n 型半導體形成如下圖的結構。(a) 當 $V_G = 0$ 時，畫出此結構之能帶圖，(b) 當 $V_G = 0.5V$ 時，畫出此結構之能帶圖。

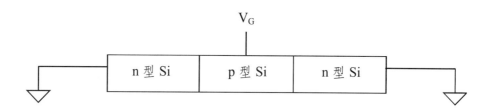

4. 試述（2.12）式的物理意義。

5. 若 W 為一個 p–n 接面在室溫時無外加偏壓下的空乏區寬度，且 W 於 p 側的部分為 x_p 與於 n 側的部分有 x_n。若 p 側與 n 側的摻雜濃度分別為 $4 \times 10^{18} \text{cm}^{-3}$ 與 10^{18}cm^{-3}，試求 W、x_p、與 x_n 之值。它們之間的比例關係為何？

6. 若施加一個 0.5V 的逆向偏壓於上題中的 p–n 接面，則上題的答案變為如何？

7. 試求第 5 題與第 6 題的接面電容（junction capacitance），與比較其大小關係。

8. 考慮在溫度爲 300K 時的某 n^+–p 矽單側陡接面具有 $N_A = 10^{16} cm^{-3}$ 與 $N_D = 10^{19} cm^{-3}$，請分別計算在零偏壓和逆向偏壓 2V 時的內建電位、空乏區寬度、接面電容、與最大電場，並檢視（2.24）式是否成立？

9. 何謂 Shockley 方程式？試以此方程式描述一個理想接面二極體的電流—電壓特性關係圖。

10. 簡述實際接面二極體中的崩潰現象與崩潰電壓（breakdown voltage）。

11. 知在溫度爲 300K 時的某 p^+–n 矽單側陡接面的 $N_A = 10^{19} cm^{-3}$，請利用圖 2-23 分別求當 $N_D = 10^{16} cm^{-3}$ 與 $N_D = 5 \times 10^{15} cm^{-3}$ 時之接面崩潰電壓。並利用得到的數據進一步驗證（2.74a）的近似關係式成立。

12. 利用圖 2-24 與（2.73）式，重複上一問題。

13. 於淺接面技術（shallow junction technique）對於短通道 CMOS 元件（註：將在第五章介紹）的重要性，請討論接面深度 xj 對接面崩潰電壓之影響。

14. 當 pn 二極體工作在逆向偏壓，會得到非常小的逆向飽和電流，約在 nA 至 pA 的電流值，請說明此逆向飽和電流的產生機制。　　　　（2012 年特考）

15. 請畫出以矽形成 p^+-i-n^+ 的二極體（其中 i 表示本質矽）於熱平衡下的能帶圖。

16. 具有均勻摻雜陡峭接面（abrupt junction）之 p^+-n 二極體，請說明如何以電容 - 電壓（C-V）量測技術，萃取如下參數：
   (1) n- 型區之施體摻雜濃度 $N_D = ?$
   (2) 內建電位能障，$qV_{bi} = ?$　　　　　　　　　　　　（2019 年特考）

17. 一個均勻摻雜的 pn 接合面濃度是 $n_a = 10^{19} cm^{-3}$ 以及 $n_d = 10^{14} cm^{-3}$。若 $n_i = 10^{10} cm^{-3}$，$kT/q = 0.026V$。
   (1) 當外加偏壓 V = 0 時，空乏區兩側邊緣的少數載子濃度分別是多少？
   (2) 當外加偏壓 V = 0.6V 時，空乏區兩側邊緣的少數載子濃度分別是多少？
   (3) 當外加偏壓 V = 0.6V 時，空乏區兩側邊緣的過量少數載子（excess minority carrier）濃度分別是多少？

(4)當外加偏壓 V = 0.6V 時,空乏區兩側邊緣的多數載子濃度分別是多少? （2010 年高考）

18. (1) 說明如何從一個 pn 二極體的順向偏壓 I-V 特性來得到逆向飽和電流（reverse saturation current）I_s。

(2)爲何不直接從 pn 二極體的逆向偏壓 I-V 特性得到逆向飽和電流,有何實際困難? （2012 年高考）

19. 有一均勻摻雜之矽半導體 pn 接面,若溫度 T = 300K,且其相關參數如下:電子擴散係數 D_n = 25cm^2/s、電洞擴散係數 D_p = 10cm^2/s、相同之施體與受體摻雜濃度 N_A = N_D = 10^{16}cm^{-3}、相同之電子與電洞生命週期 τ_{p0} = τ_{n0} = 5×10^{-7}s、本質載子濃度 n_i = 1.5×10^{10}cm^{-3}、單位電量 q = 1.6×10^{-19}C、波茲曼常數（Boltzmann's constant）k = 8.62×10^{-5}eV/K。試求:

(1) 此 pn 接面之逆向飽和電流密度 J_s = ?

(2)若 pn 接面之外加順向偏壓 V_a = 0.65V 時,其電流密度 = ?

（2020 年特考）

20. 請說明 p-n 接面因外加逆向偏壓導致接面崩潰（junction breakdown）時,常見之兩種物理機制。 （2018 年高考）

參考文獻

1. A.S. Grove, *Physics and Technology of Semiconductor Devices*, Wiley, New York, 1967.

2. S.M. Sze, *Semiconductor Devices-Physics and Technology*, 2nd edition, Wiley, New York, 2001.

3. S.M. Sze and G. Gibbons, "Avalance Breakdown Voltages of Abrupt and Linearly Graded p-n Junctions in Ge, Si, GaAs and GaP," *Appl. Phys. Lett.*, 8, 111 (1966).

4. R.S. Muller and T.I. Kamins, *Device Electronics for Integrated Circuits*, 3rd edition, Wiley, New York, 2003.

5. D.A. Neamen, *Semiconductor Physics and Devices*, 2nd edition, McGraw-Hill, New York, 1992.

6. B.G. Streetman and S. Banerjee, *Solid State Electronic Devices*, 5th edition, Prentice Hall, New Jersey, 2000.

7. R.F. Pierret, *Semiconductor Device Fundamentals*, Addison-Wesley, MA, 1996.

8. S.M. Sze and G. Gibbons, "Effect of Junction Curvature on Breakdown Voltages in Semiconductors," *Solid State Electron.*, 9, 831 (1966).

9. Y. Taur and T.H. Ning, *Fundamentals of Modern VLSI Devices*, Cambridge, New York, 1998.

10. S.L. Miller, "Ionization Rates for Holes and Electrons in Si," *Phys. Rev.*, 105, 1246 (1957).

11. W.H. Grant, "Electron and Hole Ionization Rates in Epitaxial Silicon at High Electric Fields," *Solid State Electron.*, 16, 1189 (1973).

12. A.G. Chynoweth, W.L. Feldmann, C.A. Lee, R.A. Logan, G.L. Pearson, and P. Aigram, "Internal Field Emission at Narrow Silicon and Germanium P-N Junctions," *Phys. Pev.*, 118, 425 (1960).

13. H.L. Armstrong, "A Theory of Voltage Breakdown of Cylindrical P-N Junctions with Applications," *IRE Trans. Electron Dev.*, ED-4, 15 (1957).

14. D.A. Neamen, *An Introduction to Semiconductor Devices*, McGraw-Hill, New York, 2006.
15. 應材半導體元件與良率分析講義，劉傳璽，民國 94 年七月。
16. 電子可靠性測試專業課程講義，劉傳璽，民國 94 年九月。

3 金氧半場效電晶體（MOSFET）的基礎

◆ MOS 電容的結構與特性

◆ 理想的 MOS（金氧半）元件

◆ 實際的 MOS（金氧半）元件

本章內容綜述

自從第一個金氧半場效電晶體（metal-oxide-semiconductor field effect transistor，簡稱 MOSFET）在 1960 年由 D. Kahng 和 M. M. Atalla 製作與驗證之後，MOSFET 便快速地發展，並且成為目前積體電路中最重要與應用最廣泛的元件。這是因為 MOSFET 具有相當小的面積、低消耗功率、與高的製造良率（yield）等優點。更重要的是，MOSFET 元件的尺寸能夠輕易地微縮，來提高元件積集度和增進元件的性能。

就 MOSFET 元件結構上來看，它是由一個金氧半（MOS）電容和兩個緊密鄰接的 p-n 接面所組成。因此，在討論 MOSFET 的操作與特性之前，讓我們先來檢視 MOS 電容器的結構與相關的物理基礎。

3.1 MOS 電容的結構與特性

金氧半（MOS）電容在半導體元件物理中佔有很重要的地位，除了因為它在研究半導體界面（interface）特性時很有用之外，它也是構成 MOSFET 元件的核心部分。圖 3-1 顯示為一個 MOS 元件的剖面結構圖。傳統上，先在半導體基板（substrate）上利用熱氧化（thermal oxidation）製程成長一層氧化物，再於此薄氧化層之上使用沈積（deposition）方式形成金屬層。其中金屬層又稱為閘極（gate），金屬可能是鋁或是一些其他形式的金屬；但是，在目前工業界上，沈積在氧化層上的通常是一個高導電率的複晶矽（polycrystalline silicon，簡稱 poly-Si）。關於 MOS 與 MOSFET 製造流程將在第六章介紹。另外，圖中的氧化層大部分是二氧化矽（SiO_2）形成的絕緣體，其主要的作用為隔絕電流通過。

在以下的討論中，我們先考慮 MOS 在理想情形下的特性，接著再將其他非理想條件下的實際（或近乎實際）狀況考慮進來。

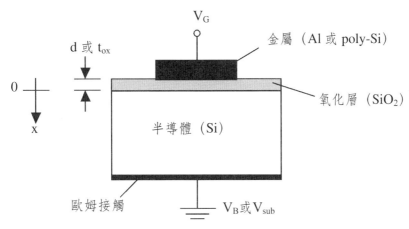

圖 3-1　金氧半（MOS）元件之剖面結構圖。

3.2　理想的 MOS（金氧半）元件

3.2.1　理想的 MOS 元件

　　如圖 3-1 所繪，MOS 電容器爲二端點元件：一爲連接到金屬層的閘極；另一個爲連接到半導體底部之歐姆接觸（ohmic contact）的極，稱爲 back contact 或 substrate contact，通常爲接地。在金屬層與半導體基底之間的爲氧化層，其厚度常以 d 或 t_{ox} 表示。V_G 爲施加於閘極的電壓，$V_G > 0$ 代表閘極相較於歐姆接觸爲正偏壓，而當 $V_G < 0$ 代表閘極相較於歐姆接觸爲負偏壓。

　　圖 3-2 所示爲一理想 p 型半導體基板之 MOS 電容在熱平衡（$V_G = 0$）狀態下的能帶圖，其中三種材料的費米能階 E_F 必須彼此對齊。功函數（work function）爲費米能階與眞空能階（vacuum level）之間的能量差，所以圖中的爲金屬的功函數，而 $q\phi s$ 爲半導體的功函數。$q\chi$ 稱爲半導體的電子親和力（electron affinity），爲半導體導電帶邊緣和眞空能階間的能差。$q\psi_B$ 爲費米能階 E_F 與本質費米能階 E_i 的能量差（注意：在此 ψ_B 的下標 B 意指半導體本體 bulk，以便與即將介紹的表面電位 ψ_S 作區分）。

　　理想 MOS 元件常有下列的假設：

　　(1) 在無外加偏壓時，金屬的功函數 $q\phi_m$ 和半導體的功函數 $q\phi_s$ 之能量差

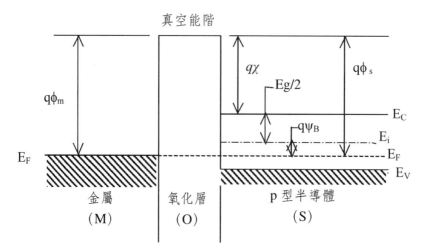

圖 3-2　熱平衡（$V_G = 0$）下，功函數差 $q\phi_{ms} = 0$ 之理想 MOS（在此之矽基板為 p 型）的能帶圖。

為零。意即，功函數差 $q\phi_{ms} = 0$。

$$q\phi_{ms} \equiv q\phi_m - q\phi_s = q\phi_m - (q\chi + \frac{E_g}{2} + q\psi_B) = 0 \qquad （3.1）$$

(2) 氧化層為理想絕緣體（perfect insulator）。在任何直流偏壓情況下，均無電流流過氧化層。

(3) 沒有任何電荷中心（charge center）缺陷存在於氧化層本體中或其界面。換言之，在外加偏壓下，存在於 MOS 中的電荷僅只為位於半導體中的電荷和鄰近氧化層的金屬表面上帶有等量但極性相反的電荷。

(4) 半導體是均勻地摻雜。

(5) 半導體背面的接觸為一理想的歐姆接觸。

(6) 僅考慮一維方向。參閱圖 3-1，視所有變數僅為 x 方向的函數。

當一理想 MOS 電容在沒有外加偏壓時的能帶圖如圖 3-2 所示。因為無外加偏壓，所以費米能階 E_F 彼此對齊，又由於假設金屬和半導體的功函數相等（$q\phi_{ms} = 0$），故三種材料的真空能階亦會對齊。所以圖 3-2 中，在半導體和氧化層中的能帶是平的，此稱為平帶狀態（flat-band condition）。然而，當外加偏壓施加於此理想 MOS 電容時，會使得半導體表面的能帶產生彎曲現象。

此能帶彎曲情形會隨著外加電壓大小與極性不同而有不同狀況發生如圖 3-3 所示。在討論圖 3-3 之前，讓我們先整理能帶圖的一些重要基本原則：第一，對一個理想的 MOS 而言，不管外加電壓值 V_G 為何，元件內均無電流流通，所以半導體內部的費米能階將維持為一常數；第二，就如同與 p-n 接面一樣

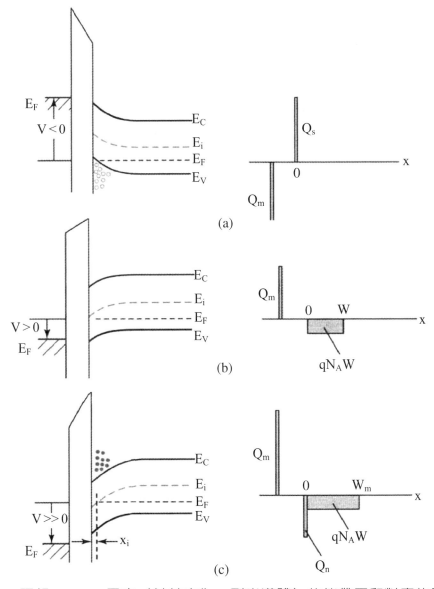

(a)

(b)

(c)

圖 3-3　理想 n-MOS 電容（其基底為 p 型半導體）的能帶圖和對應的電荷分布圖：(a) 聚積　(b) 空乏　(c) 反轉（取自 Sze[10]）。

（請參考圖 2-5），外加偏壓 V_G 會將 MOS 結構兩端的費米能階分開大小等於 qV_G，即：

$$E_F（金屬）- E_F（半導體）= -qV_G \qquad （3.2）$$

所以，我們可將金屬端和半導體端的費米能階想像成連接到外加偏壓的「把手」。當施加一偏壓於元件上，我們就握住兩個把手向上成向下調二端費米能階的相對位置。半導體底部接觸為接地（即 $V_B = 0$），因此半導體端把手的位置保持固定。至於金屬端的把手，當外加電壓 $V_G > 0$ 則向下移 qV_G；反之，當 $V_G < 0$ 則向上移 $|qV_G|$。第三，能障高度（barrier height）為不變量。也因如此，當金屬端的費米能階受到外加偏壓而向上或向下移動時，會造成半導體表面的能帶跟著向上或向下彎曲。至於金屬，因為金屬是等電位的，故不會發生能帶彎曲現象。

接下來，以 P 型半導體為基底的理想 n-MOS 電容為例，說明其偏壓在正或負的電壓下時，半導體表面可能會出現的三種情形：

(1) 聚積（accumulation）：如圖 3-3(a) 所示，將 p 型矽基底接地而一負電壓（$V < 0$）施加於金屬閘極上時，由於金屬端的費米能階 E_F 向上提升 $|qV|$，造成半導體中接近界面處的能帶向上彎曲（此乃因為能障高度是固定的）。由前面我們知道半導體的載子密度和 $(E_i - E_F)$ 的能量差成指數關係，

$$即：p_p = n_i e^{(E_i - E_F)/kT} \qquad （3.3）$$

所以半導體表面能帶向上彎曲時使得 $(E_i - E_F)$ 的能差變大，而增加了電洞的濃度，因此造成在氧化層與半導體界面的電洞堆積，此種情形稱為聚積（在遠離半導體表面的電洞濃度則等於原 p 型基底之摻雜濃度 N_A）。其所對應的電荷分布亦顯示於圖 3-3(a) 的右側，其中 Q_s 為半導體中每單位面積的正電荷量與 Q_m 為金屬中每單位面積的負電荷量（注意，由理想 MOS 的第三個假設可知 Q_s 和 Q_m 為極性相反但具等量的電荷）。觀念上，聚集在 $S_iO_2 - S_i$ 界面的超量電洞（正的電荷）

可想像爲受到施加於閘極上負電壓的吸引所致；而在 MOS 電容的金屬端也必須有等量的負電荷才可維持電荷中性（charge neutrality）。

(2) 空乏（depletion）：相反地，當外加一個小的正電壓（V > 0）於理想 MOS 的閘極上時，金屬端的費米能階向下降低 qV，使得半導體表面的能帶跟著向下彎曲如圖 3-3(b) 顯示。此時，因爲半導體表面 $(E_i - E_F)$ 的能量差小於半導體內部的能量差，故由（3.3）式可知半導體表面的電洞濃度小於半導體內部的電洞濃度 N_A，這種情況稱爲空乏。（換言之，伴隨著 p 型或 n 型半導體表面能帶分別向下或向上彎曲而使得半導體表面的多數載子形成空乏，稱爲空乏情形。）同樣在觀念上可想像，於 $S_iO_2 - S_i$ 界面的電洞形成空乏是因受到閘極上的正電壓排斥引起。接下來之討論類似在第二章學過的 p-n 接面空乏區（或稱之爲空間電荷區）的情況，原先在 $S_iO_2 - S_i$ 界面的電洞離開半導體表面造成空乏也同時留下帶負電的受體原子，此負電荷是不會移動的空間電荷。圖 3-3(b) 右方顯示的即爲半導體中單位面積之空間電荷 Q_{sc}，亦即爲空乏區內的電荷：

$$Q_{sc} = -qN_AW \qquad\qquad （3.4）$$

其中 W 爲表面空乏區的寬度；同樣地，爲了維持電荷中性，在金屬端同時也存在等量的正電荷 Q_m（然而此正電荷是可移動的）。當外加偏壓繼續增加時，半導體表面的能帶便更向下彎曲，可使得表面的本質費米能階 E_i 等於費米能階 E_F，在此時半導體表面可視爲本質半導體（intrinsic semiconductor），其導電帶中的電子濃度等於價電帶中的電洞濃度，即 $n = p = n_i$。

(3) 反轉（inversion）：繼續上面電洞空乏的條件，當所加的正電壓不斷升高時，半導體表面能帶向下彎曲的幅度愈大，使得表面的 E_i 越過 E_F 如圖 3-3(c) 所示。此時，半導體表面的電子濃度大於電洞濃度，且電子濃度的大小爲：

$$n_p = n_ie^{(E_F - E_i)/kT} \qquad\qquad （3.5）$$

由上式知表面電子濃度 n_p 大於；而由（3.3）式可知表面的電洞濃度 p_p 則小於 n_i。於上述情形中，當 p 型矽基底表面的電子數（電子應為少數載子）大於電洞數（電洞應為多數載子）時，這時矽表面由 p 型變成 n 型，此即為所謂的反轉情形。需注意的是，當半導體表面剛發生反轉時，表面的電子濃度雖然比表面的電洞濃度大，但仍然比半導體內部的電洞濃度來得小，所以此時半導體表面是處於弱反轉（weak inversion）的狀態。當外加電壓持續增加，造成矽表面的能帶更加向下彎曲，使得表面的電子濃度等於 p 型矽基底內部的電洞濃度，開始產生強反轉（strong inversion）。一旦強反轉發生，半導體中大部分額外的負電荷是由電子在很窄的 n 型反轉層（inversion layer）中產生的電荷 Q_n 所組成，如圖 3-3(c) 所示，其中 x_i 為反轉層的寬度，其通常是遠小於表面空乏區的寬度。而且，一旦達到強反轉狀況，空乏區的寬度就會達到最大值 W_m 而不再增加，即使持續加大閘極上的電壓，只會增加反轉層內的電荷，這是因為當能帶向下彎曲到足以發生強反轉時，即使只是小小的增加能帶彎曲程度，也會使得反轉層中電荷 Q_n 的急劇增加。因此，在強反轉的情況下，半導體中每單位面積的電荷 Q_s 是由反轉層中的電子電荷 Q_n 與空間電荷 Q_{sc} 二部分所構成：

$$Q_s = Q_n + Q_{sc} \qquad (3.6)$$

而單位面積的空間電荷密度為：

$$Q_{sc} = -qN_AW_m \qquad (3.7)$$

其中 W_m 為表面空乏區寬度的最大值。特別強調，上述很薄的 n 型矽表層不是經由摻雜來形成，而是藉由外加閘極電壓使原本 p 型的矽基底表面產生反轉。此反轉層是造成 MOSFET 電流流動的導通通道（channel），因此在討論 MOSFET 的操作原理與元件特性時是非常重要的觀念。

　　圖 3-4 為 p 型半導體表面產生強反轉時更詳細的能帶圖。為了方便描述半導體表面附近能帶彎曲的程度，我們可定義一個電位來表示在半導體內任一點 x 的能帶彎曲：

$$\psi(x) = \psi_i(x) - \psi_i(x = \infty) \tag{3.8}$$

　　其中 $\psi_i(x = \infty)$ 為定義在半導體本體的參考電位，其值為零；而令 x = 0 可定義出在半導體表面的電位 $\psi = \psi(0) \equiv \psi_S$，其中 ψ_S 稱為表面電位（surface potential）。由以上的定義，當 $\psi_S = 0$ 時，此理想 n-MOS 電容的能帶完全沒有彎曲，是處於平帶狀態，其能帶圖就如圖 3-2 所示。當 $\psi_S < 0$ 時，半導體能帶向上彎曲，半導體表面有電洞堆積，如圖 3-3(a) 顯示。同理，當 $\psi_S > 0$ 代表半導體能帶往下彎曲，此亦表示有一正偏壓施加於金屬閘極上；接下來，我們依此正偏壓的大小將此能帶向下彎曲的情形作進一步的討論。

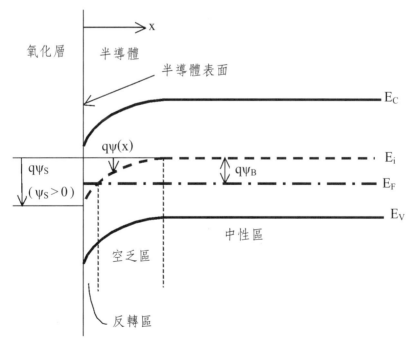

圖 3-4　p 型半導體表面產生強反轉（$\psi_S = 2\psi_B$）時之能帶圖。

　　當外加偏壓為一小的正電壓時，$\psi_B > \psi_S > 0$，半導體表面能帶向下彎曲就如圖 3-3(b) 所示，此時半導體表面呈現電洞空乏狀況。當外加正電壓足夠大，使得 $\psi_S = \psi_B$ 時，半導體表面是為本質半導體狀態。最後，當 $\psi_S > \psi_B$ 時，半導體表面處的 E_i 越過 E_F 如圖 3-3(c) 的能帶圖所示，半導體表面發生反轉。上述對 P 型半導體表面電位與表面電荷狀態間的關係整理於表 3-1 中。

表 3-1　p 型矽半導體表面電位與表面狀態之關係

半導體表面電位			表面狀況	表面載子濃度[註]
$\psi_S = 0$			平帶狀態	$p_S = N_A$
$\psi_S < 0$（能帶向上彎曲）			電洞聚積	$p_S > N_A$
$\psi_S > 0$（能帶向下彎曲）	$\psi_B > \psi_S > 0$		電洞空乏	$n_i < p_S < N_A$
	$\psi_S = \psi_B$		本質半導體	$p_S = n_S = n_i$
	$\psi_S > \psi_B$（反轉）	$2\psi_B > \psi_S > \psi_B$	弱反轉	$p_S < n_i < n_S < N_A$
		$\psi_S = 2\psi_B$	產生強反轉臨界點	$n_S = N_A$
		$\psi_S > 2\psi_B$	強反轉	$n_S > N_A$

註：n_s 為半導體表面電子濃度；p_s 為半導體表面電洞濃度。

　　表 3-1 亦列出半導體表面在不同表面電位下的載子濃度關係，以及將 $\psi_S = 2\psi_B$ 設定為判斷弱反轉與強反轉的準則說明如下。經由（3.8）式所定義的電位，我們可將 p 型半導體中電洞濃度（3.3）式與電子濃度（3.5）式改寫為：

$$n_p = n_i e^{q(\psi - \psi_B)/kT} \tag{3.9a}$$

$$p_p = n_i e^{q(\psi_B - \psi)/kT} \tag{3.9b}$$

　　其中當能帶向下彎曲時（例如圖 3-4）ψ 為正，且半導體表面的載子濃度為：

$$n_S = n_i e^{q(\psi_S - \psi_B)/kT} \tag{3.10a}$$

$$p_S = n_i e^{q(\psi_B - \psi_S)/kT} \tag{3.10b}$$

　　當 ψ_S 大於 ψ_B 時，半導體表面即發生反轉。但是，我們仍需要一個準則作爲判定強反轉的起始點，因爲強反轉的觀念對元件特性是很重要的（舉例來說，MOS 的臨界電壓是定義在剛發生強反轉時所需的外加閘極電壓）。一個簡單又常用的（但不是唯一）準則爲當半導體表面電子濃度等於 p 型矽基板摻雜濃度，即：

$$n_S = N_A \qquad (3.11)$$

另外，矽基板的雜質濃度可表示爲：

$$N_A = n_i e^{(E_i - E_F)/kT} = n_i e^{q\psi_B/kT} \qquad (3.12)$$

由上式，可得到：

$$\psi_B = \frac{kT}{q} \ell n\left(\frac{N_A}{n_i}\right) \qquad \text{for p-type semiconductor} \qquad (3.13a)$$

同理，使用相同的推導方式可得到對 n 型矽基板的表示式：

$$\psi_B = -\frac{kT}{q} \ell n\left(\frac{N_D}{n_i}\right) \qquad \text{for n-type semiconductor} \qquad (3.13b)$$

　　由（3.13）式可知 p 型矽基板的 ψ_B 爲正值，而 n 型矽基板的 ψ_B 爲負值。經由式（3.10a）、（3.11）和（3.12），我們可得到 p 型半導體發生強反轉的條件爲：

$$\psi_S（強反轉）= 2\psi_B = \frac{2kT}{q} \ell n\left(\frac{N_A}{n_i}\right) \qquad \text{for p-type semiconductor} \qquad (3.14a)$$

同理，n 型半導體發生強反轉的條件爲：

$$\psi_S（強反轉）= 2\psi_B = -\frac{2kT}{q} \ell n\left(\frac{N_D}{n_i}\right) \qquad \text{for n-type semiconductor} \qquad (3.14b)$$

式（3.14a）表示當 P 型半導體要發生強反轉，外加的正電壓要足夠大到使其表面能帶向下彎曲至表面電位 ψ_S 等於二倍的 ψ_B（但對 n 型半導體 ψ_B 為負值，外加電壓要為負電壓使表面能帶向上彎曲 $2\psi_B$）如圖 3-4 所繪：其中所需的第一個 ψ_B 將能帶下彎至達到本質的條件（即表面處的 E_i 等於 E_F），而第二個 ψ_B 再將能帶更加下彎達到強反轉狀態。另外需注意一點的是，（3.14）式亦顯示矽基板的摻雜雜質濃度影響 $2\psi_B$ 之值，而這也同時改變 MOS 臨界電壓（threshold voltage）V_T 的大小（臨界電壓將在 §3.1.2 節中介紹）。舉一典型的基板摻雜濃度為例，若 N_A 由 $10^{16}cm^{-3}$ 提高到 $10^{18}cm^{-3}$ 會使 $2\psi_B$ 從 0.70V 變動到 0.94V。

接下來推導當 p 型半導體表面處於空乏情況時，空乏層寬度 W 與表面電位 ψ_S 的關係式。我們將採用於第二章中分析 p-n 接面時所用的空乏近似法。由波松（Poisson）方程式可求解出為距離函數的電位 $\psi(x)$：

$$\frac{d^2\psi(x)}{dx^2} = -\frac{dE(x)}{dx} = -\frac{\rho(x)}{\varepsilon_s} \tag{3.15}$$

其中 $\psi(x)$ 為（3.8）式所定義的電位，$E(x)$ 為電場，ε_s 為半導體的介電係數，而 $\rho(x)$ 為位於 x 處的單位體積電荷密度。當半導體空乏時，其空乏區內的電荷密度可近似為：

$$\rho(x) = -qN_A \qquad \text{當 } 0 \leq x \leq W \tag{3.16}$$

將（3.16）式代入（3.15）式，並對（3.15）式積分與使用邊界條件 x = W 處的電場強度為零，可得到：

$$E(x) = -\frac{d\psi(x)}{dx} = \frac{qN_A}{\varepsilon_s}(W - x) \qquad \text{當 } 0 \leq x \leq W \tag{3.17}$$

再對（3.17）式積分與使用邊界條件 x = W 處的電位 ψ 等於零，產生：

$$\psi(x) = \frac{qN_A}{2\varepsilon_s}(W - x)^2 \qquad \text{當 } 0 \leq x \leq W \tag{3.18}$$

最後，依表面電位的定義 $\psi(x=0)=\psi_S$ 代入（3.18）式得到：

$$\psi_S = \frac{qN_AW^2}{2\varepsilon_s} \qquad （3.19）$$

或表示為空乏層的寬度：

$$W = \left(\frac{2\varepsilon_s\psi_S}{qN_A}\right)^{1/2} \qquad （3.20）$$

注意，此空乏區寬度與求單側 n^+-p 陡接面的相同（即空乏區是幾乎完全延伸進入 p 型半導體）。

由（3.20）式亦可知，在達到強反轉前，空乏區的寬度隨著外加閘極電壓的增加而增加；但一旦發生強反轉時，就如之前所討論的，空乏區寬度就達到一最大值 W_m：

$$W_m = \left\{\frac{2\varepsilon_s(2\psi_B)}{qN_A}\right\}^{1/2} = \left\{\frac{4\varepsilon_s kT}{q^2N_A}\ell n\left(\frac{N_A}{n_i}\right)\right\}^{1/2} \qquad （3.21）$$

此時，空乏區內的空間電荷為：

$$Q_{sc} = -qN_AW_m = -\left\{4\varepsilon_s N_A kT\ell n\left(\frac{N_A}{n_i}\right)\right\}^{1/2} \qquad （3.22）$$

其值為負是因為空乏層中的電荷為電洞離開後形成空乏，並留下未受補償的負受體離子。

同樣地，對 n 型矽基板有類似的表示式如下：

$$W_m = \left\{\frac{2\varepsilon_s(2\psi_B)}{-qN_D}\right\}^{1/2} = \left\{\frac{4\varepsilon_s kT}{q^2N_D}\ell n\left(\frac{N_D}{n_i}\right)\right\}^{1/2} \qquad （3.23）$$

與由未受補償的正施體離子形成之最大空間電荷：

$$Q_{sc} = qN_DW_m = \left\{4\varepsilon_s N_D kT\ell n\left(\frac{N_D}{n_i}\right)\right\}^{1/2} \qquad （3.24）$$

　　圖 3-5 是以矽基板在室溫下為例，繪出最大空乏區寬度（W_m）與基板摻雜濃度（N_A 或 N_D）的關係，其顯示出 W_m 和 p-n 接面之空間電荷區寬度有相同的數量級。

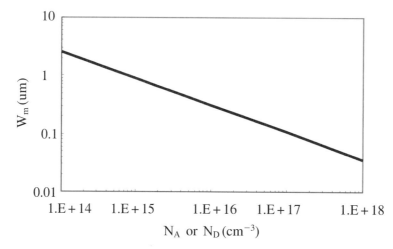

圖 3-5　矽半導體在強反轉情況下，最大空乏區寬度對基板雜質濃度之關係。

3.2.2　理想 MOS 的臨界電壓與 C-V 特性

　　在 §3.1.1 節中，我們以半導體表面電位 ψ_S 來描述矽基板的表面狀態如表 3-1 所示。雖然 ψ_S 是無法直接量測的，但其可由外加閘極電壓 V_G 來決定與控制，故在這小節一開始先討論 V_G 和 ψ_S 的關係。圖 3-6 為一個理想 n-MOS 電容在閘極電壓 $V_G > 0$ 時，p 型矽基底表面發生反轉時的能帶圖與電荷分布情形。很清楚地，在沒有任何功函數差時，外加電壓的一部分會跨降在氧化層上，而另一部分則會在半導體上成為半導體的表面電位，所以：

$$V_G = V_{ox} + \psi_S \qquad （3.25）$$

　　其中 V_{ox} 為跨在氧化層上的壓降。又理想的 MOS 電容假設氧化層為一理想絕緣體沒有任何電荷中心存在於氧化層中，所以跨降在氧化層的電壓可由下式表示：

$$V_{ox} = \frac{Q_m}{C_{ox}} = -\frac{Q_s}{C_{ox}} \qquad （3.26）$$

其中 Q_m 為金屬閘極上每單位面積的電荷量；Q_s 為半導體中每單位面積的電荷量，其由反轉層中的電荷 Q_n 和空乏層中的電荷 Q_{sc} 所構成如（3.6）式所表示；C_{ox} 為每單位面積的氧化層電容（oxide capacitance）等於：

$$C_{ox} = \frac{\varepsilon_{ox}}{t_{ox}} \qquad （3.27）$$

其中 ε_{ox} 與 t_{ox} 分別為氧化層的介電常數和厚度。

將（3.26）式與（3.27）式代入（3.25）式可得到：

$$V_G = -\frac{Q_s}{C_{ox}} + \psi_s = -\frac{Q_s t_{ox}}{\varepsilon_{ox}} + \psi_s \qquad （3.28）$$

注意式（3.28）中的 Q_s 前有一個負號，這是因為 Q_m 和 Q_s 為等量但極性相反的電荷。例如對圖 3-6 的理想 MOS，當正偏壓 V_G 施於閘極上將導致負的 Q_s。

由（3.28）式，我們可以得到理想狀況下（即 $\phi_{ms} = 0$ 與不考慮氧化層內陷阱電荷的影響）MOS 元件的臨界電壓。臨界電壓（threshold voltage）V_T 是定義在達到強反轉狀態時所需要的閘極電壓。又由 §3.1.1 節的討論可知強反轉是發生在（3.14）式中所定義的表面電位，而且空乏區寬度達到最大值 W_m 不再隨施加電壓的增加而增加，此時空乏區內的空間電荷亦達到最大值，如式（3.22）或（3.24）表示（雖然仍存在一個小的 Q_n 於反轉層中，但基本上可假設為 0）。所以臨界電壓可表示如下：

$$V_T = \frac{-Q_{sc}}{C_{ox}} + 2\psi_B = \frac{-Q_{sc} t_{ox}}{\varepsilon_{ox}} + 2\psi_B （理想狀況下） \qquad （3.29）$$

將（3.14a）、（3.21）和（3.22）式代入上式，可得到理想 n-MOS 的 V_T 表示式：

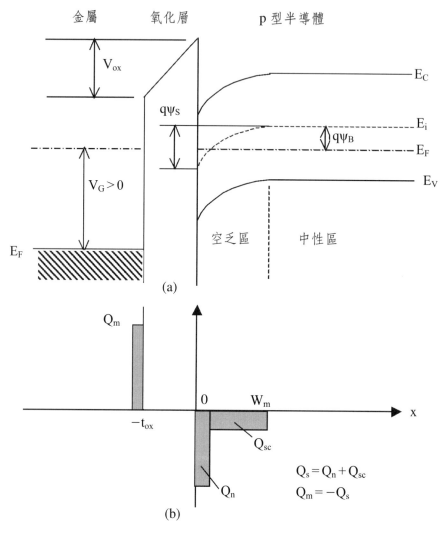

圖 3-6 (a) 理想 MOS 電容（在此之矽基底為 p 型）在正閘極偏壓下的能帶圖 (b) 反轉情況下的電荷分布。

$$V_T = 2\psi_B + \frac{qN_AW_m}{C_{ox}} = 2\psi_B + \frac{\sqrt{2\varepsilon_s qN_A(2\psi_B)}}{C_{ox}} \qquad （3.30a）$$

同理，將（3.14b）、（3.23）和（3.24）式代入，可得到理想 p-MOS 的 V_T 表示式：

$$V_T = 2\psi_B - \frac{qN_DW_m}{C_{ox}} = 2\psi_B - \frac{\sqrt{2\varepsilon_s qN_D(-2\psi_B)}}{C_{ox}} \qquad （3.30b）$$

從理想 MOS 的 V_T 表示式不難看出：對一選定的半導體材料（故 ε_s 固定）、氧化層材料（ε_{ox} 固定）、以及金屬閘極材料而言，臨界電壓是半導體摻雜濃度（N_A 或 N_D）和氧化層厚度（t_{nx}）的函數。例如 n-MOS 的臨界電壓基本上是隨著 p 型矽基底之雜質濃度或氧化層厚度的增加而增加（即 V_T 往正的方向增加）。

須提醒的是，式子（3.29）和（3.30）是在理想狀況下 MOS 的臨界電壓，我們假設金屬功函數和半導體功函數差為零以及無陷阱電荷存在於氧化層中（我們將在 §3.3.2 節中把這二個情況考慮進來）。

接下來，我們將探討 MOS 元件的理想 C-V（電容—電壓）特性。MOS 的電容對電壓關係之量測通常是在一個直流閘極偏壓下，加上一個小的測試電壓訊號（大約 5 到 15mV），再利用偵測到的交流電流來得到在此閘極偏壓下的電容值，如圖 3-7(a) 所示為一理想 n-MOS 結構之典型高頻電容對閘極電壓特性圖。圖中高頻（high frequency）一般意指測試電壓訊號的頻率大於約為 100kHz 的數量級；而低頻（low frequency）則約為 1 至 100Hz 的值。下面繼續解釋圖 3-7 之 C-V 特性曲線與推導相關公式。

MOS 元件的總電容 C 是由氧化層電容 C_{ox} 和半導體的空乏層電容 C_s 的串聯而成，如圖 3-8 顯示：

$$C = \frac{C_{ox}C_s}{C_{ox} + C_s} \qquad （3.31）$$

其中 C_{ox} 由式（3.27）所定義；而 $C_s = \varepsilon_s/W$，與 p-n 接面的接面電容有相同的表示式，故 C_s 亦常以 C_j 表示之。須提醒讀者，我們所討論的電容是指每單位面積下的電容值。而且，由式（3.27）可知一旦氧化層決定後，C_{ox} 為一定值，不會隨閘極電壓 V_G 改變；然而，由於 C_s 會隨著空乏區寬度 W 的改變而改變，故其為 V_G 的函數。式（3.31）可改寫為：

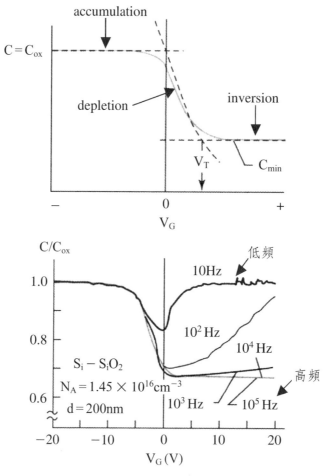

圖 3-7　(a) 理想 n-MOS（其矽基板為 p 型）之高頻 C-V 特性曲線，虛線顯示近似部分　(b) 頻率對 C-V 曲線的影響（取自 Grove[11]）。

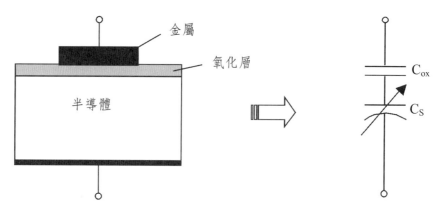

圖 3-8　MOS 電容器的簡單等效電路。

$$\frac{C}{C_{ox}} = \frac{1}{1 + \dfrac{\varepsilon_{ox}W}{\varepsilon_s t_{ox}}} \tag{3.32}$$

另外，由（3.25）與（3.26）式可得到：

$$\psi_S = V_G + \frac{Q_s}{C_{ox}} = V_G - \frac{qN_AW}{\dfrac{\varepsilon_{ox}}{t_{ox}}} \tag{3.33}$$

而且，表面電位 ψ_S 與空乏區寬度 W 亦可由式（3.19）表示，即：

$$\psi_S = \frac{qN_AW^2}{2\varepsilon_s} \tag{3.34}$$

由（3.33）與（3.34）式，消去 ψ_S 可得到 W 的二次方程式：

$$W^2 + \frac{2\varepsilon_s t_{ox}}{\varepsilon_{ox}}W - \frac{2\varepsilon_s V_G}{qN_A} = 0 \tag{3.35}$$

求解上面的二次方程式，可得到：

$$W = -\frac{\varepsilon_s t_{ox}}{\varepsilon_{ox}} + \sqrt{\frac{\varepsilon_s{}^2 t_{ox}{}^2}{\varepsilon_{ox}{}^2} + \frac{2\varepsilon_s V_G}{qN_A}} \tag{3.36}$$

將（3.36）式代入（3.32）式，可得到 MOS 元件的電容公式如下：

$$\frac{C}{C_{ox}} = \frac{1}{\sqrt{1 + \dfrac{2\varepsilon_{ox}{}^2 V_G}{qN_A\varepsilon_s t_{ox}{}^2}}} \tag{3.37}$$

從（3.32）或（3.37）式可看出由 C_{ox} 和 C_s 串聯而成的 MOS 電容是閘極電壓 V_G 的函數，所以我們還是依不同的 V_G 而可能出現的三種半導體表面狀態（即圖 3-3 顯示的聚積、空乏、與反轉）來討論圖 3-7：

(1) 聚積：在聚積操作模式下（即 $V_G < 0$），聚集在半導體表面的電洞與

閘極上等量的負電荷基本上構成我們所熟悉的平行板電容器，因此單位面積的 MOS 電容很接近氧化層電容。而且，在此模式下並無空乏區，故可將（3.32）式中的 W 視為零，得到 $C = C_{ox} = \dfrac{\varepsilon_{ox}}{t_{ox}}$。

(2) 空乏：當圖 3-7(a) 中的 V_G 往正的方向逐漸增加但尚未達到臨界電壓 V_T 前，半導體內的空乏區寬度 W 會隨著 V_G 的增加而逐漸增大，使得 C_s 變小，並且導致總電容變小。換言之，在空乏模式下，MOS 的電容是隨著閘極電壓的增加而降低，如式（3-37）所示。

(3) 反轉：當圖 3-7(a) 中的 V_G 大於臨界電壓 V_T 時，空乏區寬度達到最大值 W_m 如（3.21）式所表示，此時空乏層電容 $C_s = \varepsilon_s / W_m$ 也為最小值，所以 MOS 的電容亦達到（3.32）式中之最小值：

$$C = C_{min} = \frac{C_{ox}}{1 + \dfrac{\varepsilon_{ox} W_m}{\varepsilon_s t_{ox}}} \qquad (3.38)$$

請注意，此時半導體表面是處於強反轉狀況如圖 3-3(c) 顯示，雖然由圖中可知反轉層電荷 Q_n 是在半導體表面處（故讀者容易誤認就如同聚積模式一樣，其總電容是由氧化層電容 C_{ox} 所主控），然而此反轉層電荷是由少數載子（電子）所構成。實際上，少數載子無法跟得上高頻測試電壓的改變；換言之，在高頻 C-V 量測時，少數載子對反轉層電荷的充放電跟不上交流測試電壓訊號的改變。因此在如圖 3-7(a) 的高頻量測下，當 $V_G > V_T$ 時，MOS 的總電容仍保持在（3.38）式的 C_{min}，不會再隨著 V_G 的增加而改變。然而，在另一個極端，於低頻量測時，少數載子電子的產生（generation）與復合（recombination）速率可以跟得上交流測試電壓的頻率改變，因此表面反轉層中的電荷會隨著量測信號的改變而作同步的電荷交換。此種情況就類似前面所討論的聚積模式，其總電容是 C_{ox} 由主控，所以於圖 3-7(b) 中的低頻量測時，在強反轉條件下所量得的電容幾乎等於氧化層電容 C_{ox}。圖 3-7(b) 亦顯示在不同頻率下所量到 MOS 元件的 C-V 曲線。

下面，我們再提出二點重要討論，供讀者在實務上的應用。第一，在強

反轉情況下，經由量測高頻與低頻電容，可以同時求解得到半導體的空乏層電容 C_s 與氧化層電容 C_{ox}；而且再經由（3.27）式，我們可以從 C_{ox} 推算出另一個重要的參數 t_{ox}（氧層厚度）。第二，雖然前面已說明在高頻量測時，強反轉下所量到的 MOS 電容等於 C_{min}；然而，在相同的量測條件下（即強反轉時的高頻電容），量得 MOSFET 元件（關於 MOSFET 的結構，請參閱 §4.1 節）的電容值亦幾乎等於 C_{ox}，這是因為 MOSFET 元件的源極（source）和汲極（drain）區域能夠快速地提供源源不絕的反轉層（即通道）電荷。這點在實務上是蠻有用的，因為 MOS 在強反轉下的低頻電容有時不易量得或不穩定（類似圖 3-7 中的低頻 C-V 曲線發生抖動現象），此時我們可經由量測 MOSFET（但必須與 MOS 有相同的氧化層厚度）的高頻電容來間接得到 MOS 電容於強反轉下的低頻電容值 C_{ox}。

　　最後，我們將以上對 n-MOS 元件在不同電容量測情況下的電荷變化情形整理於圖 3-9，其中 (a) 是在聚積模式下、(b) 是在空乏模式下、(c) 為反轉時的低頻量測、以及 (d) 為反轉時的高頻量測。如前所述，在多數載子累積的條件下如圖 3-9(a) 所示，MOS 元件隨著小訊號的改變會造成電荷Δ Q 在氧化層的二側增加或減少，因此 MOS 總電容很接近氧化層電容。而在空乏操作模式時，由於閘極電壓 V_G 為正，使得半導體表面的空乏區向半導體內部延伸，所以受到交流測試訊號的改變而造成電荷的變化量Δ Q 如圖 3-9(b) 顯示，直到閘極電壓加到使半導體表面產生強反轉。在強反轉下的低頻量測時，因為反轉層中的電荷會跟著小訊號作同步的電荷交換，所以電荷的變化量Δ Q 如圖 3-9(c) 所示，故 MOS 電容很接近氧化層電容；反之，在強反轉下的高頻量測時，由於反轉層電荷跟不上高頻測試訊號，所以電荷變化量Δ Q 如圖 3-9(d) 顯示，故 MOS 的總電容達到最小值 C_{min}。

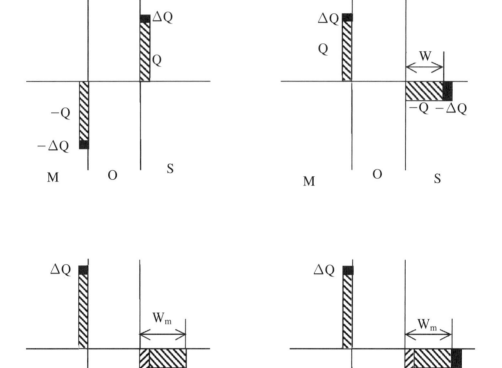

圖 3-9　理想 n-MOS（為 p 型矽基底）於不同 C-V 量測條件下之電荷改變情形：
(a) 電洞累積　　(b) 電洞空乏　　(c) 反轉時低頻量測　　(d) 反轉時高頻量
測。

3.3　實際的 MOS（金氧半）元件

3.3.1　實際狀況的 MOS 元件

前面所探討的 MOS 元件是假設在理想的條件下，且其於熱平衡時的能帶
圖顯示於圖 3-2，圖中假設金屬和半導體的功函數差 $q\phi_{ms}=0$ 而且氧化層內部或

其界面沒有任何電荷中心缺陷。然而，對於常用的 MOS 元件（例如，n^+ poly-Si 閘極 /SiO_2/p-type Si 基板）來說，功函數差 $q\phi_{ms}$ 通常不等於零，而且在成長氧化層的過程中會或多或少地使氧化層內部或其界面處存在一些我們不想要的電荷。上面所舉出非理想情況下二個常見的例子會影響理想 MOS 的特性，例如臨界電壓 V_T 和電容—電壓（C−V）特性。

我們先來討論功函數差（work function difference）。於 §3.1.1 節中曾定義過材料的功函數為費米能階與真空能階間的能量差，因此半導體的功函數 $q\phi_s$ 會隨著摻雜濃度的不同而改變（例如圖 3-2 中 P 型半導體的 $q\phi_s$ 會隨著摻雜濃度 N_A 的增加而變大）。所以，對於一個有固定功函數 $q\phi_m$ 之特定金屬而言（例如鋁的功函數約等於 4.1eV），其與半導體間的功函數差 $q\phi_{ms} \equiv (q\phi_m - q\phi_s)$ 亦將隨著半導體摻雜濃度的不同而改變。在較舊的 MOS 製程中，鋁為最常用的金屬閘極之一；但目前工業界廣泛使用的金屬閘極材料則為重摻雜（heavily doped）的 n 型複晶矽（記作 n^+ poly-Si）與 p 型複晶矽（記作 p^+ poly-Si）。在實務上，當 n^+ poly-Si 被使用為金屬閘極時，可以 $E_F \cong E_C$ 近似；當 p^+ poly-Si 為金屬閘極時，則以 $E_F \cong E_V$ 近似。又矽的電子親和力（對照圖 3-2，其定義為真空能階與導電帶邊緣 E_C 的能量差）約等於 4.05eV，所以 n^+ 與 p^+ 複晶矽當作金屬閘極材料時，其功函數 $q\phi_m$ 分別大約為 4eV 與 5.1eV。圖 3-10 顯示對各種閘極材料，其與矽基板間的功函數差為基板摻雜濃度（以 N_B 表示）的函數。以下舉一例說明：現行p-MOSFET（P型金氧半場效電晶體）的製作方式大多採用 p^+ poly-Si 當作閘極，搭配 n 型矽基底（其原理將於 §4.1 節中介紹）。由圖 3-10 可看出（圖中最上方之虛線），當 n 型基板摻雜濃度增加會使得 $q\phi_{ms}$ 的值變得更正（這是因為當 n 型基板中的摻雜量 N_D 增加，會使費米能階 E_F 更靠近 E_C，故矽基板的功函數 $q\phi_s$ 跟著變小）。

同理，由於目前 n-MOSFET 的製作大多以 n^+ poly-Si 為閘極而矽基底為 p 型，所以當增加基板雜質濃度 N_A 會使半導體基板的費米能階 E_F 更靠近 E_V，導致矽基板的功函數 $q\phi_s$ 隨之增加，也同時使得 $q\phi_{ms}$ 值變得更負如圖 3-10 中最下方之虛線所顯示。

下面，我們來建立 MOS 電容器的能帶圖（以功函數差 $q\phi_{ms} < 0$ 為例）。首先，我們想像如圖 3-11(a) 中一個獨立金屬和一個獨立半導體之間有一層氧化物 SiO_2 的結構，在此各自孤立的狀態下，所有能帶都是水平的，此即為前

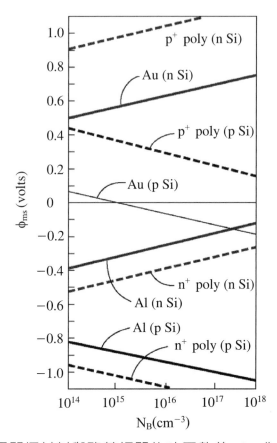

圖 3-10　各種金屬閘極材料與矽基板間的功函數差 $q\phi_{ms}$ 為基板雜質濃度 N_B（N_A 或 N_B）的函數（取自 Neamen[17] 與 Singh[18]）。

面提及的平帶狀態。接著，我們考慮將此三個獨立的材料接觸在一起的情況（提醒讀者，真實的 MOS 並不是如此分開製作的；這兒的討論是幫助能帶圖觀念之建立）。在沒有外加電壓（$V_G = 0$）達到熱平衡時，與前面討論的 p-n 接面一樣（見圖 2-3），費米能階 E_F 為一定值故必須左右對齊。又真空能階是為連續，因此為了調節功函數差，半導體表面能帶必須向下彎曲如圖 3-11(b) 所示，而且氧化層的能帶有一傾斜也代表有一電場存在。因此在熱平衡時，金屬帶正電，而半導體表面帶負電，並且同時會感應出一個方向由正電荷指向負電荷的電場（即圖中所繪氧化層內有一方向指向右方的電場）。順便一提，如果 $q\phi_{ms}$ 足夠負的話，即使沒有外加偏壓，圖 3-11(b) 亦可能發生如圖 3-3(c) 的

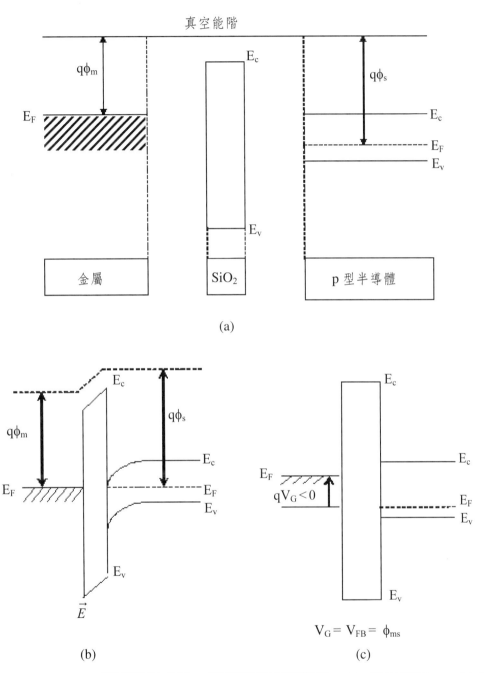

(a)

(b)　　　　　　　　　　　　(c)

圖 3-11　(a)MOS 電容器形成前，各自獨立的能帶圖　(b) 熱平衡下，MOS 電容器的能帶圖（在此 $q\phi_{ms} < 0$）　(c) 施加平帶電壓於閘極後，MOS 達平帶狀態時的能帶圖。

反轉情形。最後，如果想要得到如圖 3-2 的理想平帶狀態，則於圖 3-11(b) 中的閘極必須施加一等於功函數差 $q\phi_{ms}$ 的電壓，此即對應到圖 3-11(c)。由於平帶電壓（flat-band voltage）V_{FB} 是定義爲施加於閘極上的電壓使得半導體的能帶沒有彎曲，因此圖 3-11(c) 中施加於閘極的負電壓即爲平帶電壓（即 $V_G = V_{FB} = \phi_{ms}$）。

　　上面已介紹實際的 MOS 元件，其金屬閘極和半導體基底間的功函數差不爲零的情形。然而，此情況與另一個非理想狀況（即 oxide charge，氧化層電荷）比較起來，其影響程度是相對地小很多的，乃因爲功函數的差是可以事先預知，而且它不會造成元件的不穩定（device instability）。換言之，氧化層電荷對元件有較大的衝擊，包括元件特性與穩定性。接下來，我們就討論氧化層內以及 SiO_2-Si 界面的陷阱和電荷。

　　圖 3-12 顯示一個 MOS 之氧化層與其二個 SiO_2-Si 界面的高解析度穿透式電子顯微鏡（HR-TEM）照片。從照片中可清楚看出 SiO_2 與 Si 界面的不連續性，及所謂的過渡區（transition region）SiO_x（其中 $0 < x < 2$，故 x 的兩個極限值分別代表 Si 與 SiO_2）。不論在氧化層內部或其界面均存有缺陷，大多數的缺陷可歸因於未完全氧化、未飽和鍵結（unsaturated bondings）、和具有懸空鍵（dangling bonds）等等，而且這些缺陷形成電荷捕獲陷阱（trap）。

　　圖 3-13 整理出上述於氧化層中的陷阱和電荷的基本類型與其在氧化層中的相對位置。總共可分爲四種基本的電荷來源：移動離子電荷（mobile ionic charge, Q_m）、氧化層陷阱電荷（oxide trapped charge, Q_{ot}）、固定氧化層電荷（fixed oxide charge, Q_f）、以及界面陷阱電荷（interface trapped charge, Q_{it}）。以上電荷通常是以單位面積的有效淨電荷（coul/cm^2）來表示，下面我們進一步說明這些電荷的特性。

(1) 移動離子電荷 Q_m：就如圖 3-13 所繪，移動離子電荷可存在於氧化層中的任何區域，它主要是由於製造過程中不愼引入的鹼金屬離子（alkali metal ions），特別是鈉（sodium）離子 Na^+ 和鉀（kalium）離子 K^+。這類離子在氧化層中具有高度的移動性，所以在昇溫（如 100℃以上）及施加電場的條件下，它們可從氧化層的一端漂移至另一端，也就是說，在高偏壓及高溫的操作環境下，即使是微量的鹼金屬離子汙染亦可能會造成半導體元件穩定度的問題（如 V_T 的變動）。

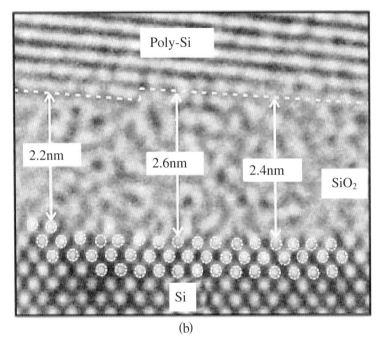

(b)

圖 3-12　HR-TEM 照片顯示 MOS 之氧化層與其界面結構（取自 Buchanan[3]）。

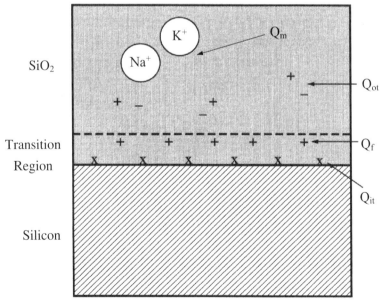

圖 3-13　四種主要的氧化層電荷狀態以及在氧化層中的相對位置（取自 Deal[4] 與 Plummer[6]）。

因為金屬離子為帶正電，當外加閘極電壓為正時會使得鹼金屬離子移到氧化層與矽基底的界面，此時它們對 MOS 元件特性的影響是遠大於當閘極偏壓為負時（因為這時正離子移到氧化層和閘極的界面）。也因此，若 MOS 結構中的氧化層含有相當量的移動離子電荷，其元件特性是不穩定的，所以在半導體元件的製程中必須要消除移動離子的汙染問題。在 1960 年代的 MOS 元件發展時期，移動離子電荷曾是個嚴重並令研發人員困惑的問題；到了 1970 年代，形成此類電荷的機制及改善方法已被瞭解與揭露，這個問題才算被解決。氧化層內引入鹼金屬離子的含量與製程技術和製造機台的潔淨度（cleanliness）有關，例如：氧化環境、製程氣體與化學藥劑、光阻裏的不純物、晶圓清洗方式、爐管的石英材料、玻璃容器、與技術員之人手接觸等都可能是鹼金屬離子的汙染源。

　　以下提供三種業界常使用的方式來降低或避免鹼金屬離子汙染。第一種方式為在進行氧化製程生長氧化層時，於反應氣體中加入少量含氯（chlorine, Cl）的氣態化合物，如 HCl、TCE（trichloroethylene）、或 TCA（trichloroethane）。參閱圖 3-14，一旦氯被引入氧化層後，即在 SiO_2-Si 界面處反應形成一種新物質（chlorosiloxane），當鹼金屬離子遷移到 SiO_2-Si 界面時便會被吸附住（稱為 gettering），而且其正電亦被氯中性化（稱為 chlorine neutralization）。一旦電荷被中和掉後，對 MOS 的元件特性就沒有影響了。這種方法廣為業界所使用，但須

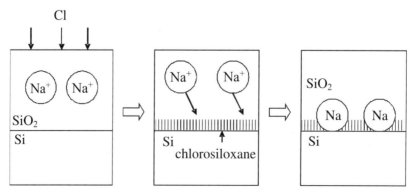

圖 3-14　氧化層中引入氯來吸取以及中性化鹼金屬離子。

注意的是氯含量的控制，因為過多的氯會侵蝕矽基底造成不平坦的界面，因此一般使用腐蝕性與毒性均比 HCl 為緩和的 TCE 或 TCA。

　　第二種方式為在成長氧化層之前與之後，使用所謂的「RCA 清洗（RCA clean）流程」將晶圓的表面加以清洗。標準的 RCA 清洗主要有兩個步驟，第一個步驟（稱為 SC-1）為將晶圓放入溫度 70～90℃ 之 NH_4OH- H_2O_2- H_2O 的混合溶液中約十分鐘，此主要是去除晶圓表面的有機汙染物和微粒子。而第二個步驟（SC-2）是將晶圓放入溫度 70～90℃ 之 HCl- H_2O_2- H_2O 的混合溶液中亦約十分鐘，可移除鹼金屬離子和其他金屬雜質。實務上，使用者應依照製程的技術與需求，經實驗驗證後調整溶液的濃度、溫度、及清洗時間等，來執行晶圓的清洗。

　　以上介紹的兩種方式均可有效地降低鹼金屬離子的影響。然而，就算閘極氧化層中本來是沒有鹼金屬離子的，鹼金屬汙染還是可能發生。乃因為鹼金屬離子（尤其是 Na^+）廣泛地存在於各類金屬及化學藥劑中，並且可經人手接觸由晶圓表面滲透到氧化層中。因此，工業界常用的另一道防線為使用磷矽玻璃（phosphosilicate glass，簡稱 PSG）作為積體電路的內層介電材料（inter-layer dielectric，簡稱為 ILD；是介於閘極和金屬層之間的介電質），防止鹼金屬離子由外界穿透進入閘極氧化層裡。PSG 被發現可以當作鹼金屬離子的吸取劑（getter），因此當鹼金屬離子擴散到 PSG 層時，便會被吸附住不再繼續往內滲透。基於同樣的觀念，PSG 亦被作為最後保護積體電路的護層（passivation）之用。然而，由於 PSG 會吸收水汽的缺點，業界對於最後護層的作法通常是將氮化矽（Si_3N_4）層再沈積在 PSG 層的上面，其中氮化矽是防止水汽進入而 PSG 層為阻止鹼金屬離子的向下擴散。

(2) 氧化層陷阱電荷 Q_{ot}：氧化層陷阱也是個可存在於氧化層中的任何位置，這些陷阱很有可能來自氧化層中的缺陷（如雜質或被打斷的 Si-O 鍵）。一般來說，氧化層陷阱原本是不帶電的，但是一旦捕獲到經由某種方式（如 hot carrier injection 熱載子注入）進入到氧化層中的電子或電洞便會帶負電或正電荷，這也是氧化層陷阱電荷名

稱之由來。氧化層陷阱大部分與製程有關，包括：離子佈植（ion implantation）、電漿蝕刻（plasma etching）、濺鍍（sputtering）、電子束蒸鍍（electron-beam evaporation）、及電子束（e-beam）和 x 光微影（x-ray lithography）等等，這些製程都很有可能傷害氧化層並產生陷阱（例如在離子佈植的製程中，高能量的離子也常穿透整個閘極氧化層，這會增加氧化層的缺陷與陷阱）。氧化層陷阱電荷就如移動離子電荷一樣會造成元件臨界電壓漂移與可靠度問題（如 TDDB）。不過，還算幸運地，大部分與製程有關的氧化層陷阱電荷可藉由氧化製程的調整（如氧化溫度與環境），或是適當的熱回火（thermal anneal）等來降低。

(3) 固定氧化層電荷 Q_f：如圖 3-13 中所示，固定氧化層電荷位於距離 SiO_2 與 Si 界面很近的過渡區 SiO_x 中。一般認為 Q_f 主要是在矽的氧化過程中形成的。在矽的氧化形成二氧化矽的過程中，氧化劑（如氧氣或水蒸氣）必須擴散穿透過已成長之氧化層與底下的矽進行化學反應生成二氧化矽；但當氧化停止時，一些離子化的矽仍存在於界面處如圖 3-15 所繪（本來這些離子化的 Si 是準備與 O 原子反應形

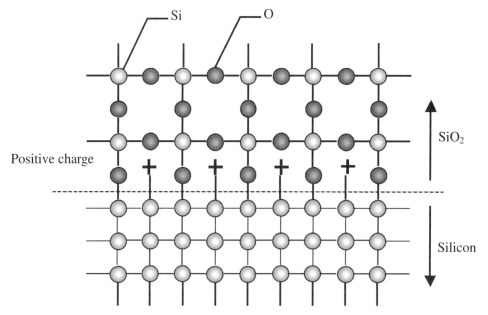

圖 3-15　SiO_2/Si 界面處之固定氧化層電荷 Q_f 的形成示意圖（取自 Quirk[12]）。

成 SiO$_2$），即形成所謂帶正電的 Q$_f$（所以不論是 n-MOS 或 p-MOS，Q$_f$ 永遠是正電荷）。也因此，Q$_f$ 是固定不動的（因為是未完全氧化的矽），而且通常被視為是 SiO$_2$/Si 界面處的片電荷（sheet of charge），故 Q$_f$ 的量一般來說與氧化層的厚度無關。而主要會影響 Q$_f$ 量的因素有：矽的晶體方向、氧化方式（如溼氧化與乾氧化）、氧化溫度、氧化終止時之降溫速率、與後續之熱處理。

　　固定氧化層電荷會隨矽的晶體方向不同而不同。在 IC 製造主要使用的三種晶向中（即 <100>、<111>、和 <110>），Q$_f$ 在 <111> 表面的量最多而在 <100> 表面的量最少，且其比例大約為 3：1 至 10：1 或者更高。這被解釋為 <111> 方向的矽晶圓在氧化時，其於過渡區中有較多離子化的斷鍵（事實上，這也被用來說明 <111> 晶向的矽晶圓比 <100> 的矽晶圓有較快的氧化速率）。也因此，MOSFET 幾乎都是採用 <100> 晶向的矽晶圓來製作，典型的固定氧化層電荷密度在 <100> 的表面約為 $10^9 \sim 10^{11}$cm^{-2}。

　　Q$_f$ 量的多寡也與製程條件有著很大的關係，這類實驗最早由 Deal 針對 <111> 晶向的矽晶圓施行，並提出如圖 3-16 所顯示之相當著名的

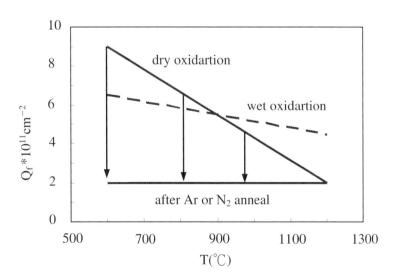

圖 3-16　Deal triangle（笛爾三角形）：固定氧化層電荷密度與氧化溫度和回火的關係（顯示的數值是針對 <111> 晶向的材料）。

「Deal triangle（笛爾三角形）」。由此圖可得到幾個重要的觀察與說明於後。

第一，Q_f 的量隨著氧化溫度的增加而以接近線性的方式降低。但對溼氧化而言，Q_f 的量隨氧化溫度升高而減少的速率比乾氧化來得慢。第二，雖如上一點所言，Q_f 與氧化方式和氧化溫度有很大的關係，但必須強調最終的氧化條件才是最重要的。例如，一個矽晶圓先於 1000℃ 下，以溼氧化的方式進行 1 小時，然後接著以乾氧化的方式在 1200℃ 下達到穩態（假設需 5 分鐘），則最終的 Q_f 值等於乾氧化於 1200℃ 時對應的 Q_f 值。這是因為在氧化過程中，氧化劑必須穿透過 SiO_2 與底下的矽反應生成新的二氧化矽，所以愈後面形成的氧化層愈靠近 SiO_2/Si 界面，也就支配 Q_f 的量。第三，由以上兩點可推知氧化終止時之降溫速率亦會影響 Q_f 的量。愈快的降溫速率會有愈小的 Q_f 值，因為快速降溫可避免在低溫下氧化（由第一點可知較低的氧化溫度有較高的 Q_f 值）。第四，圖 3-16 亦顯示經由在 Ar 或 N_2 的環境中回火可降低 Q_f 至 1200℃ 下乾氧化的值。換言之，不論氧化條件如何，在氧化製程之後，基本上可藉由在鈍性氣體的環境中施行高溫回火（約 900～1100℃）來降低 Q_f 值。最後，圖 3-16 中所顯示的 Q_f 值是針對 <111> 方向的矽晶圓；若是使用 <100> 方向的矽晶圓，則 Q_f 值比圖中數值至少小三倍以上。

(4) 界面陷阱電荷 Q_{it}：如圖 3-13 中顯示，界面陷阱電荷位於 SiO_2 和 Si 的界面處。其能量態位為呈現 U 型分布在整個矽的禁止能隙（forbidden bandgap）內，如圖 3-17 所示，即靠近導電帶和價電帶邊緣的能階比中間多（但我們通常以能隙中心的值來表示 Q_{it} 電荷密度量的多寡；單位為 $1/cm^2$–eV，即每單位面積與每電子伏特的界面陷阱數目）。

至於這種電荷的物理來源，一般認為和固定氧化層電荷 Q_f 很類似，意即，Q_{it} 極有可能是未完全氧化而具有懸空鍵（dangling bonds）的矽原子。典型的界面陷阱電荷密度大約為 10^9～$10^{11}/cm^2$–eV，與 Q_f 的值相似。由實務經驗可知：若某個製程會造成較高的 Q_f 值，則其也有較高的 Q_{it} 值，反之亦然。這個關連性亦可推知 Q_{it} 和 Q_f 具有類似的來源機制。然而，Q_{it} 和 Q_f 在電性上有一個很大的不同：Q_f 所帶的電是固定不動的正電荷，而 Q_{it} 所帶的電可為正

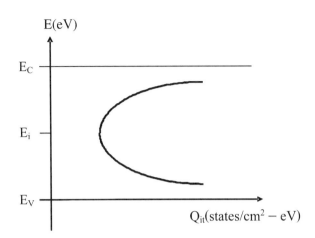

圖 3-17 界面陷阱電荷在矽能隙內呈現 U 型分布的示意圖。

電、負電、或是中性。由上面討論之兩者的關連性可知，影響 Q_{it} 量多寡的因素大致與 Q_f 的因素相同：矽基底的晶體方向、氧化溫度、和氧化方式等等。例如，對某一特定製程而言，使用 <100> 晶向的 Q_{it} 值比 <111> 晶向的值約少 3 到 10 倍。

圖 3-18 的實驗數據為針對 <111> 晶向的 Q_{it} 值和乾氧化之氧化溫度的關係圖。由圖中可看出 Q_{it} 的量如同 Q_f 般是隨著氧化溫度的增加而減少。例如，若將乾氧化的製程溫度由 1000℃增加至 1200℃，可使界面陷阱電荷由大約 10^{12}/cm^2-eV 降低至 4×10^{11}/cm^2-eV 左右。但是請讀者注意這個 Q_{it} 值還是太大，所以還必須要施加額外的製程來更進一步地降低。

以下提供讀者在實務上常用來降低 Q_{it} 的製程技術。那就是在接近整個晶片製程終了時，在低溫下（約 300～500℃）於 H_2 或 forming gas（即為 H_2 和 N_2 的混合氣體）中施行回火可將大部分的界面陷阱電荷加以鈍化。其物理機制一般認為是氫原子穿過 SiO_2 層，擴散到 SiO_2/Si 界面和具有懸空鍵的矽原子（即 Q_{it}）形成 Si-H 鍵結，一旦 Q_{it} 和氫原子形成鍵結就不再具有活性，也就不會捕捉載子。這個低溫回火製程通常是在金屬製程之後施行，一則是因為金屬尚可容忍這個製程溫度，另一則是如果太早施行（例如接在氧化製程之後）則 Si-H 鍵會可能因之後的高溫製程（如離子佈植後的活化回火）斷裂，而斷裂後的氫會向外擴散導致其他的問題（如熱載子效應）。另一方面，因為氮化

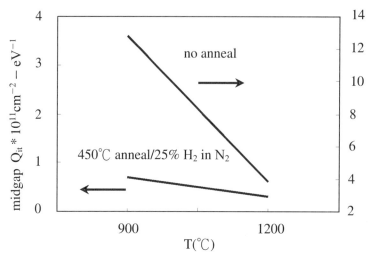

圖 3-18　能隙中心（midgap）的界面陷阱電荷密度與乾氧化溫度和 450℃回火
　　　　的關係（顯示的數值是針對 <111> 晶向的矽基底）。

矽會阻擋氫原子的擴散，所以如果氮化矽是用來作為護層（passivation）的材
料，則上述之低溫鈍化回火製程必須在護層製程之前施行。須注意一點的是這
個低溫回火雖可有效地將 Q_{it} 降至 $10^{10}/cm^2$-eV 左右或更低，但對 Q_f 沒有影響
（回憶前面的討論，降低 Q_f 最有效的方法為氧化製程之後的高溫回火）。

　　綜合來說，在先進的矽晶圓製程技術中，於氧化製程之後，在鈍性氣體
的環境中（Ar 或 N_2）施行高溫回火來降低 Q_f 值；並且在金屬製程之後，於
forming gas 環境中（N_2 中加入 10%～30% 的 H_2）施行低溫回火來降低 Q_{it} 值。

3.3.2　實際 MOS 的臨界電壓與 C-V 特性

　　上一節中討論的兩個真實 MOS 元件的情況（即功函數差和氧化層電荷）
會顯著地影響理想 MOS 的臨界電壓和 C-V 特性。

　　臨界電壓 V_T 是 MOS 與 MOSFET 很重要的一個參數。理想狀況下的臨界
電壓如式（3.29）或（3.30）所示，其推導是基於圖 3-2 中理想平帶狀態下（V_{FB}
= 0）的 MOS 元件達到強反轉時所需要的閘極電壓。然而由圖 3-11 可知，當
功函數差 ϕ_{ms} 不等於零時，閘極須施加大小等於 ϕ_{ms} 的平帶電壓 V_{FB}，才可達到

如圖 3-2 所示的平帶狀態。（換言之，讀者可直觀地想像為：閘極須「先」施加 ϕ_{ms} 的平帶電壓來彌補功函數差所造成的差異。）因此，由於這個平帶電壓使得臨界電壓跟著改變如下：

$$V_T = \phi_{ms} - \frac{Q_{sc}}{C_{ox}} + 2\psi_B \qquad （3.39）$$

上式中須注意的是尚未考慮氧化層內部與其界面陷阱電荷的影響，接下來的討論就是要將陷阱電荷對臨界電壓造成的影響考慮進來。

在 §3.3.1 節中，我們已介紹了氧化層中不同的陷阱電荷與其在氧化層中的相對位置（見圖 3-13）。在此，為了幫助了解起見，我們將氧化層中的所有陷阱電荷視為恰好位於氧化層與矽基底界面處的等效正電荷 Q_{ox}(coul/cm^2)。這個正電荷會在半導內感應出等量的負電荷，且同時造成圖 3-11(b) 中半導體表面能帶額外地向下彎曲，因此為了消除這個正電荷的效應，需要在閘極施加一個額外的負電壓（$-\frac{Q_{ox}}{C_{ox}}$）來達到圖 3-11(c) 的平帶狀態。（提供更直觀的想法如下：由於平帶狀態意味著沒有電荷感應在半導體中，因此為了抵消在半導體內感應出的負電荷，必須施加額外的負電壓在閘極上。此負電壓帶給閘極負電荷，且為了維持電荷中性會在半導體內感應出正電荷，此正電荷即可中和掉先前感應出的負電荷。）所以，圖 3-11(c) 中的平帶電壓可修正如下：

$$V_{FB} = \phi_{ms} - \frac{Q_{ox}}{C_{ox}} \qquad （3.40）$$

其中，ϕ_{ms} 為金屬閘極與矽基板間的功函數差，C_{ox} 為單位面積的氧化層電容，而 Q_{ox} 為位於 SiO_2/Si 界面處之單位面積「等效正電荷」（注意若 Q_{ox} 為負電荷，則對應的平帶電壓為較正的值）。此外，（3.29）或（3.39）式的臨界電壓也跟　修正為：

$$V_T = \phi_{ms} - \frac{Q_{ox}}{C_{ox}} - \frac{Q_{sc}}{C_{ox}} + 2\psi_B \qquad （實際狀況下） \qquad （3.41）$$

同樣地，（3.30）式可修正如下：

$$V_T = \phi_{ms} - \frac{Q_{ox}}{C_{ox}} + \frac{\sqrt{2\varepsilon_s q N_A(2\psi_B)}}{C_{ox}} + 2\psi_B \quad \text{（for real n-MOS）} \quad\quad (3.42a)$$

$$V_T = \phi_{ms} - \frac{Q_{ox}}{C_{ox}} - \frac{\sqrt{2\varepsilon_s q N_D(-2\psi_B)}}{C_{ox}} + 2\psi_B \quad \text{（for real p-MOS）} \quad\quad (3.42b)$$

綜合以上，實際的 MOS 要發生強反轉所需要的臨界電壓必須足以先達到平帶狀態（即 ϕ_{ms} 和 $-Q_{ox}/C_{ox}$ 兩項），接著使半導體表面造成空乏（即 $-Q_{sc}/C_{ox}$ 項），最後感應出強反轉層（即 $2\psi_B$ 項）。表 3-2 乃針對目前業界廣泛使用的 n-MOS（即 n^+ poly/SiO₂/p-Si）與 p-MOS（即 p^+ poly/SiO₂/n-Si）結構，將臨界電壓公式（3.41）中各參數的符號極性作一整理。

表 3-2　常見之臨界電壓與其各參數的符號極性

	$V_T =$	ϕ_{ms}	$-\dfrac{Q_{ox}}{C_{ox}}$	$-\dfrac{Q_{sc}}{C_{ox}}$	$+2\psi_B$
n-MOS 與 n-MOSFET	＋	―	與氧化層之界面等效電荷 Q_{ox} 的極性相反	＋	＋
p-MOS 與 p-MOSFET	―	＋		―	―

表 3-2 中顯示常見的 n-MOS 與 n-MOSFET 之臨界電壓為正值，而常見的 p-MOS 與 p-MOSFET 之臨界電壓 V_T 為負值（將於 §4.1 節中介紹，此類型式的 MOSFET 稱為常關型 normally-off 或增強型 enhancement）；其對應的功函數 ϕ_{ms} 由圖 3-11 可知分別為負值與正值。n-MOS 的空乏區電荷 Q_{sc} 為負因為此時空乏區中為帶負電的受體離子，而 p-MOS 的 Q_{sc} 為正乃因空乏區中為帶正電的施體離子。至於 ψ_B 已於 §3.2.1 節中定義為半導體基底中性區的 $(E_i - E_F)/q$ 值，故對 n-MOS（為 p 型基底）其值為正，而對 p-MOS（為 n 型基底）其值為負。

因為臨界電壓決定 MOS 反轉層的形成與否（即相當於控制 MOSFET 的開或關），所以在設計與製造時需要能夠準確地調配出符合需求的臨界電壓。於 V_T 的公式（3.41）或（3.42）中，除了 Q_{ox}/C_{ox} 這一項以外，其餘各項均和半導體基板的摻雜濃度 N_B 有關。其中 ϕ_{ms} 和 $2\psi_B$ 二項與 Q_{sc}/C_{ox} 比較起來，其

由於 N_B 的改變而產生的變化量是相對小很多的，這是因為其變化量僅跟 E_F 在能帶圖中受到不同 N_B 而向上或向下的移動量有關（例如，ϕ_{ms} 和 N_B 的關係可見圖 3-10）；但對 Q_{sc}/C_{ox} 來說，受到 N_B 的影響較明顯因為由（3.42）式可知 Q_{sc}/C_{ox} 是和基板雜質濃度的平方根成正比。

圖 3-19 顯示的數值包括 n-MOS 與 p-MOS 使用 n^+ 和 p^+ 複晶矽當作金屬閘極材料時，臨界電壓 V_T 與基板摻雜濃度 N_B 的變化關係圖。由此圖可看出當基板摻雜濃度較淡（如圖中濃度小於 10^{16}cm^{-3}）時，臨界電壓主要決定於平帶電壓（即 ϕ_{ms} 和 $-Q_{ox}/C_{ox}$ 兩項），故圖中 n-MOS 或 p-MOS 依使用不同的閘極材料，其 V_T 可為正值或負值。然而，當基板摻雜濃度較濃時，因 Q_{sc}/C_{ox} 對

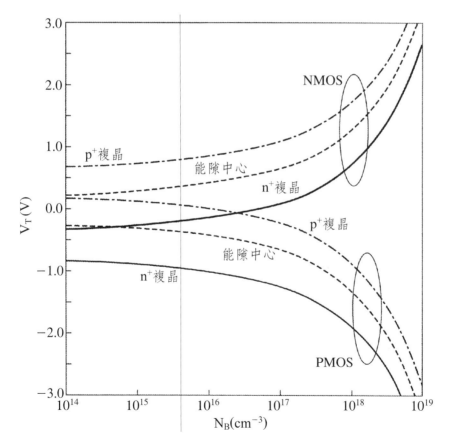

圖 3-19 n-MOS 和 p-MOS 之臨界電壓 V_T 與基板濃度 N_B 的變化關係圖，圖中模擬數值基於 SiO_2 厚度為 5nm 以及無氧化層電荷（取自 Sze[10]）。

臨界電壓的貢獻度變大，使得 n-MOS 的 V_T 為正值而 p-MOS 的 V_T 為負值。簡單的想法為，若增加 n-MOS 的基底濃度 N_A 則外加於閘極上的正電壓（此正電壓將排斥半導體表面的電洞形成空乏及反轉）也必須跟著增加，才可達到相同的效果；當 p-MOS 的 N_D 增加，則 V_T 值會更負些才能達到相同排斥半導體表面電子的效果。

臨界電壓除了上述可由半導體基底之摻雜濃度來改變外，還可藉其他方式（如改變氧化層厚度）來控制，這將在 §4.4.3 節中討論 MOSFET 元件特性時，一併作完整的探討與整理。最後，在結束氧化層電荷的討論前，我們將式（3.40）至（3.42）中的等效氧化層電荷 Q_{ox} 作更一廣義的表示如下：若 $\rho_{ox}(x)(C/cm^3)$ 為氧化層中任意分布之單位體積氧化層電荷密度（如圖 3-20 所示），則 Q_{ox} 可表示為：

$$Q_{ox} = \frac{1}{t_{ox}} \int_0^{t_{ox}} x\rho_{ox}(x)dx \qquad （3.43）$$

其中 t_{ox} 為氧化層的厚度。

接下來，我們探討理想與實際狀況下 MOS 元件電容 - 電壓（C-V）特性

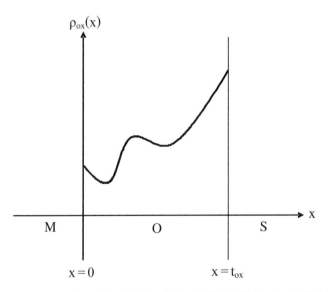

圖 3-20　氧化層中任意分布之單位體積電荷密度示意圖。

間之差異，以及在實務上重要的應用。假設圖 3-21 中的虛線爲一理想 n-MOS 的高頻 C-V 特性曲線。但由於實際的 MOS 受到非零值之 ϕ_{ms} 和氧化層電荷的影響，其 C-V 曲線會產生平移如圖 3-21 中的實線所示，且其偏移量即等於平帶電壓 V_{FB}。這可經由比較理想 MOS 的 V_T 公式（3.29）與實際 MOS 的 V_T 公式（3.41）瞭解，兩者的差即爲式（3.40）平帶電壓，因此圖 3-7(a) 以及圖 3-21 中的理想 V_T 必須跟著平移 V_{FB} 才是眞實的 V_T。（將此觀念延伸來想，不管參考點位於理想 C-V 曲線何處，我們必須多加 V_{FB} 到眞實 MOS 的閘極才可得到與理想 MOS 參考點處相同的能帶彎曲程度與電容大小。）也就是說，當時 $V_{FB} > 0$，理想的 C-V 曲線向右偏移 V_{FB}；反之，當 $V_{FB} < 0$ 則理想 C-V 曲線向左偏移 $|V_{FB}|$，如圖 3-21 所顯示。注意，剛才所結論之 V_{FB} 的正號或負號對應到理想 C-V 曲線向右或向左偏移的情形對 n-MOS 或 p-MOS 都是一樣的，這是因爲式（3.40）中的 ϕ_{ms} 與 Q_{ox} 均不是閘極電壓 V_G 的函數（雖然氧化層電荷中的界面陷阱電荷 Q_{it} 可能是 V_G 的函數，且其存在可能會使理想 C-V 曲線發生扭曲變形，但不在此書的討論範圍內）。

　　上述 C-V 特性曲線發生向左或向右偏移的觀念，在實務上有一個很重要的應用：決定等效氧化層電荷 Q_{ox}。對一個給定的 MOS 或 MOSFET 結構而言（ϕ_{ms} 和 C_{ox} 爲已知），我們可根據平帶電壓的實驗值（由圖 3-21），代入公

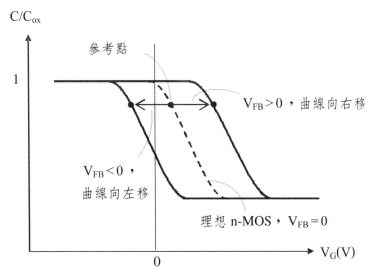

圖 3-21　平帶電壓 V_{FB} 對理想 n-MOS 之高頻 C-V 曲線的影響。

式（3.40）求 Q_{ox}。換言之，一旦 ϕ_{ms} 固定，由式（3.40）可知當 C-V 曲線向右平移代表 Q_{ox} 為負電荷，且由式（3.42）知其有一較正的 V_T 值；反之，向左平移的 C-V 曲線意味著 Q_{ox} 為正電荷且其有一較負的 V_T 值。再次地，雖然圖 3-22 顯示 Q_{ox} 對 n-MOS 的影響，但上面的結論亦適用於 p-MOS。以下舉一例說明其應用。若我們懷疑某後段製程（back-end of line，BEOL）中的反應性離子蝕刻（reactive ion etch，RIE）製程（註：關於製程的介紹，請見第六章）會使閘極氧化層產生陷阱電荷，則可藉由比較此 RIE 製程前後的 MOS C-V 特性曲線是否發生偏移來判斷。

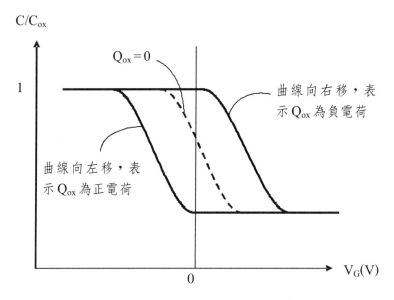

圖 3-22　氧化層電荷 Q_{ox} 使 n-MOS 之高頻 C-V 曲線產生偏移，且偏移量與 Q_{ox} 的絕對值成正比。（註：由圖 3-21 可知，此 n-MOS 的 $\phi_{ms} < 0$）

3.4　本章習題

1. 試述建構能帶圖的三個重要基本原則。並藉此解釋圖 3-3 的理想 n-MOS 在三個不同閘極偏壓情況下的能帶圖。

2. 仿表 3-1，請列表整理 n 型半導體之表面電位、表面電荷狀況、與表面載子濃度間的關係。

3. 請畫出 $V_G = V_T$ 時，p 型半導體為基底之理想 MOS 能帶圖。並於半導體側之能帶圖中標示出 E_c、E_v、E_i、E_F、Ψ_s（表面電位）、和 V_G 的量。

4. 若上題中之基底為 n 型半導體，重複上一問題。

5. 試繪 (a)n-MOS，(b)p-MOS 電容器於高頻（HF）與低頻（LF）量測條件下得到的理想 C–V（電容－電壓）特性曲線圖。（圖中須標示出聚積模式與反轉模式）

6. 試繪 (a)n-MOSFET，(b)p-MOSFET 電晶體於高頻（HF）與低頻（LF）量測條件下得到的理想 C–V（電容－電壓）特性曲線圖。（圖中須標示出聚積模式與反轉模式）

7. 請說明以下四個對理想 nMOS（即功函數差 $\phi_{ms} = 0$）的敘述，是否正確：(a) 半導體表面為弱反轉（weak inversion）時，$\Psi_s > \Psi_B$；(b) 當 $\Psi_s = \Psi_B$ 時，$n_s < N_A$；(c) 半導體表面發生強反轉（strong inversion）的臨界點為 $\Psi_s = 2\Psi_B$；(d) 當外加閘極電壓 $V_G > V_T$ 時，$\Psi_s > \Psi_B$。

8. 請說明以下四個對理想 pMOS（即功函數差 $\phi_{ms} = 0$）的敘述，是否正確：(a) 當 $\Psi_s = \Psi_B$ 時，$p_s = n_s$；(b) 當 $\Psi_s = 0$ 時，n_s 等於半導體摻雜濃度 N_D；(c) 當 $\Psi_s = 2\Psi_B$ 時，$n_s < p_s$；(d) 當 $\Psi_s = 2\Psi_B$ 時，$n_s < N_D$。

9. 何謂平帶電壓（flat-band voltage）？請參考圖 3-11 說明當 (a)$\phi_{ms} = 0$；(b) $\phi_{ms} < 0$；(c)$\phi_{ms} > 0$ 情況下之平帶電壓。

10. 請畫出目前常見 n-MOS（n^+ 複晶矽閘極／SiO_2/p 型矽基板）在無外加偏壓下的能帶圖。並於能帶圖中標示出 E_c、E_v、E_i、E_F、Ψ_s（表面電位）、和 ϕ_{ms} 的量。

11. 請畫出在平帶狀態下，p^+ poly-Si 為閘極以及 n 型 Si 為基底之 MOS 能帶圖。並於半導體側之能帶圖中標示出 V_{FB}、ϕ_{ms}、Ψ_s、和 Ψ_B 的量。

12. 請配合畫圖說明 MOS 閘極氧化層中的四種基本氧化層電荷（oxide charge）的類型、相對位置、來源、及製程上降低此氧化層電荷的方法。

13. 請說明為何當 CMOS 的閘極氧化層厚度增加時，則 n-MOS 和 p-MOS 的 $|V_T|$ 都會變大？

14. 若將 CMOS 中 n-MOS 的閘極由 n^+ poly-Si 換成 p^+ poly-Si，以及將 p-MOS 的閘極由 p^+ poly-Si 換成 n^+ poly-Si，則 n-MOS 和 p-MOS 的 $|V_T|$ 變化情形為何？

15. 若有額外的正電荷（例如鹼金屬離子 Q_m）存在於 n-MOSFET 的閘極氧化層中，則其臨界電壓 $|V_T|$ 變化情形為何？以及其電容－電壓特性曲線變化情形為何？

16. 若上題中為 p-MOSFET，重複上一問題。

17. 若上二題中的額外電荷為負電荷，重複以上二個問題。

18. 請畫出下圖中箭頭所示的能帶圖。

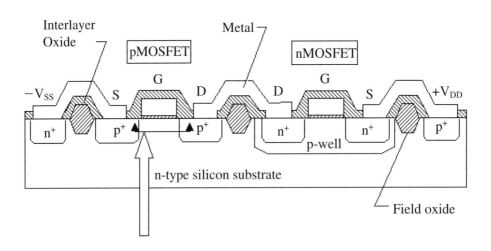

19. (1)（100）和（111）矽晶圓之熱氧化速率何者較快？為何？

(2) 若此兩種矽晶圓用於製作 MOSFET，何者氧化層與矽晶圓之界面狀態
密度較低？爲何？ （2011 年特考）

20. 一個 N^+ 複晶矽 - 二氧化矽 -p 型矽基板的 MOS 電容器內，當基板摻雜濃
度減少時，請說明下列各參數有何變化，並簡單解釋。
(1) 累積區電容
(2) 空乏區電容
(3) 反轉區電容
(4) 平帶電壓（flat-band voltage）
(5) 臨界電壓（threshold voltage） （2010 年高考）

21. 設有一理想的 Si MOS 電容，維持在 T = 300K，其元件相關參數如下
(1) 閘極材料爲 p^+ 多晶矽（其功函數 $\phi_B = 5.2eV$）
(2) 基板爲 n 型矽且摻質摻雜濃度 N_D 爲 $10^{18} cm^{-3}$
(3) SiO_2 的厚度 $x_{ox} = 2nm$
試求：
(1) 此 MOS 電容的平帶電壓（flat-band voltage），V_{FB} 爲何？
(2) 此 MOS 電容的臨界電壓（threshold voltage），V_T 爲何？
(3) 若此 MOS 電容的基板摻雜量 N_D 減少爲 $10^{17} cm^{-3}$ 時，其臨界電壓會有
何變化？並說明理由。 （2019 年特考）

參考文獻

1. D. Kahng and M.M. Atalla, "Silicon-Silicon Dioxide Field Induced Surface Devices," *IRE Solid State Device Res. Conf.*, Pittsburgh, PA,1960.

2. D. Kahng, "A Historical Perspective on the Development of MOS Transistors and Related Devices," *IEEE Trans. Electron Dev.*, ED-23, 65 (1976).

3. D.A. Buchanan, "Scaling the Gate Dielectric: Materials, Integration, and Reliability," *IBM Journal of Research and Development*, 43, 245 (1999).

4. B.E. Deal, "Standardized Terminology for Oxide Charge Associated with Thermally Oxidized Silicon," *IEEE Trans. Electron Dev.*, ED-27, 606 (1980).

5. B.E. Deal, "The Current Understanding of Charges in the Thermally Oxidized Silicon Structure," *J. Electrochem. Soc.*, 121, 198C (1974).

6. J.D. Plummer, M.D. Deal, and P.B. Griffin, *Silicon VLSI Technology-Fundamentals, Practice and Modeling*, Prentice Hall, New Jersey, 2000.

7. S. Wolf and R.N. Tauber, *Silicon Processing for the VLSI Era Volume I-Process Technology*, Lattice Press, CA, 1986.

8. W. Kern and D.A. Puotinen, "Cleaning Solutions Based on Hydrogen Peroxide for Use in Silicon Semiconductor Technology," *RCA Review*, 31, 187 (1970).

9. W. Kern (editor), *Handbook of Semiconductor Wafer Cleaning Technology*, Noyes Publications, 1993.

10. S.M. Sze, *Semiconductor Devices-Physics and Technology*, 2nd edition, Wiley, New York, 2001.

11. A.S. Grove, *Physics and Technology of Semiconductor Devices*, Wiley, New York, 1967.

12. M. Quirk and J. Serda, *Semiconductor Manufacturing Technology*, Prentice Hall, New Jersey, 2001.

13. T.H. Ning, "Electron Trapping in SiO2 due to Electron-Beam Deposition of Aluminum," *J. Appl. Phys.*, 49, 4077 (1978).

14. B.E. Deal, M. Sklar, A.S. Grove, and E.H. Snow, "Characteristics of the Surface-State Charge of Thermally Oxidized Silicon," *J. Electrochem. Soc.*, 114, 266 (1967).

15. Y. Taur and T.H. Ning, *Fundamentals of Modern VLSI Devices*, Cambridge, New York, 1998.

16. R.S. Muller and T.I. Kamins, *Device Electronics for Integrated Circuits*, 3rd edition, Wiley, New York, 2003.

17. D.A. Neamen, *Semiconductor Physics and Devices*, 2nd edition, McGraw-Hill, New York, 1992.

18. J. Singh, *Semiconductor Devices-Basic Principles*, Wiley, New York, 2001.

19. R.A. Levy, *Microelectronic Materials and Processes,* Kluwer Academic, 1986.

20. J.R. Ligenza, "Effect of Crystal Orientation on Oxidation Rates of Silicon in High Pressure Steam," *J. Phy. Chem.*, 65, 2011 (1961).

21. A.I. Akinwande and J.D. Plummer, "Quantitative Modeling of Si/SiO2 Interface Fixed Charge I-Experimental Results," *J. Electrochem. Soc.*, 134, 2565 (1987).

22. R.R. Razouk and B.E. Deal, "Dependence of Interface State Density on Silicon Thermal Oxidation Process Variables," *J. Electrochem. Soc.*, 126, 1573 (1979).

23. B.G. Streetman and S. Banerjee, *Solid State Electronic Devices*, 5th edition, Prentice Hall, New Jersey, 2000.

24. R.F. Pierret, *Semiconductor Device Fundamentals*, Addison-Wesley, MA, 1996.

25. D.K. Schroder, *Semiconductor Material and Device Characterization*, Wiley, New York, 1990.

26. M. Zambuto, *Semiconductor Devices*, McGraw-Hill, New York, 1989.

27.「半導體製程整合專業訓練講義」，劉傳璽，民國 94 年一月。

28.「電子可靠性測試專業課程講義」，劉傳璽，民國 94 年九月。

4 長通道 MOSFET 元件

◆ MOSFET 的基本結構與類型

◆ 基本操作特性之觀念

◆ 電流－電壓特性之推導

◆ 其他重要元件參數與特性

本章內容綜述

金氧半場效電晶體（MOSFET）是目前應用最廣泛的數位電子元件，它常被用來當成開關或數位邏輯器的驅動電路。它在早些時期有許多不同的縮寫，包括 IGFET（insulated-gate field effect transistor，絕緣閘極場效電晶體）、MOST（metal-oxide-semiconductor transistor，金氧半電晶體）、與 MISFET（metal-insulator-semiconductor field effect transistor，金屬—絕緣體—半導體場效電晶體）等等；然而隨著時間推移，「MOSFET」的說法逐漸為大多數人所接受與普遍採用。

在這章中，我們主要是介紹長通道（long-channel）MOSFET 的元件物理與特性；至於目前所廣泛生產與使用的短通道（short-channel）MOSFET 將於下一章再作介紹。這樣的編排方式主要是基於下列原因：

(1) 長通道 MOSFET 元件特性的數學模型比短通道 MOSFET 還容易瞭解與推導。

(2) 長通道 MOSFET 的元件特性可視為理想特性。因為當 MOSFET 的結構微縮（scaling-down）時，會有所謂的「短通道效應（short-channel effects）」，而這些效應大部分是不好的（例如 V_T roll-off 與 DIBL，請見 §5.2 節），因此元件設計者（device designer）必須抑制或將短通道效應的傷害減到最小。換言之，為了增加元件積集度與性能而設計出的短通道 MOSFET 仍需保有長通道之理想的元件特性。所以，我們首先必須了解長通道 MOSFET 的元件物理與特性。

(3) 長通道 MOSFET 的元件行為可輕易地（且經常是直觀地）發展得到短通道的元件特性與模型。

另外，即將在 §4.1 節中的介紹可知 MOSFET 依照操作模式與結構的不同，可以區分成四種基本型式：(1) 常關型（normally-off）n 通道 MOSFET，(2) 常關型 p 通道 MOSFET，(3) 常開型（normally-on）n 通道 MOSFET，以及 (4) 常開型 p 通道 MOSFET。其中前兩者又稱為增強型（enhancement mode）；而後兩者稱為空乏型（depletion mode）。然而，因為增強模式在工業上的應用較為廣泛，所以除非特別聲明外，本書的討論皆屬於增強模式的 MOSFET。而且，在兩種增強型金氧半電晶體中，

本書大部分僅使用 n 通道 MOSFET（即 n-MOSFET）為例說明元件操作原理及推導相關電性公式，因其結果可經由改變摻質型式和電壓極性輕易地延伸為 p 通道 MOSFET（即 p-MOSFET）。

為避免本章及下章的元件分析與模型推導流於深奧的數學，我們將儘可能地以物理觀念來表達或推導重要的公式後，再輔以直觀的物理想法，而不是以嚴謹的數學來分析元件特性或推導公式。

4.1　MOSFET 的基本結構與類型

圖 4-1 顯示一個 n-MOSFET 的基本結構剖面圖，它與圖 3-1 的 MOS 在結構上主要的（也是最重要的）差別在於前者於通道區域的兩端各有一個 p-n 接面（大部分是使用離子佈植方式形成的重摻雜）與之緊密連接。因此，MOSFET 為一個四端點元件：除了與 MOS 相同的閘極（gate）和基底（substrate 或 body）二個端點外，另外二個端點就是由剛剛所言之兩個重摻雜區域形成的源極（source）和汲極（drain）。於製造如圖 4-1 的 n-MOSFET 時，其半導體基底為 p 型，而源極與汲極為重摻雜的 n 型（即 n^+）；而 p-MOSFET 的基底為 n 型，其源極與汲極為重摻雜的 p 型（即 p^+）。圖中的閘極絕緣層（gate insulating layer）絕大多數是採用熱氧化矽基板形成一層薄的 SiO_2，故又稱為閘極氧化層（gate oxide）或閘極介電層（gate dielectric）；氧化層上方的閘極為 MOSFET 元件的輸入端，其材料於目前的製造技術中為多晶矽（ploy-Si），且須重摻雜成 n^+ 或 p^+（分別對 n-MOSFET 或 p-MOSFET 而言）以提高導電度。由於早期的技術，閘極的材料確實為金屬，故人們有時仍沿用「金屬閘極」之名稱；不過在更先進的製造技術中，金屬又被用來當作閘極材料與位於其下方之所謂「高介電係數閘極介電層（high-k gate dielectric）」搭配使用。由圖 4-1 知道元件的基本參數包括：通道長度 L，為兩個 n^+-p（若 p-MOSFET 則為 p^+-n）冶金接面間之距離；通道寬度 W（位於垂直紙張平面的 z 方向）；閘極氧化層厚度 d 或 t_{ox}；以及基板雜質濃度 N_A（若 p-MOSFET 則為 N_D）。

因為 n-MOSFET 中間的結構即為第三章中所討論的 n-MOS 電容器，因

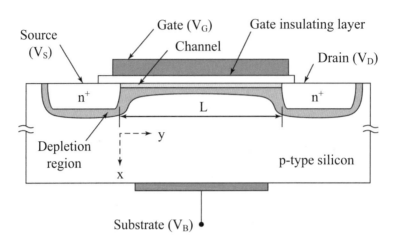

圖 4-1　n 通道 MOSFET 元件之剖面結構圖（取自 Muller and Kamins[3]）。
　　　　元件的通道長度為 L（圖中源極與汲極間之距離），而通道寬度為 W
　　　　（圖中未顯示，其位於垂直紙張平面 z 方向）。

此當正的外加閘極電壓 V_G 大於式（3.14）或（3.42a）之臨界電壓 V_T 時，p
型矽基底表面將被反轉，也因此在兩個 n^+ 區域之間形成表面反轉層。也就是
說，此 n 型反轉層連接 n^+ 源極和汲極並容許其中載子（即電子）流過，故反
轉層是造成 MOSFET 電流流動的通道（channel）。同理，當閘極無外加偏壓
時，p-MOSFET 相當於一個 p-MOS 電容器與兩個背對背相接的 p^+-n 接面；當
施加負的閘極偏壓之絕對值大於式（3.41）或（3.42b）之 V_T 時，其 n 型矽基
底表面將被反轉形成一 p 型通道容許源極中的電洞流過。由以上可知，當通道
未形成時，源極和汲極在電性上是分離的，因此可視為無電流流過或是僅流過
非常小量的漏電流（leakage current）。

　　上面所討論的 MOSFET 稱為「增強型」或「增強模式」。也就是說，增
強型在零閘極電壓時，並無通道形成，故又稱為「常關型」。圖 4-2(a) 與 (c)
分別顯示 p 通道與 n 通道增強模式元件的傳統電路符號。反之，相對於增強
型的 MOSFET 元件稱為「空乏型」或「空乏模式」，其在零閘極電壓時，通
道就已經存在，故又稱為「常開型」。圖 4-2(b) 與 (d) 分別顯示 p 通道與 n 通
道空乏模式元件的電路符號。雖然圖 4-2 中的四個電路符號容易混淆，但若把
握住下面二個要點即可輕易分辨：(1)（類似電場中的電力線方向由正極指向負

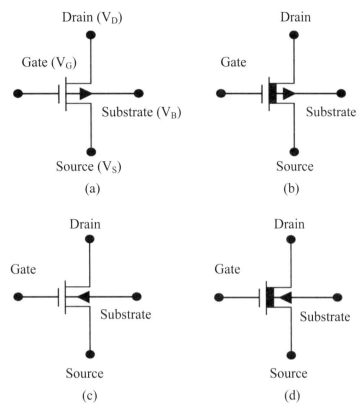

圖 4-2　四種型式 MOSFET 之電路符號：(a) 增強型（或常關型）p 通道　(b)
空乏型（或常開型）p 通道　(c) 增強型（或常關型）n 通道　(d) 空
乏型（或常開型）n 通道。

極）圖中箭頭方向為指出 p 型矽基底，但指向 n 型矽基底，(2) 為了表示常開
型在 $V_G = 0$ 時就有通道存在，半導體基底表面特別加上一實心粗線代表通道；
反之，則為常關型。舉例說明，圖 4-2(a) 中的箭頭指向基底，故為 n 型基底，
是為一 p 通道 MOSFET 元件；又圖中基底表面並無實心粗線，是屬於常關型。
　　上述四種類型 MOSFET 之比較整理於表 4-1 中。不論對 n 通道或是 p 通
道而言，由表 4-1 可知增強模式與空乏模式之基本結構（閘極、源極、汲極、
和基板摻雜型態）大致上是相同的，其最大差異處在於臨界電壓的極性是正負
號相反的，這也是直接決定在零閘極偏壓下之通道的存在與否。以 n-MOSFET
為例說明：$V_G = 0$ 仍小於增強模式的 V_T（為正值），所以無通道形成；但 V_G

= 0 大於空乏模式的 V_T（爲負值），是故通道存在。

另外，於 §3.3.2 節已說明臨界電壓與基板摻雜濃度有關（請見表 3-2 關於增強模式 V_T 的整理與討論），因此在不改變基本結構的前提下，爲了使空乏模式有極性相反的 V_T，必須利用離子佈植技術於通道區域（即閘極氧化層下方之半導體基底表面）多摻雜一道與基底相反類型（即與汲極和源極相同類型）的雜質。直觀的想法爲：僅以常開型 n-MOSFET 爲例，於通道區域植入的 n 型摻雜就是確保在零閘極偏壓時，n 型通道已經存在；在電性上，若要使此通道消失，則須在閘極施加負電壓以排斥通道中的電子直至 V_T，因此臨界電壓之極性爲負，如表 4-1 中所示。

表 4-1　n-MOSFET 與 p-MOSFET 的增強型和空乏型

通道型式	模式	V_T 之極性	物理結構
n	增強 （常關）	正	
n	空乏 （常開）	負	
p	增強 （常關）	負	
p	空乏 （常開）	正	

由以上簡言之，增強型和空乏型 MOSFET 最主要的差異爲 V_T 的極性；而此差異就製程而言，則爲通道區域的摻雜型式。增強型之通道摻雜基本上與汲極和源極之摻雜形式是相反的；然而空乏型之通道摻雜與汲極和源極之摻雜

形式是相同的。

　　最後再次強調，因為增強型 MOSFET 元件遠比空乏型元件更常應用於電路中（尤其是指數位邏輯電路），因此除非特別說明，否則本書的討論均是針對增強型場效電晶體而言。

4.2　基本操作特性之觀念

　　在這一節中，我們將針對 MOSFET 元件的基本操作原理作一個定性的討論。考慮圖 4-1 中所示的 n 通道增強型 MOSFET，若將源極端和基底端接地（即 $V_S = V_B = 0$），則由其汲極電流 I_D 和汲極電壓 V_D 構成所謂的輸出特性（output characteristics）曲線基本上可分為截止區、線性區、與飽和區等三個區域如圖 4-3 所示，並討論如下：

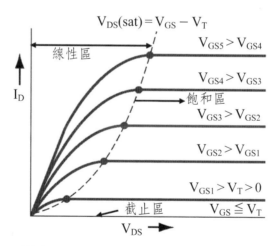

圖 4-3　增強型 n-MOSFET 的輸出特性 $I_D - V_D$ 曲線族

(1) 截止區（cutoff region）：當閘極電壓 V_G 小於臨界電壓 V_T 時，稱 MOSFET 操作在截止區。如上節中所述，由於閘極下方之半導體表面連接源極和汲極並允許電流流過的通道未形成，故源極和汲極在電性上是隔離的。因此若不考慮漏電流，在任何外加汲極電壓 V_D 下的電流 I_D 等於零。也就是說，截止區的輸出特性曲線幾乎是與 V_D 軸重疊的。

(2) 線性區（linear region）：如圖 4-3 可看出，若 MOSFET 欲操作於線性區或下一段中討論的飽和區，外加閘極電壓 V_G 必須大於臨界電壓 V_T，而此時半導體表面的通道是存在的。現在讓我們考慮在閘極上施加某個大於 V_T 的固定偏壓 V_G，造成半導體表面形成反轉的電子層如繪於圖 4-4 左側的示意圖。一開始，先考慮在汲極上加一個小的正電壓 V_D，即圖 4-4(a) 的情況，則電子將會從源極經由反轉層通道流向汲極（此電子流動對應的電流稱為汲極電流 I_D，其方向則由汲極流向源極）。由圖 4-4(a) 右側的對應 I_D – V_D 曲線可看出 I_D 和 V_D 是呈現近似線性關係，此時通道的作用就如同電阻一般（汲極電流與汲極電壓成正比關係）。

　　當汲極電壓 V_D 持續增加，橫跨氧化層接近汲極端的電壓降也跟著減少，表示接近汲極端的反轉電荷密度也隨之減小。換言之，汲極電壓 V_D 減弱了接近汲極端之閘極電壓的影響，使得從源極到汲極的反轉層（即通道）厚度是不一樣的；愈接近汲極端的反轉層厚度越小（即導電通道愈窄），相對地造成通道的導電率變差進而增加其通道電阻，亦表示 I_D – V_D 曲線的斜率會變小，如圖 4-4(b) 右側的曲線所顯示。當 V_D 繼續增加，最後達到 V_{Dsat} 時，在靠近 y = L 處之反轉層厚度亦減至零時，則此處稱為夾止點（pinch-off point）如圖 4-4(b) 中所繪；此時汲極端的反轉電荷密度為零，以及 I_D – V_D 曲線的斜率亦等於零。直觀的想法為：當 V_D – V_{Dsat} 時，剛好抵消汲極端之閘極電壓 V_G 造成此處半導體表面產生反轉的條件（請回想臨界電壓的定義，其決定半導體表面的反轉層形成與否），因此：

$$V_G - V_{Dsat} = V_T \tag{4.1}$$

或是改寫成：

$$V_{Dsat} = V_G - V_T \tag{4.2}$$

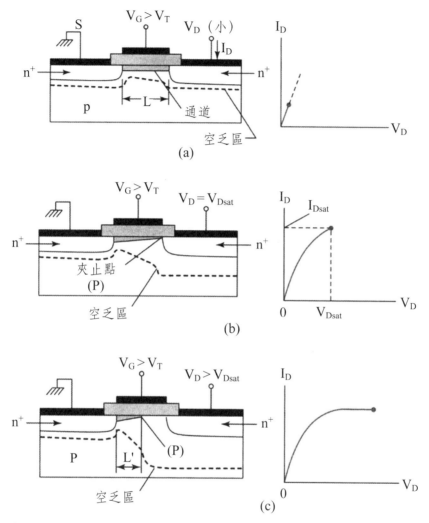

圖 4-4　增強型 n-MOSFET 於 $V_G > V_T$ 時之 $I_D - V_D$ 特性曲線，當處於 (a) 小的
V_D 值（線性區）　(b)$V_D = V_{Dsat} = V_G - V_T$（剛進入飽和區）　(c)$V_D >$
V_{Dsat}（飽和區）（取自 Sze[2]）。

上式中的 V_{Dsat} 表示：(1) 對照圖 4-4(b) 左側，其爲夾止點剛好發生在
汲極端的汲極電壓。(2) 如圖 4-4(b) 右側之特性曲線顯示，其爲進入
飽和區所需的汲極電壓。

　　下面，我們針對此線性區提出兩個重要觀念。第一，由圖 4-4 可
看出，僅當 V_D 很小時，I_D 才與 V_D 成近似線性關係；隨著 V_D 的增加，

$I_D - V_D$ 曲線的斜率逐漸減小（也代表 I_D 的增量逐漸和緩），直到 V_D 等於 V_{Dsat} 時，曲線斜率為零。但是，大家習慣將 $V_D < V_{Dsat}$ 情況下之曲線均稱為線性區。第二，在下一節中，我們將會推導理想的汲極電流 I_D 與汲極電壓 V_D 間的關係式。對於 n-MOSFET，我們將得到其在線性區：

$$I_D = \mu_n C_{ox} \frac{W}{L} \left[(V_G - V_T) V_D - \frac{V_D^2}{2} \right] \qquad （4.3）$$

其中 μ_n 為電子遷移率，C_{ox} 為氧化層電容，W 為通道寬度，而 L 為通道長度。由（4.3）式，我們可以驗證前面的討論：(a) 在「線性區」，I_D 與 V_D 的關係實際上為拋物線（不為線性）；但當 V_D 很小時，（4.3）式中的 $V_D^2/2$ 項可忽略，I_D 才與 V_D 成近似線性關係。(b) 當 $V_D = V_{Dsat}$ 時，曲線斜率為零，意即：

$$\frac{\partial I_D}{\partial V_D} \bigg|_{V_D = V_{Dsat}} = 0 \qquad （4.4）$$

由上式，我們同樣也可得到（4.2）式的結果，$V_{Dsat} = V_G - V_T$。

(3) 飽和區（saturation region）：若汲極電壓繼續增加使得 $V_D > V_{Dsat}$ 時，則夾止點（pinch-off point）會由圖 4-4(b) 中的位置移向圖 4-4(c) 顯示的源極端（即通道長度改變 $\Delta L = L - L'$）且夾止點的電壓保持在 V_{Dsat}。在此狀況下，載子（即電子）由源極進入通道朝汲極方向移動，然後在夾止點這位置上注入汲極空乏區，再藉由空乏區區域中的高電場（請回顧圖 2-5 與圖 2-7）被「掃（sweep）」至汲極接觸區。如果通道改變量 ΔL 遠小於原來通道長度 L 時（注意：這是對長通道 MOSFET 元件，常作的一個假設），當 $V_D > V_{Dsat}$ 時，汲極電流 I_D 基本上是不變的，並將之定義為汲極飽和電流（saturation drain current）I_{Dsat}。這是因為夾止點的電壓仍為 V_{Dsat}，因此由源極流到夾止點的電子數目（也就是由汲極流向源極的電流）保持不變。這個 $I_D - V_D$ 的特性被稱為飽和區如圖 4-4(c) 所示，因為即使增加汲極的電壓，汲極的電流均保持在一常數 I_{Dsat}；而主要的差別只是通道長度由

L 縮減爲 L'。

　　同樣地在下一節中，我們會推導出 n-MOSFET 之 I_D 與 V_D 在飽和區的關係式爲：

$$I_D = \frac{1}{2}\mu_n Cox\frac{W}{L}(V_G - V_T)^2 \equiv I_{Dsat} \qquad (4.5)$$

　　然而，（4.5）式可簡單地經由將（4.2）式代入（4.3）式中 V_D 得到。另外，請注意，若外加閘極電壓 V_G 改變，$I_D - V_D$ 曲線也會跟著改變，如圖（4-3）所顯示。實際上，當 V_G 增加，則分別可由方程式（4.2）、（4.3）、與（4.5）得到較大的 V_{Dsat} 值、初始之 $I_D - V_D$ 曲線斜率、與 I_{Dsat} 值。

　　最後，圖 4-5 爲一個空乏型 n-MOSFET 的輸出特性 $I_D - V_D$ 曲線族。經由比較圖 4-3 與圖 4-5 可發現：增強型與空乏型具有相同型式的特性曲線，而最主要的差異即爲 V_T 的極性，如表 4-1 中的比較。因此，上面針對增強模式 n-MOSFET 的討論以及方程式（4-1）至（4-5）可完全適用於空乏型 n-MOSFET，而唯一需要注意的是空乏型 n-MOSFET 之 V_T 爲負值。

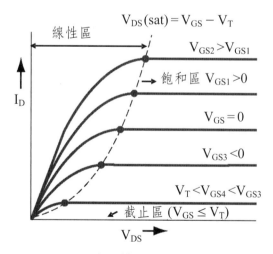

圖 4-5　空乏型 n-MOSFET 的輸出特性 $I_D - V_D$ 曲線族同樣地，對於增強型與空乏型 p-MOSFET 元件，除了載子是電洞、以及傳統電流方向和電壓極性是相反的之外，其操作原理和 n-MOSFET 元件相同。

4.3 電流－電壓特性之推導

在前一節中，我們已定性地討論 MOSFET 元件的基本操作特性。在這節中，我們將推導出汲極電流 I_D 與汲極電壓 V_D 間（稱為 output characteristics 輸出特性）、和汲極電流 I_D 與閘極電壓 V_G 間（稱為 transfer characteristics 轉移特性）之數學關係式。在進入推導之前，先讓讀者知曉推導的方式有好幾種；本書採用的方式雖然不是最嚴謹的，卻是為最容易瞭解的。

圖 4-6 為我們將用來推導關係式的元件結構示意圖，圖中顯示 $V_G > V_T$ 代表允許載子流過的通道已存在。

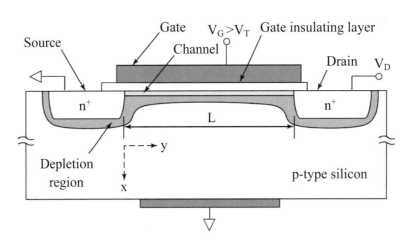

圖 4-6 　用來推導電流－電壓關係式的 MOSFET 結構圖（其中 $V_G > V_T$；但 V_D 沒有限定）

在我們的分析上，為了簡化推導過程的複雜性，將作下列假設：

(1) 通道內的載子移動是靠漂移（drift），故可忽略擴散（diffusion）電流。

(2) 通道中載子的移動率（mobility）是常數，其不隨在通道中的位置和電場不同而改變的固定值。

(3) 閘極氧化層為一理想絕緣體。是故沒有電流流過氧化層，且無任何電荷中心缺陷存在於氧化層本體或界面。

(4) 逆向漏電流可忽略不計。

(5) 通道內的摻雜為均勻分布。

(6) 通道中由閘極電壓所產生的垂直電場（圖 4-6 中所示 x 方向的電場）遠大於由汲極電壓所產生的水平電場（圖 4-6 中所示 y 方向的電場），此條件稱為「漸變通道近似（gradual-channel approximation）」。基於這個近似法，基板表面空乏區中的電荷僅由閘極電壓產生的電場所感應出。

(7) 通道內的電壓 $V(y = 0) = 0$，與 $V(y = L) = V_D$。

4.3.1　輸出特性 $I_D - V_D$

如圖 4-6 當通道存在時，在汲極加一個微小的電壓 V_D，則通道中的載子（在此為電子）受到電場的作用，藉由漂移形成汲極電流 I_D 等於：

$$I_D = WQ_n(y)v_n(y) \tag{4.6}$$

其中 W 為通道寬度，$Q_n(y)$ 為通道中位置 y 之每單位面積反轉層電荷密度，而 $v_n(y)$ 為電子在位置 y 之速度（或漂移速度）等於：

$$v_n(y) = -\mu_n E(y) \tag{4.7}$$

其中 μ_n 為電子遷移率；而 $E(y)$ 為沿著 y 軸上的電場，它與通道上任一點的電壓 $V(y)$ 的關係為：

$$E(y) = -\frac{\partial V(y)}{\partial y} \tag{4.8}$$

將（4.7）和（4.8）式代入（4.6）式，可得到：

$$I_D = WQ_n(y)\mu_n\frac{\partial V(y)}{\partial y} \tag{4.9}$$

注意上式中 $Q_n(y)$ 的量為負值（因為反轉層電荷為電子）且可寫成：

$$Q_n(y) = -C_{OX}[V_G - V_T - V(y)] \qquad (4.10)$$

再將（4.10）式代入（4.9）式，同時利用先前第七個假設之邊界條件，我們沿著通道長度對方程式（4.9）由源極積分到汲極，可得到：

$$\int_0^L I_D dy = W\mu_n C_{OX} \int_0^{V_D} [V_G - V_T - V(y)]\, dv \qquad (4.11)$$

或經由化簡後得到：

$$I_D = \mu_n C_{OX} \frac{W}{L} \left[(V_G - V_T)\, V_D - \frac{V_D^2}{2} \right] \qquad (4.12)$$

上式即為我們之前討論的公式（4.3），I_D 與 V_D 在線性區的關係式。因為這是個重要公式，我們提供讀者一個簡單又直觀的物理想法如下。公式（4.12）可重組改寫為：

$$I_D = W\left[-C_{OX}\left(V_G - V_T - \frac{V_D}{2}\right) \right]\left(-\mu_n \frac{V_D}{L} \right) \qquad (4.13)$$

將（4.13）式與（4.6）式一起對照來看，發現：$-C_{OX}\left(V_G - V_T - \frac{V_D}{2}\right)$ 項可視為通道中央位置（即 $y = \frac{L}{2}$）之反轉層電荷密度 $Q_n\left(y = \frac{L}{2}\right)$，其中我們假設通道的電壓是由源極 $V(y = 0) = 0$ 線性地增加至汲極 $V(y = L) = V_D$，因此 $V\left(y = \frac{L}{2}\right) = \frac{V_D}{2}$；$\frac{V_D}{L}$ 項故可視為水平電場，所以 $(-\mu_n \frac{V_D}{L})$ 項可想成電子在通道中的漂移速度。也就是說，式（4.13）或（4.12）表示的汲極電流 I_D 可想像成：一「平均的」反轉層電荷 $Q_n\left(y = \frac{L}{2}\right)$ 受到定電場 $\frac{V_D}{L}$ 的作用所形成的漂移電流。

圖 4-7 為在幾個 V_G 值下，方程式（4.12）以 V_D 為函數的圖形，可看出方程式（4.12）預測的曲線為拋物線。由拋物線的頂點座標公式，可求得最大電流值發生在：

$$V_D = V_G - V_T \equiv V_{Dsat} \qquad (4.14)$$

上式中的 V_D 值也就是進入飽和區的點，定義作 V_{Dsat}。一旦進入飽和區（$V_D > V_{Dsat}$），理想汲極電流為一常數，定義為飽和汲極電流 I_{Dsat}，其為圖4-7中拋物線的最高點（即最大電流值）：

$$I_{Dsat} = \frac{1}{2}\mu_n C_{OX} \frac{W}{L}(V_G - V_T)^2 \qquad (4.15)$$

注意，公式（4.14）和（4.15）分別與前面定性討論的公式（4.2）和（4.5）相同。

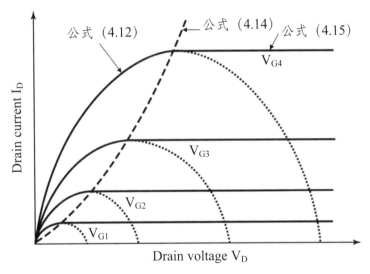

圖 4-7 MOSFET 的理想汲極特性。於 $V_D \geq V_{Dsat}$ 時汲極電流為一常數；而虛線部分為方程式（4.12）預測之拋物線，此為不合理的，必須改使用公式（4.15）。

將上面所討論的 $I_D - V_D$ 輸出特性，整理如下：

(1) 當 $V_G > V_T$ 與 $V_D < V_{Dsat} = V_G - V_T$ 時，n-MOSFET 是操作在線性區，其汲極電流公式為（4.12）。

(2) 公式（4.14）為進入飽和區的發生點 V_{Dsat}。

(3) 當 $V_G > V_T$ 與 $V_D > V_{Dsat} = V_G - V_T$ 時，n-MOSFET 是操作在飽和區，其汲極電流公式為（4.15）。須注意，公式（4.15）用在長通道 MOSFET 元件上，通常可得到相當正確的值；但（4.15）必須經過修正才可用在目前普遍量產的短通道（short-channel）MOSFET 元件上，這將留在下一章討論。

最後，我們提供讀者在實務應用上的重要觀念。那就是，希望藉由增加飽和汲極電流來提升元件的性能（performance）。公式（4.15）暗示至少有以下幾種方法：

(1) 增加通道寬度 W。這種方法雖然是很直接的方式，但缺點是佔面積，有違反增加元件積集度的原則。

(2) 縮短通道長度 L。此乃普遍採用的方法，因為可同時提升元件性能與積集度。

(3) 減少氧化層厚度 t_{ox}。由（3.27）式可知，t_{ox} 變薄可增加 C_{ox} 進而得到較大的 I_{Dsat} 值，此亦為普遍使用的方法。

(4) 亦由（3.27）式，使用高介電係數的介電層（稱為 high-k dielectrics）亦可增大 I_{Dsat} 值。

(5) 增加載子移動率。例如，目前先進的製程技術有使用所謂的應變矽（strained-Si）。

4.3.2　轉移特性 $I_D - V_G$

轉移特性（transfer characteristics）是指在某個固定的汲極偏壓下，將汲極電流 I_D（為輸出 output）對閘極偏壓 V_G（為輸入 input）的作圖，例如圖 4-8(a) 所示。以下將線性區與飽和區分開考慮。

在線性區當 V_D 值很小時（通常固定在 0.05V 或 0.1V），式（4.12）可簡化為：

$$I_D = \mu_n C_{OX} \frac{W}{L}(V_G - V_T) V_D \qquad 當\ V_D \ll (V_G - V_T) \qquad (4.16)$$

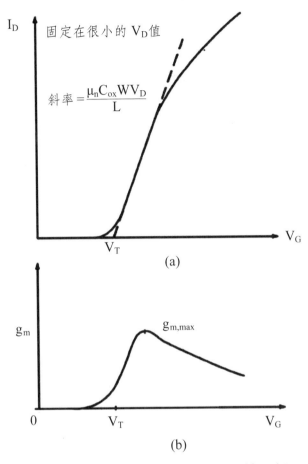

固定在很小的 V_D 值

斜率 $= \dfrac{\mu_n C_{ox} W V_D}{L}$

(a)

$g_{m,max}$

(b)

圖 4-8　操作在線性區（通常 V_D 固定在一個很小的值，如 $0.05V$ 或 $0.1V$）時之 (a) 轉移特性 $I_D - V_G$ 圖　(b) 轉移電導 g_m 圖

　　上式暗示 I_D 與 V_G 的轉移特性圖應該為一條直線，如圖 4-8(a) 中的虛線；但是，圖 4-8(a) 顯示在很小和很大的 V_G 值時，實際的 I_D 值會偏離（4.16）式的預測值。在很小的 V_G 值時，直線的誤差是因為次臨界電流（subthreshold current）的影響；而在很大的 V_G 值時，直線的誤差主要是由於閘極電壓變大使得載子遷移率變小的原因所致。另外，由（4.16）式可根據實驗數據決定出遷移率和臨界電壓值。載子遷移率可由圖 4-8(a) 中的直線斜率求得，而臨界電壓 V_T 可將直線外插至 $I_D = 0$ 得到。順便一提，由上述在線性區求得的 V_T 常用 $V_{T, lin}$ 表示，以便與 $V_{T, sat}$（在飽和區求得的 V_T）有所區分。由（4.16）式，

我們亦可得到在線性區的通道電導（channel conductance）或稱汲極電導（drain conductance）g_D 以及轉移電導（transconductance）g_m 分別為：

$$g_D \equiv \left.\frac{\partial I_D}{\partial V_D}\right|_{V_G = 常數} = \mu_n C_{OX} \frac{W}{L}(V_G - V_T) \qquad (4.17)$$

$$g_m \equiv \left.\frac{\partial I_D}{\partial V_G}\right|_{V_D = 常數} = \mu_n C_{OX} \frac{W}{L} V_D \qquad (4.18)$$

以上二個都算是 MOSFET 的重要參數；尤其是 g_m，因為轉移電導有時被參考為電晶體的增益（transistor gain）。從 g_m 的定義可知：如圖 4-8(b)g_m 對 V_G 的關係圖就是圖 4-8(a) 轉移特性曲線上各點的斜率所構成。而且，圖 4-8(b) 顯示 g_m 會從接近 V_T 的地方，由一個很小的值（理論上，在小於 V_T 處沒有 I_D，所以 g_m 應該為零）開始，隨著 V_G 增加而變大，直達到一個最大值 $g_{m,\,max}$ 後，再隨著 V_G 增加而變小（同前，此 g_m 變小主要是因為 V_G 的增加使得通道中的電子更容易與 Si-sub/SiO_2 界面產生碰撞，而導致電子遷移率 μ_n 變小）。

接下來，讓我們討論 MOSFET 操作於飽和區的轉移特性。注意方程式（4.15）中，I_{Dsat} 與 V_G 是呈二次方關係，因此我們對方程式（4.15）左右二邊取平方根，可得：

$$\sqrt{I_{Dsat}} = \sqrt{\frac{1}{2}\mu_n C_{OX} \frac{W}{L}}(V_G - V_T) \qquad (4.19)$$

同樣地，由式（4.19）可知 $\sqrt{I_{Dsat}}$ 對 V_G 的作圖應為一條直線，如圖 4-9 中的虛線表示。而且，將此直線外插至零電流可得到臨界電壓 V_T 值。此 V_T 值是在飽和條件下求得的，故又常記作 $V_{T,sat}$。注意：對長通道而言，萃取得到的 $V_{T,sat}$ 值應與 $V_{T,lin}$ 值相當接近；但對短通道而言，由於 DIBL（drain induced barrier lowering）效應（此將於下一章中介紹），$V_{T,sat}$ 值通常小於 $V_{T,lin}$ 值。就實務上，$V_{T,lin}$ 為較多數人所採用。

至於操作在飽和區的通道電導 g_D 與轉移電導 g_m 可由方程式（4.15）求得：

$$g_D \equiv \left.\frac{\partial I_D}{\partial V_D}\right|_{V_G = 常數} = 0 \qquad (4.20)$$

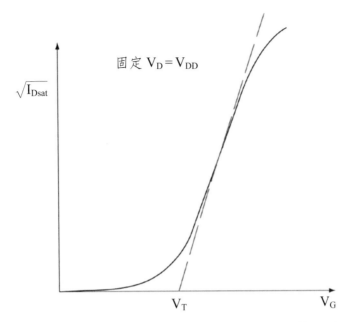

圖 4-9　操作在飽和區（固定 V_D 在大於 V_{Dsat} 的值，通常固定 V_D 等於供應電壓 V_{DD}）時之轉移特性圖。

$$g_m \equiv \left. \frac{\partial I_D}{\partial V_G} \right|_{V_D = 常數} = \mu_n C_{OX} \frac{W}{L}(V_G - V_T) \tag{4.21}$$

　　在飽和區，通道電導為零表示通道電阻無窮大，此乃因為汲極端呈夾止狀態，也就是說在汲極端沒有反轉層或電子濃度。而轉移電導就如同臨界電壓一樣是 MOSFET 元件幾何的函數。g_m 會隨著元件寬度的增加而增加，並隨著氧化層厚度或通道長度的減小而增加。是故，在設計 MOSFET 電路時，電晶體的尺寸是個重要的設計參數（design parameter），特別是通道寬度 W（因為通道長度 L 和氧化層厚度 t_{ox} 在製程上就已決定了）。

4.4　其他重要元件參數與特性

在這一節我們繼續討論 MOSFET 元件之其他重要觀念，包括次臨界特性（subthreshold characteristics）、基板偏壓效應（body effect）、臨界電壓的調整（V_T adjustment）、與遷移率退化（mobility degradation）。

4.4.1　次臨界特性（subthreshold characteristics）

在 §4.2 節中，討論 MOSFET 基本操作原理時提到：當閘極電壓小於臨界電壓時，MOSFET 操作在「截止區」，此時在任何外加汲極電壓下，理想的電流－電壓關係式預測汲極電流等於零。然而，實際上當 $V_G \le V_T$ 時，仍會存在微量的汲極電流如圖 4-8 與圖 4-9 中顯示，這就是所謂的「次臨界電流（subthreshold current）」。此次臨界區對應半導體表面呈弱反轉（weak inversion）狀態。回顧 §3.1.1 節或表 3-1 可知，弱反轉時之半導體表面電位為 $2\psi_B > \psi_S > \psi_B$。此時，半導體表面已發生反轉，但尚未達強反轉狀態（須注意，臨界電壓是定義在達到強反轉時所需之閘極電壓）。參閱圖 3-3(c)，這時候費米能階 E_F 較接近導電帶 E_C，所以半導體表面（即 MOSFET 形成通道的區域）會呈現輕微 n 型摻雜的特性，因此在 n^+ 的源極和汲極之間，經由此「弱反轉通道」產生一些次臨界導通。

在次臨界區內，由於導通通道尚未真正形成，所以汲極電流是由擴散而非漂移所主導。因此，參考圖 4-6（但圖中 V_G 須小於 V_T），我們有：

$$I_D = -qAD_n\frac{dn}{dy} = qAD_n\frac{n(0) - n(L)}{L} \tag{4.22}$$

其中 A 為電流流動的截面積，D_n 為電子的擴散係數（diffusion coefficient），L 為通道長度，而 n(0) 與 n(L) 則分別為源極與汲極處之電子密度。利用式（3-10a）可得：

$$n(0) = n_i e^{q(\psi_S - \psi_B)/kT} \tag{4.23a}$$

$$n(L) = n_i e^{q(\psi_S - \psi_D - \psi_B)/kT} \qquad (4.23b)$$

上式中 ψ_S 與 $\psi_S - \psi_D$ 分別為源極與汲極的表面電位，且 ψ_S 可近似於：

$$\psi_S \cong V_G - V_T \qquad （4.24）$$

將（4.23）式與（4.24）式帶入（4.22）式可得：

$$I_D = \frac{qAD_n n_i e^{-q\psi_B/kT}}{L}(1 - e^{-qV_D/kT})e^{q(V_G - V_T)/kT} \qquad （4.25）$$

從次臨界電流的公式（4.25）可知，當 V_D 大於幾個 kT/q 的正電壓時，$e^{-qV_D/kT}$ 項可略去不計，因此次臨界電流與 V_D 無關。而且，當 V_G 小於 V_T 時（即處於次臨界區），（4.25）式預測 I_D 將呈指數衰減，或是表示成：

$$I_D \propto e^{qV_G/kT} \qquad （4.26）$$

因此，若將次臨界電流 I_D 畫在半對數圖（semilog plot）上（註：其他常見的表現方式尚有 $\log I_D$ 或 $\ln I_D$ 對 V_G 的作圖），則在次臨界區域可得到一條直線，如圖 4-10 所示。

因為次臨界特性是描述開關（Switch）的開啟（ON）與關閉（OFF）特性，所以當 MOSFET 被用來作為例如數位邏輯開關或是低功率（low power）元件使用時，次臨界特性顯得格外重要。因此，針對此次臨界區，特別定義一個重要的元件參數稱為「次臨界斜率（subthreshold slope）」或「次臨界擺幅（subthreshold swing）」，常以符號 S 或 S.S. 表示：

$$S \equiv \frac{dV_G}{d(\log I_D)} = \ln 10 \frac{dV_G}{d(\ln I_D)} = 2.3 \frac{dV_G}{d(\ln I_D)} \qquad （4.27）$$

比較公式（4.27）與圖 4-10 可知，S 值即為次臨界特性圖中直線斜率的倒數值。圖 4-10 中的次臨界斜率可求得約為 85mV/decade，表示當閘極電壓 V_G

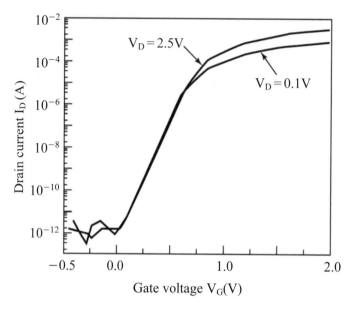

圖 4-10　MOSFET 之次臨界特性圖，其中電流 I_D 是繪製在對數座標（即半對數圖）。圖中次臨界斜率 S = 85mV/decade。

（爲元件輸入）改變 85mV 將使得次臨界電流 I_D（爲輸出）改變一個數量級。對目前的製造技術來說，在室溫下 S 的典型值介於 60mV/decade 與 120mV/decade 之間。

　　最後，參照圖 4-10，強調下面二點重要說明。第一，愈小的 S 值表示電晶體有愈好的開關特性。因爲愈小的 S 值對應圖 4-10 中的直線愈陡，代表當 V_G < V_T 時，I_D 能夠愈快速地下降。第二，由次臨界特性圖或公式（4.25）可觀察到，如果 MOSFET 的 V_T 太低，則元件在 OFF 的狀態時（V_G = 0）仍有可觀的次臨界電流（暗示 MOSFET 沒辦法關好），且此電流稱爲「關狀態電流（off-state current 或 off current）」。反之，如果 V_T 太高，雖然元件會有小的 off current，但同時也犧牲了所謂的「開狀態電流（on-state current 或 on current）」或稱爲「驅動電流（drive current）」，因爲在 ON 狀態時 (V_G = V_{DD}) 的輸出汲極電流與 $(V_{DD} - V_T)^2$ 成正比，如公式（4.15）所指出。基於上述原因，因此人們長久以來喜歡將 MOSFET 元件的 V_T 設計在 0.7V 左右。

4.4.2　基板偏壓效應（substrate-bias effect 或 body effect）

　　到目前為止，我們所有的討論，半導體基底和源極端都保持在相同的接地電位 $(V_B = V_S = 0)$，如圖 4-6 所示。然而，在真實電路上，基底與源極可能不在相同電位。參照圖 2-13 或圖 2-15 可知，由基底與源極形成的 p-n 接面在逆向偏壓下，流經接面的電流很小；但是，此逆向偏壓卻能夠明顯地影響臨界電壓 V_T 與汲極電流 I_D。以上這種由於基底與源極間的逆向偏壓（對 n-MOSFET 而言，$V_{BS} < 0$；對 p-MOSFET，$V_{BS} > 0$）對 V_T 與 I_D 造成影響的現象稱為「基板偏壓效應（substrate-bias effect 或 body effect）」。

　　如圖 4-11(a) 所示，當一逆向偏壓（$V_B < 0$ for n-MOSFET）施加於基底與源極之間時，空乏區的寬度會變大（回顧圖 2-5 與 §2.3 節的討論），也意味空乏區內的空間電荷 Q_{SC} 會變多，因此欲達到強反轉所需的臨界電壓也必須增大（見 §3.3.2 節的討論）。

　　為了簡化推導過程，我們假設通道中由於逆向偏壓造成空乏區寬度的增加是一樣的。因此，類比 §2.3 節的觀念，我們可將在零基板偏壓 $(V_B = 0)$ 下，達到強反轉時的最大空乏區寬度（3.21）式，直接改寫成在逆向偏壓 $(V_B < 0)$ 下的情況：

$$W_m = \sqrt{\frac{2\varepsilon_s(2\psi_B - V_B)}{qN_A}} \qquad (4.28)$$

此時，空乏區內的空間電荷也增加為：

$$Q_{SC} = -qN_AW_m = -\sqrt{2\varepsilon_sqN_A(2\psi_B - V_B)} \qquad (4.29)$$

將（4.29）式代入臨界電壓的公式（3.41）可得到：

$$V_T = \phi_{ms} - \frac{Q_{ox}}{C_{ox}} + \frac{\sqrt{2\varepsilon_sqN_A(2\psi_B - V_B)}}{C_{ox}} + 2\psi_B \qquad (4.30)$$

　　比較（4.30）式與（3.42a）式，可求得此基板偏壓所導致的臨界電壓變化量為：

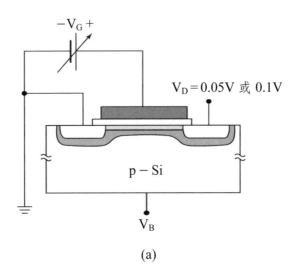

(a)

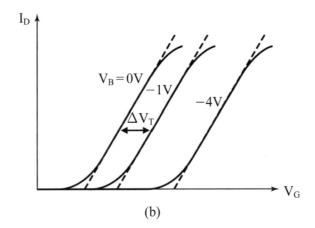

(b)

圖 4-11 　(a) 基板偏壓效應之量測裝置圖。對 n-MOSFET，$V_B \leq 0$（零偏壓或逆向偏壓）且 V_D 保持在 0.05V 或 0.1V（即操作在線性區）　(b) 線性區的轉移特性 $I_D - V_G$ 圖可用來檢視不同基底偏壓 V_B 對臨界電壓 V_T 的影響。

$$\Delta V_T = \frac{\sqrt{2\varepsilon_s q N_A}}{C_{ox}} (\sqrt{2\psi_B - V_B} - \sqrt{2\psi_B}) \qquad (4.31)$$

　　上式因用在 n-MOSFET，基板偏壓 $V_B < 0$，所以臨界電壓變化量恆為正。而且，增加基板偏壓會使臨界電壓移至更正的值，如圖 4-11(b) 所顯示。反

之，對 p-MOSFET 元件（基板偏壓 $V_B > 0$），增加基板偏壓會使 V_T 移到更負的值。

　　接下來，爲了實務上的應用，我們將定義一項重要的參數稱爲「基底效應係數（body effect factor）」，常以 Gamma 或 γ 表示：

$$\gamma \equiv \frac{\sqrt{2\varepsilon_s q N_A}}{C_{ox}}\qquad（4.32）$$

　　留意（4.31）式與（4.32）式可發現：利用不同基板偏壓 V_B 得到的臨界電壓 V_T 對 $\sqrt{2\psi_B - V_B}$ 的作圖爲一條直線，且直線的斜率即爲 γ，如圖 4-12 所表示。在業界，常以 0.6V 來估計 $2\psi_B$ 值。

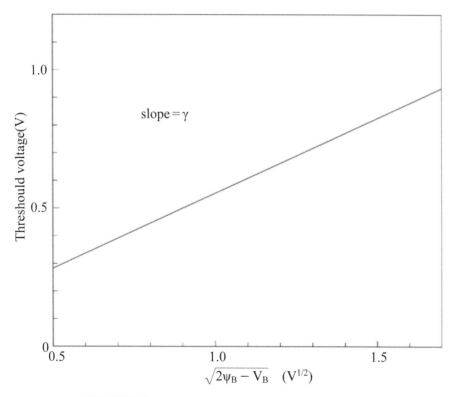

圖 4-12　V_T 對 $\sqrt{2\psi_B - V_B}$ 的作圖，直線斜率即爲基底效應係數（body effect factor）γ（註：在業界，常以 ~0.6V 來估計 $2\psi_B$ 值）。

　　參數 γ 在電路設計上的重要性在於當基底和源極不是等電位時（即 $V_B \neq 0$），計算 V_T 變化的程度。另一方面，就製程上的應用而言，因爲 $\gamma \propto \sqrt{N_A}$，所以可用來檢視植入矽基板的雜質濃度是否正確。（或是說，當基板摻雜濃度愈濃，則基板偏壓效應愈明顯）。

4.4.3　臨界電壓的調整（V_T adjustment）

　　臨界電壓是 MOSFET 最重要的參數之一，因爲它直接決定 MOSFET 的開（ON）或關（OFF），所以在設計元件時，我們必須知道如何調整 V_T 值。MOSFET 的 V_T 如公式（3-41）所示，即：

$$V_T = \phi_{ms} - \frac{Q_{ox}}{C_{ox}} - \frac{Q_{sc}}{C_{ox}} + 2\psi_B \qquad (4.33)$$

　　上式中所有的項目都可被用來作某種程度上地調整 V_T 值，如以下之討論。

　　因爲 V_T 值與 ϕ_{ms}（金屬閘極與矽基底間的功函數差）有關，經由選擇適當的閘極材料來調整功函數差是一種控制 V_T 的方法。舉例，圖 3-10 中之 p 型矽基版的摻雜濃度爲 $10^{15}cm^{-3}$，則選閘極材料爲 n^+ poly-Si、Al、Au 或 p^+ poly-Si 時，分別有 ϕ_{ms} 值約等於 –1.02、–0.88、0、或 0.37eV。在早期，MOSFET 的閘極材料爲 Al 金屬；但因其低熔點無法承受後續的高溫製程（例如離子植入後的高溫回火），因此改用高熔點的 n^+ poly-Si；之後，又希望藉由 ϕ_{ms} 來調整 V_T，因此目前常使用的製造技術爲 n-MOSFET 使用 n^+ poly-Si 而 p-MOSFET 使用 p^+ poly-Si。

　　（4-33）式告訴我們，藉由改變氧化層的電容 C_{ox} 亦可控制 V_T。又 C_{ox} 可表示爲：

$$C_{ox} = \frac{\varepsilon_{ox}}{t_{ox}} \qquad (4.34)$$

　　其中 ε_{ox} 與 t_{ox} 分別爲氧化層的介電係數與厚度。因此，若增加氧化層的厚度，則臨界電壓的絕對值 $|V_T|$ 亦會變大（即 n-MOSFET 的 V_T 變的更正些，而 p-MOSFET 的 V_T 變的更負一些），反之亦然。在實用上的考量，基本上

希望有大的驅動電流（drive current），所以閘極氧化層的厚度一般上來說是越來越薄（就目前的技術，氧化層厚度約介於 15~100Å）。但是，當氧化層用在相鄰電晶體間的隔絕（isolation）時，厚度就必須較厚。圖 4-13 為二個鄰近 MOSFET 元件與其之間絕緣氧化層（又稱為場氧化層，field oxide，常簡寫成 FOX）的剖面圖。圖中顯示，若場氧化層上方覆蓋著任何導電材料，將形成一寄生 MOSFET 元件，常稱為場元件（field device）或場電晶體（field transistor）。（註：依導電材料的不同，又可分為 poly field device 和 metal field device）為了避免此寄生的場電晶體導通（因為導通就失去絕緣的功能），常用的一個方式就是用很厚的場氧化層來提高臨界電壓值。一般來說，場氧化層的臨界電壓要比閘極氧化層的臨界電壓大一個數量級，在電路操作時，場電晶體才不會導通。順便一提，由於電路佈局（circuit layout）的不同，會產生不同結構的寄生元件。我們必須考慮其電性特性，以確保良好的隔絕。

　　經由（4.34）式，我們也可使用具有高介電常數的氧化層來增加 C_{ox} 值。目前業界最普遍使用的為 SiO_xN_y（silicon oxynitride），它可經由不同的製程

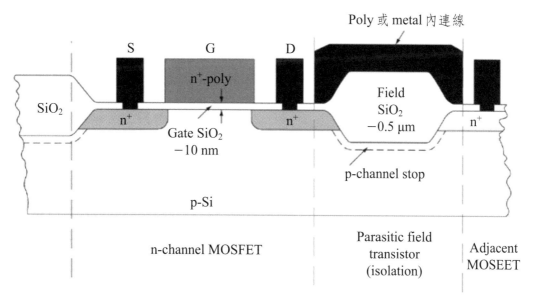

圖 4-13　兩個相鄰 MOSFET 元件間寄生的場電晶體之剖面圖（取自 Streetman and Banerjee[5]）。

技術將氮（N）引入 SiO_2 中所形成的一種介電層。此種介電層不僅有較高的介電常數，還和 Si 有很好的界面特性。其他具有高介電常數的材料 HfO_2 等，也被推薦用來取代傳統的 SiO_2。

　　式（4.33）中的 Q_{ox} 代表氧化層電荷，它的多寡主要跟製程技術有關。因為 Q_{ox} 是較難控制的，因此為了儘量避免 Q_{ox} 影響 V_T 值，我們藉由適當的製程技術將 Q_{ox} 量降到最低。圖 3-12 顯示 Q_{ox} 的四種基本類型以及在氧化層中的相對位置，而 Q_{ox} 的來源、特性、與製程改善方式已於 §3.1.3 節中作完整的介紹，故不再重複。

　　最後我們要來討論調整 V_T 的技術就是離子佈植（ion implantation）。這種是所有的方法中最好的，因為這種技術可精確地引入雜質的數量（藉由植入的劑量與時間）與位置（藉由植入的能量），所以臨界電壓可得到嚴謹的調整與控制。在 V_T 的公式（4.33）中，除了 Q_{ox}/C_{ox} 這項以外，其餘各項均與半導體基底的雜質濃度有關。例如，圖 3-10 指出基板雜質濃度會影響 ϕ_{ms} 值，進而改變臨界電壓。然而，ϕ_{ms} 和 $2\psi_B$ 這二項與 Q_{sc}/C_{ox} 相較之下，它們受到基底濃度的影響較小，這可由（3.42）式瞭解 Q_{SC} 是和基底雜質濃度的平方根成正比。因此，一般來說，調整臨界電壓最有效的方法就是利用離子佈植技術將雜質（n 型或 p 型）植入通道區。舉例來說，若將額外的 p 型離子（如硼離子，為正電）植入 n-MOSFET（為 p 型基板）可增加 V_T；然而，若此 p 型離子植入 p-MOSFET（為 n 型基板）則降低 V_T 的絕對值。直觀的想法為：若增加 n-MOSFET 通道區域的電洞，則 V_T 變大；若減少 n-MOSFET 通道區域的電洞（如植入額外的 n 型離子，如磷和砷離子），則 V_T 變小。

　　上述利用離子佈植來控制 V_T 的方法，不僅可用在 MOSFET 上，還可用在場電晶體上提高 V_T 值。如圖 4-13 所繪，為了確保相鄰 MOSFET 元件間有好的隔絕，除了使用厚的場氧化層外，還可在場氧化層下方植入所謂的 channel stop implant（在此為 p 型離子，如硼離子）。這也就是為何早期用 LOCOS（local oxidation of Si，矽局部氧化法）技術當元件隔離時，需要有 channel stop implant 這道植入，因為沒辦法用熱成長的方式生長非常厚的場氧化層；但使用 STI（shallow trench isolation，淺溝槽隔離）技術當隔絕後，就不需要 channel stop implant 了，因為可有相當深（即厚）的隔離氧化層。

4.4.4　遷移率退化（mobility degradation）

　　我們在 §4.3 節推導電流－電壓特性之關係式時，曾假設 MOSFET 通道中載子的遷移率（mobility，或稱為移動率）是一個常數。然而，這個假設在以下二個效應下就必須被修改。第一個效應就是遷移率會隨著閘極電壓 V_G 的增加而退化（即變小）。曾在圖 4-8(a) 與圖 4-9 中看到，在大的 V_G 值時，實際的汲極電流 I_D 會小於預測值，主要就是載子遷移率變小的原因。另一個效應就是速度飽和（velocity saturation）效應。簡言之，就是隨著載子達到速度飽和的限制，載子的有效遷移率將會降低。第一個效應是本節探討的重心，因為它不論對長通道或短通道元件都很明顯；而第二個效應將於下一章討論，乃因它對短通道元件的影響較顯著。

　　首先，讓我們解釋在 MOSFET 通道中的載子之遷移率比半導體本體中的遷移率低。如圖 4-14 的 n-MOSFET 元件所示，通道中的電子除了受到橫向電場 E_y 的作用流向汲極端外，還受到垂直電場 E_x（此電場是由正的閘極電壓 V_G 所形成）的作用，使它們向 SiO_2/Si 界面移動。當這些電子經過通道向汲極行進當中，會被吸引到通道表面（也就是 SiO_2/Si 界面），再由局部的庫倫作用力所反彈，這就稱為表面散射（surface scattering）效應。表面散射效應會降低載子的遷移率。另外，氧化層中的固定氧化層電荷 Q_f 與界面陷阱電荷 Q_{it} 含量（由於額外的庫倫力交互作用），以及 SiO_2/Si 界面的表面粗糙（surface roughness）程度（因為載子會有更多的碰撞），會使遷移率降的更低。（這乃是實務上亟欲要降低氧化層電荷與成長愈平坦愈好的氧化層界面的主要原因之一。）

　　位於通道中央位置的「平均橫貫電場（average traverse field）」E_x 被稱為有效電場 E_{eff}，並可以下式表示之：

$$E_{eff} = -\frac{1}{\varepsilon_s}\left(Q_{sc} + \frac{Q_n}{2}\right) \tag{4.35}$$

　　其中 ε_s 是半導體的介電常數，Q_{sc} 是空乏區中的空間電荷，而 Q_n 則是反轉層中的電子電荷。（4.35）式的推導不在本書的範圍，但提供讀者一個簡單的想法。圖 4-14 中垂直電場的電力線起始於帶正電的閘極端而終止於空乏區

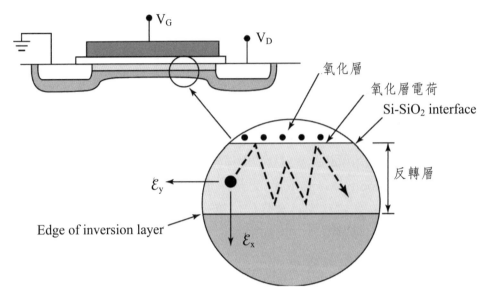

圖 4-14　n-MOSFET 通道中電子受到垂直電場 E_x 與橫向電場 E_y 作用下之運動示意圖（表面散射效應）。

中的受體負離子或者是通道中的電子。又由於通道位於 Si/SiO₂ 界面，所以幾乎所有的電子都會受到終止於受體負離子之電力線影響，即（4.35）式中的 Q_{sc} 項。而當電力線終止於通道中的某個電子時，就不會影響到它底下行進中的電子，所以整體來看通道中僅一半的電子對電場有實際的貢獻，即（4.35）式中的 $Q_n/2$ 項。故 Q_{sc} 與 $Q_n/2$ 二項量的和決定有效電場 E_{eff} 的大小如（4.35）式所示。須注意，由（3.22）式，當基板濃度固定時，Q_{sc} 亦不變，所以 E_{eff} 主要會隨 Q_n 的改變而變化，也就是說 E_{eff} 主要是隨著 V_G 的增加而增加。

　　另一方面，反轉層中載子的有效遷移率 μ_{eff} 與有效電場 E_{eff} 間的關係，一般均由實驗來得到。圖 4-15 為在室溫下，電子和電洞之有效遷移率 μ_{eff} 對有效電場的關係圖。很有趣的，圖 4-15 中的有效遷移率雖是有效電場的函數，但卻與製程技術或元件幾何結構（如氧化層厚度）無關（因此被稱為 universal mobility degradation curve）。就 n-MOSFET 來說，電子的 μ_{eff} 與 E_{eff} 的關係式可由圖 4-15 得到：

$$\mu_{eff} = \mu_0 \left(\frac{E_{eff}}{E_0} \right)^{-1/3} \tag{4.36}$$

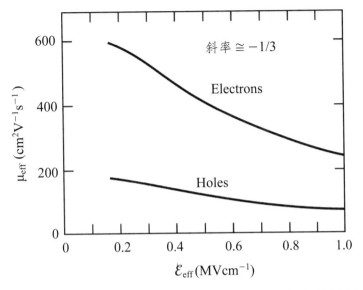

圖 4-15 在室溫下，反轉層電荷的有效遷移率（μ_{eff}）與有效電場（E_{eff}）之關係圖（取自 M.S. Liang 等 [21]）。

上式 E_0 中 μ_0 與是由實驗結果所決定的常數。由方程式（4.35）與（4.36）可得到一個重要的結論：μ_{eff} 是 V_G 的函數，而且隨著閘極電壓的增加，載子的遷移率更加降低。

最後再提出兩點補充說明。第一，由於晶格散射（lattice scattering）的原因，反轉層電荷的有效遷移率是與溫度關係很強的函數。隨著溫度增加，晶格的震動與散射愈厲害，導致載子的遷移率下降。第二，圖 4-15 顯示電子的遷移率大於電洞的遷移率（註：因為電子有較小的有效質量），所以一般來說 n-MOSFET 比 p-MOSFET 有較大的汲極電流與速度。

4.5　本章習題

1. MOSFET 依操作模式與物理結構的不同，可區分成哪四種基本型式？請畫出相對應之電路符號與物理結構剖面圖，並於結構圖中標示出閘極、通道、源極／汲極、及基底的位置與雜質型式。

2. 試分別畫出一理想的 (a) 增強型 (b) 空乏型 n-MOSFET 的輸出特性（output characteristics）曲線族，並簡述兩者之異同。另請在圖中標示出截止區、線性區、及飽和區，並寫出相對應的汲極電流─電壓關係式。

3. 針對 p-MOSFET，重複上一問題。

4. 若給定 n-MOSFET 在線性區的 I_D 與 V_D 的關係式為（4.12）式，則請以此式與簡單的數學推導出在飽和區的 I_D 與 V_D 的關係式（4.15）。

5. 對某特定汲極與閘極電壓的 CMOS 技術而言，請說明並加以解釋五種增加飽和汲極電流 I_{Dsat} 的方法。

6. 已知某一理想 n-MOSFET 的元件參數如下：通道長度（channel length）等於 1.25μm，電子遷移率（electron mobility）等於 650cm^2/V-s，閘極氧化層電容（gate oxide capacitance）等於 6.9×10^{-8}F/cm^2，與截止電壓（threshold voltage）等於 0.65V。請問此 n-MOSFET 的閘極氧化層厚度為多少？並請設計此 n-MOSFET 之通道寬度（channel width），使得當閘極電壓等於 5V 時，具有 4mA 的飽和汲極電流。

7. 何謂 $V_{T,lin}$ 與 $V_{T,sat}$？試述如何利用 MOSFET 的轉移特性（transfer characteristics）圖來得到 $V_{T,lin}$ 與 $V_{T,sat}$；並說明兩值是否相等？

8. 何謂次臨界電流（subthreshold current）？其值是愈大愈好抑是愈小愈好？原因為何？

9. 何謂次臨界擺幅（subthreshold swing）？其值是愈大愈好抑是愈小愈好？原因為何？

10. 試述 MOSFET 元件的開狀態電流（on-state current）I_{ON} 與關狀態電流（off-state current）I_{OFF} 如何隨臨界電壓的變化（變大或變小）而變化？

11. 由上題中得到 I_{ON} 與 I_{OFF} 之間的變化關係，試利用 I_{ON} 與 I_{OFF} 來區分所謂「高性能（high-performance, HP）的電子產品」與「低功率（low-power, LP）的電子產品」？並各舉一種典型產品？亦說明為何薄的閘極氧化層較適合應用在高性能的產品而非低功率的產品？

12. 若一理想 n-MOSFET 之基底由接地（$V_B = 0$）變為 (a) 偏壓至 $V_B = 0.3V$ (b) 偏壓至 $V_B = -0.3V$ 時，其所須達到強反轉之臨界電壓 V_T 會變大、變小、還是不變？請分別使用（4.30）式與能帶圖觀念解釋之。

13. 針對 p-MOSFET，重複上一問題。

14. 試述基底效應係數（body effect factor）γ 在製程上的應用。

15. 試利用臨界電壓的公式（4.33），解釋如何藉由改變 (a) 閘極材料、(b) 氧化層材料、(c) 氧化層厚度、或(d) 基板摻雜濃度，來調整臨界電壓的大小。

16. 已知某 n^+ poly-Si/SiO_2/p-Si 形成之 n-MOSFET 的基底摻雜濃度為 $5 \times 10^{17} cm^{-3}$，SiO_2 的厚度為 150A，求基底效應係數 γ 與臨界電壓 V_T 各為何？

17. 將上題中的基底摻雜濃度改為 $5 \times 10^{16} cm^{-3}$，其餘保持不變，則基底效應係數 γ 與臨界電壓 V_T 各變為多少？

18. 將第 16 題中的 SiO_2 厚度改為 100A，其餘保持不變，則臨界電壓 V_T 變化為何？

19. 將第 16 題中的閘極材料由 n^+ poly-Si 改為 p^+ poly-Si，其餘保持不變，則臨界電壓 V_T 變化為何？

20. 試述以下因素對 MOSFET 通道中載子遷移率（carrier mobility）的影響：(a) 增加閘極電壓 V_G，(b) 氧化層電荷增加，(c) 較粗糙的 SiO_2/Si-sub 界面，(d) 較高的環境溫度，與 (e) 較濃的摻雜濃度。

21. 在 IC 奈米化過程中，有許多新的製程技術被引用，其中高介電係數（High K）材料製程也是被引用技術之一，請詳細說明 High K 材料技術在 IC 奈米化過程可協助解決甚麼困難？　（2013 年特考）

22. 有一 n 通道之 Si MOSFET，設其長寬各為 L = W = 1μm，有效閘極氧化層厚度為 T_{oxe} = 3.45 nm（有效閘極電容為 C_{oxe} = 10^{-6}F/cm^2），又閘極功函數 ϕ_M = 4.03eV，且 Si 材之摻雜濃度（bulk Si dopant concentration）為 N_A = 10^{17}cm^{-3}（其對應之 Si 材功函數 ϕ_S = 5.03eV，最大空乏區寬度為 W_T = 100 nm）。設 T = 300K，Si 之 n_i = 10^{10}cm^{-3}，求：

(1) 若此元件之固定氧化層電荷（fixed oxide charge），Q_F 為每平方公分 10^{12} 的電子電荷，則其平帶電壓，V_{FB}，應為多少？

(2) 若此元件之空乏區電荷 Q_{dep} 為 1.6×10^{-7}C/cm^2，則其臨界電壓 V_T 為何？又此元件為增強型或是空乏型（enhancement-mode or depletion-mode device），請說明理由？　　　　　　（2015 年特考）

23. 具有 n 型通道金屬 - 氧化物 - 半導體接面場效電晶體（MOSFET），其相關參數如下：

通道長度 L = 1.25μm、電子遷移率 μ_n = 650cm^2/V-s、閘極氧化層電容 C_{ox} = 6.9×10^{-8}F/cm^2、臨界電壓 V_T = 0.65V。在閘 - 源極偏壓 V_{GS} = 5V 之下，試求：

(1) 當逐漸增加汲 - 源極偏壓，致使電晶體由線性區進入飽和區之汲 - 源極電壓 $V_{DS,sat}$ = ?

(2) 已知汲極飽和電流 I_D（sat）= 4 mA，試求電晶體之通道寬度 W = ?

　　　　　　（2019 年特考）

24. 有一 n 型通道金屬 - 氧化物 - 半導體接面場效電晶體（MOSFET），其閘極寬度 W = 15μm、閘極長度 L = 2μm、閘極氧化層電容 C_{ox} = 6.9×10^{-8}F/cm^2。假設此電晶體操作於汲 - 源極電壓為 V_{DS} = 0.1V 之非飽和區（non-saturation region），已知於閘 - 源極電壓為 V_{GS} = 1.5V 時、其汲極電流 I_D = 35μA，另於閘 - 源極電壓為 V_{GS} = 2.5V 時、其汲極電流 I_D = 75μA。試求此 MOSFET 之：

(1) 電子遷移率 μ_n = ?

(2) 臨界電壓 V_T = ?　　　　　　（2020 年特考）

25. 長通道 n-MOSFET 在 V_{GS} > V_T 時的電流 - 電壓關係是 I_D = （$W\mu_nC_{ox}/2L$）$[2(V_{GS} - V_T)V_{DS} - V_{DS}^2]$，在 V_{GS} < V_T 時的電流-電壓關係是 $I_D \sim$ [exp (eV_{GS}/

kT)] × [1 – exp(–eV$_{DS}$/kT)]。列出四種以電流 - 電壓關係萃取 MOSFET V$_T$ 的方法,並說明之。　　　　　　　　　　　　　　　　(2018 年高考)

26. 一理想金氧半場效電晶體(MOSFET),臨界電壓 V$_{th}$ = 1V,介電層 (SiO$_2$)厚度 10nm,SiO$_2$ 介電係數 3.9ε$_0$,ε$_0$ = 8.854×10^{-14}F/cm。

(1) 若汲極飽和電壓與飽和電流分別為 2.5V 與 5mA,請繪出汲極電壓範圍 0 ≤ V$_{ds}$ ≤ 5 V 之輸出特性曲線並求對應此曲線之閘極電壓 V$_{gs}$。

(2) 求於 V$_{ds}$ = V$_{gs}$ = 4.5V 偏壓下之汲極電流 I$_{ds}$ 以及於源極端與汲極端之單位面積反轉層電荷量。　　　　　　　　　　　　　　(2016 年高考)

參考文獻

1. J.D. Plummer, M.D. Deal, and P.B. Gruffin, *Silicon VLSI Techology-Fundamentals, Practice and Modeling*, Prentice Hall, New Jersey, 2000.

2. S.M. Sze, *Semiconductor Devices-Physics and Technology*, 2nd edition, Wiley, New York, 2001.

3. R.S. Muller and T.I. Kamins, *Device Electronics for Integrated Circuits*, 3rd edition, Wiley, New York, 2003.

4. Y. Taur and T.H. Ning, *Fundamentals of Modern VLSI Devices*, Cambrige, New York, 1998.

5. B.G. Streetman and S. Banerjee, *Solid State Electronic Devices*, 5th edition, Prentice Hall, New Jersey, 2000.

6. R.F. Pierret, *Semiconductor Devices Fundamentals*, Addison-Wesley, MA, 1996.

7. D.K. Schroder, *Semiconductor Material and Device Characterization*, Wiley, New York, 1990.

8. G.D. Wilk, R.M. Wallace, and J.M. Anthony, "High-k Gate Dielectrics: Current Status and Materials Properties Considerations," *J. Appl. Phys.*, 89, 5243 (2001).

9. C.H. Liu et al., "Mechanism and Process Dependence of Negative Bias Temperature Instability (NBTI) for pMOSFETs with Ultrathin Gate Dielectrics," *IEDM*, Washington, DC, 2001, p.861-864.

10. T.M. Pan and C.H. Liu, "Reliability Scaling Limit of 14A Oxynitride Gate Dielectrics by Different Processing Treatments," *J. Electrochem. Soc.*, in press.

11. D.A. Buchanan, "Scaling the Gate Dielectric: Materials, Integration, and Reliability," *IBM Journal of Research and Development*, 43, 245 (1999).

12. S. Wolf, *Silicon Processing for the VLSI Era Volume III-The Submicron MOSFET*, Lattice Press, CA, 1995.

13. A.S. Grove, *Physics and Technology of Semiconductor Devices*, Wiley, New York, 1967.

14. D.A. Neamen, *Semiconductor Physics and Devices*, 2nd edition, McGraw-Hill, New York, 1992.

15. J. Singh, *Semiconductor Devices-Basic Principles*, Wiley, New York, 2001.

16. E.H. Nicollian and J.R. Brews, *MOS (Metal Oxide Semiconductor) Physics and Technology*, Wiley, New York, 1991.

17. R.A. Smith, *Semiconductors*, 2nd edition, Cambridge Univ. Press, London, 1978.

18. A.G. Sabnis and J.T. Clemens, "Characterization of the Electron Mobility in the Inverted <100> Si Surface," *IEDM*, 1979, p.18-21.

19. S.C. Sun and J.D. Plummer, "Electron Mobility in Inversion and Accumulation Layers on Thermally Oxidized Silicon Surfaces," *IEEE J. Solid-State Circuits*, SC-15, 562 (1980).

20. K.Y. Fu, "Mobility Degradation due to the Gate Field in the Inversion Layer of MOSFET's," *IEEE Electron Dev. Lett.*, EDL-3, 292 (1982).

21. M.S. Liang, J.Y. Choi, P.K. Ko, and C. Hu, "Inversion Layer Capacitance and Mobility of Very Thin Gate Oxide MOSFET's," *IEEE Trans. Electron Dev.*, ED-33, 409 (1986).

22. N.D. Arora, J.R. Hauser, and D.J. Roulston, "Electron and Hole Mobilities in Silicon as a Function of Concentration and Temperature," *IEEE Trans. Electron Dev.*, ED-29, 292 (1982).

23. 劉傳璽（修訂），「CMOS IC 佈局設計：原理、方法與工具」，原著：D. Clein，翻譯：許軍，五南圖書，台北，民國 94 年六月。

24. 「半導體製程整合專業訓練講義」，劉傳璽，民國 94 年一月。

25. 「應材半導體元件與良率分析講義」，劉傳璽，民國 94 年七月。

5 短通道 MOSFET 元件

◆ 短通道元件的輸出特性 $I_D - V_D$
◆ 短通道元件的漏電流現象

本章內容綜述

MOSFET 元件尺寸的微縮是一個持續的工作與必然趨勢，因為希望藉此來增加積體電路中的元件密度與速度。簡單來說，增加密集（或積集度）意味縮減通道長度 L 和通道寬度 W，而增加速度（或性能）也就必須增加飽和汲極電流 I_{Dsat}。

在第四章裏，我們介紹了長通道 MOSFET 的元件物理與特性。公式（4.15）告訴我們可藉由縮短通道長度 L 或減少氧化層厚度 t_{OX} 來增加 I_{Dsat}。也就是說理論上 I_{Dsat} 應可經由尺寸微縮的方式一直增加。這也暗示著，最終將是由製程技術（而非元件本身的特性）限制住製造尺寸更小與性能更好的 MOSFET 元件。然而，早期當製程技術演進到通道長度小於約 1μm 的 MOSFET 元件時，就已發現當時這些「短」通道（當然若是與現在的技術比較，通道是長了許多的）MOSFET 表現出許多長通道元件模型無法預測的新奇現象，而這些新現象被稱為「短通道效應（short channel effects）」。舉例來說，一個較令人驚奇的效應就是當 L 愈來愈短時（尤其是當通道長度短於 0.35μm 後，就益加明顯），I_{Dsat} 並不隨 L 的縮減而呈反比增加。事實上，我們將會討論，對小尺寸的 MOSFET 來說，I_{Dsat} 變得與 L 並無明顯的關係。反倒是降低氧化層的厚度仍能夠顯著地提升 I_{Dsat} 值。（所以降低 t_{OX} 一直也是大家努力的重要任務。）

雖然縮短 L 不再能夠有效地增加 I_{Dsat}，但是為了更高的積集度還是得需要繼續縮減 L 的尺寸。也因此，我們將不可避免地繼續面對短通道效應以及它帶來的問題，所以本章特別針對短通道 MOSFET 的元件特性與相關物理觀念作一系統性的介紹。

若與長通道 MOSFET 元件做比較，我們大致上可將短通道元件的短通道效應歸納為以下三大類：

(1) 輸出特性 I_D – V_D 關係的改變。對於此特性之改變，我們將討論通道長度調變（channel length modulation）與載子速度飽和（velocity saturation）二個效應。

(2) 元件的漏電流（leakage current）增加。我們將會介紹臨界電壓下滑（threshold voltage roll-off）、汲極引起的能障下降（drain-induced

barrier lowering，DIBL）、與貫穿（punch-through）等三個重要現象。

(3) 元件可靠度（device reliability）問題。元件尺寸的微縮也使得可靠度問題越來越嚴重，包括：熱載子效應（hot carrier effect）、閘極氧化層崩潰（gate oxide breakdown）、閉鎖（latch-up）、與 NBTI（negative bias temperature instability）等等。由於篇幅的限制，本書不特別針對可靠度問題作專門的討論。

5.1　短通道元件的輸出特性 $I_D - V_D$

圖 5-1 顯示一個通道長度為 0.1μm 的 CMOS 之輸出特性 $I_D - V_D$ 的曲線族，且根據此圖，我們可提出三個明顯的問題。第一，為何 p-MOSFET 的汲極電流比 n-MOSFET 的汲極電流小許多（大約僅一半）？第二，進入飽和區後，為什麼汲極電流不像公式（4.15）或圖 4-7 所預測的應該保持在一常數 I_{Dsat}，反而是隨 V_D 的增加而些微地增加？第三，同樣地，什麼原因使得飽和汲極電流值並沒有依照公式（4.15）或圖 4-7 顯示的應該隨（$V_G - V_T$）的二次方增加，而是呈現近似線性增加（可觀察圖中曲線間的相等間距）？

第一個問題可由圖 4-15 得到解答，那就是在相同的有效電場（E_{eff}）下，電子的遷移率大於電洞的遷移率，故直接反應在 I_D 上。關於第二與第三個問題，主要影響的效應分別為通道長度調變與速度飽和效應，並即將在底下作介紹。（註：對於第二個問題，實際上參與影響的因素還有 DIBL，但這將於第 §5.2 節中再做討論。簡單地說，DIBL 效應是指當短通道 MOSFET 元件的汲極電壓增加進入飽和區時，臨界電壓會降低，因此汲極電流 I_D 會變大。）

5.1.1　通道長度調變（channel length modulation）

通道長度調變效應可直接套用長通道 MOSFET 元件的電流——電壓特性觀念，並經由修改公式（4.5）得到。

首先，回憶我們在推導長通道元件的飽和汲極電流 I_{Dsat} 時假設圖 4-4(c) 中的通道長度改變量 $\Delta L \equiv L - L'$ 是遠小於原來的通道長度 L，因而得到關係式

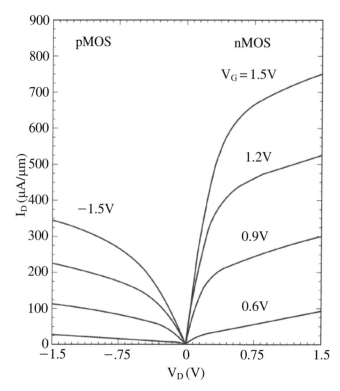

圖 5-1　發生短通道效應的 MOSFET（通道長度 L = 0.1μm）輸出特性曲線圖，
　　　　圖中縱軸為單位通道寬度下的汲極電流值。

（4.5）或（4.15），且關係式指出 I_{Dsat} 是和通道長度成反比。但是，對短通道元件而言，由於 ΔL 不可忽略，因此在邏輯上可想成通道的「有效」長度由 L 縮短為（L − ΔL）。也因此，飽和汲極電流可藉由將（L − ΔL）取代長通道元件公式（4.5）中的 L，得到：

$$I'_{Dsat} = \frac{1}{2}\mu_n C_{ox}\frac{W}{L - \Delta L}(V_G - V_T)^2 = \frac{I_{Dsat}}{1 - \dfrac{\Delta L}{L}} \qquad (5.1)$$

注意，參照圖 4-4，當進入飽和區後，ΔL 會隨 V_D 的增加而增加，因此短通道元件於飽和區的汲極電流也會跟著增加，如式（5.1）所表示。（至此，我們已回答了於 §5.1 節提出的第二個問題。）

另外，對很小的 ΔL，（5.1）式中的 $1/(1 - \Delta L/L)$ 利用泰勒級數展開（Taylor's series expansion）後取兩項近似於 $(1 + \Delta L/L)$，再代入（5.1）式後可得：

$$I'_{Dsat} = \left(1 + \frac{\Delta L}{L}\right)I_{Dsat} \qquad （5.2）$$

為了更進一步表示通道長度調變之電流對電壓變化情形，我們定義一個元件參數稱為「通道長度調變因子（channel length modulation factor）」，通常以 λ 表示：

$$\frac{\Delta L}{L} = \lambda V_D \qquad （5.3）$$

在上式的定義中，通道長度調變的比例基本上被認為是與汲極電壓成正比（即 V_D 越大，則通道長度變化率越大）。將（5.2）式與（5.3）式代入（5.1）式，可得到短通道元件在飽和區的汲極電流 I_{Dsat}（即為原式中的 I'_{Dsat}）表示式：

$$I_{Dsat} = \frac{1}{2}\mu_n C_{ox}\frac{W}{L}(V_G - V_T)^2(1 + \lambda V_D) \qquad （5.4）$$

類似於 BJT（bipolar junction transistor，雙載子接面電晶體）中的 Early 效應，若將汲極電流往左方延伸與 V_D 軸相交可得到類似 BJT 中的 Early 電壓 V_A，如圖 5-2 所顯示。比較式（5.4）與圖 5-2，可得到：

$$V_A = \frac{1}{\lambda} \qquad （5.5）$$

因此，（5.4）式亦可表示為：

$$I_{Dsat} = \frac{1}{2}\mu_n C_{ox}\frac{W}{L}(V_G - V_T)^2\left(1 + \frac{V_D}{V_A}\right) \qquad （5.6）$$

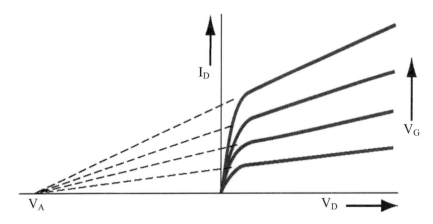

圖 5-2　通道長度調變效應下的輸出特性 $I_D - V_D$ 曲線，其有類似 BJT 的 Early
效應與電壓 V_A。

5.1.2　速度飽和（velocity saturation）

在 §4.4.4 節中曾提到，有兩個因素使得 MOSFET 反轉層中的載子遷移
率 μ_{eff} 並不是一個常數。已介紹了 μ_{eff} 會隨有效橫貫電場 E_{eff}（或說成閘極電壓
V_G）的增加而降低，如（4.36）式所示；而另一個因素就是本節要討論的速度
飽和。圖 5-3 為在矽中電子與電洞漂移速度表示為電場的關係圖。明顯地，在
低電場時漂移速度與電場成正比關係，且比例常數即為電子或電洞的遷移率。
當電場逐漸增加時，漂移速度的增加率趨緩。直到足夠大的電場時，漂移速度
趨近於一個極限值稱為飽和速度（saturation velocity）v_{sat}，且將此現象稱為速
度飽和（velocity saturation）。

例如矽中電子的漂移速度在電場約為 $4 \times 10^4 V/cm$ 時，會達到一個約
$10^7 cm/sec$ 的飽和速度值。至於電洞的飽和速度值由圖 5-3 可知是稍小於電子
的，而且由於電洞有較低的遷移率，所以電洞的速度飽和是發生在較高的電場
下（約 $10^5 V/cm$）。注意，上述發生速度飽和的高電場值與短通道 MOSFET
元件中的通道電場值（即圖 4-14 中的 E_y）為同一數量級（舉典型的 0.25μm
CMOS 製程為例，$V_{DD} = 2.5V$ 與 L = 0.25μm，通道的平均水平電場為 $10^5 V/$
cm），所以短通道元件必須考慮速度飽和效應。

在分析長通道 MOSFET 時，我們假設載子遷移率是常數，也就是漂移速

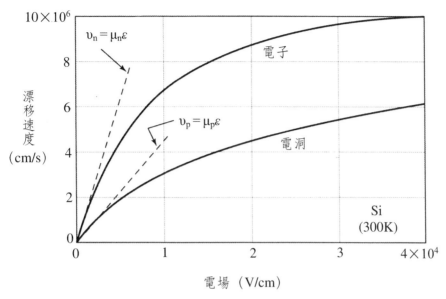

圖 5-3 在室溫下，矽中電子與電洞之漂移速度對電場的變化情形（取自 Caughey and Thomas[11]）。

度會隨電場的增加而無限制增加，直到理想汲極電流已達到。但是，我們已經看見隨著電場增加，載子的漂移速度會趨於飽和。不過，在 MOSFET 通道中電子與電洞的飽和速度會略低於圖 5-3 所示於矽中的情形。一般上，電子於通道中的飽和速度 $v_{sat} \approx 6 - 8 \times 10^6$cm/sec，而電洞的飽和速度 $v_{sat} \approx 5 - 7 \times 10^6$ cm/sec。在 n 型通道中，於不同電場 E 下量測到的電子漂移速度 v 顯示於圖 5-4，且圖中實線為根據量測值得到的數學表示式：

$$v = \frac{\mu_{eff} E}{1 + \dfrac{E}{E_{sat}}} \quad \text{當電場 } E < E_{sat} \tag{5.7a}$$

$$v = v_{sat} \quad \text{當電場 } E > E_{sat} \tag{5.7b}$$

上式中 μ_{eff} 為有效遷移率，v_{sat} 為當電場達到 E_{sat} 時的飽和速度。由式（5.7a）與（5.7b）可得到：

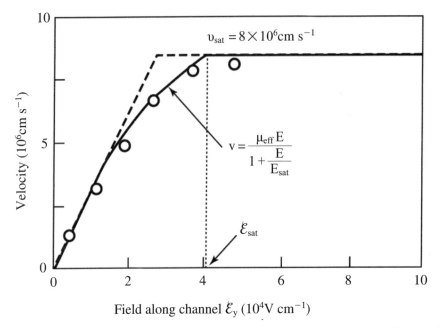

圖 5-4　n 通道中電子漂移速度與橫向電場的關係圖（取自 Sodini 等 [14]）。

$$E_{sat} = \frac{2v_{sat}}{\mu_{eff}} \qquad (5.8)$$

　　雖然（5.7）式與（5.8）式是經由實驗數據得到，但這些方程式已被驗證在預測短通道 MOSFET 的汲極電流是很有用的。

　　接下來，我們將套用 §4.3.1 節之長通道 MOSFET 汲極電流推導觀念，依樣畫葫蘆般地推導短通道元件的汲極電流。若考慮（5.7a）式，則未達速度飽和前的汲極電流可修改（4.6）式得到：

$$I_D = WC_{ox}[V_G - V_T - V(y)] \frac{\mu_{eff} E(y)}{1 + \dfrac{E(y)}{E_{sat}}} \qquad (5.9)$$

　　其中 W 為通道寬度；而 E(y) 為沿著 y 軸上的電場，它與通道上任一點的電壓 V(y) 間的關係為 E(y) = − ∂V(y) / ∂y。同樣地，視 V_T 與 μ_{eff} 為常數，並沿著通道長度對方程式（5.9）由源極（V = 0）積分到汲極（V = V_D），化簡

後得到：

$$I_D = \mu_{eff} C_{ox} \frac{W}{L} \left(V_G - V_T - \frac{V_D}{2} \right) V_D \frac{1}{1 + \dfrac{V_D}{E_{sat}L}} \tag{5.10}$$

　　若將（5.10）式與（4.12）式作比較可知短通道元件於線性區的汲極電流公式僅修改長通道元件的公式；而且在 $E_{sat} \gg V_D / L$（即長通道情況）與 $\mu_{eff} = \mu_n$（即不考慮遷移率退化）條件下，（5.10）式趨近於（4.12）式。

　　同理，若考慮（5.7b）式，且假設發生速度飽和時的汲極電壓為 V_{Dsat}，則依（4.6）式，飽和汲極電流為：

$$I_{Dsat} = WC_{ox}(V_G - V_T - V_{Dsat}) v_{sat} \tag{5.11}$$

　　由（5.10）、（5.11）、與（5.8）式，可得到 V_{Dsat} 的表示式：

$$V_{Dsat} = \frac{E_{sat}L(V_G - V_T)}{E_{sat}L + (V_G - V_T)} \tag{5.12}$$

　　針對（5.12）式，我們來看二個極端情形。首先，若 $E_{sat}L \gg V_G - V_T$（即長通道情形），則（5.12）式的 V_{Dsat} 趨近於長通道的值，如（4.14）式所示 $V_{Dsat} = V_G - V_T$。而且，若繼續將 $V_{Dsat} = V_G - V_T$ 代入（5.10）式，則發現（5.10）式會趨近於長通道的 I_{Dsat} 公式（4.15）。另一個極端為當 $L \to 0$（即通道非常短的情形），則（5.11）式趨近於：

$$I_{Dsat} = WC_{ox}(V_G - V_T) v_{sat} \tag{5.13}$$

　　其中飽和速度 v_{sat}（對矽基板電子而言，約 $6 - 8 \times 10^6$cm/sec）將隨閘極電壓 V_G 的增加而降低，乃因為有效垂直電場與表面射散（surface scattering）的原因，如（4.36）與（5.8）二式所表示。

　　最後，就（5.13）式提供三點說明。第一，雖然短通道 MOSFET 元件的 I_{Dsat} 公式（5.11）是較正確；但在實務應用上，公式（5.13）是較簡單且足夠

的，因此大多數人喜歡用（5.13）這個近似公式。然而，為了瞭解元件實際的飽和汲極電流（5.11）與（5.13）理想狀況間的接近程度，我們定義一個理想係數（ideality factor）K：

$$K = \frac{V_G - V_T - V_{Dsat}}{V_G - V_T} \tag{5.14}$$

　　明顯地，K 為恆小於 1 的值，但對不同的製程技術會有不同的 K 值，是故此參數可用來當作元件性能評估的一個指標。舉例來說，考慮某個 0.25μm 製程，氧化層厚度 $t_{ox} = 55$Å 與通道長度 L = 0.25μm，且當 $(V_G - V_T) = 1.8$V 時 $V_{Dsat} = 0.7$V，則理想係數 $K = (1.8 - 0.7)/1.8 = 0.61$。暗示若將此元件的通道長度作更進一步的縮短的話，元件的驅動電流將最多可增加不超過 40%。第二，（5.13）式與通道長度 L 無關。因此短通道元件無法像長通道元件般地經由縮短 L 來提升 I_{Dsat} 值。但由（5.13）式可知，降低氧化層的厚度 t_{ox} 或提高氧化層的介電係數 ε_{ox} 為短通道 MOSFET 元件目前提升 I_{Dsat} 的主流作法（亦請參考 §4.3.1 節中最後一段的說明）。第三，公式（5.13）指出 I_{Dsat} 是與 $(V_G - V_T)$ 成線性關係；但對長通道元件而言，I_{Dsat} 是和 $(V_G - V_T)$ 成二次方正比關係，如公式（4.15）所示。（這也回答了 §5.1 節中第三個問題！）

5.2　短通道元件的漏電流現象

　　當 MOSFET 元件尺寸愈作愈小，其漏電流也愈來愈大。元件漏電流的增加，主要來源大致上可分為兩類。第一類為製程上的影響，例如閘極氧化層或淺溝槽隔離（STI）製程上些微的不同，就可能使漏電流的差異很大。另一類則為元件尺寸的微縮化後所具有的元件特性，也就是本節所要介紹的三個短通道現象：(1) 臨界電壓下滑，(2) 汲極引起的能障下降，和 (3) 貫穿。

5.2.1　臨界電壓下滑（threshold voltage roll-off）

　　臨界電壓的公式（3.41）、（3.42）、或（4.33）是基於漸變通道近似

法（請回顧 §4.3 節的第六個假設）所推導得到的，也就是矽基板表面空乏區中的空間電荷 Q_{sc} 僅受閘極電壓產生的垂直電場所感應生成。換句話說，式（3.41）中的第三項與汲極到源極間的水平電場無關。這個假設對長通道元件基本上是成立的；但隨著通道長度的縮減，水平電場對空間電荷分布的影響將不可忽略，因此公式（3.41）必須稍作修正。

圖 5-5 顯示在某個 0.15μm CMOS 製程技術下，於 $V_D = 0.05V$（線性區）與 $V_D = 1.8V$（飽和區）時 V_T roll-off 的現象（即 V_T 的絕對值隨通道長度的遞減而變小）。V_T roll-off 可用 L.D. Yau 於 1974 年提出的電荷共享模型（charge sharing model）作定量上的分析，如圖 5-6 所顯示。此圖為一個短通道 n-MOSFET 的示意圖，V_G 偏壓在 V_T 且元件操作在線性區（$V_D \leq 0.1V$），因此汲極接面的空乏區寬度可視為與源極接面的空乏區寬度相等。圖中 r_j 為源極與汲極的接面深度（junction depth）且假設在閘極之下的橫向擴散距離與垂直方向的擴散距離相等；而 W_m 為發生強反轉（即 $V_G = V_T$）時的最大空乏區寬度，如式（3.21）所表示。並且圖中 r_2 以（$W_m + r_j$）作幾何近似。

圖 5-6 主要傳達的訊息為由於通道的空乏區左右兩端分別與源極和汲極的空乏區重疊（即「電荷共享」），因此不能將這些共享的電荷全部納入 V_T 的

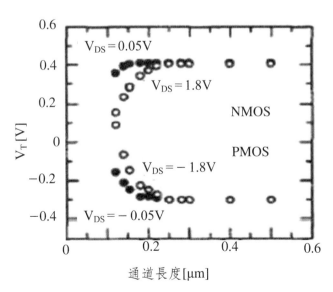

圖 5-5　於某 0.15μm CMOS 製程技術，臨界電壓下滑（V_T roll-off）的情形（取自 Kawaguchi 等 [16]）。

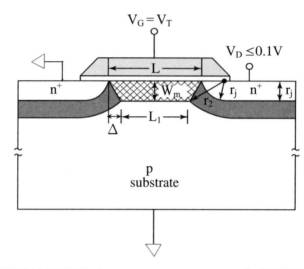

圖 5-6 Yau 的電荷共享模型（charge sharing model）示意圖，用來分析短通
道元件之 V_T roll-off 現象。

表示式（3.41）中計算。而此模型的基本假設，就是用圖 5-6 中的梯型區域來
近似閘極偏壓所感應出的空間電荷。

也就是說，由閘極所控制的總電荷量等於：

$$Q'_{sc} = -qN_AW_mW\frac{L+L_1}{2} \tag{5.15}$$

其中 W 為通道長度。而在長通道元件使用漸變通道近似法中，閘極理想
上所能控制的總電荷量則等於：

$$Q_{sc} = -qN_AW_mWL \tag{5.16}$$

在此提醒一下，上式中的 Q_{sc} 為總電荷量（單位為 coul）而臨界電壓公式
（3.41）中的 Q_{sc} 為單位面積的電荷量（單位常用 coul/cm^2），因此為了避免
混淆，我們定義 f 為考慮短通道效應與不考慮短通道效應（即理想的長通道）
下之空乏區電荷比：

$$f \equiv \frac{Q'_{sc}}{Q_{sc}} = \frac{L + L_1}{2L} \qquad (5.17)$$

所以，只要算出 f 值，便可代入公式（3.41）得到短通道效應之 V_T。由圖 5-6 的幾何關係，我們有：

$$L_1 = L - 2\Delta \qquad (5.18)$$

以及

$$(W_m + r_j)^2 = W_m{}^2 + (\Delta + r_j)^2 \qquad (5.19)$$

解（5.19）式，可得到：

$$\Delta = -r_j + \sqrt{r_j{}^2 + 2r_jW_m} \qquad (5.20)$$

將（5.18）式與（5.20）式代入（5.17）式，可得：

$$f = \frac{L - \Delta}{L} = 1 - \frac{r_j}{L}\left(\sqrt{1 + \frac{2W_m}{r_j}} - 1\right) \qquad (5.21)$$

且短通道效應之臨界電壓可修改（3.41）式得到：

$$V_T（短通道）= \phi_{ms} - \frac{Q_{ox}}{C_{ox}} - \frac{fQ_{sc}}{C_{ox}} + 2\psi_B \qquad (5.22)$$

比較（3.41）式與（5.22）式，可得到短通道效應使得臨界電壓偏離之值等於：

$$\Delta V_T = V_T（短通道）- V_T = \frac{Q_{sc}}{C_{ox}}(1 - f) \qquad (5.23)$$

或者將（5.21）式代入（5.23）式，可得到 n-MOSFET 之短通道 V_T roll-off：

$$\Delta V_T = \frac{-qN_AW_mr_j}{C_{ox}L}\left(\sqrt{1+\frac{2W_m}{r_j}}-1\right) \quad \text{for n-MOSFET} \qquad （5.24a）$$

同樣地，p-MOSFET 之短通道 V_T roll-off 等於：

$$\Delta V_T = \frac{qN_DW_mr_j}{C_{ox}L}\left(\sqrt{1+\frac{2W_m}{r_j}}-1\right) \quad \text{for p-MOSFET} \qquad （5.24b）$$

公式（5.24）雖然是經由簡單的電荷共享模型推導而來的，但在 V_T roll-off 的分析上是很有用的。由（5.24）式可知，隨著通道長度微縮，n-MOSFET 的 V_T 朝負的方向偏移，而 p-MOSFET 的 V_T 朝正的方向偏移，如圖 5-5 的數據所顯示。由式（5.21），對長通道元件而言，Δ 遠小於 L（$f \approx 1$），所以空乏層電荷之減少量相對較少，故可忽略不計；然而對於短通道元件，Δ 與 L 相當（$f < 1$），所以元件導通所需的電荷將大幅下降，故臨界電壓降低。同理，當施加在汲極端的逆向偏壓愈大，則在汲極端的空乏區寬度也愈大，也就是圖 5-6 中的「共享電荷」愈多或 L_1 愈短，因此 V_T roll-off 的情形會愈嚴重，如圖 5-5 所示。

我們知道為了增加元件積集度與特性，通道長度 L 的微縮是必然與持續的工作；然而由圖 5-5 或公式（5.24）可知，V_T roll-off 的現象對短通道元件是不可忽視的，因為在實際的製造生產中，我們不可能控制元件的通道長度是完全一致的。換言之，為了避免元件間通道長度的變異而引起臨界電壓的差異，必須儘量將 V_T roll-off 的量 ΔV_T 降至最低。對照公式（5.24），以下提供幾種實務上的作法：

(1) 使用較淡的矽基底摻雜濃度。由（5.24）式，較小的 N_A 或 N_D 可降低 ΔV_T。（註：這個其實違反了 DIBL 和 punch-through 最小化的原則，但我們將於下兩節中介紹折衷解決的技巧。）

(2) 降低 r_j 值，意即減小源極和汲極的接面深度。這就是所謂的淺接面（shallow junction）技術，也是降低短通道效應（至少包括 V_T roll-

off、DIBL、punch-through、與熱載子效應等等）最直接的作法。

(3) 使用薄的氧化層。由公式（5.24）可知，厚的氧化層厚度會增加 ΔV_T 值。而且，由元件尺寸微縮的角度來看，這應該不存在爭議。圖 5-7 比較不同的氧化層厚度之 V_T roll-off 情形。

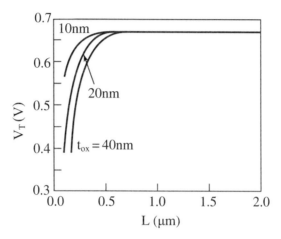

圖 5-7　短通道 MOSFET 元件在不同氧化層厚度下之 V_T roll-off 比較（取自 Muller and Kamins[4]）。

5.2.2 汲極引起的位能下降（drain-induced barrier lowering, DIBL）

在上節中，我們曾利用「電荷共享」的觀念解釋圖 5-5 中的短通道元件在飽和區時比在線性區時，有更嚴重的 V_T roll-off 情形。實際上，此效應較正式的名稱為汲極引起的能障下降（drain-induced barrier lowering，DIBL），且一般都使用 R.R. Troutman 於 1979 年提出的論點。圖 5-8 比較短通道與長通道 n-MOSFET 元件的源極到汲極間的表面電位示意圖。先回顧圖 2-5(a)p-n 接面在零偏壓情況下，在 p 型與 n 型之間會形成式（2.5）的內建電位，此內建電位會限制電子由 n 型半導體流向 p 型半導體，故又可稱為位能障（potential barrier）；若施加正電壓於 n 型半導體上如圖 2-5(c) 的逆向偏壓情況，則 n 型區的導電帶邊緣會往下拉（相當於位能障變大）且空乏區寬度增大。圖 5-8 中

的長通道元件可視為二個背對背的 n^+–p 接面，由圖可看出增加汲極端的電壓並不影響源極端電子的位能障高度（barrier height），乃因通道長度遠大於汲極端接面的空乏區寬度。因此，對長通道而言，唯有施加閘極電壓（即加 V_G 在 p 型半導體上，將其導電帶邊緣往下拉）才可降低源極端的能障高度，且直至 V_G 達 V_T 時通道形成。然而，對短通道元件來說，汲極電壓的增加將連帶「扯低」源極端的能障高度如圖 5-8 中所繪，使得臨界電壓下降。故簡言之，DIBL 就是汲極電壓由線性區增至飽和區時，源極端能障降低的量（亦標示於圖 5-8 中），也等於臨界電壓下降的量。

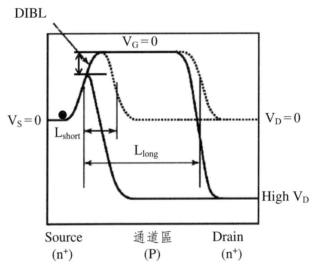

圖 5-8　DIBL 發生在短通道 n-MOSFET 元件的示意圖。

短通道元件的次臨界特性圖如圖 5-9 所顯示，當增加 V_D 使得特性曲線向左平移時，代表 DIBL 發生，且平移的量即為臨界電壓 V_T 下降的量。若與長通道元件的特性圖 4-10 作比較可知，DIBL 的發生會造成次臨界電流明顯地增加，也就是說短通道元件的次臨界電流會隨著 V_D 的增加而上升，而長通道元件的次臨界電流與 V_D 的大小無關。對照圖 5-9，我們對 DIBL 現象作進一步的說明：

(1) 由以上可知，V_D 的增加造成 V_T 下降的量（或說曲線向左平移的量）愈大表示 DIBL 的程度愈嚴重。因此，為了方便表示比較，業界常使

用標準化（normalization）的表示法：

$$DIBL = \frac{\Delta V_T}{\Delta V_D} \text{（單位：mV/V）} \tag{5.25}$$

若線性區的臨界電壓（$V_{T,lin}$ 表示）是在 $V_D = 0.05V$ 時量得的，而飽和區的臨界電壓（以 $V_{T,sat}$ 表示）是在 $V_D = V_{DD}$（供應電壓）時量得的，則（5.25）可寫成：

$$DIBL = \frac{V_{T,lin} - V_{T,sat}}{V_{DD} - 0.05} \text{（mV/V）} \tag{5.26}$$

(2) 上式中的 $V_{T,lin}$ 與 $V_{T,sat}$ 曾於 §4.3.2 節中介紹過（註：圖 4-8 與圖 4-9 分別圖解其求法），對長通道元件而言，二值相等；但對短通道元件，DIBL 效應使 $V_{T,sat}$ 的值變小，也因此業界多採用 $V_{T,lin}$ 的值。

(3) DIBL 僅造成 $I_D - V_D$ 次臨界特性曲線向左平移。換言之，只有次臨界電流增加，但次臨界斜率（subthreshold slope）S 是保持不變的。若次臨界斜率也變大，代表發生另一個短通道效應－貫穿（punch-through），這個將於下一小節中介紹。

那麼，該如何降低短通道元件的 DIBL 效應？以下提供讀者在實際應用上的重要觀念：

(1) 源極和汲極採用淺接面技術，可有較淺的橫向接面深度，因此有較長的有效通道長度。實際上，目前廣泛使用的 LDD（lightly doped drain，輕摻雜汲極）結構可視為一種淺接面技術。LDD 已被證實可有效改善熱載子效應（hot carrier effect）外，還可減輕 V_T roll-off、DIBL、與 punch-through 等短通道效應。

(2) 參照示意圖 5-8，為了儘量避免汲極端接面的空乏寬度由於 V_D 的增加而增加後進而「扯低」源極端接面的能障高度，根據公式（2.12）可知需要使用較濃的基板摻雜濃度。但是，這會加強基板偏壓效應（見 §4.4.2 節）與 V_T roll-off 效應（見 §5.2.1 節），因此折衷的解決方法為僅選擇性地在源極與汲極端周圍植入與基板摻雜型態相同的離子（如 n-MOSFET 為 p 型摻雜）稱為 halo implant 或 pocket implant。須

注意的是此摻雜濃度亦不可太重,因為接面的崩潰電壓與低摻雜側的濃度成反比,如式(2.74a)所示,即:

$$V_{BD} \propto \frac{1}{N_B} \qquad (5.27)$$

其中為接面中較淡摻雜側的濃度。

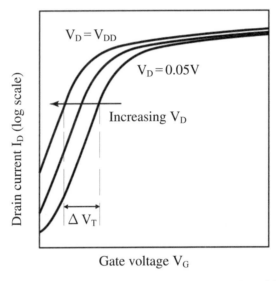

圖 5-9　短通道元件發生 DIBL 效應時之次臨界特性圖。

5.2.3　貫穿(punch-through)

貫穿現象與 DIBL 很類似,它也是因為汲極電壓影響源極端電子的位能障。然而,二者主要的區別為 DIBL 是在半導體基底表面(即 SiO_2/Si 的界面)形成漏電路徑如圖 5-8 所示;而貫穿則是發生在遠離半導體表面的基板本體區域,因此又可被稱為本體貫穿(bulk punch-through)、表面下貫穿(subsurface punch-through)、或表面下 DIBL(subsurface-DIBL)。圖 5-10 為發生貫穿現象的示意圖。由之前的討論可知,短通道元件一般使用較薄的氧化層厚度,這也同時產生較小的 V_T 值(見 §4.4.3 節),因此短通道元件通常

會在半導體表面的通道區域植入所謂的 V_T – adjust implant 來提升 V_T 值。是故，根據公式（2.12），源極與汲極端的空乏區在表面的下方有較寬的空乏區寬度（因為此處的濃度比表面的淡），如圖 5-10(a) 所繪。當增加汲極端的電壓 V_D（為逆向偏壓）則汲極端的空乏區寬度會增大，如圖 5-10(b) 所示。若繼續增加 V_D 直到源極與汲極端的空乏區合併（或者說二空乏區寬度之和約等於通道寬度）如圖 5-10(c) 所顯示，貫穿就發生了，並稱發生貫穿時的 V_D 為貫穿電壓（punch-through voltage）常以 V_{PT} 表示。V_{PT} 可約略表示為：

$$V_{PT} \propto N_B (L - r_j)^3 \qquad (5.28)$$

　　其中 N_B 為矽基底摻雜濃度，L 為通道長度，而 r_j 為接面深度。

　　一旦貫穿發生如圖 5-10(c) 所示，因為源極接面與汲極接面空乏層合併，大量的漏電流可由汲極經基底本體流向源極。圖 5-11 為一個短通道元件的次

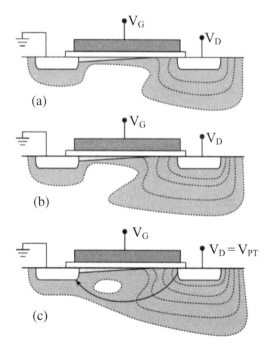

(a)

(b)

(c)

圖 5-10　逐漸增加汲極電壓 V_D 由 (a) 到 (c) 發生貫穿（punch-through）的示意圖（圖中灰色區域為空乏區），圖 (c) 中為 V_{PT} 貫穿電壓且箭頭方向表示貫穿引起的漏電流路徑。

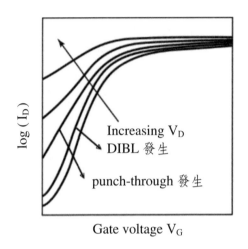

圖5-11 短通道元件發生DIBL與punch-through效應時之次臨界特性示意圖。

臨界特性圖。剛開始增加 V_D 時，特性曲線向左平移（但次臨界斜率並未明顯改變）代表 DIBL 效應如前一小節與圖 5-9 之討論；但當 V_D 再增加時，除了漏電流（即次臨界電流）增加，次臨界斜率也明顯變大，顯示貫穿效應相當顯著。曾在 §4.4.1 節中介紹過，我們希望次臨界斜率越小越好；反之，大的次臨界斜率表示閘極不再能夠將元件完全關閉（因為無法控制次臨界汲極電流形成的漏電流）。

　　圖 5-12 為短通道元件發生 punch-through 時之 $I_D - V_D$ 輸出特性曲線圖。當 V_D 足夠大時，punch-through 發生會造成汲極電流 I_D 的激增，此時 MOSFET 就如短路般，因此失去元件該有的運作。所以，貫穿電壓 V_{PT} 必須遠大於正常操作時的供應電壓 V_{DD}。以下就來討論業界提升 V_{PT} 的作法：

(1) 由公式（5.28），使用淺接面技術（小的 r_j 值）可提升 V_{PT}。觀念上的想法為，淺接面使得圖 5-10(c) 中要達到貫穿的路徑（即二個空乏區合併的總寬度）變長了，因此需要較大的 V_{PT}。

(2) 根據公式（5.28），增加矽基板的雜質濃度亦可得到較大的 V_{PT}。但是，曾在上節中討論過，這會加強基板偏壓效應與 V_T roll-off 效應。因此，我們僅局部性地以離子佈植方式於基板表面下方的本體區域（也就是圖 5-10 中發生貫穿路徑的區域）多植入一道與基板摻雜型態相同的離子，稱為 anti-punchthrough implant（抗貫穿植入）。

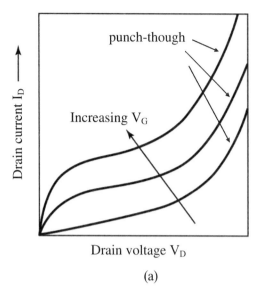

punch-though

圖 5-12　短通道元件發生 punch-through 之輸出特性曲線。

(3) 上節中介紹的 halo implant 或 pocket implant 亦可有效地增大 V_{PT} 值，因為此植入降低空乏區的寬度，故需要較大的 V_{PT} 才可達到貫穿所需的路徑長度。然而，根據公式（5.27）可知 halo implant 或 pocket implant 的濃度不可太濃，否則會降低接面的崩潰電壓（junction breakdown voltage）V_{BD}。

對長通道 MOSFET 元件，由於其通道長度夠長，所以一般而言在未達到 V_{PT} 之前，汲極端的接面崩潰就已先發生，因此貫穿對長通道元件通常不構成太大的問題。但是，對短通道元件，貫穿效應愈來愈顯著使得 V_{PT} 很可能小於 V_{BD}。圖 2-15 與圖 5-12 分別表示出接面崩潰與貫穿時的 I－V 曲線，可看出二者表現出的電特性很類似（都是在逆向偏壓達到某個值時造成電流的激增）易引起混淆，因此底下特別對 V_{PT} 的量測以及與 V_{BD} 間的分辨作一介紹。由圖 5-11，當元件發生貫穿時，次臨界斜率會明顯變大，因此我們可針對不同的 V_D 值來量其次臨界特性曲線，當次臨界斜率改變時的 V_D 即為 V_{PT}。此種方式雖然可準確地決定 V_{PT}，但缺點是耗時，因此業界常採用另一種量測方式。觀察圖 5-12，不論 V_G 值大或是小，一旦發生貫穿都會引起 I_D 的激增。所以，最簡單的量測方式就是固定 $V_S = V_B － V_G = 0V$，掃描（sweep）V_D 並量測 I_D

值，當 I_D 達到某個足夠大的預設值（如 1μA）時的 V_D 值就為元件的崩潰電壓（device breakdown voltage）BVD。注意，這個崩潰電壓可能是汲極與基底接面間的接面崩潰電壓 V_{BD} 或是汲極經由基底本體到源極之貫穿電壓 V_{PT}。然而，經由判斷 I_D 是流到基底端（形成 I_B）或是流到源極端（形成 I_S），就可分辨出是 V_{BD} 或是 V_{PT}，如圖 5-13 之示意圖所示。

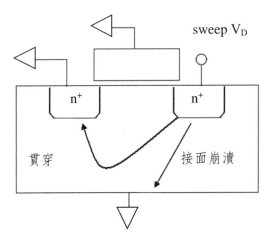

圖 5-13　接面崩潰與貫穿的電流路徑示意圖。

5.3　本章習題

1.　簡述 CMOS 中所謂的通道長度調變（channel length modulation）與 Early
　　電壓。

2.　某 n-MOSFET 的 V_T = 0.5V，且閘極偏壓固定在 V_G = 1V。已知當汲極電
　　壓 V_D 等於 0.5V 與 1V 時之汲極電流 I_D 分別等於 3mA 與 3.5mA，請計算
　　此 n-MOSFET 元件之 Early 電壓。另外，請畫出此 n-MOSFET 的輸出特
　　性 I_D – V_D 圖，並在此圖上一併畫出不考慮短通道效應的 I_D – V_D 圖（V_D
　　座標由 0V 至 2V）。

3.　何謂臨界電壓下滑（V_T roll-off）？此現象帶給製造生產上的困難為何？有
　　哪些製程上的方法可改善此現象？

4.　何謂 DIBL（drain-induced barrier lowering）效應？有哪些製程上的方法可
　　改善此效應？

5.　何謂貫穿（punch-through）現象？有哪些製程上的方法可改善此現象？

6.　請解釋與比較 MOSFET 元件中的 (a) 接面崩潰電壓（junction breakdown
　　voltage），(b) 貫穿電壓（punch-through voltage），(c) 閘極氧化層崩潰
　　電壓（gate oxide breakdown voltage），以及 (d) 元件崩潰電壓（device
　　breakdown voltage）。

7.　針對 n-MOSFET 而言，請討論下列六個植入步驟的功能與植入離子的型
　　式：(a)Poly-Si gate implant(b)V_T adjustment implant(c)LDD（lightly doped
　　drain）(d)halo implant(e)APT（anti-punchthrough）implant(f)well implant。

8.　請針對 p-MOSFET，重複上一問題。

9.　上二題中的六個植入步驟對 CMOS 元件特性的影響為何？可依下表說明有
　　哪些電性項目（例如臨界電壓 V_T 與基底效應係數 γ 等等），與其有關。

植入步驟	相關之電性項目	針對每個項目作說明
Poly-Si gate		

植入步驟	相關之電性項目	針對每個項目作說明
V_T adjustment		
LDD		
halo		
APT		
well		

10. 以下四個，有哪幾個可明顯反應出 halo implant 過淡？請說明理由 (a) lower junction breakdown voltage(b)lower gate oxide breakdown voltage(c) lower well resistance(d)lower punch through voltage

11. 以下四個，有哪幾個可明顯反應出 APT implant 過淡？請說明理由 (a) higher junction breakdown voltage(b)lower junction breakdown voltage(c) higher well resistance(d)lower well resistance

12. 對於 n 型矽半導體，它的電子漂移速度（drift velocity）隨著電場增加而線性增加，但在超過某一臨界電場時，此電子漂移速度會趨近飽和值 $1 \times 10^7 \text{cm/s}$，請說明為什麼在高電場時電子漂移速度會趨近飽和？並說明此電子動能的來源或機制。 （2019 年高考）

13. 請分別說明：短通道效應（short-channel effect）及窄通道效應（narrow-channel effect），對於金屬 - 氧化物 - 半導體場效電晶體（MOSFET）臨界電壓（threshold voltage, V_T）之影響？ （2018 年高考）

14. 在 p 通道 MOSFET 製程技術中，利用深淺不同之離子佈植進行臨界電壓調整（V_T-adjust）及抗擊穿（antipunch-through）佈植，請以 p-MOSFET 元件結構剖面圖說明兩佈植區域位置及其實施理由。 （2015 年高考）

參考文獻

1. B.G. Streetman and S. Banerjee, *Solid State Electronic Devices*, 5th edition, Prentice Hall, New Jersey, 2000.

2. D.A. *Neamen, Semiconductor Physics and Devices*, 2nd edition, McGraw-Hill, New York, 1992.

3. S.M. Sze, *Semiconductor Devices-Physics and Technology*, 2nd edition, Wiley, New York, 2001.

4. R.S. Muller and T.I. Kamins, *Device Electronics for Integrated Circuits*, 3rd edition, Wiley, New York, 2003.

5. D.A. Neamen, *An Introduction to Semiconductor Devices*, McGraw-Hill, New York, 2006.

6. S. Wolf, *Silicon Processing for the VLSI Era Volume III-The Submicron MOSFET*, Lattice Press, CA, 1995.

7. J.E. Chung et al., "Performance and Reliability Design Issues for Deep-Submicrometer MOSFET's," *IEEE Trans. Electron Dev.*, ED-38, 545 (1991).

8. M.C. Jeng et al., "Performance and Hot-Electron Reliability of Deep-Submicron MOSFET's," *IEDM*, 1987, p.710-713.

9. W. Fichtner et al., "Optimized MOSFETs with Subquartermicron Channel Lengths," *IEDM*, 1983, p.384-387.

10. J.R. Brews et al., "Generalized Guide for MOSFET Miniaturization," *IEEE Electron Dev. Lett.*, EDL-1, 2 (1980).

11. D.M. Caughey and R.E. Thomas, "Carrier Mobilities in Silicon Empirically Related to Doping and Field," *Proc. IEEE*, 55, 2192 (1967).

12. R.W. Coen and R.S. Muller, "Velocity of Surface Carriers in Inversion Layers on Silicon," *Solid-State Electron.*, 23, 35 (1980).

13. Y. Taur et al., "Saturation Transconductance of Deep-Submicron-Channel MOSFETs," *Solid-State Electron.*, 36, 1085 (1993).

14. C.G. Sodini, P.K. Ko, and J.L. Moll, "The Effect of High Fields on MOS Device and Circuit Performance," *IEEE Trans. Electron Dev.*, ED-31, 1386

(1984).

15. K.Y. Toh, P.K. Ko, and R.G. Meyer, "An Engineering Model for Short-Channel MOS Devices," *IEEE J. Solid-State Circuits*, SC-23, 950 (1988).

16. H. Kawaguchi et al., "A Robust 0.15um CMOS Technology with CoSi2 Salicide and Shallow Trench Isolation," *VLSI Tech.*, 1997, p.125-126.

17. L.D. Yau, "A Simple Theory to Predict the Threshold Voltage in Short-Channel IGFETs," *Solid-State Electron.*, 17, 1059 (1974).

18. Z.H. Liu et al., "Threshold Voltage Model for Deep-Submicrometer MOSFETs," *IEEE Trans. Electron Dev.*, ED-40, 86 (1993).

19. E.C. Jones and E. Ishida, "Shallow Junction Doping Technologies for ULSI," *Materials Science and Engineering*, R24, 1 (1998).

20. R.R. Troutman, "VLSI Limitations from Drain-Induced Barrier Lowering," *IEEE Trans. Electron Dev.*, ED-26, 461 (1979).

21. S.G. Chamberlain and S. Ramanan, "Drain-Induced Barrier-Lowering Analysis in VLSI MOSFET Devices Using Two-Dimensional Numerical Simulations," *IEEE Trans. Electron Dev.*, ED-33, 1745 (1986).

22. C. Hu, "Future CMOS Scaling and Reliability," *Proc. IEEE*, 81, 682 (1993).

23. D.A. Buchanan, "Scaling the Gate Dielectric: Materials, Integration, and Reliability," *IBM Journal of Research and Development*, 43, 245 (1999).

24. C.F. Codella and S. Ogura, "Halo Doping Effects in Submicron DI-LDD Device Design," *IEDM*, 1985, p.230-233.

25. A. Hori et al., "A Self-Aligned Pocket Implantation (SPI) Technology for 0.2um-Dual Gate CMOS," *IEDM*, 1991, p.641-644.

26. Y. Taur and T.H. Ning, *Fundamentals of Modern VLSI Devices*, Cambridge, New York, 1998.

27. 「半導體製程整合專業訓練講義」，劉傳璽，民國 94 年一月。

28. 「應材半導體元件與良率分析講義」，劉傳璽，民國 94 年七月。

6 CMOS 製造技術與製程介紹

◆ CMOS 製造技術
◆ CMOS 製造流程介紹

本章內容綜述

一個典型的 IC 製造流程必須消耗掉至少 6 到 8 週的時間，經由一連串複雜的物理反應以及化學反應在矽晶圓上所形成的，而整個製程大致可分成各層材料的形成、圖案化、蝕刻、及摻雜等等。本章主要是介紹在矽晶圓上製造一個現代化的 CMOS IC 之簡易製造流程，及其相關的製作技術。

6.1　CMOS 製造技術

一般來說，CMOS IC 的製造技術可分為熱製程（thermal process）、離子佈植（ion implantation）、微影（photolithography）、蝕刻（etching）、及薄膜沉積（thin film deposition）等幾個製程單元或稱為製程模組（process module）。整個 IC 製造過程就是交替地重複使用這些製程模組。

6.1.1　熱製程（thermal process）

半導體製程中，有許多步驟是必須在高溫下完成的，例如氧化（oxidation）、擴散（diffusion）、退火（annealing）……等。在 IC 製程中提到的加熱製程一般都是指前段製程（Front End of Line, FEOL），這是因為後段製程（Back End of Line, BEOL）涉及到金屬的佈線，故不適合在高溫的環境下進行。

在眾多的加熱製程中，氧化是最重要的製程之一，它是以熱成長（thermal growth）方式形成的二氧化矽（SiO_2），在成長的過程中會同時消耗氧氣與矽，其氧化反應式可表示為：

$$Si + O_2 \rightarrow SiO_2 \tag{6.1}$$

圖 6-1 為矽發生氧化反應的示意圖，由圖中可看消耗矽的情形。另外，當矽表面形成二氧化矽後，若還欲繼續氧化，則氧分子必須穿過二氧化矽才得以

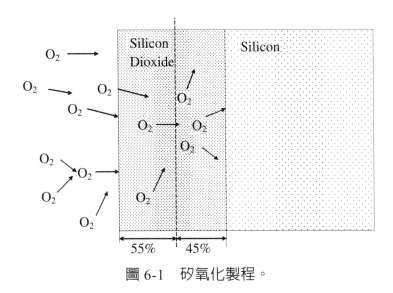

圖 6-1　矽氧化製程。

與矽再進行反應。因此，隨著二氧化矽的增厚，氧分子的擴散受到的阻礙會增加，使得二氧化矽的成長會趨於緩慢。

　　反應式（6.1）是使用高純度氧氣（O_2）來使矽氧化的方式，稱為乾氧化（dry oxidation）；若是使用水蒸汽（H_2O）來使矽氧化則稱為濕氧化（wet oxidation）：

$$2H_2O + Si \rightarrow 2H_2 + SiO_2 \qquad （6.2）$$

　　因此，乾氧化與溼氧化主要的差別在於氧的來源，但不同的氧來源將影響氧化層的成長速率與品質。由於 H_2O 的分子量較 O_2 小，因此濕氧化的氧化速率較快。另外，在氧化的過程中由於晶體的不匹配，使得矽與二氧化矽的介面存在懸浮鍵而形成所謂的介面電荷，導致 MOSFET 臨界電壓的改變，進而影響到 IC 的性能。為了減少這些懸浮鍵的數量，在氧化過程中，可使用 HCl 當 getter 來抓住並中和二氧化矽中的移動離子，以減少介面電荷來改善 IC 的可靠度。

　　至目前為止，IC 產業摻雜半導體的方式有擴散（diffusion）與離子佈植（ion implantation）兩種。由於使用擴散的摻雜方式有許多的缺點，因此現今

都以離子佈植的方式來摻雜半導體。雖然如此，「擴散」一詞並不會因此而從半導體製程中消失，因為擴散亦為一物理現象，只要有溫度的存在且兩區域有濃度的差異就會發生擴散。故與擴散有關的一個重要議題就是熱預算（thermal budget），其定義為製程中晶圓的總受熱量，也就是時間與溫度的乘積。降低熱預算一直是半導體製程追求的目標，如此可減少摻雜物的擴散。圖 6-2 表示一個大的熱預算引起 S/D 摻雜擴散的例子。

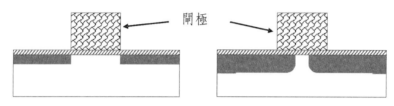

圖 6-2　佈植後加熱製程引起的 S/D 擴散。

　　退火（annealing）是一種加熱的過程，這樣的過程將使晶圓發生物理甚至化學的變化，而這些物理或化學的變化將有效地使受損晶圓修復。例如離子佈植後矽晶圓的表面會因為高能量的撞擊而造成損壞，因此必須以退火的方式來將矽表面的非晶矽結構恢復到單晶結構。而且可使植入的雜質活化（dopant activation）。圖 6-3 同時表示出退火具有修補損壞與雜質活化二個功能。但在此高溫的製程中，單晶矽的熱退火與摻雜物的活化和摻雜物的擴散是同時發生的，也就是必須重視熱預算的問題。從上一段了解到過大的熱預算會引起摻雜物過多的擴散，這樣的問題是不容許發生在現今較小尺寸的製程，故才有所謂的快速熱退火（rapid thermal annealing, RTA）。

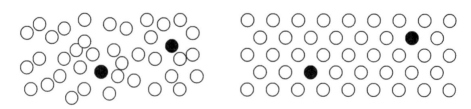

Before Annealing　　　　　　　　After Annealing

圖 6-3　熱退火前後之比較。

6.1.2　離子佈植（ion implantation）

離子佈植是一種摻雜的方法，它是用時間、電壓和電流來控制植入離子的濃度和離子所能到達的深度，並且用質譜儀來篩選適當種類的離子來植入，而這些離子就稱為摻質。加入摻質的目的是控制半導體的導電率，因為單晶矽本身擁有相當高的電阻，所以需要加入摻質來增加其導電率。

在 1970 年以前摻雜的方法是擴散，但因為隨著元件尺寸的縮小，擴散的缺點已變得不可忽視，故以離子佈植取代之。擴散的優點為無晶格損壞，此乃因為擴散是靠高溫獲得動能而使摻質在矽晶圓中移動，所以不會損壞晶格。而擴散的缺點為：等向性擴散、無法自我對準源極／汲極摻雜、以及無法獨立控制摻雜濃度和接面深度。在加熱擴散時，當摻質到達預計的接面深度，因為等向性的問題會使摻質往側面擴散，這會嚴重影響到元件尺寸。無法自我對準源極／汲極摻雜是因為以擴散作為摻雜製程時，是先完成源極／汲極之後再製作閘極，所以當中還要再用光罩做對準，但如果是離子佈植就無此需要，如圖 6-4 所示。而擴散製程無法獨立控制摻雜濃度和接面深度是因為摻質是由高濃度往低濃度的方向移動，所以接面深度愈深，濃度就愈淡，因此深度與濃度就會互相影響而無法獨立控制。

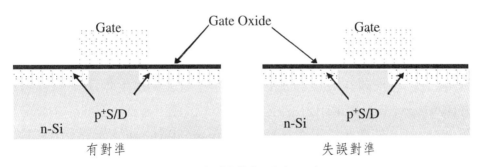

圖 6-4　閘極對準失誤之示意圖。

離子佈植是藉由電流、時間控制濃度和電壓控制接面深度，所以有非等向性、能獨立控制摻雜濃度和接面深度的優點。而在離子佈植製程中有降溫系統，所以使晶圓不會積存太多熱預算而造成摻質在晶圓中的過度擴散。另外在摻雜源極／汲極前就已經先完成閘極，故有自我對準源極／汲極的優點。但離

子佈植的缺點為：晶格損壞、晶圓帶電、元素汙染、和粒子汙染物。離子佈植中晶格損壞是無可避免的，而熱退火是解決晶格損壞的最佳方法，同時它也能使摻質活化。晶圓帶電是因為用高能的帶電離子束打入晶圓中，所以會造成晶圓帶電使閘極氧化層產生退化或崩潰。元素汙染是由於製程中產生不必要的離子，這些離子可能擁有和摻質相同的荷質比，故質譜儀無法將這些汙染元素分離出，因此這些元素就隨著摻質進入晶圓，產生元素汙染。粒子汙染物是由於在製造過程中有些微塵會掉落在晶圓上，這些微塵在晶圓上會阻擋摻質植入晶圓中，如圖 6-5 所示。

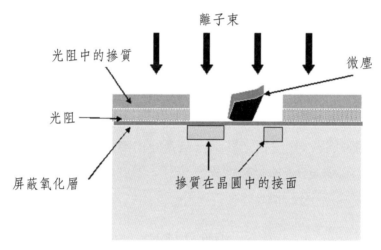

圖 6-5　粒子汙染遮蔽了離子植入。

　　與離子佈植相關的製程相當多，如：井區（well）佈植、低摻雜汲極（lightly doped drain, LDD）佈植、源極／汲極（S/D）佈植、多晶矽閘極（poly-Si gate）佈植、抗接面貫穿（anti-punchthrough）佈植、大傾角佈植（halo 佈植）、臨界電壓調整佈植、預先非晶態佈植……等。井區佈植是濃度低、接面深度很深的佈植，其目的為提供電晶體建立的區域。源極／汲極佈植是高濃度、低接面深度的離子佈植，目的是通道導通時，可提供載子讓元件持續運作。多晶矽閘極佈植為高摻雜的離子佈植，它的目的是提升導電性。LDD 是一種低能量、低濃度的佈植製程，它的目的是減輕可靠度問題中的熱載子效應（hot carrier effect, HCE）。而臨界電壓調整佈植也是一種低能量、低濃度的佈植製程，它是在晶圓表面進行佈植來調整 V_T 值。預先非晶態則是

以矽、鍺、或是銻佈植在矽晶圓的表面，進而使晶圓表面的晶格結構損壞造成非晶態，它的目的是減輕隨後離子植入時的通道效應（channeling effect）。

抗接面貫穿佈植和 halo 佈植，如圖 6-6 所顯示。這兩種製程與 §5.2.3 節所討論的貫穿效應有關，此效應是因為通道長度縮短，源極／汲極的空乏區產生接合而導致元件不預期的導通。抗接面貫穿佈植為局部性地於基板表面下方的本體區域（也就是圖 5-10 中發生貫穿路徑的區域）多植入一道與基板摻雜型態相同的離子，來阻止源極與汲極空乏區的接合；而 halo 佈植為僅選擇性地在源極與汲極端周圍植入與基板摻雜型態相同的離子（如 n-MOSFET 為 p 型摻雜），須注意的是此摻雜濃度不可太重，因為接面的崩潰電壓與低摻雜側的濃度成反比。

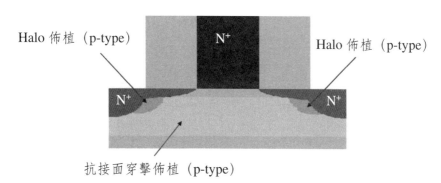

圖 6-6　抗接面擊穿（anti-punchthrough）佈植和 halo 佈植。

6.1.3　微影製程（photolithography process）

在半導體製程中，微影對元件而言是非常重要的，如摻雜的區域以及每一層薄膜的圖案，都是由微影這個製程所決定的，更重要的一點是微影也影響到晶圓的尺寸問題，因為微影是關鍵尺寸（critical dimension, CD）能否越做越小的關鍵之所在。簡單地說，微影就是將我們所設計好的圖案，轉印到晶圓表面上的光阻，再利用光阻來進行蝕刻或離子佈植等製程。

傳統上我們把微影技術大致分為八個步驟：氣相塗底（vapor prime coating）、光阻塗佈（P.R. coating）、軟烤（soft bake）、對準和曝光

（alignment & exposure）、曝光後烘烤（post-exposure bake, PEB）、顯影
（development）、硬烤（hard bake）、和檢視（inspection）。氣相塗底的目
的是使晶圓在上光阻前是乾淨的，因此可使光阻良好地附著在晶圓上。氣相
塗底又可細分為下列三個步驟：晶圓清洗（clean）、去水烘烤（dehydration
bake）或稱預烤（pre-bake）、和底漆層塗佈（priming）。接下來，就準備將
光阻（photoresist, P.R.）覆蓋在晶圓表面。光阻在微影中是以液態的方式塗佈
在晶圓上的感光材料。光阻主要的成分有四：聚合體、感光劑、溶劑和添加
劑，其中以感光劑最為重要，它是決定光阻種類的重要因素。而光阻的功能是
使光罩上的圖案轉印到晶圓表面和在後續的製程中可以保護其下方的薄膜。另
外，我們可以曝光之後的反應把光阻分為正光阻和負光阻，正光阻的圖案在曝
光之後會和光罩上的圖案一樣，而負光阻則是和正光阻情況相反，如圖 6-7 所
示。一般來說，正光阻的解析度比負光阻好，這在追求小尺寸時是很關鍵的。
至於光阻塗佈的方法是使用旋轉塗佈法在晶圓上塗上一層均勻的液態光阻。首
先噴灑液態光阻在慢速或靜止的晶圓上，然後快速旋轉使液態光阻能夠均勻的
附著在晶圓表面，再把多餘的光阻旋轉移出，最後以固定的轉速使溶劑蒸發，
讓光阻呈現乾燥狀。

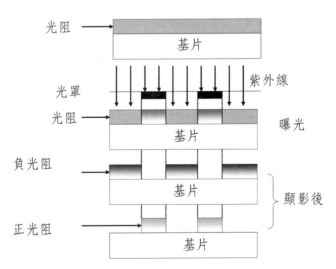

圖 6-7　正光阻與負光阻的比較。

　　軟烤的目的有下列幾項：蒸發殘留在光阻內的溶劑、增加光阻對晶圓的附著能力、增加光阻均勻性、減緩光阻在後續製程中所造成的應力、和防止光阻汙染機台……等。軟烤製程的方法是使用加熱平板，將晶圓放在一個平板上，在底部往上加熱，這樣可以使晶圓達到均勻的受熱。

　　對準和曝光是微影的重要步驟，它關係到製程中能否成功地將我們所要的圖案轉印到晶圓表面的光阻上。對準（alignment）決定晶圓上圖案的方向和位置，它關係到整個製程是否可以達到準確、迅速和可重複之目的。通常在晶圓和光罩上有特殊的記號稱為對準鍵，以用來對準。曝光（exposure）的目的就是將光罩上的圖案精確的轉印在晶圓表面的光阻上。而曝光後的烘烤是為了活化光阻內的溶劑、增加光阻的附著能力、和降低由曝光所引起的駐波效應。

　　顯影（development）的作用就是使光阻上的圖案顯現出來，而顯影劑的種類會依光阻的不同而有所改變。顯影的方法有兩種：噴灑自旋顯影系統和泥漿自旋顯影系統。噴灑法就是將顯影液噴灑在晶圓表面，利用自旋時所產生的離心力，使之分布在整個晶圓，進行顯影；而泥漿法就是將一定量的顯影液灑在不動的晶圓上，利用溶液的張力展開，先讓它顯影主要的部分，然後再利用自旋的方式使之整個部分都能顯影。目前以泥漿自旋顯影系統較為普及。在顯影時，須注意顯影液的量和時間要適中，不然會引起一些問題（如欠顯影、和過顯影……等）。

　　硬烤的目的是為了蒸發光阻內殘留的溶劑、增加光阻的強度、增加對晶圓的附著能力和改進光阻對蝕刻與離子佈植的抵抗力。由於在之後的製程是蝕刻或離子佈植，所以硬烘烤在加熱的溫度和時間通常是比前面的烘烤要來的高且久的，表 6.1 為各種烘烤的比較。

表 6.1　各種烘烤的比較

	去水烘烤	軟烤	曝光後烘烤	硬烤
時機	清洗光阻後	光阻塗佈後	光阻曝光後	顯影後
目的	保持乾燥	提升附著力	改善駐波效應	增加光阻強度
溫度	高	低	高	高
方法	加熱平板	加熱平板	加熱平板	加熱平板

　　檢視的目的是檢視顯影後的光阻圖案有沒有缺陷且是否符合製程之需求，故常以 ADI（after development inspection）表示。如果有缺陷或不符合製程規格，就要去除光阻並且送回重作（re-work），而這也是整個半導體製程中，嚴格來說是唯一可以重作的地方。檢視的方法通常是使用光學或電子顯微鏡。

6.1.4　蝕刻製程（etching process）

　　蝕刻（etch）是一種利用化學或物理反應的方式從晶圓表面上，選擇性地將不需要的材料薄膜移除之製程。蝕刻可分爲兩種基本形式：濕蝕刻（wet etch）和乾蝕刻（dry etch）。濕蝕刻是經由化學反應方式來移除薄膜，利用化學溶液和欲蝕的薄膜發生化學反應，來達成所需要的圖案。乾蝕刻則主要是利用乾蝕刻機器產生的電漿，與晶圓進行物理或化學性（或二者皆有）的交互作用，進而去除表面材料。由於元件的尺寸愈來愈小，濕式蝕刻將漸漸地被乾式蝕刻所取代，這是因爲濕式蝕刻會產生等向性的蝕刻輪廓，會造成 CD 的損失及底切效應，而乾式蝕刻並沒有這些缺點。爲了能完整呈現所需要的圖案，蝕刻本身必須要符合條件，這些重要的蝕刻參數包含許多種，以下選擇重要的蝕刻參數來討論。蝕刻速率（etch rate）是指在蝕刻期間，從晶圓表面移除某物質的速度有多快的一個參數，在蝕刻製程中會影響整個產量，故蝕刻速率是很重要的參數。蝕刻速率是以蝕刻前後薄膜厚度的差值除以蝕刻所需花的時間，如圖 6-8 所示。

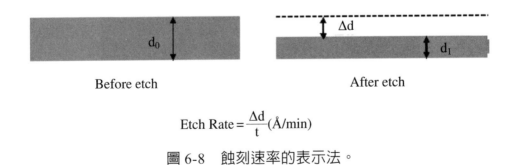

$$\text{Etch Rate} = \frac{\Delta d}{t}(\text{Å/min})$$

圖 6-8　蝕刻速率的表示法。

　　蝕刻後的側壁面貌稱爲蝕刻輪廓（etch profile），有兩種基本的蝕刻輪廓：等向性（isotropic）與非等向性（anisotropic）蝕刻輪廓。等向性是指所

有的方向（橫和縱方向）都以相同的蝕刻速率來進行蝕刻，而這正是濕式蝕刻
所具有的典型蝕刻輪廓。如圖 6-9(a) 中顯示，由於等向性的因素使得不欲被
移除的薄膜會被蝕刻掉一小部分，這種現象稱為底切（undercut）效應。而非
等向性的輪廓需要靠乾式蝕刻才能達成。非等向性是指蝕刻的方向只有縱的方
向，而這種非等向性輪廓可以將所希望保留的薄膜能完整呈現出來如圖 6-9(b)
所示。乾蝕刻不會像濕蝕刻有底切效應，這種不好的影響，會使接下來的沉
積製程產生空隙，也會使 IC 結構比預期差的很多，故當尺寸逐漸縮小的情形
下，等向性蝕刻就慢慢被淘汰了。選擇比（selectivity）為在相同的蝕刻條件
下，二種不同材料之蝕刻速率的比值。當逐漸縮小臨界尺寸，高選擇比就變的
非常重要。表 6.2 整理了濕式蝕刻與乾式蝕刻的比較。

同樣地，類似微影製程中的檢視步驟，在蝕刻之後也需要檢視 CD 尺寸是
否符合製程要求的步驟，稱為 AEI（after etching inspection）。

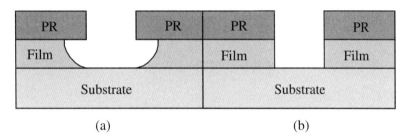

(a)　　　　　　　　　　　　(b)

圖 6-9　(a) 等向性與 (b) 非等向性的蝕刻輪廓。

表 6.2　濕式蝕刻與乾式蝕刻之比較

	濕式蝕刻	乾式蝕刻
蝕刻輪廓	等向性輪廓	非等向性輪廓
蝕刻速率	高	尚可
選擇比	高	尚可
設備費用	低	高
產量	高（批量）	尚可

6.1.5　薄膜沉積（thin film deposition）

薄膜沉積是利用物理或化學方式將一薄膜沉積在晶圓表面上，薄膜可能為用於傳導電性的金屬層、金屬層之間的介電絕緣層、或是半導體材料的多晶矽⋯⋯等應用。薄膜沉積的技術主要可分為：化學氣相沉積（chemical vapor deposition, CVD）與物理氣相沉積（physical vapor deposition, PVD）。

化學氣相沉積（CVD）是利用化學源材料氣體在晶圓表面產生化學反應，且在表面上沉積一層固態薄膜的製程。半導體工業中有三種常用的 CVD 方式：APCVD、LPCVD、與 PECVD。APCVD（Atmosphere Pressure CVD）為常壓 CVD，其設備簡單、沉積快速。通常操作在質量傳輸控制區間（如圖 6-10），即沉積速率取決於源材料氣體擴散進入邊界層的速率和吸附於晶圓表面的速率，而與表面反應速率的快慢無太大的關係。APCVD 常用於沉積未摻雜的矽玻璃（USG）與摻雜的氧化物（如 PSG、BPSG、FSG），故可用來製作 STI（USG）與 ILD（摻雜的氧化物）。

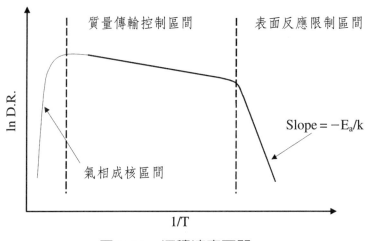

圖 6-10　沉積速率區間。

LPCVD（Low Pressure CVD）為低壓 CVD（約 0.1~5 托）操作於高溫（高於 650℃）的沉積方法，故不常用於後段製程的沉積。LPCVD 操作在圖 6-10 中的表面反應控制區間，代表其沉積速率與溫度的高低有極密切且敏感的關係，而與源材料氣體的擴散速率和吸附速率較無關。因此，可藉由此特

性將晶圓密集地放置，不僅節省運輸成本與時間還可提升產能，故 LPCVD 較 APCVD 廣為使用。又 LPCVD 為在低壓下操作，故氣體分子有較長的平均自由路徑（MFP），能產生更多地碰撞而獲得好的階梯覆蓋（step coverage）與均勻性（uniformity）。因為 LPCVD 為高溫的沉積方法，故常用在金屬化製程之前，如二氧化矽側壁、氮化矽（如 STI 中之 CMP 研磨停止層）、與多晶矽閘極等等。PECVD（Plasma Enhanced CVD）為電漿增強型 CVD，此方法近年備受歡迎，因為其擁有低沉積溫度、好的階梯覆蓋、與優異的間隙填充且沉積快速等優點。PECVD 可藉由控制射頻（RF）的功率以改善沉積薄膜的應力。使用平板製程，故氣相中的微粒容易掉落於晶圓表面造成微粒汙染。PECVD 製程可用於二氧化矽、摻雜的氧化物（如 PSG 較 APCVD 之 PSG 有較佳的均勻性與無孔洞產生）或氮化矽（最終的保護層 passivation）。表 6.3 為三種沉積方式的優缺點比較。

表 6.3　APCVD、LPCVD、與 PECVD 的比較

	優點	缺點
APCVD	架構簡單、沉積快速、在低溫環境下操作	階梯覆蓋不好、汙染較大、低產能
LPCVD	薄膜品質好、階梯覆蓋好、產能大	高溫、低沉積速率、需真空系統
PECVD	沉積快速、低溫、階梯覆蓋佳及好的間隙填充	需 RF 系統、成本高、應力大、及微粒汙染

物理氣相沉積（PVD）大多是藉著氬（Ar）濺射的方式將固態材料氣態化，當蒸氣在基片表面凝結時，即形成固態薄膜。最常用的方法，稱為濺鍍（sputtering）。PVD 優點是品質較好、阻值較低，適合用來沉積金屬層；缺點是階梯覆蓋較差，易有空洞產生，嚴重時會使元件斷路。PVD 主要應用有：
(1) 沉積鈦金屬薄膜以形成金屬矽化物。
(2) 沉積銅鋁合金作為金屬連線。
(3) 抗反射層鍍膜（ARC）以提高微影技術的解析度。

6.2 CMOS 製造流程介紹

CMOS 的製程步驟可分為二個階段：前段製程（Front End of Line, FEOL）與後段製程（Back End of Line, BEOL）。前者主要是指前段的電晶體（transistor）製程，而後者是指後段的金屬化（metallization）製程。接下來將針對一個簡單的二層金屬層（two metal layers）之 CMOS 製造流程作一簡潔介紹。

6.2.1 前段製程（FEOL）

前段製程主要包括淺溝槽隔離、井形成、閘極氧化層、多晶矽閘極、輕摻雜汲極植入、側壁、源／汲極製作、與矽金屬化合物形成。下面就上述CMOS前段製程的主要步驟並配合剖面示意圖，作有系統之介紹：

1. 淺溝槽隔離（Shallow Trench Isolation, STI）

STI 是一種在基板上電晶體主動區之間形成隔離的方法，雖然此方法較為複雜，但比起早期採用的矽局部氧化（Local Oxidation of Si, LOCOS）所產生的鳥嘴問題，在此技術中已獲得改善，故此方法已為大多數晶圓廠所採用。STI 製程有三個主要步驟分別是：

(1) 溝槽蝕刻：如圖 6-11 所示，首先將以 P-type 為基底的全新晶圓放入高溫氧化爐內，成長一層約 150Å 的墊氧化層（pad oxide），此氧化層主要是避免之後的氮化矽沉積對矽基板所產生的應力（stress）太大和黏著性（adhesion）不佳之問題。而氮化矽在 STI 製程中主要是作為一種堅固的罩幕材料保護主動區而且還可防止氧擴散到主動區裡，以及在使用化學機械研磨（CMP）時可做為終止研磨之材料（stop layer）。在使用低壓化學氣相沉積（LPCVD）氮化矽之後，塗上光阻做微影的步驟，光阻被光照到的部分結構會變得鬆散，顯影之後即除去，然後對於未被光阻覆蓋到的氮化矽、氧化層及矽基板進行蝕刻，最後將未被光照到的光阻移除。

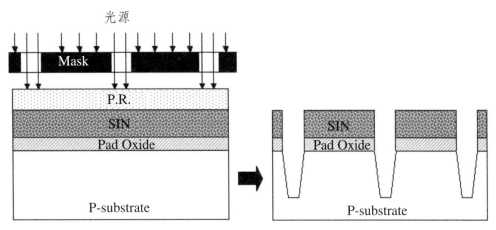

圖 6-11　STI 溝槽的形成。

(2) 氧化物充填：如圖 6-12 所示，先將晶片置於高溫氧化爐中，在 STI 曝露的地方成長一層非常薄的氧化層（Liner），此氧化層主要是讓矽與之後溝槽充填的 CVD 氧化物有良好的介面品質。

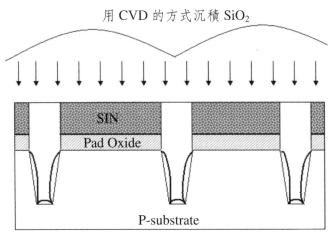

圖 6-12　STI 氧化物充填。

(3) 氧化層研磨和氮化矽去除：如圖 6-13 所示，使用 CMP 將已充填完成的 CVD 氧化物和 SiN 層磨平及拋光，最後用熱磷酸去除表面所殘留的 SiN。

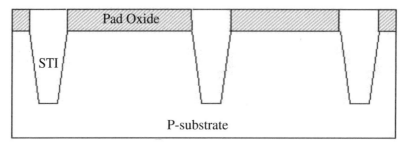

圖 6-13　STI 氧化層研磨和 SiN 去除。

2. 井（Well）之形成

(1) 犧牲氧化層（SAC Oxide）之成長：如圖 6-14 所示，先用稀釋的氫氟酸（Dilute HF）把 pad oxide 蝕刻掉，此乃因經過前面的幾個程序後的 pad oxide 已有損壞甚至有雜質殘留，所以必須將其移除。然後再將晶圓放入高溫氧化爐內形成一層新的氧化層稱為犧牲氧化層，此氧化層主要是防止 Si 之表面受到汙染以及離子植入時所受到的傷害，而且還可作為遮幕氧化層（screen oxide），有助於植入時控制摻質的深度。此技術主要採用高能量植入的方式，定義出 nMOS 及 pMOS 的主動區域（active area）。

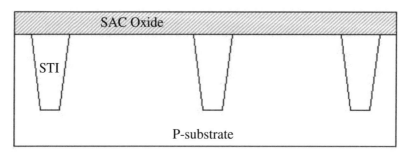

圖 6-14　SAC oxide 之成長。

(2) P 井之形成：首先進行 P-Well 微影，然後利用離子植入機（implanter）植入三價的硼（B），如圖 6-15 所示。

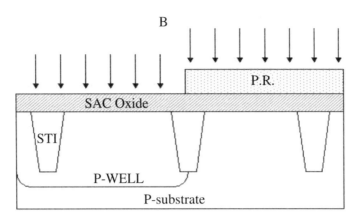

圖 6-15　P-Well 之形成。

(3) N 井之形成：先進行 N-Well 微影，然後植入五價的磷（P）或砷
　　（As），如圖 6-16 所示。最後進行回火（anneal）的步驟，可
　　修補之前植入所引起的損壞（damage）以及使雜質活化（dopant
　　activation）。

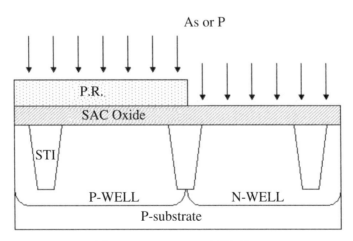

圖 6-16　N-Well 之形成。

3. 閘極氧化層（Gate Oxide, GOX）之製程

　　Gate Oxide 是整個 MOSFET 元件中最重要的心臟部分，其品質好壞會直
接影響到 IC 的運作。其製程步驟，首先進行 SAC oxide 之移除，因爲之前的

植入程序已使其受到損壞,而且此氧化層厚度對目前的技術來說也太厚,所以我們再成長一層約15到50Å之薄氧化層,稱之為閘極氧化層,如圖6-17所示。

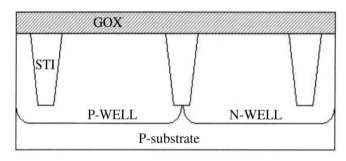

圖 6-17　Gate Oxide 之成長。

4. 多晶矽閘極（Poly-silicon Gate）之製程

此製程的主要目的就是將電晶體的閘極結構形成,主要步驟分別是:

(1) 沉積一層未摻雜多晶矽（undoped Poly-Si）,如圖 6-18 所示。

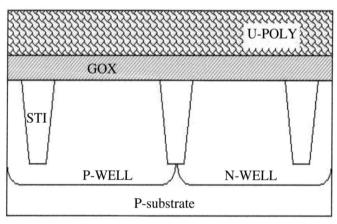

圖 6-18　未摻雜多晶矽（U-poly）沉積。

(2) 高濃度 N 型多晶矽（N^+ Poly-Si）之微影及五價的原子植入,如圖 6-19 所示。最後再把光阻移除。

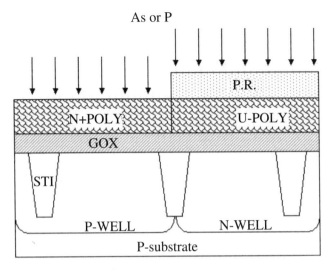

圖 6-19　N$^+$ poly-Si photo and implant。

(3) 高濃度 P 型多晶矽（P$^+$ Poly-Si）之微影及三價的硼植入，完成之後
　　再把光阻移除，如圖 6-20 所示。最後進行快速熱回火（rapid thermal
　　anneal, RTA）的步驟，主要是爲了防止硼滲透（boron penetration），
　　因爲硼在高溫中是一種很會擴散的原子，所以採用 RTA 改善之。

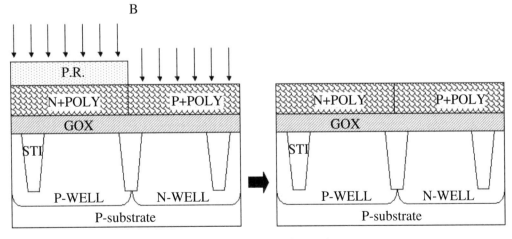

圖 6-20　P$^+$ Poly-Si 製作流程。

(4) 多晶矽閘極之微影及蝕刻，最後再把光阻移除，即形成 poly-Si gate，
如圖 6-21 所示。

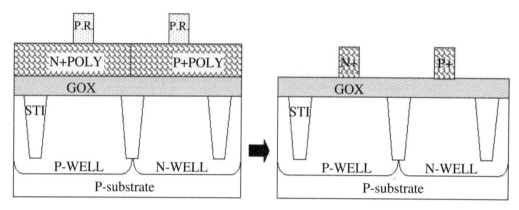

圖 6-21　Poly-silicon gate 之製作流程。

5. 輕摻雜汲極（Lightly Doped Drain, LDD）之植入製程

LDD 是一種目前普遍被採用的方法，這個概念就是要將汲極區域的摻雜
產生一個梯度的結構，而此製程主要是為了防止所謂的熱載子效應（HCE），
主要製程步驟分別是：

(1) N 型輕摻雜汲極（N-LDD）之微影及五價原子植入，再把光阻移除，
即形成 N-LDD，如圖 6-22 所示。

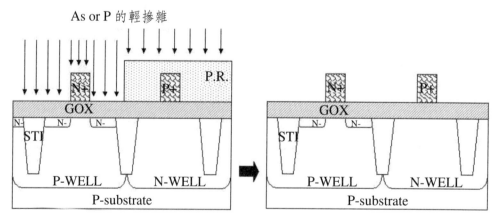

圖 6-22　N-LDD 之製作流程。

(2) P 型輕摻雜汲極（P-LDD）之微影及三價原子植入，再把光阻移除，即形成 P-LDD，如圖 6-23 所示。

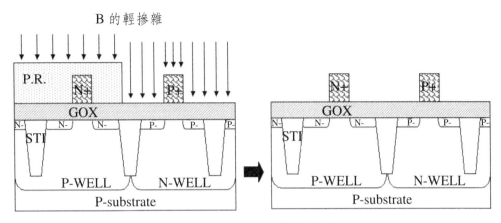

圖 6-23　P-LDD 之製作流程。

6. 側壁（Spacer）之形成

(1) 以化學氣相沉積（CVD）的方式沉積一層氧化層，如圖 6-24 所示。

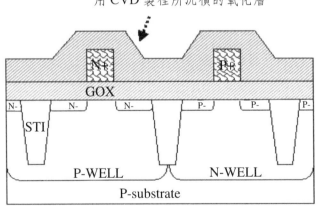

圖 6-24　側壁氧化層之沉積。

(2) 以乾電漿蝕刻的方式採以非等向性（anisotropic）的垂直蝕刻去除大部分的氧化層，直到蝕刻到 Si，此時選擇比（selectivity）已經很大

了，停止蝕刻，側壁即形成如圖 6-25 所示。

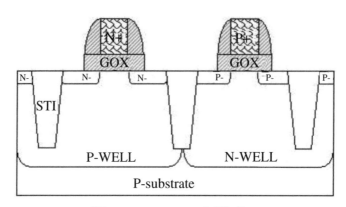

圖 6-25　Spacer 之形成。

7. 源／汲極（Source/Drain, S/D）製程

S/D 也屬於高濃度摻雜的一種，其深度較 LDD 略深，但不比之前 Well 植入那麼深，主要製程步驟分別是：

(1) N 型源／汲極之微影及五價原子植入，最後再把光阻移除，即形成 N⁺ S/D，如圖 6-26 所示。

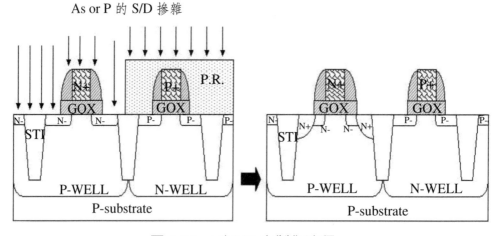

圖 6-26　N⁺ S/D 之製作流程。

(2) P 型源／汲極之微影及三價的原子植入,之後再把光阻移除,即形成
　　P⁺ S/D,如圖 6-27 所示。然後再進行一次快速熱回火(RTA),防止
　　硼滲透及雜質向外擴散。

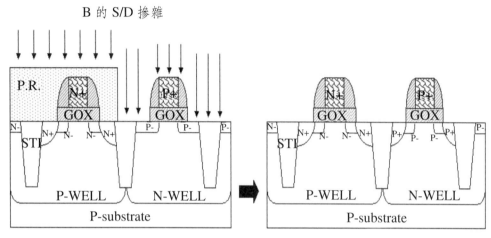

圖 6-27　P⁺ S/D 之製作流程。

8. 矽金屬化合物(Silicide or Salicide)之形成

　　Silicide 的主要目的是在主動區上形成接觸,用以提高矽和後續金屬材料
沉積之間的附著性(adhesion)以及降低阻值(resistivity),其製程步驟有:
(1) 使用物理氣相沉積(PVD)將鈦(Ti)以濺鍍(sputtering)的方式沉
　　積於晶圓上,再將 TiN 沉積於鈦的上方,以防止接下來的熱回火過程
　　中,氮過度消耗鈦,如圖 6-28 所示。
(2) 進行第一次快速熱處理(1ˢᵗ RTP),在充滿氮氣(N)的高溫下使鈦
　　與矽以自我對準的方式形成矽化鈦(TiSi₂),如圖 6-29 所示。在此時
　　阻值已有明顯降低。

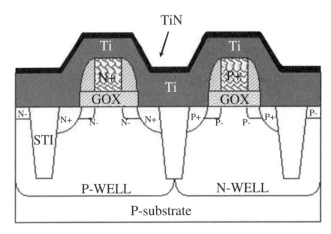

圖 6-28　Ti 與 TiN 沉積。

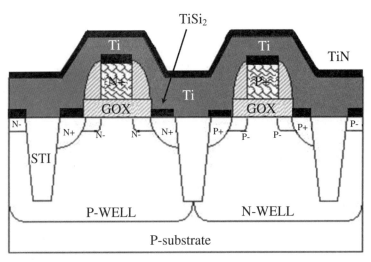

圖 6-29　TiSi$_2$ 之形成。

(3) 將 TiN 與多餘的 Ti 移除，再進行第二次快速熱處理（2nd RTP），使
TiSi$_2$ 的阻值降得更低，最後再清洗晶圓以完成 Silicide 的步驟，如圖
6-30 所示。

　　不過隨著電晶體的尺寸的微縮，鈦由於晶粒尺寸過大，可能會使閘極與汲
極、閘極與源極間造成短路，所以在更小尺寸的電晶體就利用 Co 或 Ni 作為
Silicide 的材料，其製程步驟與鈦類似。

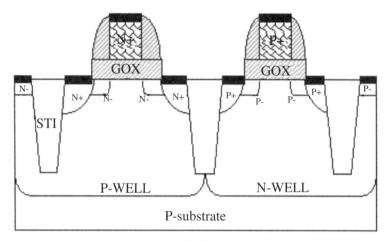

圖 6-30　完成 Salicide。

6.2.2　後段製程（BEOL）

後段製程主要指的是金屬連導線製程。一樣地，將針對其主要製程步驟並配合剖面圖，作系統性之介紹：

1. 電晶體與第一層金屬間的介電層（ILD）及通孔（Contact）之製程

(1) 首先，採用 CVD 的方式沉積一層磷矽玻璃（PSG），目的是用來捕捉鹼金屬離子（如：鈉、鉀等正離子）。之後再使用 CMP（Chemical Mechanical Polish，化學機械研磨）將 PSG 平坦化，即形成 ILD 介電層，如圖 6-31 所示。

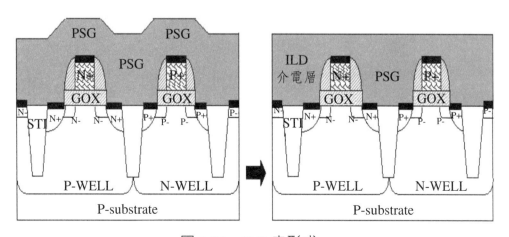

圖 6-31　ILD 之形成。

(2) Contact 之微影及蝕刻，接著再把光阻移除，如圖 6-32 所示。

(3) 以濺鍍的方式先沉積一層薄的 Ti 作為黏合層（adhesion layer），再將 TiN 沉積於 Ti 之上，作為之後鎢（W）金屬沉積的擴散阻擋層（barrier layer），然後以 CVD 的方式將鎢金屬沉積上去，如圖 6-33 所示。而 Contact 採用鎢金屬的原因，是因為此處的截面積很小導致電流密度很大，容易發生電子遷移（Electromigration, EM）。故雖然鎢的阻值很高，但為了防止電子遷移，仍使用之。

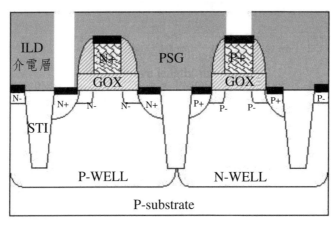

圖 6-32　Contact 之形成。

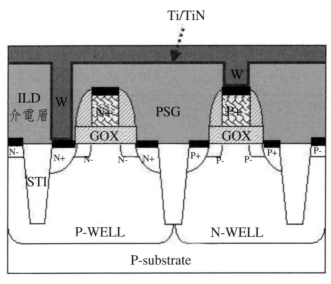

圖 6-33　鎢（W）金屬沉積製程。

(4) 使用 CMP 將鎢（W）金屬平坦化，如圖 6-34 所示。

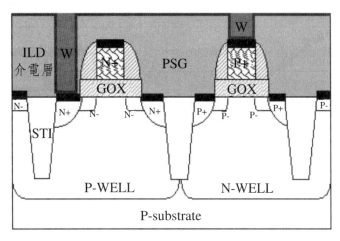

圖 6-34　金屬鎢（W）通孔製程。

2. 第一層金屬（Metal-1, M1）層之製作

首先以 CVD 的方式沉積一層沒有任何摻雜的氧化層（USG），進行微影及蝕刻，再把光阻移除，然後再沉積銅（Cu）金屬，之後進行 CMP 研磨，即形成 M1，如圖 6-35 所示。從 M1 之後的金屬製程皆採銅製程，使用的原因是銅可降低阻值和時間延遲（time delay）以及較不易有電子遷移（EM）效應。

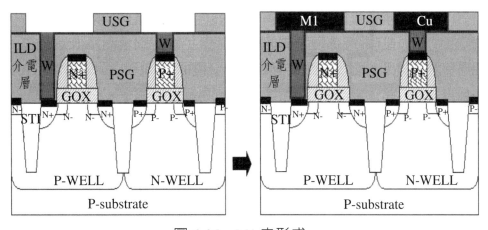

圖 6-35　M1 之形成。

3. 第一層與第二層金屬間的介電層（IMD-1）之製作

先以 CVD 的方式沉積一層 USG，再使用 CMP 將其平坦化，即形成 IMD-1 介電層，如圖 6-36 所示。

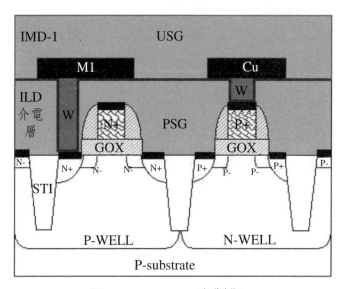

圖 6-36　IMD-1 之製作。

4. 第一層與第二層金屬間的連線洞孔（Via-1）及第二層金屬（M2）之製作

在此，因 Via-1 和 M2 的金屬材料皆使用銅金屬，所以可一起充填，也就是所謂的雙鑲嵌製程（dual- damascene process）：

(1) 沉積一層氮化矽（SiN），之後進行氮化矽的微影及蝕刻，再把光阻移除，如圖 6-37 所示。此處的氮化矽主要作爲蝕刻停止層（etch-stop layer）之用。

(2) 再沉積一層 USG，之後進行 Via-1 的微影及蝕刻，最後再把光阻移除，即形成 Via-1 如圖 6-38 所示。

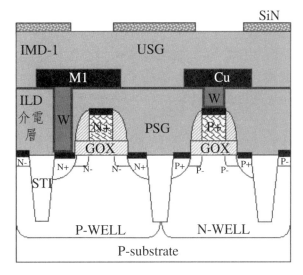

圖 6-37　SiN（etch stop layer）之形成。

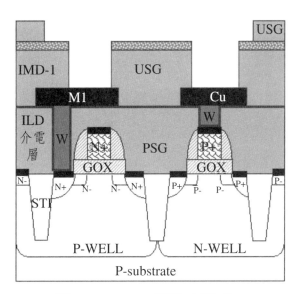

圖 6-38　Via-1 洞孔之形成。

(3) 以 PVD 的方式沉積一層薄的鉭（Ta）作為黏合層（adhesion layer），再將氮化鉭（TaN）沉積於 Ta 之上，作為之後沉積 Cu 金屬的擴散阻擋層，如圖 6-39 所示。

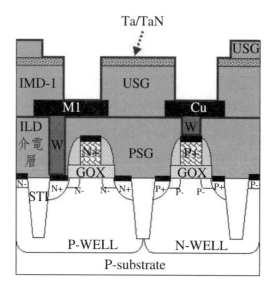

圖 6-39　Ta 和 TaN 之形成。

(4) 沉積 Cu 金屬充填 Via-1 及 M2 金屬層,再使用 CMP 將其平坦化,如圖 6-40 所示。

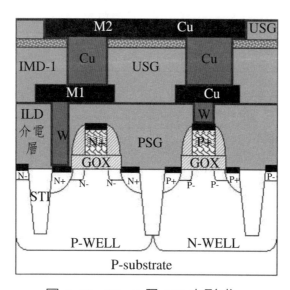

圖 6-40　Via-1 及 M2 之形成。

　　注意，雖然在此只介紹到第二層金屬之製作；然而後面的 Via 及 Metal 層之製作皆重複以上之製程步驟。金屬層愈作愈多，表示可以有更多的組合去連接更多的電晶體，所以 IC 會有更多的功能。

5. 保護層（Passivation）

　　此製程主要是為了保護內部電晶體不被鹼性離子及其他汙染所破壞，其製程步驟為：先沉積一層磷矽玻璃（PSG），目的是用來捕捉鈉與鉀等鹼金屬離子。之後，為防止外界之水汽之侵入，再沉積一層質地較為堅硬的氮化矽（SiN）作為最後之保護，如圖 6-41 所示。

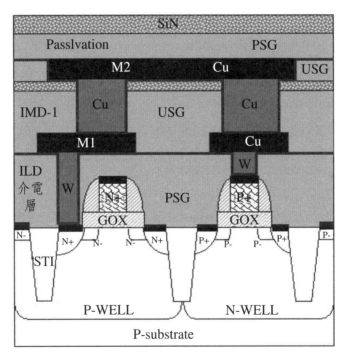

圖 6-41　保護層（passivation）完成。

6.3　本章習題

1. 請以乾氧化（dry oxidation）為例，並佐以適當的示意圖，來描述矽的熱成長機制。並以此機制來解釋矽的濕氧化（wet oxidation）比乾氧化有較快的成長速率（growth rate）。

2. 何謂熱預算（thermal budget）？試述熱預算對半導體製程的重要性？

3. 試述退火（annealing）對離子佈植製程的重要性？

4. 試述微影製程的基本步驟。

5. 請佐以適當的圖示，來比較正光阻與負光阻，並簡述其優缺點。

6. 何謂 ADI（after development inspection）？何謂 AEI（after etching inspection）？

7. 請簡述濕蝕刻（wet etch）與乾蝕刻（dry etch），並比較其優缺點。

8. 何謂選擇比（selectivity）？其值是愈大愈好抑是愈小愈好？原因為何？

9. 何謂 CVD？何謂 PVD？請各舉一例說明。

10. 請比較 LPCVD 與 PECVD 的優缺點。並說明為何最終保護層（passivation layer）的氮化矽，乃常採用 PECVD 的沉積方式，而較不使用 LPCVD 的沉積方式。

11. 請佐以剖面示意圖，來描述 LOCOS 與 STI 這二個隔離（isolation）製程。並說明為何 STI 優於 LOCOS。

12. 若我們在多晶矽閘極植入時一定要分別使用以下四個製程一次：(1)n$^+$ poly 植入 (2)p$^+$ poly 植入 (3)anneal(4)RTA，則先後順序應該如何較好？原因為何？

13. 何謂 salicide（self-aligned silicide）？請簡述其製程步驟。

14. 試述高介電係數（high-k）與低介電係數（low-k）介電材料在半導體製程中的應用及其應具備的條件。

15. 請佐以適當的剖面示意圖，來描述銅的雙鑲嵌製程（dual-damascene process）。

16. 請以下表比較 Al 與 Cu 製程中 contact、via、及 metal layer 材料之異同，與其原因。

	Al 製程	Cu 製程	附加說明
metal layer 材料			
contact 材料			
via 材料			

17. (1) 通常成長二氧化矽（SiO$_2$）或矽的氧化層薄膜的方式有熱氧化法（Thermal Oxidation）中的乾氧化（Dry Oxidation）與濕氧化（Wet Oxidation），化學氣相沉積（Chemical Vapor Deposition），與電漿加強式化學氣相沉積（Plasma-Enhanced Chemical Vapor Deposition, PECVD）。若要成長應用於金氧半電晶體（MOSFET）的高品質二氧化矽薄膜，應該使用哪一種氧化技術？請說明原因。

    (2) 若以熱氧化法（Thermal Oxidation）在矽晶圓上成長二氧化矽（SiO$_2$）薄膜，已知矽的原子量是 28，矽的密度是 2.33（g/cm^3）；氧的原子量是 16；二氧化矽的密度是 2.2（g/cm^3）。請問矽晶圓消耗的厚度占成長出二氧化矽薄膜的厚度的百分之幾？　（2013 年高考）

18. 考慮 Si 的 SiO$_2$ 熱成長的機制可分為兩個步驟：氧分子擴散通過已成長的然後與下面的 Si 進行反應形成 SiO$_2$。假設擴散的氧分子通量與 SiO$_2$ 厚度成反比。分別說明何時擴散步驟、反應步驟會成為瓶頸步驟。而在前述兩種狀況下，SiO$_2$ 的厚度與時間的關係分別為何？　（2020 年特考）

19. 說明離子佈植（ion implantation）的基本原理。以離子佈植植入雜質的方法與擴散法比較有何優點？離子佈植後為何需要熱處理？說明離子佈植的通道效應（channeling effect），舉出一種消除的方法。　（2014 年高考）

20. 在半導體曝光顯影製程中，對於所使用的光阻（photo resist）：

(1) 請說明正光阻與負光阻之特性差異。

(2) 採用正光阻製程，若要製作一凸起之 I 字型光阻圖案，請繪出所設計光罩圖型示意圖（以斜線代表暗區，空白代表亮區表達）。

（2012 年特考）

21. (1) 試指出乾式蝕刻技術（dry etching）為等向性（isotropic）蝕刻或非等向性（anisotropic）蝕刻？

(2) 假設將 1μm 厚的鋁（Al）薄膜沉積在平坦的場氧化層（field oxide layer）上，先以光阻在其上定義圖案後，再施以電漿蝕刻製程。已知鋁對於光阻之蝕刻選擇比維持在 3，假設有 30% 的過度蝕刻，試問在確保鋁金屬上表面不被侵蝕之條件下，所需的最薄光阻厚度為何？

（2020 年特考）

22. (1) 物理氣相沉積（physical vapor deposition; PVD）與化學氣相沉積（chemical vapor deposition; CVD）均是在半導體製程中常用於薄膜沉積的方法，就一般而言，請說明這兩種沉積方法的不同，並指出其各有何優點。

(2) 在積體電路製程中，請說明什麼是擴散阻障層（diffusion barrier），並舉例說明有哪些材料可作為擴散阻障層。 （2016 年高考）

23. 在積體電路製造技術中，採用的絕緣技術有局部氧化（Local Oxidation of Silicon, LOCOS）和淺溝槽絕緣（Shallow Trench Isolation, STI），請分別說明局部氧化與淺溝槽絕緣的製作技術、缺點與應用在那一種線寬製程？

（2017 年高考）

24. (1) 在金氧半場效電晶體（Metal-Oxide-Semiconductor Field-Effect Transistor, MOSFET）中，何謂熱載子（Hot Carrier，載子可為電子或電洞）？何謂熱載子注入（Hot Carrier Injection, HCI）？應如何控制或改善熱載子注入現象？ （此題為 2014 年高考）

(2) 在 n 通道 MOSFET 製程技術中，利用間隙壁（spacer）及兩次離子佈植實施 LDD（lightly doped drain）結構，請說明製程步驟。

（此題為 2015 年高考）

25. (1) 平面技術目前已廣泛運用在積體電路製作中，其步驟包括：金屬鍍膜、光學微影、蝕刻、氧化以及離子植入等。對於上述之五個基本製程技術，試敘述一製作 p-n 接面（junction）的正確順序。

（此題為 2015 年高考）

(2) 以一 N-wellcmOS 製程為例，說明製作一 PMOS 電晶體所需之各項步驟。　　　　　　　　　　　　　　　　　（此題為 2008 年高考）

參考文獻

1. J.D. Plummer, M.D. Deal, and P.B. Gruffin, *Silicon VLSI Techology-Fundamentals, Practice and Modeling*, Prentice Hall, New Jersey, 2000.

2. S. Wolf and R.N. Tauber, *Silicon Processing for the VLSI Era Volume I-Process Technology*, Lattice Press, CA, 1986.

3. S. Wolf, *Silicon Processing for the VLSI Era Volume II-Process Integration*, Lattice Press, CA, 1990.

4. S. Wolf, *Silicon Processing for the VLSI Era Volume III-The Submicron MOSFET*, Lattice Press, CA, 1995.

5. M. Quirk and J. Serda, *Semiconductor Manufacturing Technology*, Prentice Hall, New Jersey, 2001.

6. H. Kawaguchi et al., "A Robust 0.15um CMOS Technology with CoSi Salicide and Shallow Trench Isolation," *VLSI Tech.*, 1997, p.125-126.

7. E.C. Jones and E. Ishida, "Shallow Junction Doping Technologies for ULSI," *Materials Science and Engineering*, R24, 1 (1998).

8. H. Xiao, *Introduction to Semiconductor Manufacturing Technology*, Prentice Hall, New Jersey, 2001.

9. C.Y. Chang and S.M. Sze, *ULSI Technologies*, McGraw-Hill, New York, 1996.

10. R.R. Troutman, "VLSI Limitations from Drain-Induced Barrier Lowering," *IEEE Trans. Electron Dev.*, ED-26, 461 (1979).

11. C. Hu, "Future CMOS Scaling and Reliability," *Proc.* IEEE, 81, 682 (1993).

12. S.M. Sze, *Semiconductor Devices-Physics and Technology*, 2nd edition, Wiley, New York, 2001.

13. D.A. Buchanan, "Scaling the Gate Dielectric: Materials, Integration, and Reliability," *IBM Journal of Research and Development*, 43, 245 (1999).

14. C.F. Codella and S. Ogura, "Halo Doping Effects in Submicron DI-LDD Device Design," *IEDM*, 1985, p.230-233.

15. A. Hori et al., "A Self-Aligned Pocket Implantation (SPI) Technology for 0.2um-Dual Gate CMOS," *IEDM*, 1991, p.641-644.

16. B.E. Deal,"Standardized Terminology for Oxide Charge Associated with Thermally Oxidized Silicon," *IEEE Trans. Electron Dev.*, ED-27, 606 (1980).

17. 「半導體製程整合專業訓練講義」，劉傳璽，民國 94 年一月（未出版）。

18. 「應材半導體元件與良率分析講義」，劉傳璽，民國 94 年七月（未出版）。

19. 「可靠性測試專業課程講義」，劉傳璽，民國 94 年九月（未出版）。

20. 「CMOS 製程介紹」，楊子明 & 劉傳璽，e 科技雜誌，民國 94 年十月。

7 製程整合

◆ 元件發展需求
◆ 基板工程 Substrate Engineering
◆ 閘極工程 Gate Engineering
◆ 源／汲極工程 Source/Drain Engineering
◆ 內連線工程 Inter-Connection

7.1 元件發展需求

7.1.1 摩爾定律

摩爾定律是一種經驗法則,準確地描述過去半導體在半世紀來微電子的快速成長結果。一般摩爾法則可使用單位記憶元的價格或晶片的效能來說明。如以晶片的效能而言,則每 18 個月進行世代更換,其臨界尺寸縮小至 0.7 倍(面積縮小 1 倍 0.7*0.7 = 0.49),速度提昇 1 倍,單元(Cell)的成本因為集積度不斷增加,每單元平均成本可持續下降 1 倍。

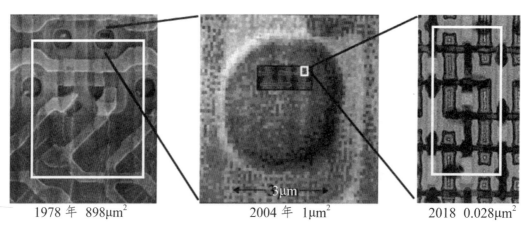

1978 年 898μm^2 2004 年 1μm^2 2018 0.028μm^2

圖 7-1 電子元件微縮依循摩耳定律,40 年來將 SRAM 縮小了 30000 倍。

電子元件微縮的重要關鍵技術為微影製程的技術提升,決定微影製程能力的指標分別為解析能力及焦距深度,而解析能力及焦距深度來自更小的入射波長(λ)及較大的數值孔徑(NA),幾乎每一個新的製程演進都需要更新的、更複雜的微影策略,當製程在 65 奈米節點時,微影光源波長下降到 193 奈米(ArF)時,製程碰到較高的技術障礙,研究人員與工程師們利用浸潤式微影技術,雙重曝光及多重曝光微影方案,使 193 奈米曝光機一直將技術延伸至 10 奈米製程以確保益趨複雜的電路能完整顯影在晶圓上。

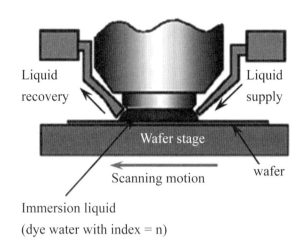

NA = n sinθ

Resolution = k1λNA

= k1λ/(nsin θ)

= k1(λ/n)/sin θ

→ Improvement of resolution

DOF = k2 (λ/n)/2(1 − cos θ)

= k2 (λ/n)/4sin²(θ/2)

= k1 (λ/n)/sin² θ

= k2nλ/NA²

→ Improvement of DOF

Immersion is effective for both resolution and DOF

圖 7-2　浸潤式微影技術系統架構示意圖。

　　另一個突破點是從 7 奈米製程節點過渡到 5 奈米，由於 13.5 奈米波長的極紫外光 EUV 開發成功，過往使用 ArF LE4（Litho/Etch）圖像需要 4 個光罩、4 次曝光，及用 ArF SAQP 需要 6 個光罩、9 次曝光的工藝，改利用 EUV 時只需一個光罩、1 次曝光即可完成。相較之下，採用 EUV 技術不但可有效簡化製程，加快產品設計時程，也因為曝光次數明顯減少，因而可有效降低成本，滿足晶片設計高效能、低成本的需求。因應未來先進節點，開發更高 0.55（High-NA）的數值孔徑，可將 EUV 平臺延伸至 3nm 節點以下。此外，與多重圖形策略相較，轉向較短 EUV 波長也帶來了邊緣放置誤差（Edge Placement Error）的降低，以及圖案缺陷（Pattern Fidelity）問題的改善；這兩種效果都能對現在與未來的元件性能與良率帶來好處。

　　除了速度和面積為 CMOS 電路微縮上的主要目的之外，功率消耗也是重要的考慮因素，降低操作電壓與降低靜態和動態電流為開發方向，在電流方面，需考慮由電源流出的電流到接地端所有引起漏電流的靜態消耗，及來自於切換暫態電流之動態消耗。在電壓方面，CMOS 技術為了降低 CMOS 元件能量消耗，製程世代由數微米至演進至奈米製程，元件面積不斷縮小，操作電壓亦由 5V 降至 1V 以下。

　　功率消耗與 CV²f 成正比，C 是每一開關週期充放電的電容，V 是供應電

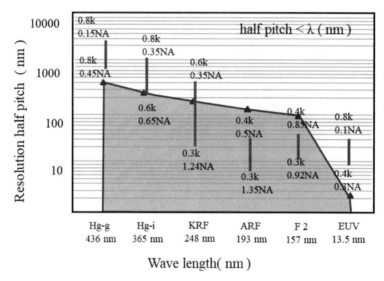

圖 7-3　製程節點與對應的微影技術系統。

壓而 f 爲操作頻率。減少寄生電容與降低電壓可以減少功率消耗,晶片電容大致與晶片大小正比,因此一般晶片設計理念以最少面積爲原則,功率與電壓的平方比關係,因此降低電壓爲減少功率消耗的主要方式,而操作頻率基本上必須提升以達效率的要求。降低電壓時,元件速率常常下降,因此爲了平衡甚至提升效能,晶片的臨界電壓必須同時下降。加上日益減縮的閘極絕緣層,晶體的漏電現象日益嚴重,由於高 k 值閘級絕緣層的製程不易,晶體的漏電可能會超越動態功率。爲此,目前高階微處理器晶片設計已從單一供應電壓及臨界電壓的單一核心提升至多供應電壓及多臨界電壓的多核系統。爲了進一步減少漏電,供應電壓閘控配合上休眠電晶體的使用已經是普遍採用的技術。

7.1.2　CMOS 元件發展需求

　　尺寸縮小的要求隨著電路應用而有所不同,其中在邏輯晶片的應用上主要可分爲三個方面:高性能(High-Performance, HP),例如高階桌上型電腦與伺服器,這些應用上需要高速電晶體;低操作電力(Low Operating Power, LOP):例如行動電話或筆記型要求電腦性能高、電池容量大;低待機電力

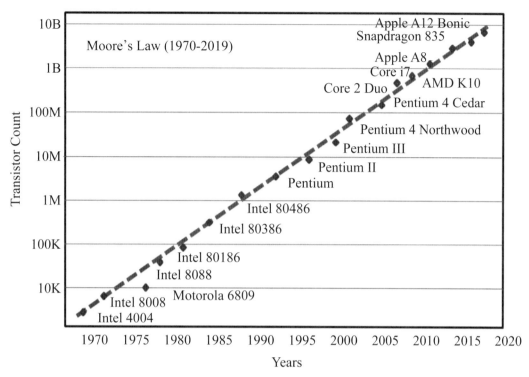

圖 7-4　電子元件微縮使單一晶片的電晶體數目大幅提高。

（Low Standby Power, LSTP）：例如行動電話性能要求較低，電池容量相對較小，在開發低能量消耗的 CMOS 元件時，可從降低操作能量及待機能量著手。

在追求高性能（HP）電路的努力下，最重要的因素是元件速度的提升，可由降低操作電壓，降低寄生電容及增加元件電流來提升，而低操作能量（LOP）的需求可由降低寄生電容及降低操作電壓來改善，另外對低待機能量（LSTP）的電路，必須從各元件漏電來源，如降低閘極漏電、改善短通道效應來改善。

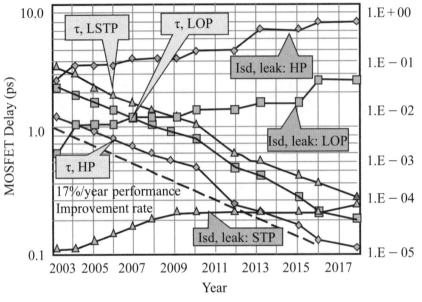

圖 7-5　邏輯晶片的應用方向。

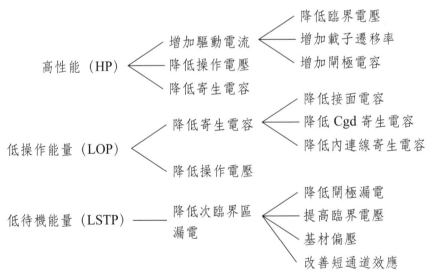

圖 7-6　主要的元件結構與電性參數發展趨勢。

7.2　基板工程 Substrate Engineering

7.2.1　晶片選擇

在基材的選擇上，必須要求更高純度的基材，降低有機物及微粒（Particle），亦必須要求長晶時矽基材的微缺陷要低，如 COPs（crystal-originated pits）或晶格缺陷如 Stacking Fault，此時可以使用氫退火（1200C，1 hr）形成 Hi-wafer 來降低晶片表面氧缺陷，以達成製程高良率的需求。除了晶片缺陷考慮外，晶片方向，高品質的磊晶晶片，或高階產品需要的 SOI，應變矽都是晶片選擇的方向：

1. 磊晶（epi-wafer）

在淺摻雜 p^- 或重摻雜 p^+ 晶片上，成長一較低缺陷的晶體表面，可符合高階產品的需求，一般選用較高摻雜的磊晶晶片，有較佳的缺陷捕捉效果，由於 p^+ 造成的基材阻值下降，亦可改善元件 Latch Up 的特性，提高 Latch Up Holding Voltage，同時改善元件隔離效果，減少電路面積。

2. 晶片方向

由於 100 晶面於製程中易於沿著晶面破裂，111 又由於晶面原子密度太高造成電子遷移率較低，110 是目前大多數晶片製造商的選擇，根據實驗結果，110 晶面在 110 方向有最佳電洞遷移率，若是在 110 的晶面上旋轉 45° 為 100 方向，則對於 NMOS 的電子遷移率較高，對於高效能元件有要求者可根據需求對晶片做出選擇。

3. 絕緣層上矽及應變矽

對於更高元件效能的需求，則開發出的新一代晶片如絕緣層上矽（SOI）及應變矽（Strain Si）等基材，可在微縮元件的方向外，提供另一選擇，容後詳述。

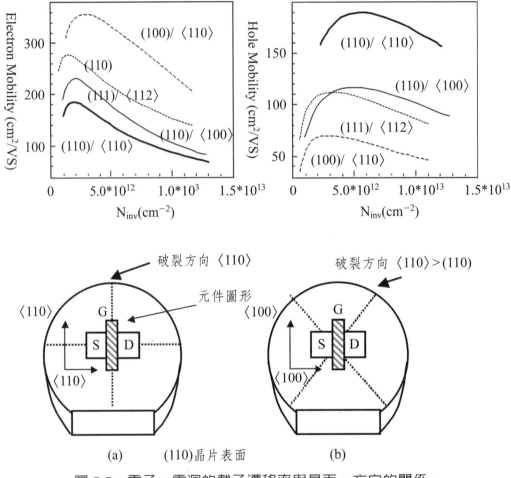

圖 7-7　電子、電洞的載子遷移率與晶面、方向的關係。

7.2.2　淺溝槽隔離 Shallow Trench Isolation

　　在取得晶圓基材後，首先步驟為元件隔離工程，傳統習用的 LOCOS 隔離法由於鳥嘴（birds beak）效應造成有效元件寬度減少及場氧化層（Field Oxide）表面不平坦的限制，在 0.25μm 以下的電路製作多已被 STI 所取代。STI 的製程問題須注意的為：當閘極跨過隔離邊緣時，如果元件區的角落太尖銳，則會因局部電場增強的緣故，使得元件區邊際的電荷反轉提早引發，使得元件的 V_{th} 值下降。主要改善方法為圓化角落，可能降低隔離邊緣的通道內的電場強度。另外必須避免淺溝槽隔離內孔洞產生應力或缺陷，可由氧化層充填

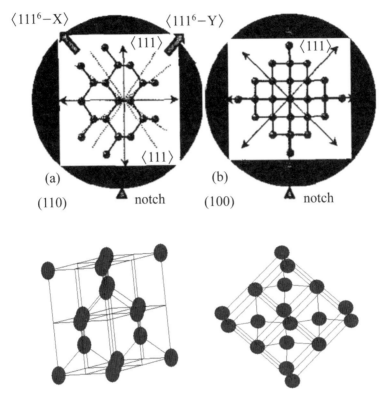

圖 7-8　(110) 與 (100) 晶面上視圖及立體透視圖。

箸手，當隔離尺寸變小後，溝槽內的高寬比（Aspect Ratio）明顯增加，對氧化層充塡是一項考驗，製程上要求達到無細縫與無孔洞的形成，而高密度電漿 HDP-CVD 由於具有更好的充塡能力與薄膜品質，爲淺溝槽隔離氧化層的良好選擇。STI 表面的氧化物平坦化採用化學／機械拋光來完成，但由於研磨圖案密度的不同，會造成圖案密低區域會有過度拋光所造成的碟形下陷（Dishing）情形，解決方式可於圖案密度低的區域上形成一些光阻的虛置圖案（Dummy Patterns），來避冤底層的過度拋光，另外在大區域的主動區（Active Area）會造成氮化矽殘留，可以利用 Reverse mask 作反向回蝕來解決。但此法需多一道微影程式，增加生產成本。

　　STI 的蝕刻或 HDPCVD 步驟時會對溝槽側壁造成的損害，會造成元件的漏電流，結構中存在的機械應力（Mechanical Stress）將使電晶體特性飄移，如同矽應變（Strain Silicone）所造成電子遷移率（Mobility）改變，當受應力

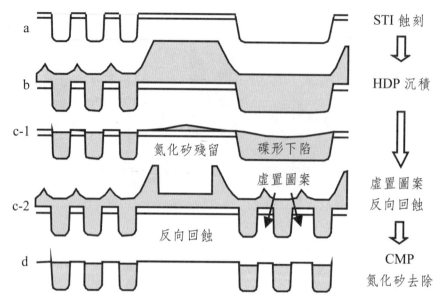

圖 7-9 淺溝槽隔離的製作過程，包括常出現的問題 c-1 及解決方法 c-2。

過大時甚至會引發缺陷如差排（Dislocation）的產生，造成接面漏電流急遽上升。

為了加強對應力的控制，一般的作法包括減少溝槽側壁的和水準線的斜角，減少溝槽的深度，還有底部轉角須圓化。不過斜角如果太小，將限制隔離溝槽的深度，會影響隔離的效果。此外，對高溫製程的控制也是防範應力的重點。

STI 另一特色是其可避免因 LOCOS 高溫使摻雜物向場氧化層聚集而造成 V_t 太高的現象，反而因 STI 凹陷在 Narrow Width 端的電場集中而造成 V_t 下降，此現象可以 SiN Linear 來改善，SiN linear 亦可避免後續 HDP 回填時因密化步驟持續氧化矽基材表面而產生的應力，降低晶格差排的產生。

7.2.3 井工程 Well Engineering

在 well 工程上，部份電路會用到 n-Well 阻值，而決定 n-Well 的植入濃度外，一般會以較高濃度來降低 Well 阻值，以避免 CMOS 閉鎖現象，同時亦需儘量在深度及濃度上使 n/p Well 對稱，以維持良好的 Well 隔離。

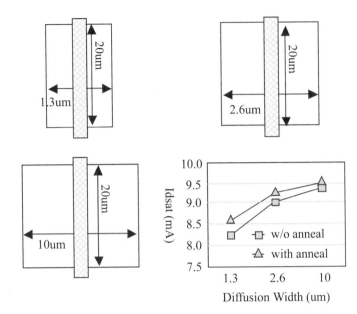

圖 7-10　STI 距離縮小產生壓縮應力，使 NMOS 的趨動電流下降。

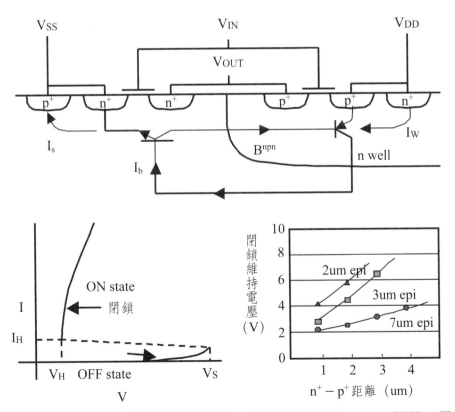

圖 7-11　井之摻雜濃度低使得井阻值高，其壓降將造成 CMOS 閉鎖，另較淺
　　　　的磊晶晶片可使井阻值降低，有效改善閉鎖行為。

　　傳統 CMOS 的雙井結構，藉由晶片離子植入，使底材（或是井）的濃度 N_A 要高一些，避免漏電途徑，並且因為 N_A 提高使井的阻值降低，來達到壓抑 CMOS 閉鎖（Latch-Up）的啓動等多重的目的。但是另一方面我們不希望高濃度的植入接近晶片表面，使產生強反轉（Strong Inversion）的通道區域的摻質濃度太高，造成載子（Carrier）的遷移率（Mobility），因散射（Scattering）而降低，進而影響到電晶體的運作速度。因此井工程（Well Engineering）與通道工程（Channel Engineering）的摻質，常以非均勻（Non-Uniform）的方式來分佈，可使得晶片表面的摻質，處於相對較低的濃度，而讓井隔離發生的區域，其摻雜的濃度處在較高的程度。

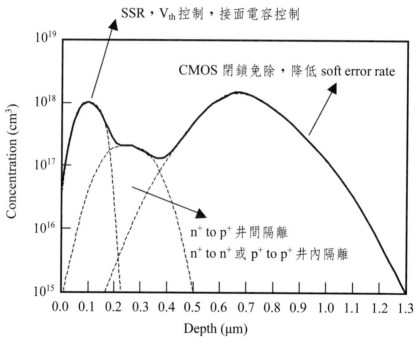

圖 7-12　井工程之摻雜濃度分佈及考慮因素。

　　典型以高能量離子植入（MeV），配合傳統離子植入技術，可製作出非均勻摻質濃度分佈曲線。它主要是由多次能量高低不同的離子植入所製作而成的。首先，深度最深入矽晶片內部的 P 井，將以 MeV 的方式，來把硼離子植入所預定的深度，並形成圖裡所示的 P 型退後井（Retrograde Well）；然後，再以 200KeV 左右以下的能量，進行深度居中的電擊穿終止（Punch-Through

Stop）的硼離子植入；而後，才以較低的能量，以 BF_2^+ 或是 B^+ 爲摻質，進行通道表面的 V_t 調整的植入，而 N 型退後井也以同樣方式將磷（P）及砷（AS）依不同深淺及濃度植入，最後，晶片經快速熱回火的處理之後，便完成井／通道摻雜工程。

7.2.4 元件隔離工程 Isolation Engineering

在 STI 底部區域，是元件隔離工程重要部位，大致可分別井間隔離（Inter-Well Isolation），井內隔離（Intra-Well Isolation）以及較深的 n-Well to n-Well isolation（p-Well 因與 p-sub 相連，而沒有 p-Well to p-Well Isolation 的問題）。爲了持續微縮面積，n^+ 或 p^+ 的井間隔離，$n^+/n^+(p^+/p^+)$ 的井內隔離需持續縮小，因此在此部位的植入濃度需較高，以防止偏壓時，接面因爲空乏（Depletion）造成隔離失效。但濃度高亦會造成 n^+ 或 p^+ 接面電容的上升，不利元件操作速度，因此在持續微縮的元件中，接面電容及元件隔離都必須予以考慮及最佳化。

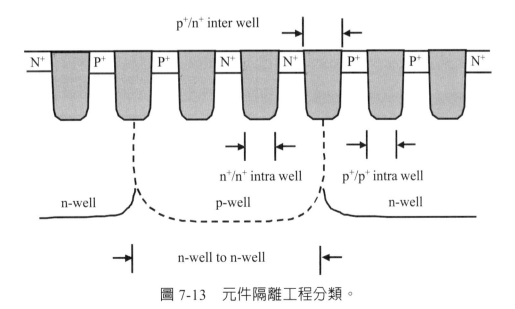

圖 7-13　元件隔離工程分類。

7.2.5　通道工程 Channel Engineering

　　至於表面通道的植入要求，取決於電晶體元件特性包括 V_{th} 的設定、短通道效應、元件驅動力、關閉狀態下的漏電流等，是元件製作中非常重要得一環。爲了加強對短通道效應的控制，基板摻雜物濃度須提高。但如果基板內（包含通道）都是均勻且高濃度的的摻雜時，庫倫散射（Coulomb Scattering）所造成的驅動力受損，及接面處寄生電容的增加，都會破壞元件特性。因此，針對產品元件的要求，對基板內摻雜物分佈做一最佳化之設計是非常必要的。又如臨界電壓 V_t 的要求，受限於 MOS 的漏電及電路的雜訊等限制，會根據不同電路需求，應用在不同場合的設計上。譬如：應用於高速產品裡（如：CPU）的 CMOS，則傾向於調整其 V_t 在較低的程度；但若是低耗能的應用（如：以電池來供電的個人資訊或通訊的產品），則須調節其在 V_t 較高的電壓值，使漏電流電量降低。

　　一般在基板中控制短通道效應的對策，如第五章所介紹，可分爲側向與縱向非均勻摻雜技術。第一種做法，是在源／汲極延伸區的下方，形成一和井中摻雜類型相同，但濃度較高的區域。一般簡稱爲 Halo 或 Pocket 摻雜，此高濃度區可減少 DIBL 以改善短通道效應，同時也因只提高局部濃度，所以不會增加太多的寄生電容。第二種方式則是前述的非均勻井摻雜，在垂直通道方向形成由低至高濃度的摻雜分佈，或稱之爲 Super-Ssteep-Retrograded（SSR），以一極陡峭的濃度變化由低至高濃度的摻雜區，其中靠近表面的通道區具有較低的濃度可提升載子的遷移率。埋在通道下的高摻雜區則和 Halo 摻雜有類似的效果，因此也能改善短通道效應。SSR 元件能將載子侷限在表面低濃度區，可以有效降低的 V_{th} 值，卻不會增加通道空乏區的寬度，由於 SSR 的良好短通道效應，使 CMOS 通道長度可大幅縮小，元件關閉狀態漏電亦可降低。

　　上述基板內非均勻摻雜的設計實際上是相當複雜的過程，因爲同時要考量元件驅動力、漏電流、V_{th} 控制、熱載子效應、寄生電容等多項需求，須就元件應用重點做最佳化之設計。在深次微米元件製作時，須強調低溫製程以免造成 halo 或 SSR 摻雜物過分擴散，破壞元件特性。因此有些應用中，就採用擴散係數低的重離子，如 p 型的銦（In）、銻（Sb）植入來形成 Halo 或 SSR，藉由最佳化的二維摻雜分佈設計與精密的製程配合，短通道效應

將可被良好地控制。在使用較重摻雜植入（如銦與銻時），需考慮為固溶度（Solid Solubility），由於此摻雜不易解離，而完全活化，在後續非高溫製程中，亦會有摻雜離子脫離鍵結等去活化（De-activation）現象。由於 SSR 晶片表面濃度較低，Vt 較低，在固定 Vt 及通道長度時，飽和電流和漏電流都較 UniformWell 為低，但在適當離子植入調整後，在同樣 Idsat 下有較高線性區電流，由於 SSR 低表面濃度降低晶格散射（Scattering），使 SSR 元件有較佳電子遷移率 μ 及電導 g_m，在飽和區有較高 r_{out}，對於類比電路增益 Gain(g_m*r_{out}) 的提昇有重要貢獻，容第 10 章詳述。

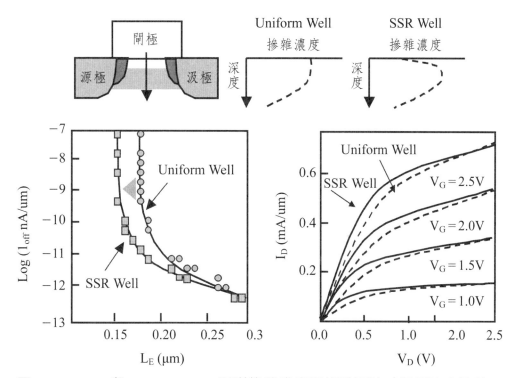

圖 7-14　SSR 與 Uniform Well 通道摻雜濃度和趨動電流／漏電流之比較。

7.2.6　噪音隔離 Noise Isolation

在 Well 工程上，由於 p-Well 與 p-Sub 相鄰，使 p-Well 內訊號易傳播而成為其它電路的雜訊來源（Noise），特別在數位／類比混和訊號電路上，Noise

的隔絕相當重要，可考慮以 Tri-Well 方式來改善，方法在 p-Well 下方多植入一 n-Well 層，將 p-Well 與其他 p-Well 及 p-Sub 阻絕，使 p-Well 內訊號不易流竄，同時可降低 SRAM Soft Error Rate 的發生。且由於 Triple Well 使每一個 Well 可獨立運作，可在選定電路上加上基材偏壓控制元件 Vt，對於元件漏電／操作速度／功率能量管理有重要貢獻。

7.3　閘極工程 Gate Engineering

7.3.1　閘極氧化層需求

　　CMOS 氧化閘極工程包括閘電極及閘氧化層本身的技術。閘氧化層提供閘電極（多晶矽或金屬閘極）良好的介電電容特性，需具備較高的電場強度耐受力，較低的閘極漏電，低缺陷密度，穩定的氧化層，以及低的電荷捕捉密度等。

　　在電荷捕捉密度方面，實際的氧化層存在不同型態的電荷，會改變通道的垂直電場造成臨界電壓的改變，補捉電荷亦會影響載子遷移率甚至元件可靠度，這些閘極氧化層所存在的電荷包括介面捕捉電荷，存在於基材和氧化層介面，如果基材表面有一個不連接鍵結，則相對就有個介面態（Interface State）產生，另外一個是固定氧化電荷，還有一些就是 Na，K 等可移動的電荷，這些改變元件特性的電荷，須從製程上予以降低。

　　在電場強度方面，二氧化矽的理想電場強度約 8MV/cm，可經由磊晶或氫退火的晶片達到，以往我們都是藉由晶片的潔淨，來減少缺陷密度，也就是把晶片表面處理乾淨，就可以長出良好氧化層。當表面污染已經下降到某個程度，我們再用氫退火的製程，基本上它可以把表面氧原子含量減低，在此情況下，在表面有較低的表面缺陷。若使用磊晶晶圓的話，氧原子含量降得非常低，所以缺陷密度也更小，使成長出的氧化物更接近理想介電電場強度。

　　為提高閘極的電容值，氧化層厚度不斷下降，以往固定操作電壓的設計將承受不住而轉向定電場微縮方式設計，因此操作電壓亦不斷下降至 1V 左右。

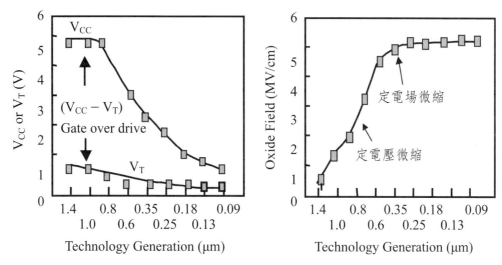

圖 7-15 製程微縮與氧化層承受電場的演進。

基本上氧化層的破壞電壓（Breakdown Voltage）大概有三個模式，所謂的 A-mode Breakdown（<1.1 Vcc），就是所謂的 Initial Short，大部分都是製程缺陷所造成，就是指氧化層本身有很多缺陷如 Pinholes 或 Particle 等；B-mode 在 Stress 後才看得見（1.1Vcc~2.3Vcc），C-mode 就是 Intrinsic Breakdown（>2.3Vcc）。當氧化層時愈薄時，A 模式的效應會越來越強，而缺陷密度也越來越高，所以潔淨的基板對閘極氧化層是非常重要的。雜質及微塵中是最需要去除的，其次是 metal，再來是氧化層形成時所造成的 Micro Roughness 及 Native Oxide 等，都需要去除。若不把這些雜質去除，在熱處理過程之後，這些雜質或者跑進基板中，或者留在氧化層內，都會對氧化層的品質造成不良。為了提高閘極電容以增加元充件趨動電流，閘極氧化層不斷降低的結果，閘極漏電已逐漸接元件 off 狀態的漏電，工程師必須開始使重視閘極漏電的行為並從製程加以改善。

當氧化物極薄時，在閘極施以電壓，閘極除了 FN 穿隧電流外，會增加以直接穿隧的方式產生閘極漏電，使純 SiO_2 氧化矽閘極無法符合元件需求，新材料的導入如高介電常數材料可在相同電容需求下有較大的厚度，提供較小的閘極漏電。

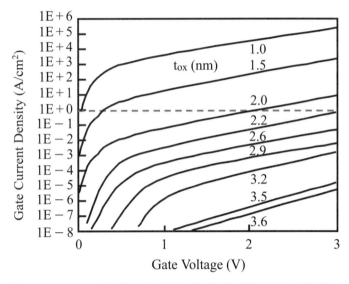

圖 7-16　SiO₂ 閘極氧化層厚度與閘極漏電的關係。

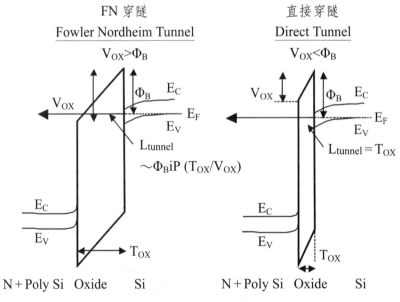

圖 7-17　FN 穿隧電流與直接穿隧電流。

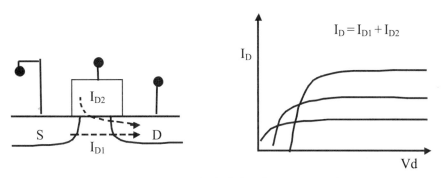

圖 7-18 閘極電流造成額外的汲極電流。

7.3.2 閘電極工程

閘電極工程方面比較複雜，我們通常同時使用離子佈植法（Ion-Implantation）在多晶矽閘極圖形蝕刻完成後植入摻雜物來同時形成閘極、源／汲極接面，其中對於摻雜植入的濃度／深度以及熱預算（Thermal

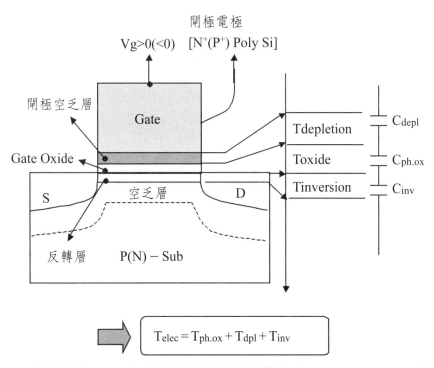

圖 7-19 多晶矽與 SiO_2 的介面載子濃度不足將造成 Poly-Depletion 的現象。

Budget）的控制就很重要。多晶矽上的載子濃度不夠言時，量測其 C-V 曲線會發現，在強反轉（Sstrong Inversion）區的部分，發現電容並不飽和，即所謂的多晶矽空乏（Poly-Depletion）的現象，是由於在強電場作用下，Poly Silicon 與 SiO_2 介面間的電子被排擠產生空乏現象，使等效的氧化層厚度增加，造成電容的降低，進而影響元件的趨動電流，所以我們必須確定在 Poly Silicon 與 SiO_2 的介面要有足夠多的載子濃度。

　　另外閘電極對元件電性有重要影響如臨界電壓的調整，首先討論到 PMOS 埋入通道（Buried Channel, BC），埋入通道指的是 PMOS 與 NMOS 共用相同 N^+ 多晶矽，而閘極材料與氧化層接觸時所產生的「功函數差（Work Function

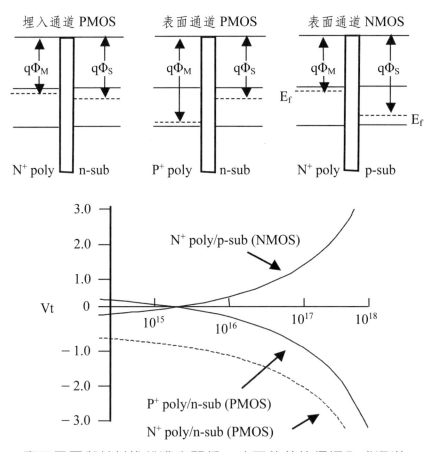

圖 7-20　臨界電壓與基材摻雜濃度關係，功函數差使得埋入式通道 PMOS 臨界電壓大於對稱臨界電壓的表面通道。

Difference）」ψ_{ms}，會影響到 MOS 電晶體的 V_t 值。因為應用 N$^+$ Poly 在 PMOS 上的 ψ_{ms}，會較 P$^+$ Poly 在 PMOS 的 ψ_m 還來的低，因此會造成埋入通道 PMOS 臨界電壓高，而 NMOS 低，不能相互搭配的情形。

埋入通道除了製程簡單外，由於通道反轉層位於基材表面以下，載子受表面散射較少，所以電流驅動力比較大，但為配合 NMOS 的低臨界電壓而將 PMOS 的基材摻雜降低，將造成嚴重的短通道效應，因此在深次微米製程中，多已將埋入通道 PMOS 之多晶矽閘極改為表面通道 P$^+$ 多晶矽閘極（NMOS 一直是表面通道元件）；表面通道的好處是載子經基材表面傳導，容易受閘電壓的控制，因此短通道效應要比埋入通道好很多。所以對臨界電壓（V_t）控制而言，表面通道比較好；但 P$^+$ 多晶矽 PMOS 多採用硼（Boron）作為摻雜物，容易產生硼會穿入氧化層／矽介面，進入基板而產生臨界電壓偏移現象，硼濃度不足時，則會發生多晶矽空乏的現象，造成有效氧化層厚度增加，閘極電容下降，元件特性變差。解決的方式，可在形成閘極氧化層時，採用經氮化的 SiO_2，藉由在閘極氧化層內增加一層 Si_3N_4，來防止 P$^+$ Poly 裡的摻質，對閘極介電層的穿透與擴散。因此，氮化 SiO_2 的使用，不但能使閘極介電層的等量氧化層厚度，繼續隨著 L_g 的微縮而降低，並提升 MOS 的趨動電流，且能解決 PMOS 表面通道製程裡，P$^+$ Poly 三價摻雜物硼對閘極 SiO_2 的穿透，來避免 PMOS V_t 的改變，並且可以藉此改善閘極介電層的品質與可靠度。

7.3.3 閘極製程考量

之前談到氧化層介面會產生介面態，形成介面捕捉電荷造成臨界電壓偏移或產生可靠度問題，另外表面粗糙亦會影響表面散射而降低載子移率，因此在成長氧化物前的晶片清洗相當重要，我們常用 HF/H_2O 去蝕淨氧化表層，接著，然後是 SC1(NH_4OH/H_2O_2/H_2O(1:1:5))，主要是去除有機雜質，在用 SC-1 時，當 NH_4OH 濃度很高時，可以把表面侵蝕而帶走雜質，而 NH_4OH 含量低時，可得到較平的表面。SC-1 潔淨完後有很多離子分佈，而這些離子可以用 SC-2(HCl/H_2O_2/H_2O(1:1:5)) 來去除。

電場強度與閘氧化層厚度有關，閘氧化層的長成則與溫度有相當大的關聯性，我們實驗發現以高溫成長的氧化層，電子及電洞的移動率（Mobility）均

比較高，而可靠度亦是成長溫度越高越好。這說明瞭如果以後我們因熱預算（Thermal Budget）的限制，而需降低成長溫度的話，則氧化層的品質會損失不少，爲克服此一問題，先進製程多採用快速熱處理（RTP）的閘極氧化層製程，可以在很高的溫度下以較短的製程時時成長薄的薄的氧化層。

降低 MOS 的操作電壓 V_d，也可以提昇閘氧化層的可靠度，並緩和熱載子的效應，另一有效的改善方法是如前述的氮 N 原子的導入，一來可以避免 P^+ Poly 內的硼對閘氧化層的穿透。也因爲 Si_3N_4 的介電常數較 SiO_2 爲高，再加上 Si_3N_4 的密度較大，可藉由與 SiO_2 的搭配，應用在閘極的氧化層裡。如此不但 I_d 可以更進一步的被提升，而且導致隧穿電流的 t_{ox} 厚度的極限可以再往下降（以利 MOS 的微縮），同時閘氧化層對缺陷的容忍程度也能改善。基於這些特性，及製程變化不大的優點，以幾種 SiO_2 的氮化成長技術，來製作閘極的氧化層，已應用在先進 CMOS 的製程裡。

另外氮與矽的鍵結很強，比 Hydrogen Passivate Bond 要好。如果氮 Nitrogen 進入時可以把氫給取代，那 Hot Carrier 可靠度就好很多。基本上製程有 NH_3、N_2O、NO based 或 Stacked Layer 結構等，這些各種不同的方式都可以把 Nitrogen 放進去，而 N 的濃度在先進的奈米元件內，經由 RPN 或 DPN 製程已能大於 10%。而氮原子分佈的位置則希望遠離基材表面而接近多晶矽以避免載子的表面電荷捕捉，我們可以先長氧化層再引入氮退火（Nitrogen Anneal）來達到。

7.4　源／汲極工程 Source/Drain Engineering

7.4.1　源／汲極工程需求

在源／汲極工程方面，主要考慮點爲短通道效應，爲避免汲極導致能障降低 Drain Induce Barrier lower（DIBL）造成的次臨界區漏電，影響 CMOS 開關行爲，最主要方向即是將源／汲極的接面做淺，以避免因偏壓造成源／汲極空之而形成漏電或擊穿，除了將接面作淺之外，由於源／汲極阻值決定通道打開後

電流的大小,因此需以高摻雜的源/汲極並以矽金屬化合物來降低源/汲極電阻,另外必須考慮接面電容,由於太濃太陡峭的濃度分佈,不但使接面漏電增加,崩潰電壓下降,亦使接面電容增加,不利於元件操作速度,我們可以利用植入的技巧,降低接面的濃度梯度,有助於提高接面崩潰電壓,降低接面電容。

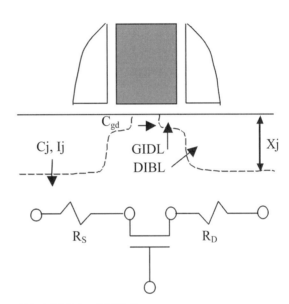

・抑制短通道效應
・降低源汲極阻值
・降低接面電容（Cj, Cgd）
・降低接面漏電
・降低 DBTB 漏電
・降低 DTBL 漏電
・降低 GIDL 漏電
・提高元件可靠度
・(GOI, Hot carrier, NBTI)

圖 7-21　源/汲極工程需求。

7.4.2　源/汲極延伸 S/D Extension

源/汲極可分為延伸區（extension S/D）與接觸區（contact S/D）兩部分。早期 CMOS 製程採用 LDD 的設計,是為了改善電晶體的熱載子效應。作法是將在 MOS 通道的兩端,Spacer 的下方植入較源/汲極濃度低的劑量,以降低電場;但是,在先進的 CMOS 電晶體製程中,我們不但需要極淺的源/汲極接面,還需要與源/汲極相同高的濃度分佈來降低源/汲極間的阻值。因此,我們改以源/汲極延伸（Source/Drain Extension）來稱呼。由於元件通道長度愈來愈小,接面的濃度高且陡峭,來自汲極端的電壓產生極高的電場將產生能帶間直接穿隧（Direct Band to Band Tunneling current, DBTB）,會造成額外的汲極電流。

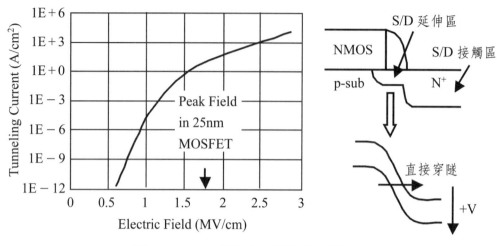

圖 7-22　PN 接面能帶間直接穿隧。

一般所指淺接面（Shallow Junction），即指源／汲延伸區的接面深度，其縱向深度較源／汲極接觸區為淺，主要是考量短通道效應的控制。接面變淺後，源／汲極阻值將不斷上升，這又違背我們對元件的要求，因此提高摻雜濃度以降低源／汲極阻值亦是淺接面努力的方向。

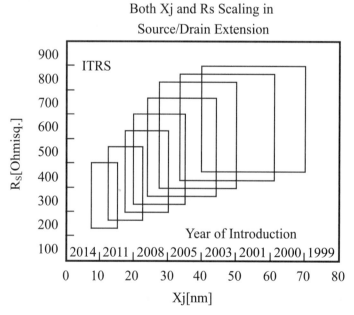

圖 7-23　元件微縮對淺接面深度及源／汲極阻值的要求。

　　在離子佈值過程中，植入的離子會撞擊矽晶格而產生大量的空隙（Interstitial）與空位（Vacancy）缺陷。經過後續製程如側壁子（Spacer）及自動對準矽化物（Salicide）的製程溫度（600~800C），摻雜物就具有足夠能量，會以缺陷處作為路徑，增加擴散的速度，稱之為 Transit Enhance Diffusion（TED），所以必須特別加以控制。為改善此現象，使用更低溫的 Spacer 沉積，或在植入後，以 RTP 方法將摻雜物活化進入晶格，可避免 TED 的發生。源／汲極的接合深度變淺之後，將不利於矽化金屬在源／汲極上的製作，因為所製作的矽化金屬將非常接近 X_j 的底部，使接合漏電的問題惡化。解決的方法是如同傳統 CMOS 的製程一般，先在閘極的兩旁形成側壁子（Spacer）之後，在施以能量較高的源／汲極離子植入，用以形成矽化金屬的源／汲極，如此一來，便能解決延伸區 X_j 太淺，不易進行矽化金屬製作的缺點。

　　根據近來所做的研究分析發現，低能量佈值形成的淺接面過程和傳統技術（加速能量≥ 10keV）有許多不同之處。由於單晶基板的直通（Channeling）現象會造成接面深度的增加，傳統技術習慣以小角度斜角植入，或在佈值區的表面上成長一薄氧化層，以及非晶化表面（Amorphization）等三種處理方式來避免。但對低能量佈值而言，這些方式卻不需要或甚至有反效果，因為：Channeling 現象將隨佈值能量降低而漸不明顯，而且低能量佈植時，表面上若有氧化層，反而使退火後的接面深度更深，因為此時有顯著的 Oxide Enhance Diffusion（OED）效果；另外非晶化處理搭配快速熱回火（RTA）的作法，在極淺接面時，非晶化區的高缺陷密度可能反而造成 TED 效果變強，使得接面深度加深。另外，RTA 環境中的氧含量及升溫速度也有重大的影響。對於硼離子佈值的活化而言，若環境中有微量的氧將使接面深度變深，而升溫速率愈快表示在高溫停滯的時間縮短，可以降低 TED 的現象。以快速升溫（> 100℃/sec）方式，在高溫（> 1000℃）但短時間（≤ 1 sec）條件下，進行瞬間活化的 RTA 處理成為研究的主流。此程式一般也稱之為瞬間回火（Spike Annealing）。

　　淺接面在新開發技術上除了在摻雜技術上選擇重離子，以低能量植入來達成外，另有 Plasma Implant, Solid Phase Doping 等研究方向。另外為活化技術（Activation），為使植入離子活化，進入晶格須提供足夠能量，但又須提

防太多熱預算*（Thermal Budget）使摻雜物擴散使接面變深，在快速熱處理（RTP）技術上仍持續發展，如 Spike Anneal，另外有 Laser Anneal 等技術在使用中。

7.4.3　袋植入工程 Halo Engineering

在先進的 CMOS 電晶體製程中，為了進一步的抑制「電擊穿」漏電途徑，使元件在 SCE 的表現更好，除了會對閘極通道下方接近源／汲極底部的位置，進行「電擊穿中止」的離子植入，以提升該處底材（或井）的摻質濃度之外，還會處以所謂的「袋狀植入（Pocket Implant）」或暈狀植入（Halo Implant），藉著將入射離子，以斜角（Tilt Angle）的方式，來把摻質植入閘極的下方、源／汲極的兩旁，來更進一步的壓制「電擊穿」的發生。在袋狀植入的發展上如早期的 PTS（Punch Through Stopper 抗擊穿植入），LAT（Large Angle Tilt implant，大角度斜角植入），TIPS（Tilt Implant Punch Through Stopper，斜角抗擊穿植入），皆是以控制植入的能量劑量及角度來決定摻雜物的位置與濃度，藉以控制短通道效應。由於 Halo 濃度比井高，當通道長度縮小時，兩端高濃度的Halo靠近，臨界電壓提高，也因此改善了短通道行為。

7.4.4　側壁子 Spacer

之前討論了以抑制短通道為考量的淺接面，源／汲極延伸，口袋植入等，但淺接面造成較高源／汲極阻值不利於趨動電流，因此須在通道兩端再植入較深的摻雜物以降低源／汲極阻值，而我們可以把較深的植入放在側壁子（Spacer）後進行。側壁子的產生方法為在源／汲極延伸及口袋植入後，沉積並回蝕一介電氧化層，由於回蝕的垂直方向蝕刻，使得多晶矽的氧化層側壁被留了下來，目前的側壁子多以氮化矽取代傳統的氧化矽側壁子，其好處是藉氮化矽與氧化矽的選擇比，可使後續的製程接觸窗與多晶矽有效隔離，我們稱此製程為自動對準接觸窗（Self-Align Contact, SAC），另外，側壁子亦對後續自動對準矽化物（Salicide）作有效的隔離，避免源／汲極與閘極之金屬矽化物橋接造成短路，側壁子也具有將高電場的接面遠離通道，改善熱載子效

LAT (Large-Angle-Tilt implant)
PTS (Punch Through Stopper)
TIPS (Tilt-Implanted Punch through
Stopper)

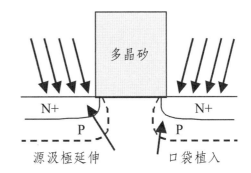

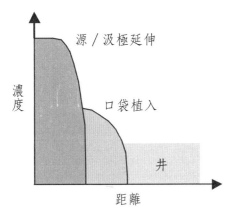

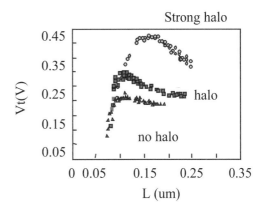

圖 7-24　袋狀植入的製程方式，濃度分佈及對臨界電壓的影響。

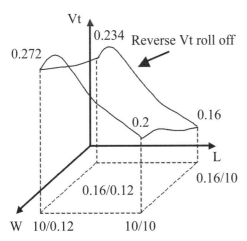

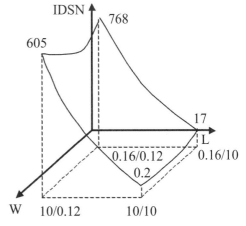

圖 7-25　袋狀植入改變了元件通道兩端的基材濃度，在不同元件寬度／長度
之臨界電壓及驅動電流分佈圖。

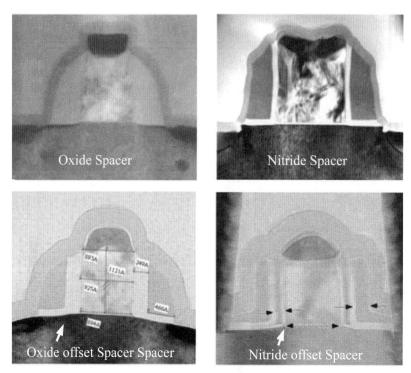

圖 7-26　不同的側壁子結構。

應，提昇元件可靠度。

　　在元件特性的考量上，除了低阻值外，因陡峭接面造成的高接面電容（Junction Capacitance），是我們不願意見到的，適當調整接面處，基材的濃度以改善接面電容，對於元件的操作速度，有顯著幫助，談到接面電容，另一影響元件速度的寄生電容有所謂的 Cgd（閘極與汲極的重疊電容），由於製程中的熱處理將植入後的摻雜物活化並擴散到閘極下方，而造成閘極到汲極間的重疊電容，此電容會降低元件操作速度，甚至高頻特性，為改善此一行為，可於閘極定義完後，沉積一薄介電層，並回蝕成一小型 Spacer 或稱 Offset Spacer，藉由控制 Offset spacer 寬度來調整元件特性，需注意 Overlay 區域亦不能太小，會造成閘極打開後，通道未接上成阻值太高形成電流降低的現象，由於側壁子拉開了源／汲極間的距離，將有助於抑制元件短通道的現象。除了高性能的元件特性考量外，淺接面所造成的可靠度問題需要特別注意，由於陡峭接面，因偏壓造成的 Hot Carrier 或 Vt Stability 的問題，需微調以達製

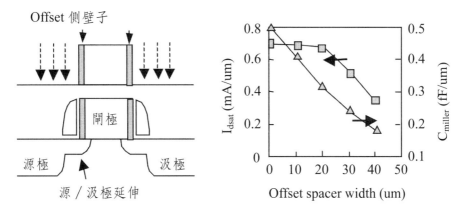

圖 7-27　Offset 側壁子的製作與電性特性，太大 Offset 側壁子將造成通道未接上而形成電流下降的現象。

程最佳化。另外由於陡峭接面與汲極偏壓形成高電場下，所產生 Band to Band Tunneling 現象，會有接面漏電的行為亦需加以考慮。

7.4.5　接觸區源／汲極工程

接觸區源／汲極為金屬電性接觸所在，摻雜植入須具有一定的深度，一方面減少寄生電阻；另外，在 Salicide 的應用中，也可避免 Salicide 形成時，矽層消耗所造成的接面漏電流增加。

由於淺接面的阻值較高，若直接由接觸窗接出，其阻值會太高，為有效降低 S/D 及閘電極阻值，可將源／汲極及閘電極以矽化金屬（Silicidation）的方式來達成。在完成側壁子後，源／汲的植入與 RTP 製程，其目的在降低 S/D 的阻值，以提高通道打開後的電流大小，在源／汲極的工程上，有 3 個重要考慮因素，其一為源／汲極阻值，在避免進一步造成短通道效應的前提下，植入一相對濃且深的摻雜物，可有效降低源／汲極阻值，也因此與接觸窗形成 Omic Contact，而降低接觸電阻。第二，由於先進製程多有矽金屬化合物於源／汲極之上，較深源／汲極的植入，可避免 Salicide 製程中，矽層消耗所造成金屬與接面接觸，有助於漏電的降低。第三，必須考慮接面電容，由於太濃太陡峭的濃度分佈，不但使接面漏電增加，崩潰電壓下降，亦使接面電容增加，

不利於元件操作速度，利用淺濃、深淡的兩次植入，可形成較平緩的濃度梯度，有助於提高接面崩潰電壓，降低接面電容。

7.4.6　自動對準矽化物 Salicide

在 S/D 植入活化後，爲了持續降低接觸窗與元件間阻值，將閘極及源 / 汲極金屬化是最佳的方法，由於矽金屬化合物擁有較低的阻值，又可於製程中選擇性地於閘極及源極汲上形成矽金屬化合物，製作出片電阻（Sheet Resistance）約在 $4\sim5\Omega$ / 左右的 $TiSi_2$，$CoSi_2$ 或是 NiSi 等接觸金屬層，以降低接下來金屬導線與源 / 汲極接觸時的接觸電阻且保持相互間的隔離，我們稱之爲自動對準矽化物（Salicidation）。

自動對準矽化物的製程包括：金屬沉積前的預清洗，金屬沉積（Ti/Co/Ni），隨後以熱處理，以形成金屬矽化物，再將介電材料上未形成矽化物的，以化學溶液選擇性蝕刻來去除之後，再以較高溫的退火製程，將已形成的金屬矽化物相變化至較低應力的結構。在自動對準矽化物的製程技巧上，如 Si/Ge 植入或使表面非晶化，可因晶格破壞，活化能下降，促進 Salicidation 反應，或在金屬濺鍍時，Cap Ti 或 TiN 使反應均勻，形成平整均一的表面，都是有效增進 Salicide 特性的好方法。

自動對準矽化鈦（Ti-Salicide），是最早被應用在 CMOS 邏輯製程裡的「自動對準（Self-Aligned）」接觸金屬技術。但由於基材矽的消耗太多，微線寬的電阻太高使自動對準矽化鈦製程不利閘極 L_g 長度較小的應用，而自動對準矽化鈷（Co-Salicide），已逐漸的在 $0.18\mu m$ 以下的邏輯製程裡，取代鈦的地位。而矽化鎳（Nicket Salicide），NiSi 是另一種下一世代「自對準矽化金屬」材料。它與 $CoSi_2$ 一樣，不像 $TiSi_2$ 一般地受閘極線寬（Gate Line Width）的影響，而且用以進行 $Ni + Si \rightarrow NiSi$ 反應所需的溫度也較低，且消耗較少的底材矽（註：$Co + 2Si \rightarrow CoSi_2$），NiSi 僅需要一道熱處理程式就形成穩定的金屬相，有助於減少製程的熱預算，再加上與 $CoSi_2$ 相近的電阻率（NiSi $\doteqdot$ $14\sim23\mu\Omega\text{-cm}$；$CoSi_2$ $\doteqdot$ $14\sim23\mu\Omega\text{-cm}$），因此極適合應用在 $0.1\mu m$ 以下，配合淺接面的自動對準矽化物製程。之所以提及矽的消耗，是因爲 X_j 太淺，如果在金屬的矽化反應時，因矽的消耗太多，使形成的矽化金屬層，太

接近源／汲極接合的底部時，會造成嚴重的接面漏電的問題，因此必須加以避免。

7.4.7　提高源／汲極 Raised S/D

提高源／汲極（Raised Source/Drain）技術，用以解決製程微縮後，淺接面與矽化金屬整合不易的問題。首先，在完成閘極定義、側壁子製作及源／汲極植入／活化役的晶片上，以 SiH_2Cl_2-HCl-H_2 為反應氣體，在約 850℃ 的溫度下，以 LPCVD 的方式，選擇性的在 MOS 的三個電極上，沉積磊晶矽（Epitaxial Silicon），在這三個電極的磊晶矽上，製作出所需的矽化金屬層。這種做法的好處是，進行金屬矽化反應所需的「矽」，是來自所沉積的選擇性磊晶矽，而不是源／汲極上的底材，因此，PN 接合因矽化金屬形成反應所引發的漏電現象，便可以被抑制，且因金屬鈦或鈷的沉積膜厚可以調高（已不用擔心 X_j 的漏電）所以接觸電阻（Contact Resistance）也可以降低，另外，在接觸區源／汲極不用擔心接面漏電及源／汲極阻值問題，可將其如同源／汲極延伸般把接面做淺，也因此大幅改善了短通道現象，因此提高源／汲極是相當具實用性的一種改良技術。

提高源／汲極技術在製程應注意的問題，除了控制磊晶成長的均一性（Uniformity）之外，由於源／汲極提高後，與閘極的位置愈為靠近，須注意

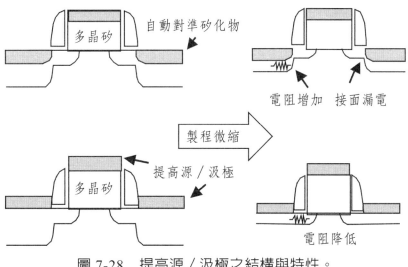

圖 7-28　提高源／汲極之結構與特性。

到 S/D 到閘極橋接（bridge）而短路的問題。由於 SiGe 的活化溫度低，亦有以 SiGe 為 raise S/D 的材料，不但可以 500℃左右形成接面，也可因 SiGe 的能帶間隙小而降低接觸窗的阻值。

7.5　內連線工程 Inter-Connection

7.5.1　內連線工程需求

當半導體元件積集度不斷增加時，向上形成多層金屬連線（Multi-Level Metalization）可使元件間距離達到最小。然而，由於電路微縮，線寬和間距縮小時，連線電阻及連線間電容也相對增加，因而產生（RC Delay）效應，造成訊號速度降低，偶合噪音（Cross-Talk Noise）增加，功率消耗（Power Dissipation）增加等。

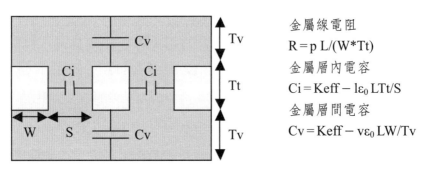

圖 7-29　內連線工程的電容與電阻。

特別是製程在 0.13 微米以下，金屬內連線的 RC 延遲已大過電晶體的開關速度。要解決 RC 延遲，最簡單直接的方法是降低電阻和電容，目前成熟的製程是以銅取代鋁，以低介電材料（K < 3.0）取代 SiO_2（K~3.9），以符合電路需求。除了以上 Low k 及 Cu 製程來改善外在電路設計上，亦可以有效提高連線效能，如加入 Repeater 或在高層連線上採用較粗的連線，以避免 RC 的降低及能量的消耗。

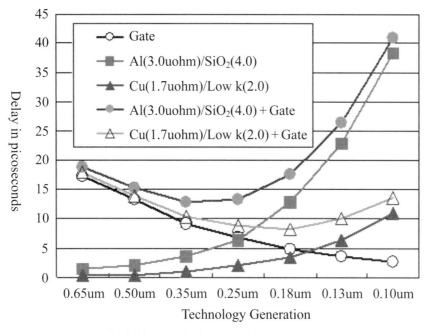

圖 7-30 內連線的電容與電阻造成 RC 延遲的行為。

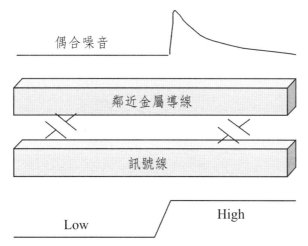

圖 7-31 內連線工程由於寄生電容產生之偶合噪音。

7.5.2 低介電材料

以往的金屬層間的介電隔離材料多以二氧化矽為主（SiO_2），因為很容易藉由矽甲烷（Silane）與 O_2 或是 N_2O 的 CVD 反應來加以製作，熱穩定性（Thermal Stability）極佳，對矽或是其他 VLSI 製程裡所使用的材質的附著性也良好，因此成為以矽為主體的半導體工業裡，最重要的一種介電材料。

但是，SiO_2 的介電常數為 4，較空氣的介電常數值 1 高出許多，為了調降先進 VLSI 製程於多重內連線所導致的 RC 時間延遲，必須進行新的低介電常數材料的開發，期能藉由低介電材料的使用，取代具高介電值的 SiO_2，來降低 IC 因內連線的 RC 時間延遲，在運算速度上所面臨的瓶頸。經過多年的努力，半導體業界，已開發出許多種類不同，介電常數較 SiO_2 為低的介電材質。基本上，我們可以依照該低介電材料薄膜的製作方式，把這些低介電技術，區分成 CVD 式與 SOD 式等兩大類。前者是指該低介電材料，是藉由化學氣相沉積的方法，而沉積在晶片上的；至於後者，則是採用 SOG 製程，藉由漩塗（Spin Coating）的方式來製作的，因此稱之為「漩塗式介電材質（Spin-On Dielectric）」，並簡稱為 SOD。在 CVD 製程上，機械強度及熱穩定性較高，而 spin-on 製程需額外進行熱處理（Curing），且機械強度較低。

理想低介電材質除了必須有較低的介電值之外，在熱穩定性、電性、機械性質和薄膜化學性質上，所應具備的條件如圖 30 所示，除此之外，與金屬導線的製程整合相當重要，如金屬與介電材料的附著性，金屬層之間抵抗漏電的能力，金屬與介電材料間蝕刻的選擇比，以及抵擋金屬層擴散的能力等，都必須作製程最佳化的調整，以符合電路的電性特性以及產品可靠度的需求。

7.5.3 銅製程

為瞭解決晶片運算速度在內連線微縮時所遭遇到的瓶頸，新的以銅為主線的內連線技術可提供較低阻值的導線。雖然銅的電阻率較鋁為低，但是受限於銅本身在材料上的限制，使把「銅」應用到 VLSI 製程裡的產生相當困難度，其困難來自於：銅的鹵化物的蒸氣壓不夠高，因此不易以現有的乾式蝕刻技術來進行銅導線的圖刻（Pattering）。銅的氧化不像鋁會在表面產生緻密的

	必備條件
熱穩定性	>400℃熱安定度（Tg） 避免分層（delamination）及 film crack 高熱導度（Thermal Conductivity） 低熱膨脹係數
電　　性	低漏電電流（Leakage Current） 低崩潰電流（Breakdown）
機械性質	龜裂抵擋力佳 薄膜內應力低 高附著能力
化學性質	避免表面形成 CH₃ 或 C-F 鍵結，而形成斥水性（Hydrophubic），親水性（Hydrophilic）有助於避免外物 defect 的形成 降低 O₂ asher 的使用，以避免因 plasma 造成 carbon depletion 而使 low k 材料特性下降。 低水氣吸收度（Moisture Absorption） 較少孔洞（pose）

圖 7-32　低介電材質所應具備的條件。

Al_2O_3，保護內部的鋁不被氧化，如果處理不當，將使整條導線氧化為 CuO。另外還有銅污染（Copper Contamination）問題，如果銅擴散至閘極氧化層將造成閘極漏電問題而無法接受。如何在銅導線的製作時，不產生任何影響 CMOS 電性的負作用或污染，是另一項困擾銅製程量產化的課題。使得它在 VLSI 製程上的應用，一直到最近因 CMP 及 Damascene 技術的發展才而使銅製程逐漸成熟。

　　在銅的沉積技術方面，因為以電鍍法所製作的銅層，其電子遷移（Electromigration）的抵抗能力，較以 CVD 法和 PVD 法所沉積的銅膜還高，因此成為銅層製作的主流技術；至於 Cu 種晶層方面，可以 CVD 法、無電鍍銅法完成，另外在發展中的「原子層沉積法」可以在 VLSI 製程微縮到一定的階段之後，能夠加入銅製程的應用。為了進一步的提升銅導線對電子遷移效應的抵擋能力，開發對銅進行摻雜的「摻雜銅（Doped Cu）」的材料，期望能

圖 7-33　銅製程 Damascene 技術。

改善銅導線的可靠度。

　　在與介電層的製程整合上，我們可以運用一種稱爲 Dual Damascene 的製程技術，來進行銅導線的圖形產生，至於銅污染的問題，則必須使用能夠阻擋銅原子擴散，且能防止銅表面氧化的「阻障層（Barrier Layer）」，來予以克服。Ta 或是 TaN 的沉積，是目前常用的阻障金屬層，可利用濺鍍法（PVD）或化學氣相沉積法，來提升鍍層的階梯覆蓋能力；甚至於發展中的「原子層沉積（Atomic Layer Deposition）」技術，也將在窗洞的深寬比值（Aspect Ratio）高到一定的程度之後，被用來製作所需的阻障層。將低介電材料技術與銅製程整合的主要問題點在於 Dual-Damascene 製程技術，目前常用的方法分爲通孔優先（Via first）或者溝渠優先（Trench first），各有其優缺點及製程上需要突破的困難。

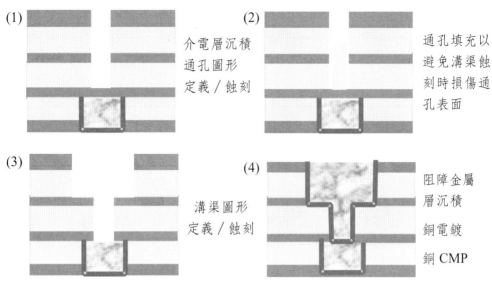

圖 7-34 通孔優先之 Damascene 銅製程技術。

(1) 介電層沉積 通孔圖形 定義／蝕刻

(2) 通孔填充以 避免溝渠蝕 刻時損傷通 孔表面

(3) 溝渠圖形 定義／蝕刻

(4) 阻障金屬 層沉積 銅電鍍 銅 CMP

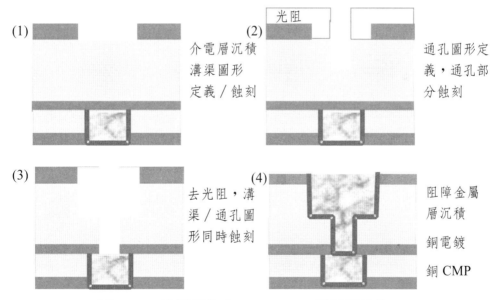

圖 7-35 溝渠優先之 Damascene 銅製程技術。

(1) 介電層沉積 溝渠圖形 定義／蝕刻

(2) 光阻 通孔圖形定 義，通孔部 分蝕刻

(3) 去光阻，溝 渠／通孔圖 形同時蝕刻

(4) 阻障金屬 層沉積 銅電鍍 銅 CMP

7.6　本章習題

1. 試述選擇基材的考慮因素,並描述不同基材的特性與應用。

2. 試述元件隔離在基材工程內的分類如何,並描述如何改善元件隔離。

3. 試述 STI 在製程遭遇的問題及如何改善。

4. 試述通道工程中,SSR 與 uniform well 的特性比較。

5. 試述影響臨界電壓的因素有哪些。

6. 試述埋入通道與表面通道的特性。

7. 試述源 / 汲極的工程需求有哪些。

8. 試述如何改善短通道現象及如何形成淺接面。

9. 試述製程微縮後對電路造成的影響,以及製程的開發方向為何。

10. 試述低介電材料在半導體製程中應具備的條件。

參考文獻

1. Yamashita et al., IEDM, p.673

2. 2001 IEDM Short Course Yuan Taur, Device design

3. VLSI 1998 symposium short couse

4. H.S. Momose, et.al VLSI 1994 symposium

5. Scitt et al., IEDM, 1999, p.827

6. Thomposon et al., VLSI 1999, p.132

7. ITRS 2003 update

8. Chia-Hong Jan on IEDM short course, 2003

9. Shuji Ikeda, Ph.D. thesis 2003

10. Nicon, Digitime Reserch, 2006/9

11. Xie Zhong Yi, C-time, 2004

12. Mengqiqi, imgtek.eetrend.com, 2016

8 先進元件製程

- ◆ 先進元件製程需求
- ◆ 應變矽 Strain Silicon
- ◆ 高介電閘極氧化層 High K Gate Dielectric
- ◆ 金屬閘極 Metal Gate
- ◆ 絕緣層上矽 SOI
- ◆ 鰭式電晶體 Fin-FET
- ◆ 更高階元件 Advanced Device
- ◆ 高階內連線工程 Advanced Inter-Connection

8.1　先進元件製程需求

　　CMOS 在 30 年來不斷地進行製程的改善及元件的微縮，其目的在於成本的降低，功能的增加及性能的提升，在成本的降低考量上，無論電晶體數量多寡，在晶圓廠生產線上製造一片矽晶圓的成本差異不大，所以，若在一片矽晶圓上做出愈多的電晶體，平均每個電晶體的成本就愈低，隨著製程的進展，電晶體可以愈做愈小，晶圓上的電晶體數目持續增加，這使得 IC 產品可以愈做愈便宜。另外在矽晶圓上，電晶體的閘極長度愈小，切換速度便可以愈快，而電晶體體積愈小、彼此間距離愈近，電子信號傳輸速度亦會愈快，因此隨著製程的持續進展，IC 的性能亦會不斷往上提升。由於電晶體不斷變小，同樣面積的 IC 晶粒，便可放進更多的電晶體，這意味著電路可以愈做愈複雜，功能則愈來愈強大。在元件不斷微縮的發展上，由深次微米進入奈米世代，由於尺寸不斷縮小，一些物理極限，提高了製程的難度，如：

1. 閘極氧化物 —— 在 90 奈米以下，閘極氧化物厚物將小於 16A，由於電子直接穿遂（Direct Tunneling），使得閘極漏電情形嚴重，且目前製程所使用的複晶矽閘極，不易控制植入及活化範圍，使載子易於擴散至基材 Dopant Penertration 或擴散不完全形成 Poly Depletion。

2. 由於 Charge Shareing 造成短通道 Short Channel 現象更為嚴重，在通道長度微縮下，DIBL 使得 I_D-Vg 次臨界區的斜率變小（Subthreshold Swing Reduction），Ioff 也因此提高，元件在 Off State 狀態的漏電流也大幅增加，另一方面，也因為 Vd，Vt 的下降，使得元件開關能力變差。

3. 為了改善 DIBL 造成短通道現象，將 S/D 端的接面做淺，又因此會造成串聯電阻的增加、如何將 Dopant 淺植入及活化，將愈加困難。

4. 此外由於淺接面在高電場下的漏電（Band to Band Direct Tunneling），載子移動率下降（Mobility Degradation）及引發的可靠度問題、亦須予以解決。

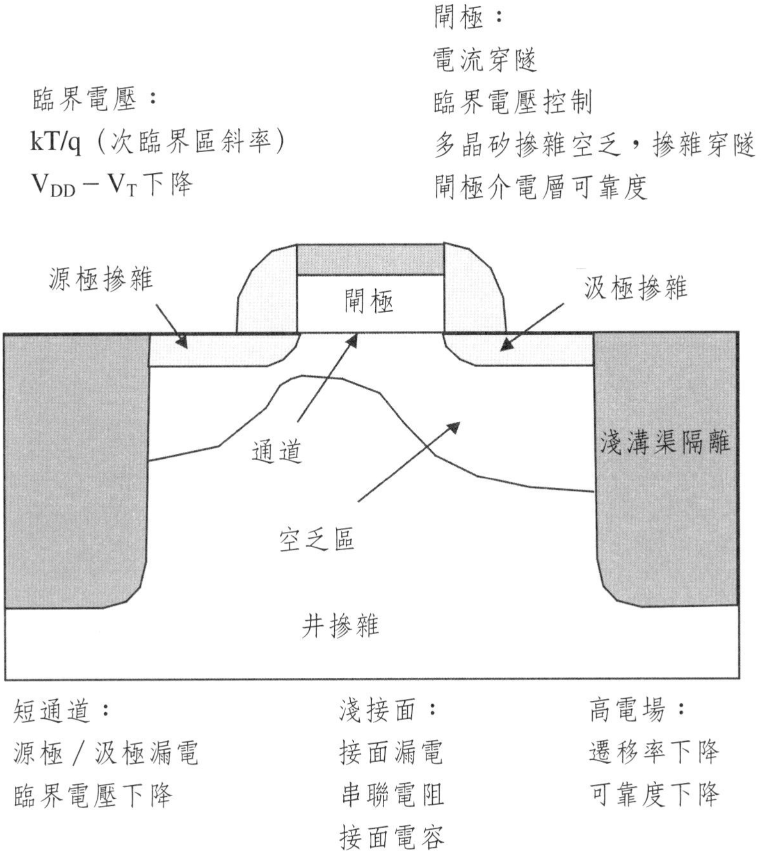

臨界電壓：

kT/q（次臨界區斜率）

$V_{DD} - V_T$ 下降

閘極：

電流穿隧

臨界電壓控制

多晶矽摻雜空乏，摻雜穿隧

閘極介電層可靠度

源極摻雜　　　　　閘極　　　　　汲極摻雜

通道

空乏區

淺溝渠隔離

井摻雜

短通道：

源極／汲極漏電

臨界電壓下降

淺接面：

接面漏電

串聯電阻

接面電容

高電場：

遷移率下降

可靠度下降

圖 8-1　元件微縮考慮的重要電性參數行為。

　　在 IC 製程追求高性能的努力下，最重要的參數是元件速度的提升，而 τ = CV/I，要使元件操作時間降低，可由降低操作電壓，降低寄生電容及增加元件電流來提升，而 I_D 正比於 $C_{OX}\mu W/L$，在元件微縮時，可將通道長度減少之外，幾個重要開發方向如使用應變矽以增加載子的移動率，採用高介電常數閘極氧化物及金屬閘極，以增加閘極電容，SOI 基材以降低接面電容，改變元件結構 Fin-FET 以增加通道寬度等，為本章討論重點。

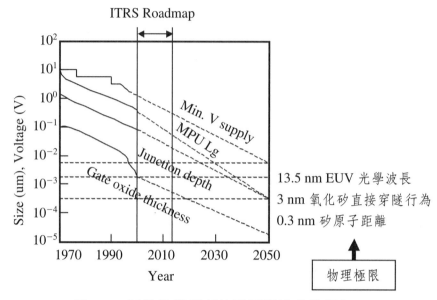

圖 8-2　元件微縮考慮的重要電性參數行為。

8.2　應變矽 Strain Silicon

8.2.1　應變矽特性

　　矽應變由於僅需改變矽基材，製程則與 CMOS 相容，是不用改變製程即可大幅提升元件性能的方法，使各大半導體廠競相投入開發，目前對應變矽基礎研究大致完成，而實用化的產品正逐漸在市場上出現。

8.2.2　全面性應變矽 Global Strain

　　應變矽發展初期，主要為全面性應變 Global Strain，在 Si 表面以磊晶方式，成長不同比例的 $Si_{1-x}Ge_x$ 晶格，並於磊晶成長的後期，再成長純 Si 原子，由於晶格匹配的緣故，表面矽原子將受到底部較大 Ge 原子的拉伸，而形成拉伸應變，實驗證明，在 X、Y 平面處於拉伸應力下，電子電洞載子移動率皆有大幅提高。

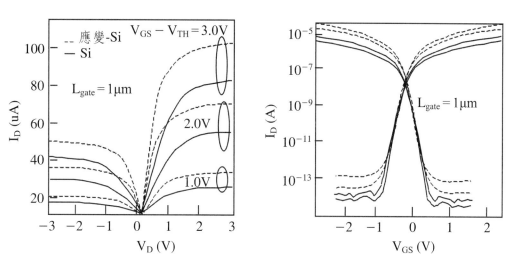

圖 8-3　應變矽增加了 CMOS 的驅動電流。

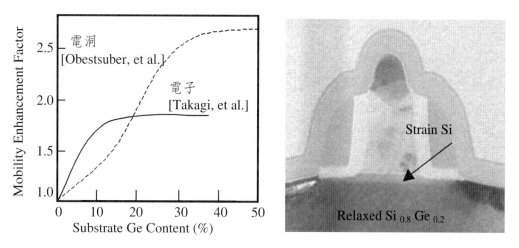

圖 8-4　全面應變矽電子、電洞的遷移率增加的幅度與 TEM 截面圖。

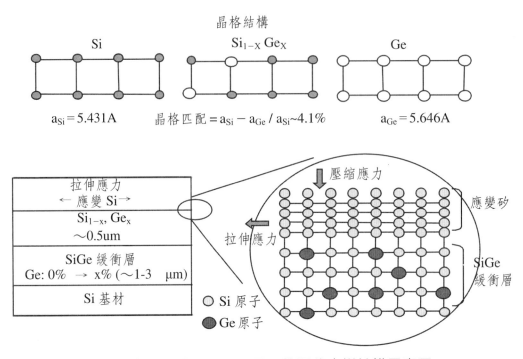

圖 8-5　全面應變矽電子、電洞的遷移率增結構示意圖。

　　載子移動率的程度決定於 Ge 的含量，在 $Si_{1-x}Ge_x$ 之 x~0.2 時，電子電洞的移動率約爲純矽通道的 1.7 倍，但須注意的是 PMOS 通道在高電場下減少很多，如圖 6 所示。

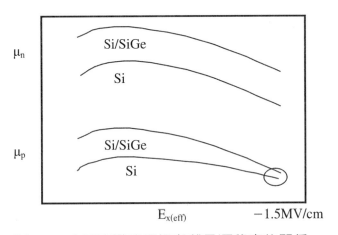

圖 8-6　全面應變矽電場與載子遷移率的關係。

　　而全面性應變矽（最大的優點在於提升載子移動率的同時，由於晶片表面仍為完整矽晶格，可成長高品質的閘極氧化物，有與 MOS 相同品質的介面，後續製程亦與 MOS 製程相同，可直接應用於現有產品上。$Si_{1-x}Ge_x$ 磊晶形成的拉伸應變矽的拉伸方向是雙軸向的（x,y Biaxial），由於矽通道因應變改變能帶與價帶的結構，造成次能帶的分離，電子易聚集固定次能帶中，有效電子質量降低（Effective e Mass），亦降低了載子在 Intervalley 間的散射（Scattering），進而提升了載子移動率。

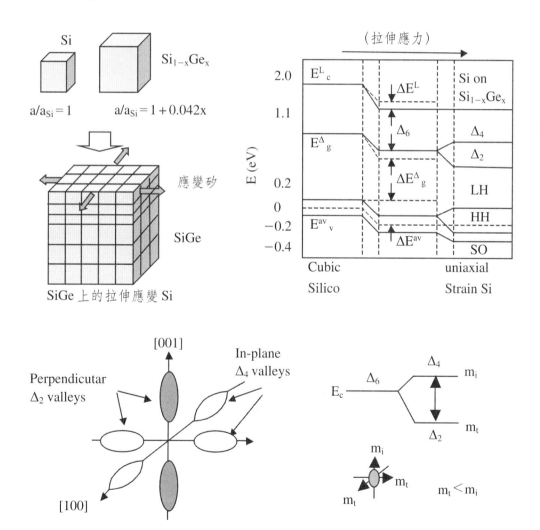

圖 8-7　全面應變矽因應變改變能帶與價帶的結構，造成次能帶的分離，有效電子質量降低，提升了載子移動率。

8.2.3 局部性應變矽 Local Strain

更新的研究指出，從固態理論的研究，在單一軸向（Uniaxial Strain）的應變行為對載子移動率的影響並不相同，在 X、Y、Z 可分別得到不同載子移動率的變化；例如在 X 軸，也就是源極至汲極方向，拉伸（Tensile）的應變可提升 n^- 通道的電子移動率，但卻抑制了 p^- 通道上電洞載子的移動率，反之，若加以壓縮（Compress）應力，則對 p^- 通道的電洞移動率有顯著的提升，而 $^-$ 通道的電子移動率則下降。

拉伸應力方向	CMOS 速度表現	
	NMOS	PMOS
X	增加	下降
Y	增加	增加
Z	下降	增加

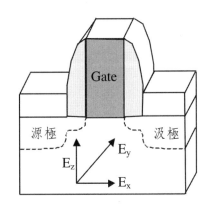

圖 8-8　局部應變矽在拉伸應力下載子移動率變化情形。

於是工程師利用製程的技巧在 nMOS 電晶體上沉積對 MOS 有拉伸應力的 SiN 薄膜，以提高 nMOS 的電子移動率，另一方面在 PMOS 的源、汲極兩端挖深，並磊晶成長一 SiGe 層，利用 SiGe 擠壓通道而形成壓縮應力，因而提高了 P-MOS 的電洞移動率，如圖 13 所示，由於 n、PMOS 可獨立製作於同一晶片上，而基材又與現有 Si 基材相同，可以免除對於全面性應變矽可能造成的基材缺陷，如差排（Dislocation）等，另一特色是：此單一軸向的應力，在高電場下仍然保有高移動率並不會如全面性應變矽（Global Strain）般電洞移動率下降的現象。

8.2.4 應變矽的工程問題

儘管應變矽與 CMOS 製程相容，但仍須考慮一些製程問題：

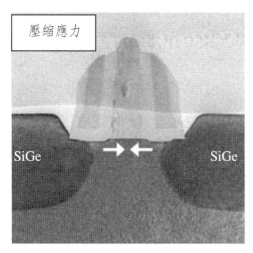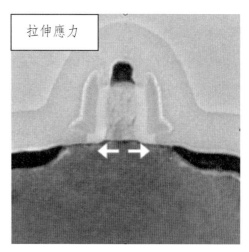

圖 8-9　局部應變矽分別在 N/P MOS 製程的差異。

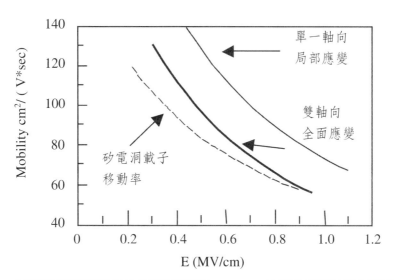

圖 8-10　局部應變矽改善了全面應變矽 P-MOS 的電洞移動率下降的情形。

1. 摻雜物在 Si 中與 SiGe 中的擴散係數不同，在常用的 n 型摻雜如 As 在 SiGe 的擴散係數相對 Si 有大幅的增加，而在 p 型的摻雜如 B，擴散係數反而下降，由於 n⁻ 型的擴散係數太大，對於淺接面（Shallow Junction）的需求須加以注意。

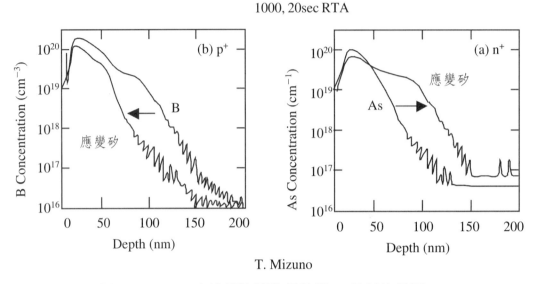

圖 8-11　SiGe 之摻雜物擴散係數與 Si 基材的差異。

2. 由於 SiGe 的熱傳導不佳，在 bulk Strain-Si 的應用上，有類似 SOI Self-
Heating 的現象，而會因溫度在高電場下造成載子移動率下降現象。

3. 除了製程中的熱預算（Thermal Budget）會影響摻雜物在 SiGe 中的擴
散外，亦會使晶格結構重排，由於應變鬆弛（Strain Rrelaxation），而
降低應有的載子移動率。

熱傳導係數（bulk）	
Si	168 W/Km
$Si_{0.7}Ge_{0.3}$	8.3 W/Km
SiO_2	1.4 W/Km

圖 8-12　SiGe 傳導係數差造成載子移動率下降及應變鬆弛現象。

4. 由於 SiGe 較 Si Band Gap 較小，使應變矽較 Si 的接面漏電為高，在高
性能元件的應用上較不重要，但須謹慎其對低漏電電路的影響。

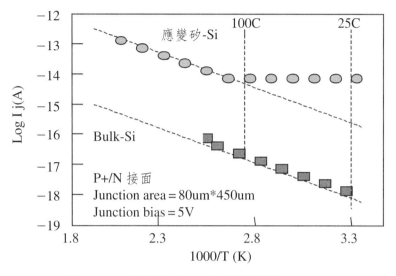

圖 8-13　應變矽較 Si 的接面漏電為高。

　　以上介紹了 SOI 及應變矽的特性與製程要求，由於兩者並沒有製程衝突之處，可將兩者結合，稱之為應變矽 SOI（SGOI），如圖 18 所示，具有 SOI 低接面電容，良好的隔離，陡峭的次臨界 $I_D V_g$ 曲線，以及應變矽極高的載子遷移率，較大的趨動電流等優點。

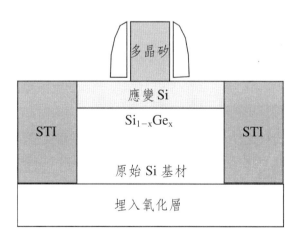

圖 8-14　應變矽 SOI（SGOI）結構圖。

8.3 高介電閘極氧化層 High K Gate Dielectric

8.3.1 高介電閘極氧化層需求與特性

CMOS 製程尺寸縮小的要求隨著電路應用而有所不同,其中在邏輯晶片的應用上主要可分為三個方面:高性能(High-Performance, HP),例如高階桌上型電腦與伺服器,這些應用上需要高速電晶體;低操作電力(Low Operating power, LOP):例如行動或筆記型電腦性能要求高、電池容量大;低待機電力(Low Standby Power, LSTP):例如行動電話性能要求較低,電池容量相對較小。

技術節點	1999 180nm	2002 130nm	2005 90nm	2008 65nm	2011 45nm	2014 32nm
MPU 閘極長度(nm)	140	85	65	45	32	22
閘極氧化層厚度(nm)	1.9-2.5	1.5-1.9	1.0-1.5	0.8-1.2	0.6-0.8	0.5-0.6
閘極漏電(nA/μm)	5	10	20	40	80	160

圖 8-15 製程微縮對閘極氧化層厚度及閘極漏電的要求。

對於高性能應用來說,$I_D \mu C_{OX}(V_G - V_{th})^2$,$C_{OX} = (\varepsilon_{OX}A)/tox$ 為能提高更高的元件電流,提高 C_{OX} 是必要的,主要可藉降低介電層厚度來達成。在傳統習用的 SiO_2 材料上,在變薄後,閘極漏電流急遽昇高,大幅增加操作時或待機時的電力消耗,也降低了閘極打開時反轉層的電荷量。

後面兩種低操作電力(LOP)及低待機電力(LSTP)邏輯晶片,對漏電流的(Leakage Current)的要求相當嚴格。對於製程的主要挑戰為閘極介電層的直接穿隧(Direct Tunneling)漏電流(由於直接穿隧效應的影響,閘極漏電流將隨著閘極介電層的物理厚度減少而呈現指數增加)。傳統慣用的 SiO_2 材料,應用於毫微米元件的主要限制,在於變薄後漏電流的控制,特別是當氧化層小於 3nm 時,由於直接穿隧機率的增強,引起閘極電流急遽的增加。對一個金氧半電晶體的操作而言,如果通道長度夠小的話(如 100nm),閘極

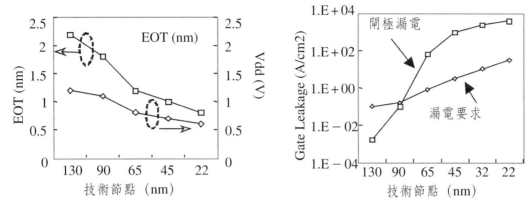

圖 8-16　製程微縮對閘極氧化層厚度及閘極漏電的要求。

電流的值將遠小於汲極輸出電流，則即使氧化層薄至 1nm 左右的厚度，元件仍可維持切換的特性。但整體的功率消耗將限制電路中元件的數目。就 ULSI 電路技術的進展，一般認為於 1 伏特操作電壓時，最大可容忍的閘極電流密度約為 1~10A/cm^2，換算的氧化層厚度為 1.5~2nm。對於漏電流控制要求更嚴的部份分記憶體電路，其氧化層厚度不能太薄。

　　面對這些挑戰，提出的解決方案為大幅增加閘極介電層的介電常數，在相當電容值下，高介電係數材料的實際厚度（Physical Thickness）遠大於氧化層厚度，在一定跨壓下，可減輕介電層內電場強度，因而降低閘極漏電流。因此，當超薄氧化層遇到漏電流過高的限制時，可以高介電係數材料替代，繼續往更薄（< 1.5nm）的等效氧化層厚度發展。對於漏電流要求嚴格的電路，尤其是記憶體電路，更須特別控制氧化層漏電的大小。因此，發展高介電係數介電層技術變得相當急迫。

　　高介電係數閘極介電層的結構通常並非由單純的一層材料組成，而是堆疊結構（Gate Stack），其中有一介面層（Interfacial Layer）與矽基板（Substrate）接觸，另外在閘極介面須有一阻障層（Barrier Layer）。介介面層是一介電係數較低，但介面特性佳的材料，如 SiO$_2$，Nitride Oxide，或高品質的 Nitride。它的存在實際上是不得以的，因為會降低整體的電容值，但一般高介電係數介電層和矽晶體的介面特性極差，含有大量介面態（Interface State）與固定電荷（Fixed Charges），嚴重影響電晶體的運作，所以需應用

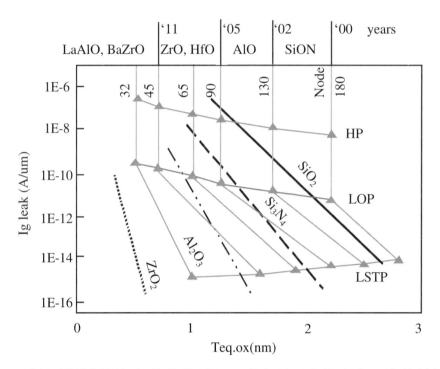

圖 8-17　製程世代對閘極氧化物的漏電要求與發展中的高介電常數材料的關係。

此介面層。介面層一般都是以高品質的成長技術先形成於矽基板上。最近有研究指出，有些材料，如 ZrO_2 和 HfO_2，與矽基板之介面性質很穩定，無需使用介面層。在閘極電極與高介電係數介電層之間的阻障層，主要是提高熱穩定性，防止閘電極和高介電材料料發生反應。

初始表面（Starting Surface）的化學性質對介面層的厚度以及初始材料的品質來說相當重要，對於高介電物質的沉積，化學氧化物已被證實是非常優異的初始表面，其下介面層厚度最低可達約 0.4 奈米，但有些實驗指出經 NH_3 處理後會有遷移率降低的問題。從較早之前，原子層沉積（Atomic Layer Deposition, ALD）的結果看來，HfO_2 在小於 3.0 奈米物理厚度時有嚴重的缺陷，其主要肇因於 HfO_2 在原子層沉積過程中有晶粒成長行為，當然，物理厚度的極限與及初始材料的表面狀況也有相當大的關係。

藉由罩蓋層（Capping Layer）來抑制高介電材料與閘極間的反應，對於

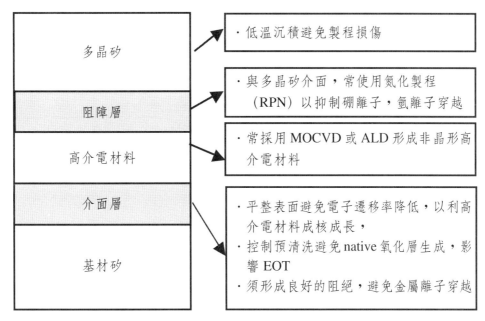

圖 8-18　形成高介電材料閘極氧化層之上下介面層應考慮因素。

尺寸縮小有所幫助。在 HfO_2 薄膜上方增加 $HfSi_xO_y$ 罩蓋層，在最佳的情況下可使上介面層 EOT 縮小至 0.4 奈米，其原因為複晶矽與高介電物質介面的反應減少。同時，沉積後退火的條件也對 EOT 有影響。

　　此外，有一問題也必須一併解決，那就是摻雜物（特別是硼）穿透閘極介電層並進入到 MOSFET 通道的問題。摻雜物穿透會造成 NMOSFET 及 PMOSFET 之臨界電壓同時往正方向移動。添加相對微量的氮到高介電材料層之上介面層，能夠抑制硼擴散，目前在超薄氧化層中已廣泛的使用。

　　在過去幾年，已有許多有關高介電常數材料的研究，其中以鋯基（Zr-based）鋁基（Al-based）與鉿基（Hf-based）氧化物為主。因為鋯基在複晶矽閘極製程中的穩定性較差（意指其在高介電材料／閘極介面容易形成金屬矽化物）。此外，由於氧原子或摻雜物容易沿晶界擴散，應避免採用易於形成結晶結構的氧化物。氧化鋁閘極氧化物（Al_2O_3）在金氧半導體系統中的使用可使 EOT 大幅縮小到 1.0 奈米以下。然而，由於鋁基材料有著嚴重的電荷相關問題，造成其在臨界電壓的控制與遷移率方面的表現令人無法接受，目前研究大多傾向鉿基材料系統。在鉿基中，與 HfO_2 相比，$HfSi_xO_y$ 和 $HfSi_xO_yN_z$ 不僅改

Year (aggressive)	2003	2005	2007
Node (nm)	90	65	45
低漏電（LSTP）-ITRS			
EOT (nm)	2.1	1.6	1.3
I_g (A/cm^2@1V/V$_t$)	5e-3	2.3e-2	8e-2
介電氧化層	SiON	HfSiON	HfSiON
電極層	poly	poly	poly
高性能（HP）-ITRS			
EOT (nm)	1.2	0.9	0.7
I_g (A/cm^2@1V/V$_t$)	450	930	1900
介電氧化層	SiON	SiON	HfO
電極層	poly	poly	metal

圖 8-19　不同世代對閘極氧化物的要求與發展中的高介電常數材料。

善了熱穩定性，也提高了結晶溫度，但是其介電常數卻相對較低，這將使其尺寸微縮的能力限制僅在未來幾個世代上。

8.3.2　高介電閘極氧化層的工程問題

雖然在新閘極介電材料系統的研究已經有相當多的努力，但是在高介電材料能被整合到 CMOS 製程前仍有幾項關鍵議題待解。其中最重要的是：等效氧化層厚度（Equivalent Oxide Thickness, EOT）與閘極漏電流的降低以符合 ITRS 的要求；臨界電壓的控制與穩定；減少載子遷移率之衰減以及其對飽和電流的影響；還有提高閘極氧化物的可靠度及整合性等。

1. 載子遷移率下降（Mobility Degradation）

遷移率乃是影響電晶體特性，包括飽和電流、速度、臨界電壓、互導（Transconductance）和次臨界壓升幅（Sub-Threshold Swing）等多項指標的

重要參數，由於高介電材料的聲子散射（SO Phono Scattering），高介電材料內固定電荷，以及介層內（Interfacial Layer）的捕捉電荷（Trap Charge）使得高介電材料的載子遷移率較矽氧化物為差，介面層內的捕捉電荷，因捕捉／釋放電荷更造成臨界電壓的不穩定（Vt Instability）。大體上，遷移率會隨著高介電層厚度的下降而上升，此乃肇因高介電層中的庫倫散射（Coulomb Scattering）降低所致。目前對於高介電閘極氧化層載子遷移率的估計較為困難，因為反轉電荷密度（Inversion Charge Density）的估計不準確，還有由於嚴重的閘極漏電流與電荷捕捉造成的汲極電流量測誤差。目前已有許多的修正方法被提出並在檢驗中。在一般的經驗中，電荷捕捉會造成反轉電荷的高估，以及通道遷移率的低估。對於高度之閘極漏電流效應也必須做出補償，因其會影響到 I_d-V_g 的量測和造成反轉電荷的高估與遷移率在高場（High-Field）範圍的低估。應用脈衝 I_d-V_g 技術估計確切的無陷阻通道導通率（Trap-Free Channel Conductance），以及用電荷灌壓技術（Charge Pumping Technique）來決定真實反轉電荷，似乎可以得到載子遷移率的估計，非常接近矽／二氧化矽介面的載子通用遷移率。

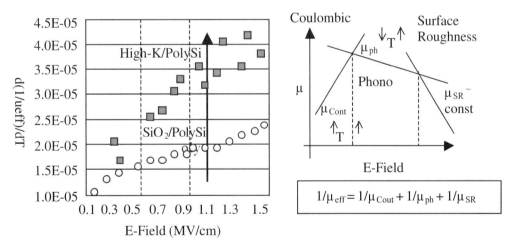

圖 8-20　高介電常數材料因聲子散射造成電子遷移率下降。

欲防止遷移率下降，須改善矽晶面平整性，以避免因表面粗糙而形成 Interface Trap，亦須避免沉積高介電材料時形成微結晶而造成固定電荷。此外，在高介電材料與矽晶面間，成長一介面良好的 Interfacial Layer，是改善

interface trap 及改善遷移率的重要方法，但亦須避免太厚而影響有效氧化層厚度（EOT）。

2. 臨界電壓不穩

在直流條件下，高介電常數薄膜會發生快速暫態充電（Fast Transient Charging）造成臨界電壓不穩定以及飽和電流降低。高介電常數薄膜之沉積技術、沉積後退火、薄膜和介面層的組成成份、以及製程整合（意指高介電層在閘極蝕刻或側壁蝕刻後的去除）顯然在電荷捕捉的數量上扮演著重要的角色。在一些文獻指出 $HfSi_xO_yN_z$ 的電荷捕捉特性是可以接受的，然而未經最佳化的堆疊薄膜，包括一些 $HfSi_xO_y/HfSi_xO_yN_z$ 疊層，則發現在 0.5 秒脈衝霍壓下，就會出現巨大的臨界電壓改變，並造成高達 90% 的飽和電流降低。

近來利用脈衝波量測 I_d-V_g 特性曲線，以評估薄膜內電荷捕捉以及其對臨界電壓穩定性與飽和電流降低的影響，受到相當的重視。電荷捕捉行為可藉由改變電壓脈衝的上升／下降時間，與寬度／高度來展現。但是電荷捕捉對於 CMOS 元件操作在 GHz 高頻時的重要性，並未能從這類測試的結果得知。

3. 費米能階固定（Fermi Level Pining）

與高介電常數閘極介電層有關的重要議題是臨界電壓的控制度與穩定性。所有高介電常數材料在複晶矽閘極的應用中都有臨界電壓不對稱性改變之現象（Threshold Voltage Shift）意指在 NMOS 元件有 0.3V 的改變，而在 PMOS 元件則有 0.9-1.0 的改變。綜合金氧半導體平帶電壓（Flat Band Voltage, V_{fb}）以及臨界電壓（V_t）的研究可以發現，這樣的現象並不能完全歸咎於在薄膜之間或介面存在固著電荷（Fixed Charge）的理論，雖然薄膜電荷捕捉（Charge Trapping）不能完全脫離關係，但最近的研究則將主因指向於高介電材料與複晶矽形成鍵結，阻障層與矽鍵結將造成的費米能階固定（Fermi Level Pinning），而改變閘極的功函數（Work Function）、造成 Vt shift 現象，此亦形成高介電材料材料與複晶矽整合一大困難。

4. 有效閘極電容

在考慮閘極電容時，須考慮不同層間的效應，除了高介電材料前的介面層

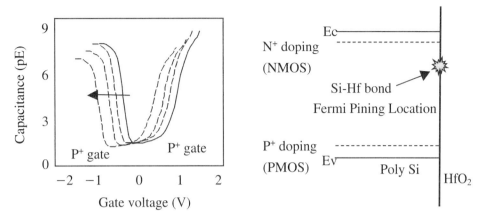

圖 8-21　費米能階固定造成 CV 曲線及能階費米能階固定位置。

（interfacial layer）及與 poly 間的 cap layer 外，另須注意由電荷反轉時的電容 Cinv 及多晶矽空乏造成的 C dep. 都會消耗，高介電材料對整體電容的貢獻 Cg = 1/(1/Cgox + 1/Cg · dep + 1/Cginv)，例如：金屬電極的使用，可使多晶矽的空乏現象消失，而有效提高閘極電容。

5. 閘極可靠度

　　由於高介電材料新材料的導入，對於 CMOS 製程可靠性的議題，會因介面態，因定電荷而改變熱載子（Hot Carrier），臨界電壓穩定度（Vt Stability）行為，甚至新的現象仍待工程師發現與解決。

6. 製程整合

　　在高介電材料的電極蝕刻上，由於相對於 poly Si 電極的選擇比相對於 SiO$_2$ 高，一般可以乾蝕刻將多晶矽電極蝕刻掉而停在高介電材料介電層上，但由於高介電材料不易蝕刻，一般會以乾蝕刻接著以 HF 或 H$_3$PO$_4$ 濕蝕刻來去除，以避免傷及基材表面。若搭配金屬電極，由於金屬蝕刻不易控制，CD 及 profile 亦可考慮以 Damascencent 方式來形成閘電極。

8.4　金屬閘極 Metal Gate

8.4.1　金屬閘極特性與需求

在 CMOS 製程加入高介電材料後，另一重要的發展為金屬閘極的導入，其目的及特色為：

1. 由於複晶矽於偏壓下，因摻雜物空乏造成閘極電容的降低，或過多的摻雜物因擴散穿過閘介電層造成臨界電壓不穩的情形，而金屬閘極可完全免除此困擾。

2. 電子容易在高介電材料中與表面光學聲子（SO Phono）交互作用，而金屬閘極可有效遮蔽此作用而避免高介電材料造成載子遷移率下降的現象且金屬閘極能夠大幅降低閘極電阻。

3. 高介電材料會與複晶矽會形成鍵結，因費米能階固定（Fermi Level Pinning）而使臨界電壓位移，而金屬閘極與高介電材料則無此問題，相容性較高。

由於互補式金氧半導體（CMOS）元件在最佳化時 PMOS 和 NMOS 分別需要不同的功函數，所以需要有兩種功函數不同的金屬，一種用來做 PMOS 元件，另一種用來做 NMOS 元件。然而，這樣的需求會進一步增加製程整合的困難，同時也會增加晶片製造的複雜性與成本。

若採用單一金屬作為閘電極，可採用功函數接近中能隙（mid-gap）的金屬閘極材料，不但不會受到費米能階固定的影響，製程也較為簡單。雖然有對稱的 N/PMOS Vt，但由於功函數接近中能隙，臨界電壓將太高而難以運作，即使通道摻雜物降低最低，造成短通道現象，其 Vt 仍然大於 0.4V，除了部分低漏電的記憶體應用外，無法應用於高性能的元件上，因此仍須發展雙金屬閘極使其功函數分別符合 N/P MOS 的需求來達到高性能的需求。如採用完全空乏之絕緣層上矽（Full-Depleted Silicon-On-Insulator, FD-SOI）就能使用中能隙金屬，由於 Vt 的大小與空乏層的厚度相關，可允許金屬閘極與高介電材料於低 Vt 下操作，是有潛力的發展方向。

在眾多金屬材料中，可選擇純金屬、金屬矽化物、金屬氧化物來匹配 N/P

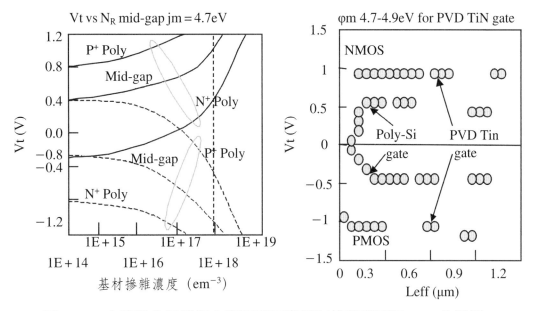

圖 8-22 中能隙金屬閘極之臨界電壓與基材摻雜濃度及 Leff 的關係。

MOS 所需的功函數,如圖 29 所示,金屬材質可以採用接近 4.05eV 能階的金屬做為 NMOS 的閘極,同時採用接近 5.17eV 能階的金屬做為 PMOS 的閘極,可以達到 N/P 多晶矽所產生的臨界電壓值,但如何在同一晶片上生產出不同功函數的金屬,則是製程工程師須努力解決的問題。

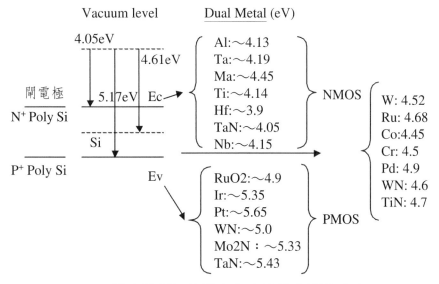

圖 8-23 雙金屬閘極能階表與中能隙金屬能階表。

　　由於金屬不易蝕刻及雙金屬閘的困難，可以 Damascene 的方法，在 S/D 區完成植入及活化後，將閘極材料去除並重新成長高介電材料及金屬閘極，可改善製程的熱穩定，亦可因此對 N/P MOS 分別沉積不同功函數的金屬，最後以 CMP 完成閘極定義。

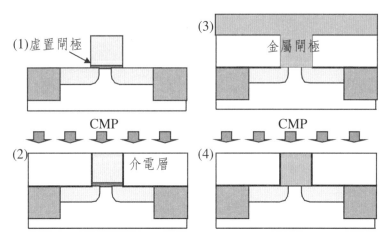

圖 8-24　以 Damascene 的方法完成金屬閘極。

　　另外在虛置閘極可分別對 NMOS 完成 Raised S/D 及 PMOS 完成 SiGe strain S/D 後進行 Damascene 的方法完成金屬閘極

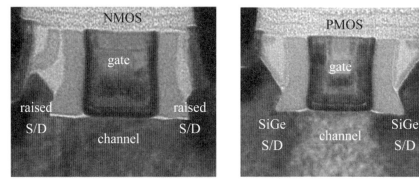

圖 8-25　以 Damascene 的方法完成金屬閘極 2009, intel。

　　另一避免使用雙金屬閘極的方式，是在複晶矽上摻雜適當摻雜物，之後將複晶矽完全金屬化，完成 N/P 不同功函數的閘極，稱之（FUSI），但目前發

現 NixSi 會與高介電材料反應及熱穩定性不佳的問題，須加以解決。

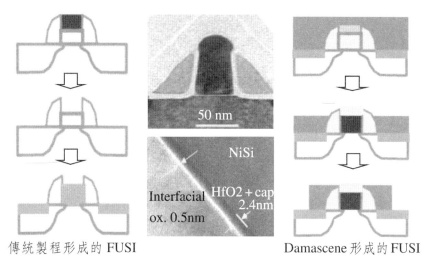

傳統製程形成的 FUSI   Damascene 形成的 FUSI

圖 8-26　FUSI 形成金屬閘極的結構圖與製造方法。

由於 MOS 製程中，因 S/D activation 活化溫常超過 1000℃，金屬易形成金屬矽化物，而改變功函數，或於 interfacial 形成矽氧化物而改變 EOT，通常金屬氮化物可改善此熱穩定性。另外須注意由於金屬沉積時造成的污染或 Plasma Damage，而造成介面電荷、固定電荷等臨界電壓穩定度及可靠性問題。

8.5　絕緣層上矽 SOI

8.5.1　SOI 基材的製作

SOI 生成技術主要可分為離子佈植及晶圓接合等方式進行，相關技術有以下幾種：SIMOX（Separation by IMplanted OXygen）、BESOI（Bond and Etch-back SOI）與 Smart-Cut 等。而三大 SOI 生成方法，以 Smart-Cut 技術較為成熟，先將兩片 Si 晶圓經高溫氧化形成表面氧化層，然後將其中一片的氧

化層以離子佈植機打入大量氫離子（H+），隨後再將兩片氧化層以親水性鏈結（Hydrophilic Bonding）方式相互接合，並加熱至 400～600℃使氫離子層產生斷裂，分離多餘的 Si 層，最終經退火（1,100℃）與 CMP 研磨後，形成 Si/SiO$_2$(Buried Oxide)/Si Substrate 結構。

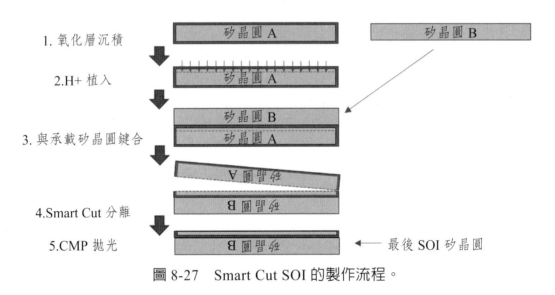

圖 8-27　Smart Cut SOI 的製作流程。

8.5.2　SOI 特性

SOI 最大的好處在於 STI 與底層氧化物的隔離，而沒有 N+ to P+ 隔離的限制，絕對沒有電晶體閂鎖的問題，使元件可儘量接近，增加元件密度。其次就是能增強對宇宙射線 α 粒子（α Particle）影響所導致（Soft Error）問題的免疫力。第三點，電場效應會變得更小，因為原來 bulk CMOS 元件會受水準和垂直電場不規則的影響。以 FD-SOI 來看，全部都限制在這個薄矽板之固定之區域，由於通道被限制於較淺區域，短通路效應可大幅降低，通道摻雜可減少，次臨界區的斜率會更陡，第四點是 SOI 的電導（gm Trans-conductance）更好，次臨界區的斜率會更陡，因為薄矽板這麼薄，閘極對自己之控制能力比在純矽基材更強，使元件的速度大幅提升，亦允許元件操作於更低電壓。

第五點，SOI 元件的 S/D 接面與氧化層相接，僅側向接面產生接面電容，使得接面電容的大幅降低，電路速度可因而變快。第六點，在 Bulk MOS 元

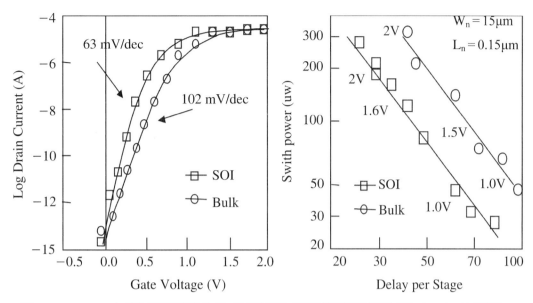

圖 8-28　SOI 次臨界區電導的改善與元件相同速率下低功率（LP）的應用。

件中，溫度上升時，因反向偏壓之 pn 接面漏電流隨溫度成指數函數增加，因此使 MOS 元件之漏電流很受溫度之影響。由於有 Buried Oxide 之阻隔作用，SOI MOS 元件之接面漏電流亦可比 Bulk MOS 元件小 100，第七點，SOI MOS 元件由於埋入氧化層之因素，其元件之溫度係數也遠比 Bulk 元件好，SOI MOS 元件臨界電壓之溫度係數在室溫以上 200℃之內均比 Bulk 元件好。這是因為在 Bulk MOS 元件中，由於通道下之空乏區之厚度易受溫度影響，而完全空乏 SOI MOS 元件中之空乏厚度不會改變，所以 SOI 的臨界電壓較不受溫度影響。第八點，由於底層氧化物的緣故，在 RF 電路上，因高基材阻值降低了電路 Crosstalk，減低信號損失，增加了電容與電感的品質因素，而提升了 RF 電路的性能。

8.5.3　完全空乏（Fully Deplete）與部分空乏（Partial Deplete）

在 SOI 的製程有兩大主流，一為完全空乏 SOI 元件，另一為不完全空乏 SOI 元件，假設 SOI Si 的厚度從低於 400~500Å 時，閘極下的空乏區就會把 Si 空乏掉，因此稱做完全空乏 SOI，可是當 Si 厚度降至比空乏區薄

時，臨界電壓就會變。在極薄的 Si 區內，閘極對通道的控制力變大，短通道 Short Channel/Narrow Width 效應都變小，通道的濃度低，元件的電導 Trans-conductance 變大，次臨界區的斜率亦改善。在極薄 SOI（Ultra Thin Body, UTB-SOI）的元件發展上，元件通道長度約 3 倍矽 Si Body 厚度有最佳的短通道效應，因為元件的臨界電壓會因 Body 的厚度不同而有變化，在完全空乏 SOI 元件的 Vt 擾動，會因 Body 的厚度的變化而相當不穩定。基本上要控制 Si 厚在 400~500Å 以內，這不是容易的事。此外，由於 S/D 上的 Si 甚薄，在自動對準矽化揚後，S/D 阻值仍高，對於元件電流有影響。

　　為避免完全空乏 SOI，Vt 不穩定的問題，選擇在 400~500Å 以上較厚的 SOI body，閘極下的空乏區不會因閘極偏壓把基材 Si 空乏掉，稱之不完全空乏解離之 SOI，元件之優點在由於通道不完全空乏，使閘極偏壓在臨界電壓時，矽平板中之空乏區不受厚度之影響，其臨界電壓是由閘極氧化層厚度及通道摻雜濃度來決定，因此臨界電壓較穩定，但因為通道下仍有中性區（Neutral Region），當汲極電流增加時，因衝擊離子化（Impact Ionization）產生電子電洞時，電洞將累積於中性區，降低了源 / 汲極能障，使更多電子流向汲極，此由於 Floating-Body，當汲極電流大時易生電流如階梯狀不連續突增之情形造成電流突增的情形，稱之為 Kink 效應。

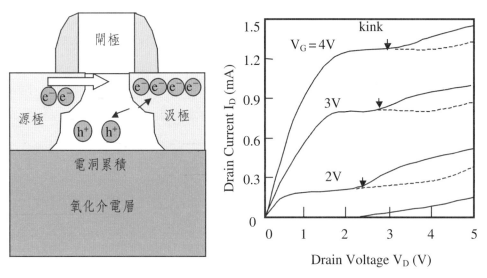

圖 8-29　PD-SOI 因 impact ionization 造成的電流 Kink 行為。

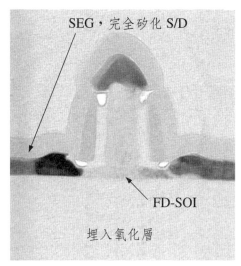

圖 8-30 完全空乏 FD-SOI 與不完全空乏 PD-SOI 的 TEM 結構圖。

因為元件是浮動的，所以當汲極的電壓加到某一值時，BJT 的電流就出現，這對數位元件較無所謂。但在類比元件中，此種 King Effect 會造成電導 Transconductance 變成非線性，若不解決，對於電路設計上會有較大的問題存在。

為解決不完全空乏 Floating Body 造成的 Kink Effect 及 Self Heating 問題，可以設計布局方式，將通道下中性區（Neutral Region）的載子藉由基材 Pickup 將載子導出。

8.5.4 SOI 的工程問題

除了上節提到的 Floating Body 造成的 Kink 電性問題外，PD SOI 元件事實上短通道效應不佳，若 Si 厚度超過某一厚度時，這 Si 就與 Bulk 一樣，但其短通道效應會比 Bulk 的短通道效應差，因為 SOI 元件底下是氧化層，只留下通道，為了增加次臨界區的斜率會，通道摻雜降低，所以當汲極的電場更容易把 PD-SOI 通道下的摻雜空乏掉，短通道效應就比較嚴重。直到 SOI 的矽層厚度薄到 FD-SOI，源極及汲極的接面變得非常淺，因此短通道效應才又好起來。然後是 Self Heating 效應，氧化物 SiO_2 的熱導是 Si 的 1%，所以 4000Å

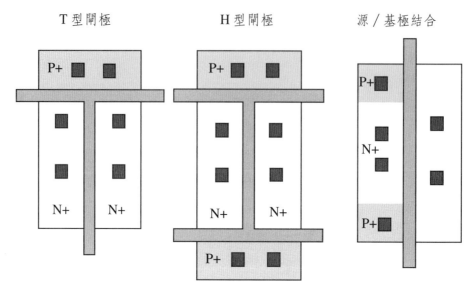

圖 8-31 基材 pickup 將電荷載子導出。

的 SiO$_2$ 等於 40μm Si 的熱阻,因此導熱上有些困難。通常我們量 SOI 元件時,經常在高電流時,I$_D$-V$_D$ 曲線有點不太正常,本來應該是平行的,但它有點往下低。主要原因是在高壓時,Self Heating 造成電子遷移率降低,所以 SOI 元件經常會看到電性行為不正常。

另外當矽層厚度降低時,將使源 / 波極阻值升高,這問題可以以提昇源 / 汲極(Raised S&D)或 Fully S&D Silicidation 方式來改善。

儘管 SOI 有著諸多優點,在同一世代上提供較佳元件性能,亦不乏商業化產品問世,但在 CMOS 微縮的過程中,元件微縮的元件性能的改善,遠超過 SOI 製程開發所產生的效應,致使 SOI 製程不斷遞延,但在 CMOS 製程接近物理極限時,相信 SOI 製程在產品線上,將仍有一席之地。

8.6 鰭式電晶體 Fin-FET

Fin-FET 電晶體將傳統的平面式電晶體站起來,閘極形成魚鰭的叉狀結構,於電晶體兩側控制電路的接通與關閉,此種設計大大的增加 MOS 的寬

度，增加元件驅動電流，改善了電路的控制性並減少其漏電流；也可大幅縮短電晶體的閘長，由於鰭式電晶體控制力佳，20 奈米到 5 奈米製程工藝的電晶體基本採用 FinFET 製程。

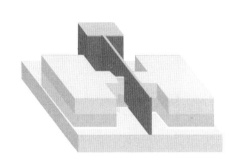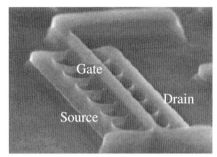

R. Chau, SSDM, 2002 [71]

圖 8-32　鰭式電晶體（Fin-FET）結構圖，Id-Vg 圖顯示在次臨界區降低漏電及在低壓操作時對閘級延遲的貢獻。

　　爲了增加電晶體電流，除了極小的閘長度外，FinFET 的特色即有相當容易控制的電晶體寬度，亦可依製程技術在通道形成 Double gate、Tri-Gate 甚至 Ωgate 及 Naro-wire 等以增加電晶體寬度。

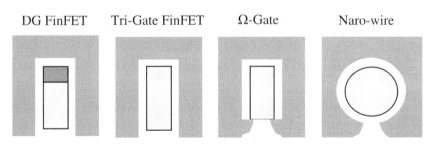

圖 8-33　不同通道結構設計之鰭式電晶體。

　　FinFET 由於增加了電晶體寬度，可以適度增加電晶體長度以改善短通道效應，降低 DIBL 及 Sub-threshold 漏電，也允許 FinFET 在更小的工作電壓下操作，因此大幅降低電晶體閘極延遲（Gate Delay），提高電晶體操作速度。

　　Fin-FET 最大的困擾是不易在閘極形成自動對準矽化物，造成閘極電阻太高，因此尋找新的閘極製程以降低閘極阻值亦是研究的方向之一。

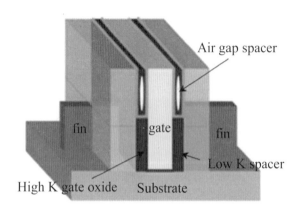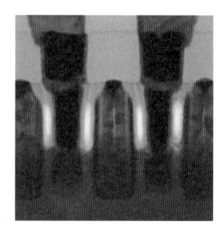

圖 8-34　2016 IBM 於 10 奈米提出的 FinFET 結構。

8.7　更高階元件 Advanced Device

8.7.1　環繞式閘極電晶體 Gate-All-Around（GAA）

　　對於 3nm 以下製程工藝，環繞式閘極電晶體 Gate-All-Around（GAA），為產業界主要開發的方向，有別於其他異質材料的導入，如三五族的通道等，皆無法解決晶格缺陷造成漏電最後導致良率無法提升。由於矽晶圓表面是最完美的結晶表面，缺陷密度極低，利用反覆的 SiGe 及 Si 磊晶疊層，可製作出完美無缺陷的矽單晶通道，GAA 對閘極有更好地控制，減小了洩漏電流，提高了性能。

　　沿著 FinFET 的思路，FinFET 通道被閘極給三面環繞，但在底面提供了漏電的路徑，而 GAA 結構中通道被閘極給四面包圍，提供了更多的通道寬度，閘極控制能力增加，GAA 此一結構將達到更好的供電與開關特性，使閘極的長度微縮就能持續進行，摩爾定律重新獲得延續的動力。

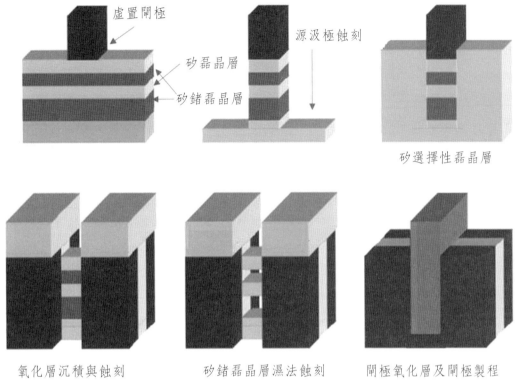

圖 8-35　環繞式閘極電晶體製作流程。

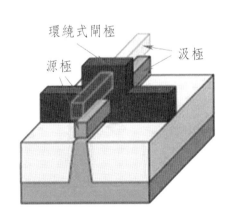

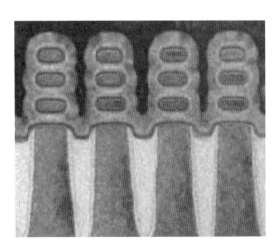

圖 8-36　2019 Samsung 於 3 奈米提出的 GAA 結構。

8.7.2　互補場效應電晶體 CFET

　　除了 GAA 之外，利用相同的 GAA 結構，將 nFET 和 pFET 導線相互堆疊在一起。如將一個 pFET 堆疊在 nFET 導線的頂部，或者將兩個 pFET 堆疊在兩個 nFET 導線的頂部，稱之為互補式場效電晶體 CFET），面積大幅縮小，帶來了功率和性能上的優勢。該結構允許 SRAM 面積增益高達 50%，使它成為 CMOS 進一步微縮的解決方案。CFET 基本上是開發三維度電晶體的第一步，使 MOS 技術能實現系統（SoC）中的所有功能。如今，更多的趨勢是定制化設計，將所需的功能挑選最好的製程工藝，並將其與系統的其他部分很好地結合在一起。

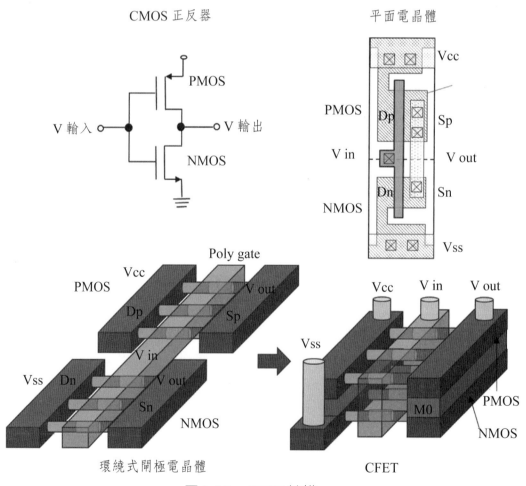

圖 8-37　CFET 結構。

8.7.3　垂直電晶體 VFET

另一種解決方案是垂直電晶體（VFET），橫向 GAA 電晶體是將電晶體通道水平堆疊。而 VFET 是將將電晶體通道垂直地堆疊，源極，閘極和汲極垂直堆疊在一起，大幅下降電路使用面積。

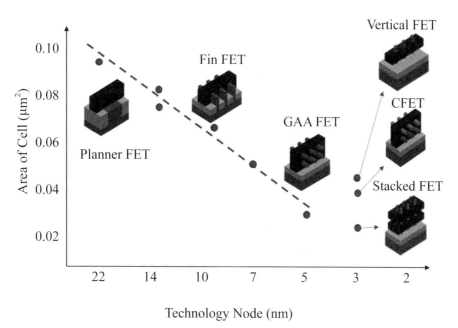

圖 8-38　IMEC 對先進技術節點電晶體路線圖的看法。

8.7.4　負電容場效電晶體 NC-FET

還有其他選擇，研究人員提出了負電容 FET（NC-FET）的想法。採用現有的電晶體和基於氧化鉿的高 k／金屬閘疊層，然後，在閘極疊上再堆疊一層鐵電材料，由於鐵電材料的極化特性，會放大閘極電壓，得到遠低於 60mV/decade 次臨界擺幅 Sub-Threshold Swing（SS）極限而得到陡峭的次臨界區（Sub-Threshold）斜率器件。增強元件開關特性，降低元件漏電，除平面元件外、FinFET 甚至 GAA 元件都可以使用 NC-FET 的鐵電性質進行改進。

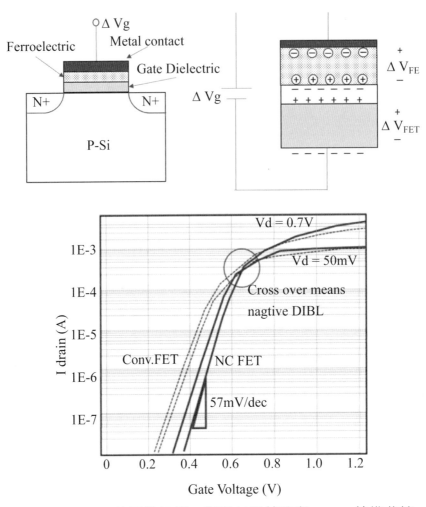

圖 8-39　NC-FET 的元件結構，鐵電材料特矽與 Id-Vg 特性曲線。

8.7.5　其他

另外，在材料方面，III-V 族材料也有可能會代替傳統的矽作為電晶體的通道材料以提升電晶體的速度。如銦鎵砷（InGaAs），砷化鎵（GaAs）和砷化銦（InAs）等，主要表現在優異電子移動的性能。

還有包括非等向性黑磷（BP）、硫化鉬、硫化鎢和鉍等硫族化合物（TMDCs）等在內的新型二維材料及一維的奈米碳管因為具有優異電子移動

性（Mobility）以及多選擇的帶寬（Eg）而成爲研究人員對更先進元件的開發方向。

8.8　高階內連線工程 Advanced Inter-Connection

由電路微縮，線寬與間距減小導致內連線電阻及連線間電容增加，RC 變高，造成信號延遲和功耗的大幅增加。當內連線工程擴展到 5nm 技術節點及以下，銅製程已無法滿足內連線要求，需要再開發更優化的製程結構，材料和技術。

8.8.1　原子層級沉積 Atomic Layer Deposition（ALD）

當製程工藝持續微縮，作爲改善銅內連線電子遷移（Electromigration）的 Cu 金屬沉積前的黏著層（Glue Liner）及阻障層（Barrier）必須降得更薄，利用 ALDCVD（atomic layer deposition）Co 黏著層（Glue Liner）及 TaN 的阻障層是很好的選擇，另外在更小的工藝節點，更薄的 ALD TaN 可成爲單一的阻障層，不需黏著層。

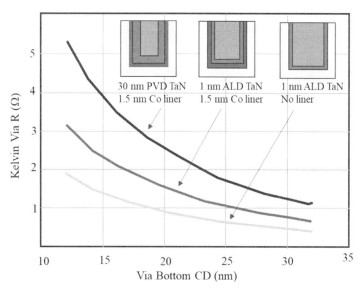

圖 8-40　金屬阻障層對微小接觸孔阻值的影響（Apply Material）。

8.8.2 新的內連線金屬材料

由於製程工藝的微縮，我們進一步將後段內連線拆分為後段製程（BEOL）和中段製程（MOL），在線寬繼續縮小的中段製程中，研究人員一直致力於尋找新金屬，以取代傳統的 Cu，目前最有潛力鎢（W）和鈷（Co）已經在各種內連線中的應用。而尋求下一代金屬的考慮必須先定義品質因數（FOM），定義為體電阻率與金屬中載子平均自由徑的乘積。現在科學界廣泛認為 Cu，W 和 Co 是目前成熟的材料選擇。具有最低 FOM 的金屬是銠（Rh），然後是鉑（Pt），銥（Ir），鎳（Ni），Ru，鉬（Mo）和鉻（Cr）。由於 Co 較 Cu 僅有 1/4 平均自由徑，也就是較小尺寸下比 Cu 有較低的電子散射（electronic scattering），利用 ALDCVD（atomic layer deposition）TiN 或 TaN 的阻障層，配合低溫 PECVD Co 沉積，在 5 奈米製程工藝節點，CD < 10nm 時已成功演示在 20:1 高寬比（aspect ratio）結構下，有較低的電阻率，及較好的電子遷移率（Electromigration），當然在後層較寬 CD 金屬層，Cu 內連線仍是較好選擇。

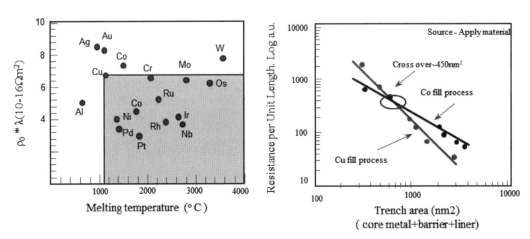

圖 8-41　(a) 不同金屬的電阻率乘載子平均自由徑與金屬熔點比較　　(b) 銅與鈷在不同面積下單位長度的電阻率。

　　另外在實驗上 Mo 是一種非常有前途的內連線金屬，特別是作爲 W 的潛在替代品。另外當採用釕（Ru）作爲內連線金屬時，在電介質和導體之間不需要擴散阻擋層。

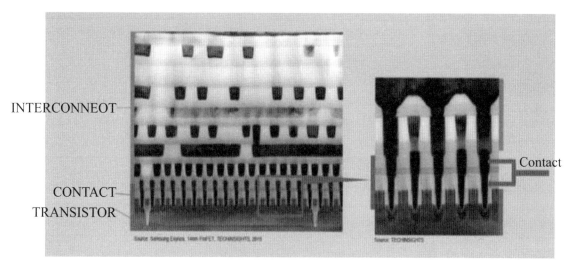

圖 8-42　AMAT 於 7 奈米節點在 MOL 的看法，將 MOL 拆成 2 層，並以金屬鈷（Co）作為導線填充材料。

8.8.3　新的製程結構

　　針對更先進的半導體製程節點，必須採用超低 k 介電質來降低相鄰金屬線之間的寄生電容，除了低介電材料的導入外，利用 PECVD 自動縮口的方式，可在極窄金屬間自動形成氣隙（Air Gap），可在金屬線間製造空氣填充狀態，以減少互連層的寄生電容。

　　此外使用聚合物奈米材料如介電常數低至 2 以下的鐵弗龍（Teflon）來填充金屬互連層之間的電介質，因而減少其寄生電容。這種專有的聚合材料能夠在晶圓上自動形成無數個大小均勻尺寸僅有 20nm 細孔的奈米級細孔，接著透過在金屬互連線之間形成眞空隔離間隙來取代大部份的電介質。

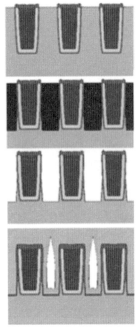

Cu damascene
Selective Cap
Protection Layer

Cu damascene
Selective Cap
Protection Layer

Plasma Damage

Etching dielectric

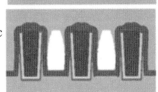

Plasma Damage
Etch Air Gap

Deposit conformal
SiC layer

PECVD dielectric
To form air gap

PECVD dielectric
To form air gap

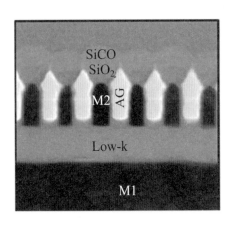
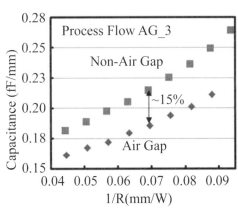

圖 8-43　利用製程在金屬間形成氣隙（Air Gap）來減少互連層的寄生電容。

8.9 本章習題

1. 製程微縮後，所遭受的物理極限爲何？有哪些重要的參數需要注意？

2. 試比較 MOS 元件特性在 SOI 及 Bulk 基材間的特性差異。

3. 試述完全空乏 SOI 與不完全空乏 SOI 的特性比較。

4. 試述 local strain Si 在不同方向的拉伸應力時，載子移動的情形。

5. 試述應變矽在製程所遭遇的工程問題。

6. 試述形成高介電材料氧化層之上下介面應考慮的參數。

7. 試述高介電閘極氧化層所遭遇的工程問題。

8. 試述爲何先進製程須導入金屬閘極。

9. 試述有哪些製程可完成金屬閘極。

參考文獻

1. Hsing-Huang Tsing on IEDM short course 2001

2. S.E. Thompson, et al., IEDM 2003

3. J.J. Welser et al., IEDM 1994, p.373

4. K. Rim,ISSCC 2001, p.116

5. G.G. Shahidi et al., SSDM, 1994

6. H.C. Lin on IEEE EDS Taipei Chapter

7. H.S. Wong et al., IEDM, 1998

8. H. Iwai, VLSI synposium, 2002

9. J. Hoyt, IEDM, 1998 p.707

10. P. Packan et al. (Intel), IEDM 2009

11. Fischer, et al, IEDM 2015

12. Soitec.com

13. 45/32 nm node, intel, 2009

14. 10nm node, IBM,2016

15. 3nm node, Samsung,2019

16. IMEC, EE time Asia, 2019

17. Mark LaPedus, Semiconductor engineering, AMAT, 2018

18. Paul McLellan, Cadence, IEDM, 2019

19. GTS, VLSI, 2018

20. Michael Hargrove, Semiconductor Engineering, 2017

9 邏輯元件

- ◆ 邏輯元件的要求—速度、功率
- ◆ 反向器 Inverter
- ◆ 組合邏輯 Combinational Logic
- ◆ 時序邏輯 Sequential Logic
- ◆ 邏輯元件應用 Standard Cell、Gate Array、CPLD、FPGA

9.1　邏輯元件的要求─速度、功率

　　數位系統是一些電子元件或裝置的組合，此組合能完成數位信號的種種運算功能。由於從自然界中取得的信號均爲類比信號；例如：有線、無線的電視廣播系統、有線電話傳輸系統、無線收音廣播系統等；但是類比信號在傳送的過程中，容易受到雜訊的干擾，造成信號失眞，而且類比信號還有不易儲存、還原及控制等缺點。反觀數位信號在傳送的過程中則無上述的缺點，因爲它具有可程式化控制、不易受雜訊干擾、傳送速度快、容易儲存及還原等各項優點，且消耗功率極小。由電路設計之觀點，CMOS 邏輯電路分爲靜態（Static）及動態（Dynamic）。靜態電路不需時脈 Clock。動態電路需要 Clock 才能操作，且只有某一限定之時間內才有輸出。靜態電路設計較易，電路操作較穩。動態電路設計較難，電路操作出錯之機會較高，但是設計得當的話速度會較快，而且可能較節省電晶體。

　　由系統邏輯之觀點分類，邏輯電路可分爲組合邏輯（Combination）及時序邏輯（Sequential）。組合邏輯有 NAND、NOR 等 Random Logic（隨意邏輯）。時序邏輯有 Latch、Flip Flop 等。

　　一個數位元電路之性能好壞可由速度來評估，從輸入至輸出之時間延遲（Propagation Delay Time）是最常用之參數，對一反向器而言，當輸入端由 Low 至 High、輸出端會由 High 改變至 Low。由輸入 Swing 之中心點之時間至輸出中心點之時間，我們定義爲 High 至 Low 之時間延遲（t_{PHL}）。整體之時間延遲即爲此二者之平均值 $t_P = (t_{PHL} + t_{PLH})/2$，見圖 9-1。數位 MOS 電路之時間延遲通常與電路所能提供之電流（I）及輸出端之負載電容（C_L）及輸出 Swing 有關：

$$I \equiv C * \frac{\partial V}{\partial t} \quad \Delta t \equiv Cp * \frac{\Delta V}{I}$$

　　ΔV 爲輸出電壓振幅，如想降低 Delay Time，必須使輸出電壓振幅減少、負載電容減少、及增加電路之電流。所以在深次微米技術中把電源 V_{DD} 縮小對增進速度有幫助。電流增大亦可使 Delay 變小，我們可把通道寬度變寬、長

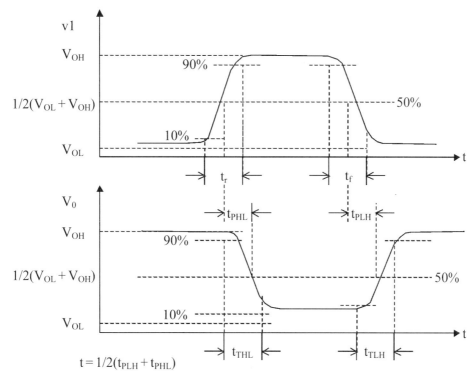

圖 9-1 邏輯元件反向器輸入與輸出的時間延遲。

度變短來增加電流。但是在 VLSI 之數位電路中，通道寬度變寬後，輸出端之寄生電容可能會成比例增加，如此對減少時間延遲達不到預期之效果。

9.2 反向器 Inverter

在 CMOS 邏輯電路使用上，最常用的操作單元為反向器，是以 1 個 PMOS 和 1 個 NOS 串聯而成，如圖 2，當閘處於兩個邏輯態之一時，兩個電晶體中的一個總是處於「關閉」，既然沒電流流入閘極端，而且亦無從 V_{DD} 到 V_{SS} 的 DC 電流通過，其靜態（穩態）電流為零，所以功率（P_s）為零。電路僅在改變訊號時，電流流過電晶體時產生動態功率消耗，顯示 CMOS 電晶體靜態電路極為省電的特性。

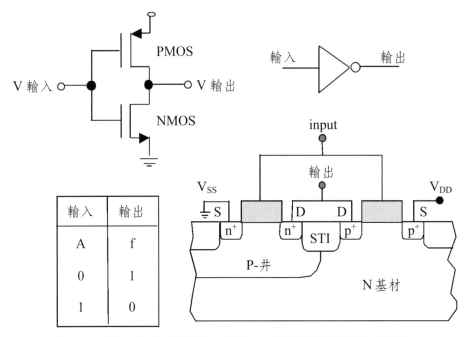

圖 9-2　反向器之電路圖、符號、真值表與製程結構圖。

　　然而，由於擴散區域和基底之間的逆向偏壓漏電流，所以仍有一些微小的靜態消耗，此外，次臨界導通也促成了靜態消耗。為了瞭解組合元件的漏電流，我們必須先檢視用來描述 CMOS 反相器內寄生二極體的模型。由於寄生二極體為逆向偏壓，靜態功率消耗為其漏電流所引起。漏電流可以用二極體公式來描述：

$$i_o = i_s(e^{qV/kT} - 1)，$$

　　而靜態功率消耗是元件的漏電流和供應電壓的乘積。另外在 '0' 到 '1' 或是 '1' 到 '0' 的轉換期間，n 型和 p 型電晶體會有一小段時間會同時導通，而導致一個從 V_{DD} 到 V_{SS} 的短暫電流脈波，此電流亦須對電容負載進行充、放電。通常後者具關鍵性影響。

　　對於一個步階輸入 $i_n(t) \equiv C_L \dfrac{dV_{out}}{dt}$（$C_L$ = 負載電容），且 $P_{sc} \equiv I^*_{mean}V_{DD}$

結果 $$P_D \equiv fCV_{DD}^2$$

　　所以對於一個週期性步階輸入，所消耗的平均功率和電路電容充放電所需的能量成比例關係。另外值得注意的重要因素是必須考慮 N/PMOS 充放電速率不一致的問題，$I_{DS} = \frac{1}{2}\left(\frac{W_{eff}}{L_{eff}}\right)C_{ox}\mu_n(V_{GS} - V_T)^2$ 乃由於 N/PMOS 載子遷移率不同造成（μ_n 約 μ_p 二倍），我們可以通道長度與寬度，PMOS 之（W/L）設計約為 NMOS 二倍來使 N/PMOS 有接近的飽和電流，其目的是補償電子電洞 Mobility 之差異，以期 $K_n = K_p$。如此可以使 I/O Transfer Curve 對稱於中心。有對稱的充／放電流，可避免不必須的時間延遲。

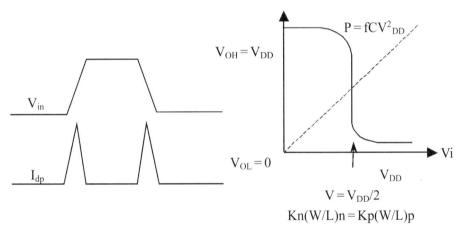

圖 9-3　反向器於訊號改變時的電流反應與對稱的電壓改變圖形。

　　談到在深次微米元件之微縮法則，在電壓源／臨界電壓固定不變下，MOS 元件水準及垂直方向之尺寸均縮 s 倍（s > 1）。但是會使電流增 s 倍、功率消耗增 s 倍、時間延遲減 s^2 倍。但考慮載子速度會達到飽和（Velocity Saturation）時、微縮並不能增加電流，而不是上述之增加 s 倍。因 Delay 與 $(C_L \triangle V)/I_D$ 有關，電流不增加、使 Delay 只縮小 s 倍，而不是上述的 s^2 倍。功率消耗也因此不會增加，而不是上述之增加 s 倍。在同樣面積下之電晶體數增加 s^2 倍、因此同樣面積之消耗之能源增加 s^2 倍。因此額外產生的散熱問題在使用深次微米元件之 VLSI 電路不可忽視。

此外，下一代之深次微米 CMOS 技術，如需繼續縮小，電源 V_{DD} 仍需再變小。由 1.5V 再縮至 1V。如第三章所述，臨界電壓因次臨界斜率（Subthreshold）之考量、不易再縮小。當 V_{DD} 縮至 1V 時，對現有之 CMOS 電路性能會有困難，因其 $V_{GS} - V_T$ 太小。所以對於 $V_{DD} = 1V$ 之深次微米 CMOS 技術，現有之 CMOS 電路有再改進之必要。在能量消耗管理上，可以多種 V_t/V_{DD} 來改善，如將低 V_t 用於邏輯電路；高 V_t 元件用於記憶體，或者低 V_{DD} 用於高運轉電路，高 V_{DD} 用於低運轉電路等，皆有助於同時效能與能量消耗的改善。

9.3　組合邏輯 Combinational Logic

9.3.1　基本組合邏輯

數位邏輯電路中依電路的運作方式，可分為組合邏輯（Combination Logic）與順序邏輯（Sequential Logic）兩種。所謂組合是由許多邏輯閘所組成的電路：它的輸出可以直接由輸入組合的形式表現出來，而與電路的過去輸入情況無關；也就是說：組合邏輯的輸出，可用布林函數來描述；輸出的狀況僅與當時輸入的狀態有關。

1. 反相閘

反相閘（NOT gate），即為前述的反相器（Inverter）；其特性為輸出恆為輸入的補數；也就是說，當輸入端 A 的信號為邏輯 0 時，則輸出端 f 的信號即為邏輯 1；反之，當輸入端 A 的信號為邏輯 1 時，則輸出端 f 的信號即為邏輯 0。一般而言，要設計 CMOS 反相器使邏輯振幅在 0 和 V_{DD} 的中點，$K_n' * (W/L)_n = K_p' * (W/L)_p$，而 NMOS 的電子遷移率 μ_n 約大於 PMOS 的電洞遷移率 μ_p，而通常 N、PMOS 通常會設計相同最小通道長度 L，因此 PMOS 電晶體寬度經常大於 NMOS 2 倍。我們重新檢討，決定邏輯元件速度的因素 $\tau \propto CV/I$，$t_{PHL} = 1.6[C/K_n(W/L)] V_{DD}$，t 與 C 成正比，這可用最小的通道長度，

最小的 S/D 面積，以佈局（layout）技巧來減小電容。2 使用較大的 W/L 使 t 減小，但也要注意，由於增加了元件大小，也增加了寄生電容值。3 較大的電源 V_{DD} 有較低的 t_p，可使 MOS 快速充電至穩定狀態，但為使功率消耗下降，必須降低 V_{DD} 來完成的動機，在高密度的晶片中相當重要。

　　CMOS 反相器最大特點是對輸出點而言往上往下均對稱。Pull-up（往上拉）時之 PMOS 元件在（$V_{in} = V_{DD}$ 時）輸出點往下拉至穩定時，PMOS 元件會 off。因此當 $V_{in} = V_{DD}$ 時、輸出電壓可達 0V（Full Swing），且可以沒有 DC 功率消耗。如能減少負載電容（C_L）、增加 K_n 及 K_p，t_p 即可減少。利用製程技術之進步把電路縮小亦可有效降低 C_L。K_n、K_p 之增加可藉由縮小 thin oxide 厚度及增加（W/L）來完成。所以 CMOS 技術越先進、閘極氧化層越薄。但是閘極氧化層太薄會使垂直電場變大而使載子遷移率變壞、而有相反之結果。（W/L）加大，會使輸出處之寄生電容亦增、對 t_p 有相反之結果。

　　CMOS 反相器之功率消耗與操作頻率成正比。只有在 switching 之 transient 才消耗功率。當操作頻率升高時，其消耗之功率也與操作頻率成正比之關係。相對的 CMOS inverter 有自動省電之功能。在不操作時、即候傳等待（Stand-by）之狀態並不消耗功率。操作頻繁時，才有消耗功率。此即 CMOS 邏輯電路最大之優點、絕對的有效率、不浪費一點能源。CMOS 能成為 VLSI 唯一之主力技術即拜此優點之賜。

2. 或閘與及閘 OR/AND

　　或閘（OR Gate）代表邏輯加法的基本運算，或閘常具有兩個或兩個以上的輸入端，但只有一個輸出端。

　　或閘的特性為一只要有任一或更多輸入端的信號為邏輯 1 時，則輸出端 f 的信號即為邏輯 1；換句話說：當所有的輸入端信號皆為邏輯 0 時，則輸出端 f 的信號才為邏輯 0，其運算式為 f = A + B。

　　及閘（AND gate）代表邏輯乘法的基本運算，及閘同樣具有兩個或兩個以上的輸入端，但只有一個輸出端。及閘的特性為一只要有任一或更多輸入端的信號為邏輯 0 時，則輸出端 f 的信號即為邏輯 0；換句話說：當所有的輸入端信號皆為邏輯 1 時，則輸出端 f 的信號才為邏輯 1，其運算式為 f = A*B。基本上，我們並不容易以簡單的電路完成 OR 或者 AND 的運算，但我們可以

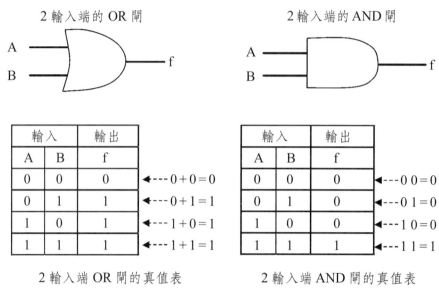

2 輸入端 OR 閘的真值表　　　　2 輸入端 AND 閘的真值表

圖 9-4　或閘與及閘之符號與真值表。

將反或閘的輸出再經反閘（NOT gate）反相所組成的邏輯閘即為或閘，同理，將反及閘的輸出再經反閘（NOT gate）反相所組成的邏輯閘即為及閘，其實際電路佈局（layout）可參考圖 9-17。

3. 反或閘與反及閘 NOR/NAND

反或閘（NOR gate）符號是在或閘的輸出端加上一個小圓圈。從反或閘的真值表中，可以發現反或閘的特性與或閘的特性剛好相反，即只要有任一或更多輸入端的信號為邏輯 1 時，則輸出端 f 的信號即為邏輯 0；換句話說；當所有的輸入端信號皆為邏輯 0 時，則輸出端 f 的信號才為邏輯 1，其運算式為 $\bar{f} = A + B$。

反及閘符號是在及閘的輸出端加上一個小圓圈。反及閘的特性與及閘的特性剛好相反，即只要有任一或更多輸入端的信號為邏輯 0 時，則輸出端 f 的信號即為邏輯 1；換句話說，當所有的輸入端信號皆為邏輯 1 時，則輸出端 f 的信號才為邏輯 1，運算式為 $\bar{f} = A*B$。

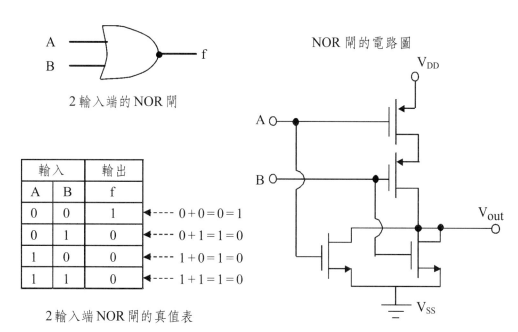

NOR 閘的電路圖

2 輸入端的 NOR 閘

輸 入		輸 出	
A	B	f	
0	0	1	◄---- 0+0=0=1
0	1	0	◄---- 0+1=1=0
1	0	0	◄---- 1+0=1=0
1	1	0	◄---- 1+1=1=0

2 輸入端 NOR 閘的真值表

圖 9-5 反或閘符號、真值表與電路圖。

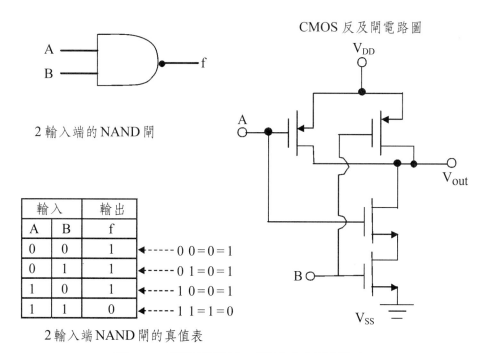

CMOS 反及閘電路圖

2 輸入端的 NAND 閘

輸 入		輸 出	
A	B	f	
0	0	1	◄----- 0 0=0=1
0	1	1	◄----- 0 1=0=1
1	0	1	◄----- 1 0=0=1
1	1	0	◄----- 1 1=1=0

2 輸入端 NAND 閘的真值表

圖 9-6 反及閘符號、真值表與電路圖。

4. 狄摩根定理

狄摩根第一定理，即：當輸入變數作「或」運算後再反相，相當於 NOR 運算，等於輸入變數先個別反相後再作「及」運算。

$$\overline{A+B}=\overline{A}\cdot\overline{B}$$

狄第摩根第二定理為─當輸入變數作「及」運算後再經反相器，相當於 NAND 運算，等於輸入變數先個別反相後再作「和」運算，若用式子表示則為

$$\overline{A\cdot B}=\overline{A}+\overline{B}$$

我們可以利用狄第摩根定理，很容易地將布林函數轉換成完全由萬用閘（NAND 閘或 NOR 閘）所組成的邏輯電路，有設計容易，且成本低（因為使用的 IC 數可以較少）的優點。

9.3.2　Pseudo NMOS

由以上基本邏輯閘可發現，CMOS 邏輯電路是 CMOS 反相器的延伸，反向器由 NMOS 下拉電路及 PMOS 上拉電路互補型電路組成，CMOS 雖然有許多好處，但在邏輯閘較複雜時，面積增加，電容和延遲亦增大。

若將上拉電路的 PMOS 改以空乏型的 NMOS 取代，稱之為 pseudo-NMOS，不但減少一半面積，也大大提高邏輯電路速度，但須注意到低態輸出時；閘極有導通路，而形成靜態功率消耗（$P_D - I \times V_{DD}$），因此 pseudo-NMOS 特別適合於輸出大部分時間維持在高態的應用。

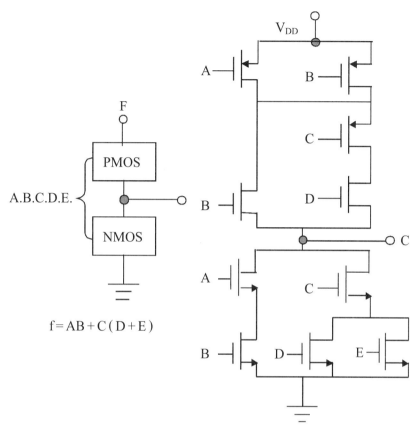

圖 9-7 組合邏輯的例子 f = AB + C(D + E)。

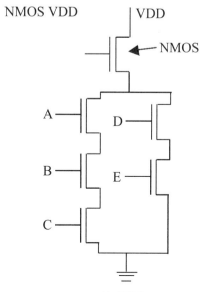

圖 9-8 pseudo-NMOS 的例子 f = ABC + DE。

9.3.3 邏輯傳輸閘 Transmission Gate

　　為了讓系統內這些各種電路能互相配合，同步化（Synchronous）有時很重要。對於前述之靜態電路，我們可以用 CMOS 開關加上時脈（Clock）來控制以使之成為同步 Synchronous 之電路。加上 Clock 之靜態電路即叫做 Clocked Static 電路。方法是在 CMOS 靜態邏輯電路之前，加上 CMOS 傳輸閘（亦叫 Pass Transistor）作為開關，使輸入在有時脈控制 Clock on 時才有輸出，可在不同電路間產生同步的行為。

　　為什麼不能用單一 MOS 作為開關呢？我們若使用單一 NMOS 作為開關時可以得到面積小，節點電容小的簡單電路，但在輸出由低態變為高態時，傳輸電流對電容充電，當 V_0 到達 $V_{DD} - V_t$ 時，i_0 會降為 0，說明單一 NMOS 開關會損失信號電壓振幅，會使輸出電壓準位下降。一個降低高態輸出位準損失的方法是利用製程技巧，使 $V_t = 0$ 時，就能使損失消除，而零臨界電壓元件可利用離子佈植控制 V_t，此零臨界電壓元件稱之為天然元件（Native Device）。

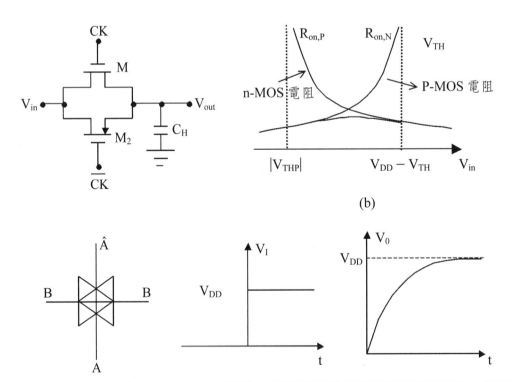

圖 9-9　CMOS 傳輸閘的電路圖、符號、與電阻間的關係及開關打開時，電壓接近 Vcc 的情形。

　　另一個方法是利用傳輸閘來作爲開關，我們將 N/PMOS 分別頭尾爲相接，見圖 9，當 Vc = VDD 在導通位置，其輸入 V_1，會開始對電容充電，直到 $V_0 = V_{DD} - V_{th}$，而此時 Q_p 在 $V_0 = V_t$ 時，仍繼續對電容充電直到 $V_0 = V_{DD}$。若以 CMOS 傳輸閘，提供雙向電流，使在很大的輸入範圍，幾乎固定導通電阻。其代價是增加電路複雜度面積和電容。

　　CMOS 傳輸閘常用來作爲類比電路 Sample and Hold 電路的開關，有時 CMOS 傳輸閘本身即是可用作邏輯函數。由 CMOS 傳輸閘所裝置之 Exclusive-OR 及 Exclusive-AND 函數。比起 CMOS 靜態電路更加簡潔。其次 CMOS 傳輸閘邏輯電路之速度可能相當慢，主因其採用面積等效之 RC delay 較大，此爲其主要弱點。

9.3.4　加法器

　　透過組合邏輯的組合，可以進行相當複雜的運算邏輯，首先介紹加法器，我們知道計算機可以執行很複雜的運算，但是其最基本的運算，卻是二進位的相加，加法器能執行兩個一位元的相加，故該電路需二個輸入變數，即被加數與加數；且由於執行結果會產生和（Sum）及進位（Carry），所以也需要二個輸出函數。由於全加器的定義爲：能執行三個一位元的相加，所以該電路具有三個輸入變數，即被加數、加數與從前一級加法器送來的進位；而輸出仍爲二個函數，即三者相加之和及進位。

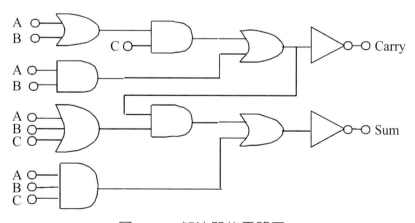

圖 9-10　加法器的電路圖。

全加器之真值表

列數	輸入			輸出	
	A_i	B_i	C_{i-1}	C_i	S_i
0	0	0	0	0	0
1	0	0	1	0	1
2	0	1	0	0	1
3	0	1	1	1	0
4	1	0	0	0	1
5	1	0	1	1	0
6	1	1	0	1	0
7	1	1	1	1	1

```
Carry    1  0  0  1  1

  A      1  0  0  1  1

  B      1  1  0  1  1
_____
Sum   1  0  1  1  1  0
```

圖 9-11　加法器的真值表與運算方式。

9.3.5　解碼器

解碼器（Decoder）的功能就是一能將 N 位元輸入信號轉換成 M 條輸出信號，且每條輸出線僅在其相對應的輸入信號組合出現在輸入端時，才會進入激發狀態（Activated State），也就是與其它的輸出端處於不同的狀態。激發狀態可能為 1（Active High，有時也以 "H" 表示，都表示高態電位的意思），也可能為 0（Active Low，有時也以 "L" 表示，都表示低態電位的意思）；若於方塊圖的輸出端上加上一個小圓圈，則表示其激發狀態為 0，否則通常為 1。若每一種輸入的組合皆有其相對應輸出端進入激發狀態的解碼器，稱為全解碼（Full Decoder），即 $M = 2^N$，如三對八線解碼器、四對十六線解碼器等均是。

2 對 4 線解碼器（2×4 decoder），顧名思義，它有 2 條輸入線，4 條輸出線，由於 $2^2 = 4$，所以為一全解碼器，即每一輸入的組合，皆有相對應的輸出端被激發。

輸 入		輸 出			
B	A	Y_0	Y_1	Y_2	Y_3
0	0	1	0	0	0
0	1	0	1	0	0
1	0	0	1	1	0
1	1	0	0	0	1

2 對 4 線解碼器

圖 9-12　2 對 4 線解碼器的真值表與方塊圖。

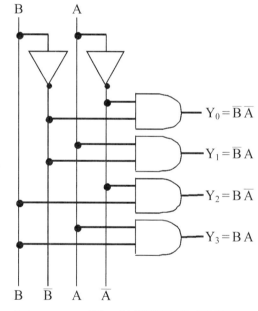

圖 9-13　2 對 4 線解碼器的電路圖。

9.3.6　編碼器

編碼器（Encoder）的動作原理與功能洽與上面所介紹的解碼器相反，設有 M 個輸入端，每次最多只能有一個被激發，此時，在輸出端便有一組相對應的 N 位元碼送出。同樣地，激發狀態可能為 1，也可能為 0；若在方塊圖的輸出端上加上一個小圓圈，則表示其激發狀態為 0。

9.3.7　多工器

多工器（multiplexer，簡寫 MUX）或稱資料選擇器（Data Selector），本質上是一個電子開關，它能由 M 個輸入線中選取一個傳送到輸出上。如圖 14 所示為 M 對 1 線多工器的方塊圖與等效開關結構圖，經由 N 個選擇輸入端來控制（選擇）將 M 個輸入信號其中之一傳送到輸出端，而 N 與 M 的關係為 $2^N \geq M$。例如：一個 32 對 1 線之 MUX，其選擇輸入線最少需 5（$2^5 = 32$）條。

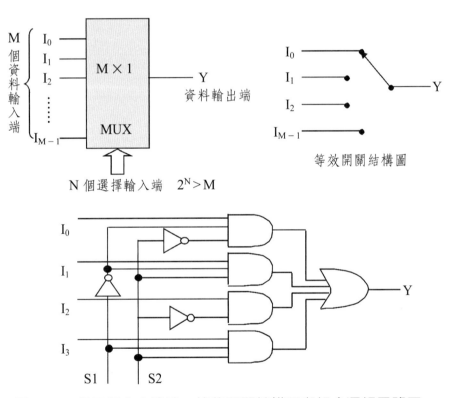

圖 9-14　多工器之方塊圖、等效開關結構圖與組合邏輯電路圖。

9.4 時序邏輯 Sequential Logic

順序邏輯也稱爲時序邏輯或循序邏輯，除了具有組合邏輯電路外，尚含有記憶裝置；它的輸出除了與當時的輸入有關外，還受記憶裝置所處的狀態影響；而記憶裝置的狀態，則是由先前輸入的狀態所決定；換句話說，順序邏輯的輸出，不僅由目前輸入的狀態決定，還受到時間因素的影響。

9.4.1 閂鎖器 Latch

Latch 具有儲存 data 的功能，可由 2 個正回饋的反向器所組成。閂鎖器是個具有互補輸出的雙穩態電路，且由外來訊號強迫至某一固定穩態而且可以永久停留在所得的狀態而記住下來，我們可以指定一方爲邏輯（1），而另一互補狀態爲（0），而觸發電路與閂鎖器組合將形成一正反器。

9.4.2 正反器

在數位邏輯電路中，兩種最常用的元件分別爲邏輯閘與正反器（FF, Flip Flop）；而正反器正是順序邏輯電路中的基本記憶元件；通常有兩個輸出端，彼此以相反的穩定狀態輸出，$\overline{Q}$ 輸出端的狀態恆爲 Q 輸出端的反相（或補數）；另外，正反器有一個或一個以上的輸入端，從輸入端輸入的訊號可能造成正反器改變輸出狀態，而一但某一輸入訊號造成正反器進入某種輸出狀態時，正反器就會一直停留在該狀態，即使該輸入訊號已終止了，直到下一個輸入訊號來臨才有可能再度致使正反器進入另一種輸出狀態；這種具有「記憶」的特性就是正反器的特點。

基本的正反器可以用兩個 NOR 閘來完成，如圖 15 所示爲常見的 RS 正反器的電路、眞值表與符號；其中輸入端分別 R（重設，Reset）及 S（設定，Set），而輸出端則爲 Q 與 Q bar 依其輸出的狀態可分爲眞值表所列 4 種：

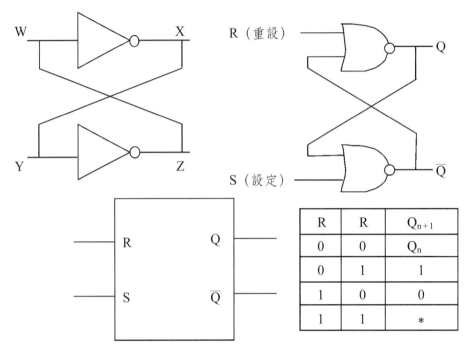

圖 9-15　NOR 閘組成的 RS 正反器。

　　由於順序邏輯的電路，常需預先設定（預設，Preset）與清除（Clear）的功能；所以，典型的正反器通常都有預設（常以 PR 表示，即使 Q = 1 的功能）及清除（常以 CLR 表示，即使 Q = 0 的功能）輸入端，在所有的輸入控制端中，PR 及 CLR 具有最高的優先權。由於實用的正反器皆有一個時鐘（Clock）脈波輸入端（常以 CK 或 CLK 表示），用以控制正反器能在某一個時間點動作，以便數千、數萬個正反器能夠同步同時一起動作。

9.4.3　計數器

　　計數器（Counter）是數位邏輯系統中用途最廣且變化最多的部份之一，利用計數器在某一段時間內所收到（計數）的脈波數，可以精確計算出脈波的頻率、週期，甚至某一動作過程需花費多少時間，而達到計時、計數與順序控制的功能。

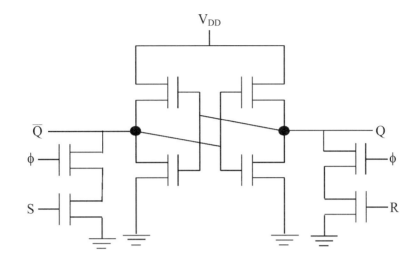

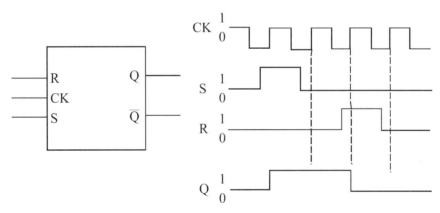

圖 9-16 加入時脈的 SR 正反器輸入及輸出。

9.4.4 暫存器

暫存器（Register）是由一群記憶元件（如正反器等）所組成的一種電路，用以儲存暫時性的資料；由於每一個記憶元件只能儲存 1bit 的資料，因此在電路的設計上，就必須考慮如何將資料移入或移出暫存器，而具有上述功能的暫存器，稱為移位（Shift）暫存器。

9.5 邏輯元件應用 Standard Cell、Gate Array、CPLD、FPGA

9.5.1 標準單元 Standard Cell

我們之前介紹了組合邏輯的基本邏輯閘，並介紹了利用狄摩根定理，將布林函數轉換成完全由萬用閘（NAND 閘或 NOR 閘）所組成的邏輯電路，我們便可以將預先設計好的萬用閘，以標準單元的方式排列，組合成複雜的電路，由於每一標準單元都須經過製程特性的分析，建立精確的模型供電路計者參考，其基本之核心電路均可以模組標準單元之型態堆積完成所需的電路，許多標準單元集合而成之資料庫，可供工程師輕易使用、就叫做 Standard Cell Library（標準單元圖書館）。

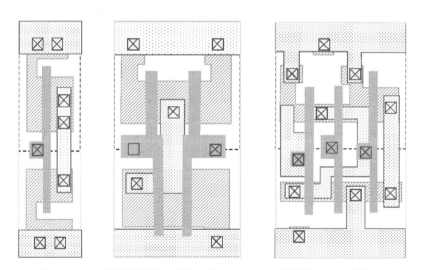

圖 9-17 標準單元之反向器、NAND 閘及 AND 閘。

例如微處理機中之 NAND、NOR、Latches、甚至加法器、乘法器均可利用標準之模組電路組合而成。Standard Cell Library 之觀念之成功主要是因為 CMOS 電路簡單、Noise Margin 好、對製程之要求不高、各製程之 Layout 格局類似等因素所造成，亦可預先組成特定的電路區塊，我們稱之為電路資料庫

IP Library，可以大幅加速大型電路之設計／除錯時間，加速產品上市的時效。

9.5.2　閘矩陣 Gate Array

閘矩陣是一種半顧客指定（Semi-Custom）設計之方法。對於所需 IC 之量不大時，閘矩陣是一種相當好之策略。閘矩陣是把許多 CMOS Gates 以固定很密集的放在一起，如圖 18 顯示。

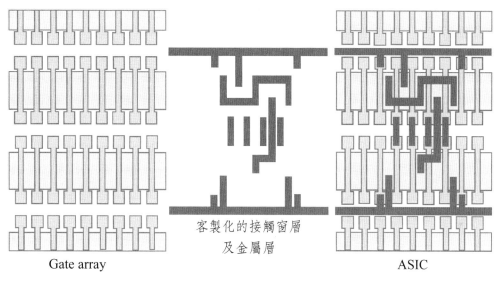

客製化的接觸窗層
及金屬層

Gate array　　　　　　　　　　　　　　　ASIC

圖 9-18　由閘矩陣所組成的 ASIC 電路。

不論顧客之電路需求爲何，在 Semi-Custom Gate Aarray 中除了上層之金屬接線不同外，以下各層之佈局均相同，如此 Semi-Custom IC 之製作公司即可不論顧客之電路需求爲何，事先可大量把除了製程金屬接線步驟之前之晶圓先製造好。如此當顧客依據他之需要下訂單時，Semi-Custom IC 公司，即可依照他之指定在金屬接線那一層之 Layout 設計好。然後只特別作金屬接線那一層之光罩，再利用金屬接線之光罩於原事先已處理至金屬接線步驟前之晶片，完成其它 IC 之製程步驟。由於 Semi-Custom 之策略是 IC 公司等於把許多量小之顧客集合成大顧客，如此可說是具大量生產成本降低之優點。且由於只要等最後之製程步驟之完成，生產過程從頭到尾（Turn-Around）之時間會

明顯縮短。由於 CMOS 邏輯電路之簡單及標準化促使了閘矩陣之蓬勃發展。

9.5.3 可程式邏輯元件 PLD

可程式邏輯元件（PLD, Programmable Logic Device）是一種數位積體電路，可以讓使用者自由設計其邏輯功能；所以 PLD 其實含蓋了 PROM（Programmable ROM）、PAL（Programmable Array Logic）、PLA（Programmable Logic Array）、CPLD（Complex PLD）、FPGA（Field Programmable Gate Array）等可程式邏輯元件。

PLD 早期便是為了取代制式的 IC（SSI、MSI）而問世，然而隨著半導體材料與製造技術的進步，PLD 在某些方面甚至已可以取代 LSI、VLSI，因為使用 PLD 可獲得下列幾項優點：(1) 保密性：只要將內部的保密保險絲（Security Fuse）燒斷，即可防止電路內容被他人拷貝模仿。(2) 時效性：產品問世的時間可以縮短，因而可以獲取最大的利基。(3) 設計與維護容易：可以使用邏輯硬體描述語言（VHDL、Verilog、AHDL 等語言），電路圖等自動化工具完成設計、模擬，且可重複燒錄，故在設計與維護上均十分便利。

CPLD 基本上是由許多個獨立的邏輯區塊（Logic Block）所組合而成的，如圖 19。由於邏輯區塊間的相互關係為可程式化（可規劃）的配線架構，所以可以組合成複雜的大型電路。

FPGA（Field Programmable Gate Array，現場可規劃閘陣列）是在一顆超大型積體電路（VLSI）中，均勻地配置了一大堆的可程式邏輯區塊（CLB, Configurable Logic Block）。每個 CLB 都擁有基本的組合邏輯和順序邏輯電路，而且在每 CLB 和 CLB 之間均勻地配置一大串的可程式配線（Routing），只要控制這些配線就可以將每個單獨的 CLB 組合成複雜的大型電路；最後再利用分佈於外圈的可程式輸入輸出區塊（Input/Output Block, IOB），提供 FPGA 和外部電路的介面。

FPGA 的架構主要有 SRAM Base 及 Anti-Ffuse 兩種設計模式，其中 SRAM Base 特點是可重覆燒錄（Reprogrammable），低耗電率，可於線上組成（In-Circuit Configurable），但唯其需借助外部電源維持資料，且操作上需由外部進行資料下載；Anti-Fuse 由於具有一次燒錄（OTP）的特性，可在保

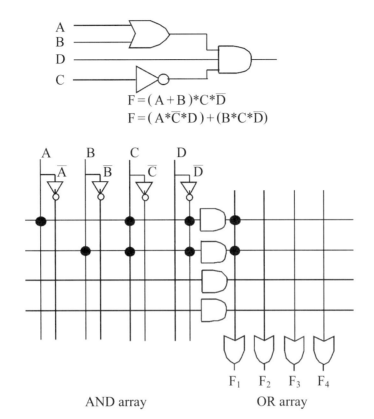

$$F = (A+B)*C*\overline{D}$$
$$F = (A*\overline{C}*D)+(B*C*\overline{D})$$

圖 9-19 由邏輯區塊所組成的 CPLD 電路。

密性上提供較佳的保護,但也因此無法進行重覆修改。

在 FPGA 元件中的邏輯區塊(CLB)、輸入輸出區塊(IOB)和配線(Routing),不但都是可程式化,且還可以像讀寫 RAM 一樣的隨時載入並更新設計,就像是利用電腦輔助配線的麵包板一樣地方便,所以使用者可以很容易地設計、製作出自己所需要的系統,因此應用在設計使用者的原型機(Prototyping)或少量生產之產品,FPGA 元件可以說是最佳的實驗器材,常用於 10,000 閘以上的大型設計,適合做複雜的時序邏輯,如數位訊號處理(DSP, Digital Signal Process)、I/O 介面控制、資料路徑傳輸控 HUB)、PCI 介面控制等等。只是由於 IC 接腳個數上的限制。其啓始設定程式必須用串列訊號來控制讀寫動作,所以稍微慢了些。由於 FPGA 內部邏輯區塊連接的配線方式是屬於分段式,所以造成內部延遲時間不定(CPLD 的配線方式

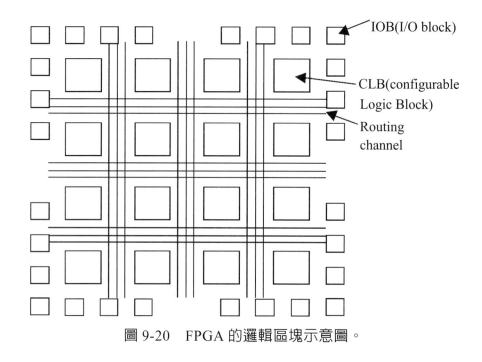

圖 9-20　FPGA 的邏輯區塊示意圖。

是屬於連續式的，所以內部延遲時間固定），故其處理速度比專用積體電路（ASIC, Application Specific Integrated Circuit）較慢。

9.6 本章習題

1. 試述 CMOS 邏輯元件有哪些要求？

2. 試描繪 CMOS 反向器的電路圖、佈局、與製程截面結構圖。

3. 試描繪 CMOS 傳輸閘電路圖及 CMOS 傳輸閘的主要作用。

4. 試述正反器如何具有記憶的特性。

5. 試述邏輯電路中之標準單元、閘矩陣、及可程式邏輯閘的特性與差異。

參考文獻

1. Digital Logic and Computer Design,. 1979. Author. M. Morris Mano...
2. Digital Electronics, James Bignell Robert Donovan Publications by Delmar Thomson Learning 2000
3. Digital integrated electronics; McGraw-Hill ISE (Published: 1985)
4. 數位邏輯設計，黃慶璋編譯 2003 全華科技
5. Microelectronics: Jacob Millman, ArrinGrabel，開發出版社
6. Digital Computer Electronics，東華書局
7. 組合邏輯，任建葳編著，全華科技圖書

10 邏輯／類比混合訊號

- ◆ 混合訊號特性
- ◆ 混合訊號電路
- ◆ 混合訊號的主動元件 Active device
- ◆ 混合訊號的被動元件 Passive Device
- ◆ 混合訊號電路特別需求

10.1　混合訊號特性

　　第九章介紹了以 CMOS 爲主的邏輯數位電路，可以快速處理龐大的 0 與 1 的資訊，但對於眞實世界例如聲音、影像、以及環境溫度、壓力等等各式的非 0 與 1 類比訊號，CMOS 要如何處理？對於這些類比電路的要求又有那些，製程整合該注意哪些地方，則是本章要討論的重點。

　　類比電路不可避免地被廣泛運用和普及，但類比設計是困難的？我們來觀察下列幾點：(1) 數位元電路主要考慮速度和功率消耗的限制，而類比設計必須考慮速度、功率消耗、增益、精確度及供應電壓等多維的限制；(2) 因爲處理類比信號需要速度和精確度，類比電路比數位電路對於雜訊和干擾更加靈敏；(3) 元件的二次效應對類比電路效能影響遠超過對數位電路的影響；(4) 許多數位電路可以被自動地整合分析及設計，但高效能類比電路設計很少被自動化，每個元件通常都必須人工設計。

　　包括微處理器和記憶體的設計皆吸引了許多類比設計的專家。許多關於資料分佈和晶片內或晶片間時脈的問題使得高速信號被視爲類比波形。和封裝寄生電容一樣，信號的不完美和晶片上功率連接都需要對類比設計相當地瞭解。此外，半導體記憶廣泛地運用感應放大器（Sense Amplifiers），亦屬於類比電路的一部分，需要許多類比技巧。

10.1.1　ADC/DAC 數位／類比轉換

　　與數位電路最大的不同是數位訊號僅爲 0 與 1，類比則爲連續的訊號，類比訊號可藉由取樣切割的方式，將連續的訊號轉換成數位的訊號，如圖 10-1 所示，取樣愈細，則訊號愈接近眞實的數值，如圖 1 的 3 個位元（3 bit）的數位訊號，可以表現出 0 至 7 等 2^3 共 8 階的訊號，同理若採用 10bit 的技術，可以表現出 2^{10} 共 1024 階的訊號，解析能力（Resolution）增加，當然電路的複雜度提高很多。

　　類比轉換至數位訊號的技巧，根據解析度與處理速度的需求，可採用不同的電路技術達成，若需極高的解析能力，常使用 Pipe Line 技術，見圖 2，

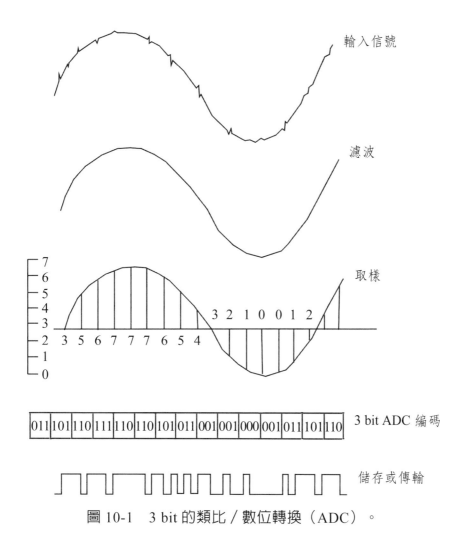

圖 10-1　3 bit 的類比／數位轉換（ADC）。

訊號經過一級 D/A 輸出後，將過濾後訊號推往下一級，以此方法可達 14 bit 的解析力，但相對速度較慢（<100MHz），另一可以極高速（<800MHz）的電路來處理類比數位轉換，但解析能力較差（<8Bit），以 8 bit Flash ADC 為例，我們將原始訊號同時通過 8 個電阻串及 8 個比較電路，立刻獲得 8 bit 的數位輸出，由於 flash ADC 的電路較複雜，消耗的功率亦較高。類比訊號藉由 ADC 轉換後，就可利用數位電路的特性，快速處理大量的類比訊號，若需類比的輸出，如聲音、影像等，則可透過反向 DAC 類比／類比轉換來完成。

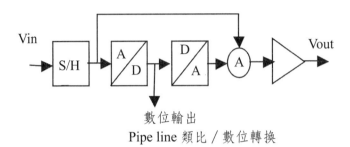

數位輸出

Pipe line 類比／數位轉換

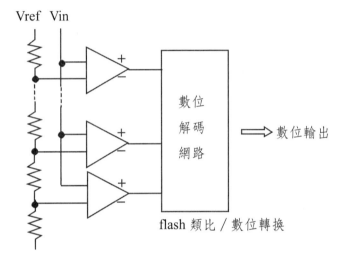

flash 類比／數位轉換

圖 10-2　Pipe line 及 Flash 的類比／數位轉換（ADC）。

10.2　混合訊號電路

除了數位類比轉換電路外，類比電路的另一特色為訊號的放大與處理，以下介紹若干常用的類比訊號常用電路。

10.2.1　電源／參考電壓電路

1. 被動與主動電流鏡

由於二個具有相同閘極－源極電壓且運作於飽和區之相同 MOS 元件

將攜帶相同的電流。在圖 3 中 Q1 和 Q2 所組成之結構稱爲電流鏡（Current Mirror）。一般來說，忽略通道長度調變效應時，我們可以寫成

$$IREF = 1/2\ \mu nCOX(W/L)1(VGS - VTH)2$$
$$Iout = 1/2\ \mu nCOX(W/L)2(VGS - VTH)2$$
$$Iout = [(W/L)2/(W/L)1]\ IREF$$

此組態的關鍵特性在於其允許精確電流複製，且排除了製程與溫度的相關性，而 Iout 與 IREF 的比值將由元件的尺寸所給定，而元件的尺寸可以被控制在一合理的精確度之內。對於所有電晶體來說，電流鏡通常會使用相同長度以便將源極與汲極區域側擴散所造成之誤差最小。因此，電流比例可以藉由改變電晶體寬度來達成。

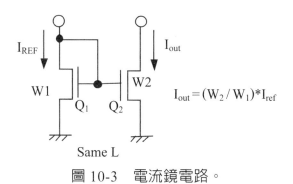

圖 10-3　電流鏡電路。

2. 與溫度無關之參考電壓電路

對溫度顯示低相關性之參考電壓在許多類比電路中非常重要，因爲大部份的製程參數隨著溫度變化，如果一參考電路與溫度無關時，則可以提供穩定的電壓源。在半導體技術中許多元件參數之中，雙載子電晶體的特性已被證明最可以重複生產且擁有能提供正和負 TC 值之定義明確數值。

在 n 型井製程中，pnp 電晶體可由 CMOS 製程產生。在 n 型井中之一 p⁺ 區域做爲射極而 n 型井本身做爲基極。p 型基板做爲集極且必須連接到最小之供應電壓。

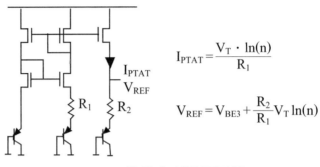

$$I_{PTAT} = \frac{V_T \cdot \ln(n)}{R_1}$$

$$V_{REF} = V_{BE3} + \frac{R_2}{R_1} V_T \ln(n)$$

圖 10-4　帶差參考電壓電路。

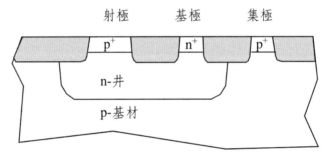

圖 10-5　CMOS 製程中寄生形成的垂直 PNP 雙載子電晶體。

對一個雙載子元件而言，我們可以寫出 $I_C = I_S \exp(V_{BE}/V_T)$，其中 $V_T = kT/q$，飽和電流 I_S 和 μkTn_i^2 成比例，其中 μ 象徵了次要載子之遷移率；而 n_i 象徵了矽晶之內在次要載子濃度。這些數值對於溫度之相關性可表示為 $\mu \propto \mu_0 T^m$，其中 $m \approx -3/2$，顯示了一個負的溫度係數且 $n_i^2 \propto T^3 \exp[-E_g/(kT)]$，其中 $E_g \approx 1.12eV$ 為矽的能帶差。

$$I_S = bT^{4+m} \exp{-E_g/kT}$$

如果兩個雙載子電晶體操作於不同的電流密度下，電壓差和絕對溫度成正比。舉例來說，相同的電晶體（$I_{S1} = I_{S2}$）分別偏壓於集極電流為 nI_0 和 I_0 並忽略其基極電流。因此，V_{BE} 之差異顯示了一個正的溫度係數：

$$\partial \Delta V_{BE}/\partial T = k/q \ln n$$

利用上述求得之負 TC 和正 TC 電壓，我們可以發展一具有零溫度係數之參考電路。我們寫成 $V_{REF} = \alpha_1 V_{BE} + \alpha_2(V_T lnn)$，其中 $V_T lnn$ 爲二個操作於不同電流密度下之雙載子電晶體的基極－射極電壓差。我們如何選擇 α_1 和 α_2 呢？因爲在室溫時，$\partial V_{BE}/\partial T \approx -1.5mV/K$ 而 $\partial V_T/\partial T \approx +0.087mV/K$，我們可設定 $\alpha_1 = 1$ 而選擇 α_2 lnn 使得 $(\alpha_2 lnn)(0.087mV/K)=1.5mV/K$。那就是說，$\alpha_2$ lnn $\approx$ 17.2，對零 TC 來說：

$$V_{REF} \approx V_{BE}+17.2V_T \approx 1.25V$$
$$V_{REF} \approx E_g/q+(4+m)V_T$$

因此，參考電壓顯示了被一些基本數值所給定之零 TC：矽的能帶差 E_g/q，溫度指數之遷移率 m，和熱電壓 V_T。在此使用帶差是因爲當 $T \rightarrow 0$，$V_{REF} \rightarrow E_g/q$。爲此帶差參考電壓術語的來源。

10.2.2　放大／差動電路

1. 具負載電阻之共源極電壓放大電路

MOSFET 可藉其轉導特性將其閘極 - 源極電壓變化轉換爲小信號之汲極電流，並且通過一電阻以產生輸出電壓，如圖 6 所示，共源極（Common Source, CS）組態將執行這項功能。我們通常會確保 $V_{out} > V_{in} - V_{TH}$，作爲輸入 - 輸出特性圖，並視其斜率爲小信號增益，我們可得：

$$\begin{aligned} Av &= \partial V_{out}/\partial V_{in} \\ &= -R_D\mu_n C_{OX} W/L(V_{in}-V_{TH}) \\ &= -g_m R_D \end{aligned}$$

在單級放大器中需要大電壓增益的應用中，$Av = -g_m R_D$ 的關係顯示出了我們將增加共源極組態之負載阻抗。然而，連接一電阻或二極體作爲負載，增加負載電阻時將會限制輸出電壓振幅。一個較實際的方法便是以電流源取代負載電阻，或可稱之爲疊接組態。

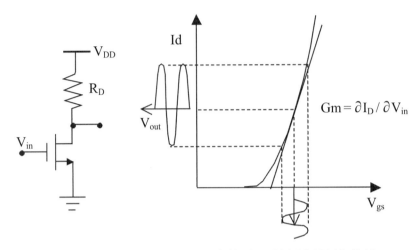

圖 10-6　共源極電壓放大電路的小訊號近似特性曲線。

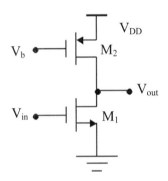

圖 10-7　共源極電壓放大電路之疊接組態。

其中兩個電晶體皆操作於飽和區。因為在輸出節點看到之總阻抗為 $r_{O1} \parallel r_{O2}$，故增益為：

$$Av = -g_{m1}(r_{O1} \parallel r_{O2})$$

在給定汲極電流下之 MOSFET 輸出阻抗可藉由改變通道長度來變化，亦即對第一級來說，$\lambda \propto 1/L$，故 $r_O \propto L/I_D$。因為圖 7 之組態增益和 $r_{O1} \parallel r_{O2}$ 成比例，故我們推論較長之電晶體會產生較高的電壓增益。若 W_2 保持固定並增加 L_2 時，r_{O2} 和電壓增益將會增加，而為了使 M_2 保持在飽和區，將付出高 $|V_{DS2}|$

的代價。疊接組態的一個重要特性為其高輸出阻抗。疊接可延伸至三個或更多堆疊元件以達到更高的輸出阻抗，但需要考量多餘的電壓頭部空間。舉例來說，三疊接組態之最小輸出電壓等於三個驅動電壓和，偏壓 V_{DD} 需能在提供最小輸出電壓下仍能維持電路操作。

2.MOS 之差動放大電路（Differential Amplifier）

我們可以合併二個相同的單端信號來處理這二個相位信號。這樣的電路的確提供了一些差動信號的優點；可免除對於供應電壓雜訊及提供較高的輸出振幅等等。差動運作比單端信號好的一個重要優點在於其能抑制共模擾動效應的能力，對於環境的雜訊免疫力較強。另一個有用的特性是能增加其最大電壓振幅。舉例來說，在圖 8 的電路中，在節點 X 或 Y 的最大輸出電壓振幅為 $V_{DD} - (V_{GS} - V_{TH})$，而對 $V_X - V_Y$ 來說，其峰對峰值為 $2[V_{DD} - (V_{GS} - V_{TH})]$。差動電路其他比單端電路好的地方在於其較簡單的偏壓條件及較高的線性特性。

我們不必使用線性電阻來做為差動對的負載，如前述所提共源極態，差動對可運用二極體或電流鏡做為其負載，但負載一電流源之差動對其小信號增益較低，那要如何增加電壓增益呢？，我們可以利用疊接來增加 PMOS 和 NMOS 元件的輸出阻抗，實際上即創造了疊接組態之差動模式。疊接會大幅地增加差動增益但也會付出消耗更多電壓頭部空間的成本。

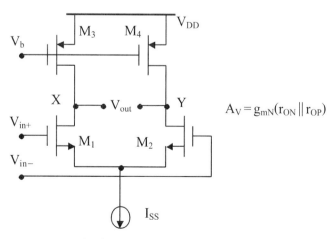

圖 10-8　結合電流鏡之 MOS 差動放大電路。

放大器效能中哪些觀點是重要的？除了增益和速度外，像是功率消耗、供應電壓、線性特性、雜訊或最大電壓振幅等參數都可能很重要，此外，輸入和輸出阻抗決定電路如何與前後級電路交互作用。事實上，大部分的參數都會互相影響，使得電路設計變為一個多元最佳化問題。

10.2.3　振盪／回授電路

振盪器是電子系統中重要的組成元件，從微處理器之時脈產生至行動電話的載波合成，都需要不同效能的振盪器，除了石英振盪器外，CMOS 製程可產生數位或類比電路常見的振盪器，如環形振盪器（Ring Oscillator）及 LC 振盪器等，分別介紹如下：

將一串的奇數個 CMOS 反向器串聯並將頭尾相接，即成為一環形振盪器，由於奇數組態使最後訊號與原始訊號反向，訊號回授後使最初反向器再次將訊號反向而形成振盪回路，利用環形振盪器可以容易計算出每一級反向器動作的時間延遲，用以檢視 CMOS 的操作速度。此元件稱之為環形振盪器。

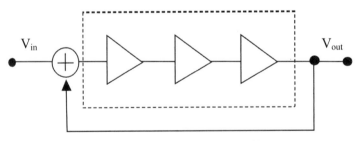

圖 10-9　具有 3 級反向器之環形振盪器。

1.LC 振盪器與電壓控制振盪器（VCO）

一個和電容 C 並聯之電感 L 在頻率 $\omega_{res} = 1/(2\pi\sqrt{LC})$ 下共振，即形成一 LC 振盪器，在此頻率時，電感的阻抗值和電容阻抗值 $1/(jC\omega_{res})$ 相等。但大部份的電路應用都需要可調整頻率之振盪器，而 LC 振盪器只有電感和電容值可被變化來調諧頻率，而其它參數如偏壓電流和電晶體轉導對頻率之影響可忽略不計。因為改變電感值非常難，我們可以改變振盪電路中的電容以調諧振盪

器。我們可以將 LC 振盪器交錯耦合而形電壓控制振盪器（Voltage Controlled Oscillator, VCO），如圖 9，而其中電壓控制電容稱為變容器（Varactors）。電壓控制振盪器也就是其輸出頻率為一電壓控制輸入之函數，一個理想之電壓控制振盪器為控制電壓之線性函數的電路。K_{VCO} 象徵了電路增益或靈敏度（以 rad/s/V 來表示）。可達到的範圍 $\omega_2 - \omega_1$ 稱為調諧範圍（Tuning Range）。真實的製程所產生的 VCO 調諧特性並非線性，此非線性特性會使鎖相迴路的安定性變差，當輸入一個固定控制電壓，VCO 的輸出波形並非呈現完美的週期性，振盪器中的元件電子雜訊會導致輸出相位雜訊和頻率雜訊，在電路設計時均須予以量化並選擇適當的製程來符合電路的需求。

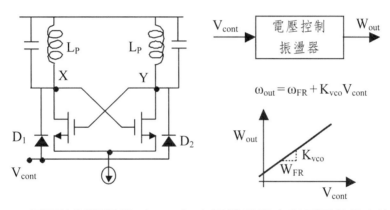

圖 10-10　電壓控制振盪器（VCO）之電路及變容器電壓與頻率的關係。

2. 鎖相迴路 PLL

　　PLL 僅由一個 PD 和 VCO 在回授迴路中組成，為一個比較輸出相位和輸入相位的回授系統，此比較動作藉由相位比較器（Phase Comparator）或相位檢測器（Phase Detector, PD）來執行。PD 比較了 V_{out} 和 V_{in} 之相位，產生一個會改變 VCO 頻率的誤差，直到相位被校準為止，也就是迴路被鎖定時。振盪器之控制電壓必須在穩態中維持固定，也就是 PD 輸出必須被過濾。因此我們插入一低通濾波器（Low-Pass Filter, LPF）於 PD 和 VCO 間，抑制了 PD 輸出的高頻成份且在振盪器中產生了直流位準。這形成了基本的 PLL 組態。

　　PLL 鎖相迴路廣泛應用於時脈系統設計中，其中包括相位同步以及時脈倍

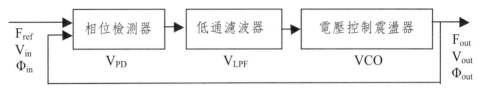

圖 10-11 基本的 PLL 組態。

頻等應用。通常,當晶片工作頻率高於一定頻率時,就需要消除由於晶片內時脈驅動所引起的片內時脈與片外時脈間的相位差,嵌入在晶片內部的 PLL 可以消除這種時脈延遲。另外,晶片控制鏈邏輯需要時脈源,整合在晶片內部的 PLL 可以將外部時脈合成為此時脈源。系統整合 PLL 的另一個顯著特點是鎖相迴路能夠產生相對於參考輸入時脈頻率不同倍率的核心時脈,這種調節能確保晶片和外部介面電路之間快速同步和有效的數據傳輸。舉凡網路通訊系統實體層的信號調變解調電路(Modulation/Demodulation)、精準的時間與時脈的產生、精確的頻率的調昇與調降、準確的馬達運轉轉速……等等的頻率及速度控制,還有廣播系統的 AM/FM、電視機的影像、聲音、文字、CD、DVD 的音響、錄放影機器、PC 上的記憶體、匯流排的時脈同步電路、頻率信號產生器、示波器……等等的電子電路,皆有 PLL 的身影。

10.2.4 射頻元件

由於無線通訊的蓬勃發展,使用的關鍵零組件,包括基頻部份的微處理器、調變與解調變、類比／數位與數位／類比轉換、數位訊號處理、記憶體等,而射／中頻的關鍵零組件則包括低雜訊放大器(Low Noise Amplifier)、功率放大器(Power Amplifier)、帶通濾波器(Band Pass Filter)、混頻器(Mixer)等等,如圖 10-12。

1. 低雜訊放大器 LNA

低雜訊放大器 Low Noise Amplifier(LNA)主要用於微波接收機前端,將天線接收的信號以小的雜訊和大的增益進行放大。

低雜訊放大器的主要指標有:雜訊係數(NF)、增益(Gain)、輸入輸

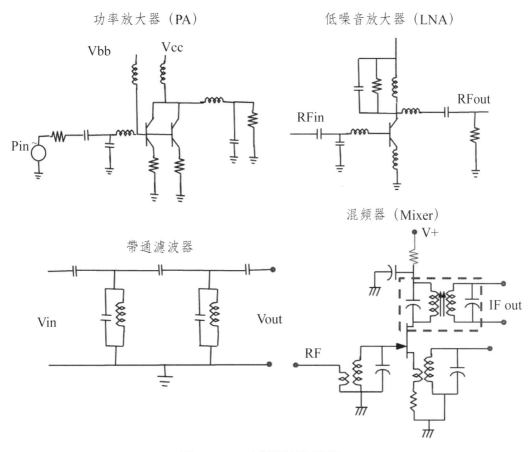

功率放大器（PA）

低噪音放大器（LNA）

帶通濾波器

混頻器（Mixer）

圖 10-12　射頻常用電路。

出阻抗匹配程度（S11、S22、輸入輸出回波損耗或輸入輸出 VSWR）、線性性能（三階交調點和 1dB 壓縮點）、反向隔離（S12）等。由於 LNA 位於鄰近天線的最前端，它的性能好壞會直接影響接收機接收信號的品質，因此主要關注 LNA 的增益和雜訊係數這兩個參數。

2. 微波功率放大器 PA

微波功率放大器 Power Amplifier（PA）用於發射機的末級，它將已調製的頻帶信號放大到所需要的功率值，送到天線中發射，保證在一定區域內的接收機可以收到滿意的信號，並且不干擾相鄰通道的通訊。不同的應用場合對發射功率的大小要求不一，例如通信基站的發射功率可達上百瓦，衛星通信的發

射功率可達上千瓦，而掌上型無線通訊設備卻只需幾十毫瓦到幾百毫瓦。

微波功率放大器的主要指標有工作頻段、輸出功率、功率增益和增益平坦度、雜訊係數、輸入輸出駐波比、輸入輸出三階交調點、鄰道功率比、效率等。與低雜訊放大器相比，微波功率放大器除了要滿足一定的增益、駐波比、頻寬，還要有高的輸出功率和轉換效率及小的非線性失真。

3. 微波濾波器 RF Filter

微波濾波器主要用於濾去不需要的信號保留有用信號，是具有選頻特性的二埠元件，它對通帶內頻率信號呈現匹配傳輸，對阻帶頻率信號失配而進行發射衰減，從而實現信號頻譜過濾功能。

根據不同的選頻特性，濾波器可以分為低通、高通、帶通和帶阻濾波器，這是最基本的四種濾波器。根據不同的實現方法，濾波器可分為使用無源器件（如電感、電容和傳輸線）實現的無源濾波器和使用有源器件（如電晶體和運算放大器）實現的有源濾波器。

在分析測試濾波器時，應考慮的主要指標有：插入損耗（IL）、紋波係數、駐波比（VSWR）、頻寬（BW）、矩形係數（SF）、阻帶抑制和品質因數 Q 等。

4. 混頻器 Mixer

混頻器 Mixer 是通信系統的重要組成部件，主要用於信號的頻率轉換，即將信號的頻率由一個值變換成另一個值。混頻器可分為有源混頻器和無源混頻器。無源混頻器常用二極體和工作在可變電阻區的場效應管（不加直流偏置）構成，增益小於 1，線性範圍大，速度快；有源混頻器由場效應管（加直流偏置）和雙極型電晶體構成，增益大於 1，可以降低混頻後各級雜訊對接收機總雜訊的影響。

混頻器是通過內部的非線性乘法來獲得所需頻率分量的，它工作於非線性狀態會產生許多不想要的非線性頻率分量。在輸入輸出阻抗匹配程度 S 參數上，混頻器在實際應用或測試中，需關注 S11、S13、S21、S22、S23 這 5 個S 參數。

射頻部份是無線通訊的被動與分離式元件最多的單元。整合這些電容器電

阻、電感進入半導體晶片，雖然達到了體積縮小的目的，但一不小心就會提高零組件成本。於是在射頻部份還有許多研發與進步的空間，無論是 SiGe 取代矽的 BiCMOS 製程、SOI（Silicon on Insulator）或 CMOS 晶片的整合、製程的進步等，可望提供更微小又廉價的射頻模組。

　　和無線傳送／接收有直接關連的射頻 IC，可使通訊產品能夠以射頻頻帶（900Hz~3GHz）傳輸和接收數據或語音等資訊。在接收的功能上，射／中頻 IC 將來自天線的訊號，經過放大、濾波、合成等功能，將接收到的射頻訊號，經兩次降頻為基頻，以便接下來的基頻訊號處理。發射時，射／中頻 IC 將上述過程反向操作；將訊號 20 KHz 以下的基頻兩次升頻之後，轉換成射頻的頻率經由天線發射出去。圖 13 為射／中頻 IC 在數位式行動電話中所佔的功能方塊圖。

　　射頻 IC 是整個產品操作頻率最高的部份，要求極高的效率，尤其是功率放大器將以砷化鎵（GaAs）為主要材料繼續存在一段時間，其他的射頻 IC，同樣要求高頻率、低雜訊等特質，經由工程師不斷的研發，希望以成本更低廉，技術進步最快的 CMOS 製程來生產射頻 IC，整合的趨勢明顯而快速。

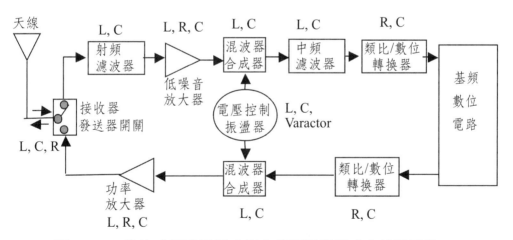

圖 10-13　數位式行動電話功能方塊圖及所需求之被動元件。

10.3　混合訊號的主動元件 Active device

　　主動元件指的是在有電源狀態下，進行訊號的開關或信號的放大，混合訊號／微波元件的主動元件主要有三種：MOSFET/MESFET（金氧半導體場效電晶體），HBT（異質接面雙極電晶體）和 HEMT（高速電子移動電晶體），其中，MOSFET/MESFET 因其結構簡單，可以直接使用標準晶片製造，成本最低，是最早應用的電晶體也是使用最廣泛者。

　　HBT 其線性效果佳及功率效益較佳，HBT 因物理特性具備高線性度良好寬頻響應、高崩潰電壓、高增益、高效率、較低寄生效應、無需負偏壓設計、低相位雜訊等優點，使其功能具有功率放大倍率佳，待耗電流較低小等特色，HBT 已成為市場上手機及無線區域網路（WLAN）用 PA 之主流技術。

　　HEMT 因為因具有超高頻及低雜訊特性，其性能比 MESFET 及 HBT 還優異。使其在高功率基地台，低雜訊放大器（LNA）及 RF Switch 上佔有重要地位。

　　HBT、HEMT 及 MOSFET/MESFET 三者問最大的差異在於 HBT 為少數載子元件，以電流源控制三極，基極（Base），集極（Collector）和射極（Emitter）呈垂直排列結構，元件電流以垂直方式傳導，無須負偏壓設計，僅需採用微米製程。而 PHEMT 與 MOSFET/MESFET 則為多數載子，以電壓源控制三極，閘極（Gate），源極 Source）和汲極（Drain）呈水平結構，元件電流以水平方式傳導。下表為三種元件結構之特性的比較表：

表 10.1　三種混合訊號／微波元件 HBT、HEMT 及 MOSFET/MESFE 比較

	HBT	PHEMT	MESFET
晶圓成長方式	MBE/MOCVD	MBE/MOCVD	None
元件尺寸大小	小	中	大
頻率範圍	$\leq 18\text{GHz}$	$\leq 100\text{GHz}$	$\leq 18\text{GHz}$
負閘極偏壓	沒有	有	有
線寬	1.0~2.0	0.15~0.5	0.15~0.5
市場狀況	成長	成長	成熟

10.3.1 MOSFET/MESFET 金氧半導體場效電晶體

10.2 提到共源極電壓放大電路的電壓增益來自 MOS 的 g_m*r_o，我們首先探討 r_o，因製程微縮造成的變化，當製程微縮後，通道長度變小，由於短通道之汲極誘發能障降低（DIBL）及通道長度調變效應之故，它將會使得臨界電壓下降且汲極電流上升，降低了輸出阻抗 r_o。另外在夠高的汲極電壓下，汲極附近的碰撞離子化現象產生額外電流（從汲極流入基板），亦會降低輸出阻抗。r_o 的整體特性繪於圖 14 中。而 r_o 大小將決定大部分放大器的電壓增益值。

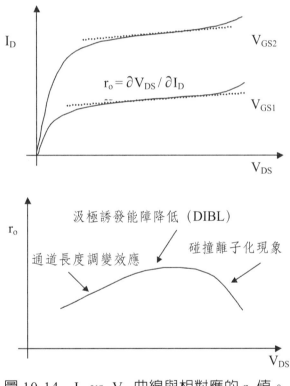

圖 10-14 I_D vs. V_D 曲線與相對應的 r_o 值。

另外讓我們考慮製程微縮對 g_m 造成的變化

$$g_m = \mu(\alpha C_{OX})*W/(L/\alpha)(V_{GS} - V_{TH})$$
$$= \mu C_{OX}W/L(V_{GS} - V_{TH})$$

　　我們注意到如果所有尺寸和操作電壓減少時，g_m 將變化不大。由於以上討論可知要獲得較高電壓增益仍應避免使用短通道的元件，若仍須同時考慮元件速度與電壓增益而必須採用短通道的元件時，可使用第六章基材工程與源／汲極工程的手法，如 SSR 結構來降低短通道引起的 DIBL 行為，可避免輸出阻抗 r_o 的下降，維持良好的電壓增益。

　　元件縮小對於類比電路另一個衝擊是供應電壓減少。在理想的製程微縮之下，電壓振幅減少，降低了電路的動態範圍。舉例來說，如果動態範圍的下限被熱雜訊限制時，則 V_{DD} 減少 α 倍會使得動態範圍減少 α 倍，因為 g_m 和熱雜訊維持不變。當然，在一般維持 I_{DD} 不變的狀態下，因為對類比電路之功率 $(V_{DD}/\alpha)(I_{DD}/\alpha) = (V_{DD}I_{DD}/\alpha)^2$ 而言，功率消耗會減少 α 倍。

　　CMOS 在操作頻率提加時，訊號放大的能力將逐漸下降，我們常將截止頻率（$ft = gm/Cinput$）與最大頻率（$fmax=\sqrt{ft/8\pi RgCgd}$）作為檢視 CMOS 高頻特性的指標，為了提高 CMOS 高頻的操作速度及訊號的放大能力，我們常將多條 CMOS 並聯以增加元件的 I_D，g_m。

10.3.2　異質接面雙載子電晶體 Heterojunction Bipolar Transistor

　　雖然元件尺寸縮小後，CMOS 電晶體整體的速度不斷提高，但是還是比雙載子（Bipolar）電晶體還得慢。雙載子電晶體的缺點是高耗電性與低積集度，不過這些雙載子的缺點，正是 CMOS 的優點而且可以加以彌補的部分。於是乎一種結合這兩類半導體結構於一身的 Bipolar-CMOS 技術，簡稱 BiCMOS。它的設計理念是出之於將整個電路中最需要「高速度」和「高電流趨動（Current Drive）」的部份，以 Bipolar 來處理，如高頻電路的輸入／輸出以及訊號的放大，而將電路中需要「高積度」和「低能耗」的區域，如邏輯電路，以 CMOS 來製作。如此一來，整個電路的操作不但具有原來 CMOS 低耗能與高積集度的優點，還具備 Bipolar 在速度上的優勢，使 BiCMOS 整個的表現較 CMOS 更卓越。為了在原本全是以 CMOS 為主體的設計中加入 Bipolar 元件，我們可以想見的到 BiCMOS 製程將比 CMOS 製程更加的複雜，且成本提高。在與 CMOS 比較時，Bipolar 具有以下特色：

　　1. 速度：Gm (CMOS) = $\delta Id/\delta Vg$，Gm (Bipolar) = $Ic/(kt/q)$，CMOS 的 Gm

約爲 Bipolar 的 1/2 至 1/4。

2. 訊號放大能力：Gain = Gm*Rout，的 Rout (CMOS) = $\delta Id/\delta Vd$，Rout (Bipolar) = $\delta Ic/\delta V_{CE}$，雙載子電晶體有極大的 Early voltage，訊號放大能力極佳。

3. 耗能：雙載子電晶體在相同速度下有較低耗能（Higher Gm/Id）。

4. 元件匹配（Matching）：雙載子電晶體無 CMOS Vt variation 問題。

5. 噪音（noise）：雙載子電晶體無 Gate Oxide，沒有 1/f 噪音問題。

6. 崩潰電壓：雙載子電晶體無 Gate oxide 低崩潰電壓問題，爲絕佳功率放大元件 power Amp。

7. 可靠度：雙載子電晶體無 Gate oxide，不易受電漿製程／靜電等損壞，可靠度較佳。

8. 截止頻率：雙載子電晶體無閘汲極耦合電容（引進第二極點在高頻響應特性）有較高截止頻率。

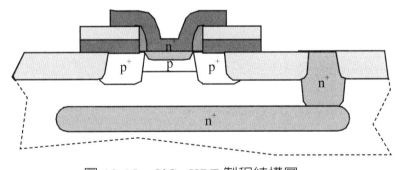

圖 10-15　SiGe HBT 製程結構圖。

除了 Bi-CMOS 提供更高性能的元件外，我們也可以於磊晶成長 n + poly 射極時，加入 graded Ge 分子，稱此製程爲 HBT（Hetro-Junction Bipolar Transistor），當控制較高 SiGe 濃度於集極端時，較小的 Band Gap 降低了基極的 Transit Time，增加射極效率，進而增加了雙載子電晶體的操作速度，提高 ft，fmax，此外，較陡峭的 Base 濃度分佈，使 Base 阻值較低，Noise 的行爲亦較佳。

在此 Bipolar 製程上，必須嚴謹控制射摻雜物的分佈和熱預算（Thermal Budget）來提高元件的均一性（Uniformity）及製程的良率。矽鍺在微波性能、

品質和可靠度表現方面已接近砷化鎵，且更容易整合 CMOS 微波開關或其他零元件，已逐漸在微波元件市場佔有一席之地。

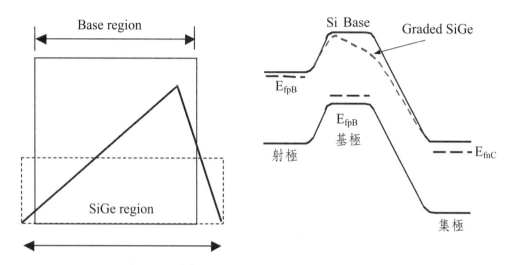

圖 10-16　Ge 在 HBT 製程中基極的濃度分佈圖與能隙寬度的降低。

　　除了以 Si 或 SiGe 所製作的 BiCMOS 或 HBT 外，以 GaAs 為代表的三五族化合物半導體，具有較 Si 不同的材料特性，表現在以下幾個方面：

1. 化合物半導體材料具有很高的電子遷移率和電子漂移速度。室溫時，GaAs 的電子遷移率大約比 Si 的電子遷移率高 5 倍，最大電子漂移速度約為 Si 的兩倍。因此，GaAs 器件以做到更高的工作頻率和更快的工作速度。

2. GaAs 材料的蕭特基 Barrier 特性比 Si 優越，barrier 高度達 0.7～0.8eV，高於矽 0.4～0.6eV。因此，容易實現良好的閘控特性的 MES 結構。

3. GaAs 的 intrinsic 電阻率可達 109，比矽高四個數量級，為半絕村底。電路工藝中便於實現自隔離，工藝簡化，適合於微波電路和毫米波積體電路。

4. 禁帶寬度大，可以在 Si 器件難以工作的高溫領域工作。GaAs 禁帶寬度為 1.43eV，比矽（1.12ev）大。因此，元件工作溫度很高。

5. GaAs 為直接帶隙半導體，可以發光。也就是說它可以實現光電集成，即把微電子光電子結合起來，實現單塊光電 IC 的多功能化、複合化，

可以應用於將來的光電電腦。

因此，以 GaAs 所製作成的 HBT 結構，如圖 10-17，在微波元件的功率放大器（Power Amplifier）的應用上，可比 Si 材料提供更高速、更高功率、低功耗與穩定度的元件。

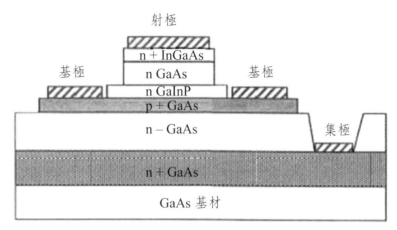

圖 10-17　GaAs HBT 製程結構圖。

另一個化合物半導體的代表是 InP，常用的結構 InP 也是 HBT，InP HBT 最突出的優點是超高 Ft，已經超越 600GHz，InP 電路主要集中在超高速數模混合電路和光電電路中。

10.3.3　高速電子移動電晶體 High Electron Mobility Transistor

除了 MOSFET 和 HBT 結構的電晶體之外，要實現最快速的半導體元件非 HEMT 莫屬，以圖 10-18 作說明，由於 AlGaAs 的禁帶寬度比 GaAs 大，所以它們形成異質接面時，傳導帶邊緣不連續，AlGaAs 的導帶邊緣比 GaAs 的高 Ec，當電子從 AlGaAs 向 GaAs 中轉移時，在 GaAs 表面形成近似三角形的電子勢井，當勢井較深時，電子基本上被限制在勢井寬度所決定的薄層內，稱之為二維電子氣（2DEG），2DEG 是指電子（或電洞）在平行於介面的平面內自由運動，而在垂直於介面的方向受到限制。HEMT 是電壓控制器件，閘極電壓 Vg 可控制異質接面勢井的深度，則可控制勢井中 2-DEG 的面密度，從

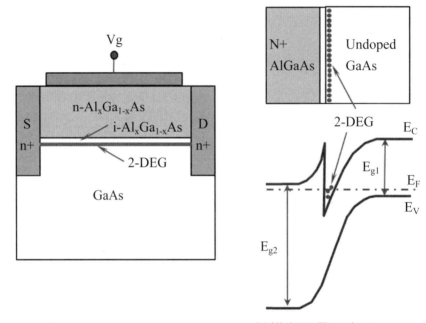

圖 10-18　AlGaAs/GaAs HEMT 結構與能帶示意圖。

而控制著器件的工作電流。

　　HEMT 具有非常高的截止頻率 ft；非常高的工作速度，良好的線性，短通道效應較小，雜訊性能好，使得 HEMT 應用於微波低雜訊放大，高速數位積體電路，高速靜態隨機記憶體，低溫電路，功率放大及微波震盪電路等。

　　除了 GaAs 外，GaN 為寬禁帶半導體的另一個傑出代表，也是採用 HEMT 結構，GaN 具有更高的飽和電子遷移率和擊穿場強，而且還具備非常高的熱傳導性能，能夠使基於 GaN 的 PA 能夠比其他諸如 Si 或者 GaAs 器件高很多的溫度下工作。

10.4　混合訊號的被動元件 Passive Device

　　被動元件指的是提供相關被動功能配合電子主動元件運作的零組件。被動元件與主動元件差異在於被動元件是一種不會產生電力，但會耗用、儲存及／或釋放電力的電子元件。常見的被動元件例如：電阻器、電容器、電感器，在

CMOS 製程中相當容易整合類比／數位電路中常用的電阻／電容，甚至高頻電路常用的電感及變容器，分述如後：

10.4.1　電阻 Resistor

一個 CMOS 製程可以提供一個適合類比設計之電阻。常用的電阻可由基材所提供的一井電阻（Well Resistor）、擴散層電阻（S/D Diffusion Resistor）或多晶矽電阻（Poly Resistor），由於電阻值需求範圍 50～5K Ω/□，常以 Salicide Block 覆蓋以避免 Diff/Poly 形成金屬矽化物，其中 p- 型電阻有較佳的 Uniformity/Matching 及溫度係數（Temp. coefficient.）另 Poly 電阻較 Diff. 電阻有較佳的線性度（linearity, Tcc.<100ppm/℃），較爲電路採用。設計上會使用到各種不同尺寸的電阻，製程的變異會造成元件實際尺寸與設計尺寸不同，特別是小尺寸的電阻，同時在與外部金屬導線連接的區域，亦會貢獻大部份電阻，爲使電阻值能精確符合電路需要，必須建立完整的電路模型，如精確的 Rs、Rend、Δ W 等。

$$R = Rs \frac{L + \Delta L}{W + \Delta W} + 2\,Rend$$

並分析其製程分佈範圍，匹配（Matching < 0.5% for an area of 100μm²），溫度係數（Temp. coif.）電壓係數（Voltage Coif.）以提供電路設計者參考。

10.4.2　電容 Capacitor

在今日類比 CMOS 電路中的電容已成爲了不可或缺的被動元件。電容的多數參數在類比／射頻設計中非常重要，包括類比／數位轉換器（ADC），電壓控制振盪器（VOC），射頻濾波器（Filter），混波器（Mixer），合成器（Synthesizer），低噪音放大器（LNA）等電路，都須應用到電容器作爲被動元件，而對其非理想電容所寄生的參數如非線性（電壓相關）、對基板的寄生電容、串聯電阻等特性，都依不同目的有不同的要求。

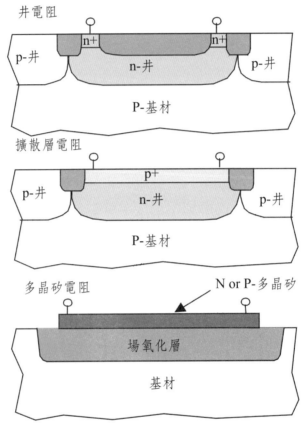

圖 10-19 CMOS 製程常用的電阻結構。

　　因製程影響電容的參數包括電容密度（Density），匹配（Matchimg），電壓線性度（Linearity, Vcc），精確電容模型以提供電路設計參考，並須考慮良好的品質因素（Q）以降低能量損耗。CMOS 製程中，可使用的電容分別有MIM，MOS 及 MOM，等選擇，分別有其特性及考量。MOS 因氧化層厚度最薄，有最高的電容密度，可使用較小面積，但線性度（Linearity）及品質因素較差。MIM 為獨立電容平行板，介電氧化層多為沉積方式形成，但須採用額外光罩及製程來完成，可採用高介電常數的介電材料作為沉積的介電氧化層以提高電容密度，MIM 有最佳的匹配值（<0.25%/0.5pF），最佳的溫度線性度 Tcc（<100ppm）和電壓線性度 Vcc（<100ppm）。若不希望增加額外成本，可採用 MOM 的電容，藉由晶片內多餘的空間，利用金屬內與金屬間（Inter/

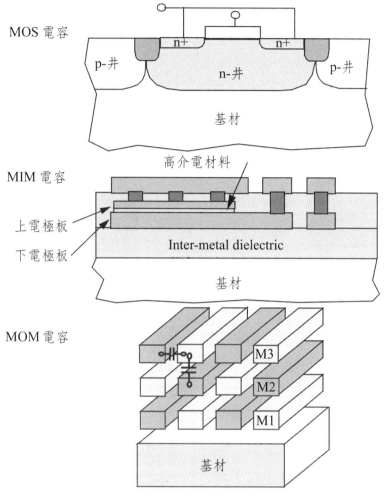

圖 10-20　CMOS 製程常用的電容結構。

Intra Metal）產生電容，由於金屬間距離較遠，電容密度較差，線性度／匹配行為亦較差。圖 20 繪出 CMOS 製程常用的 MOS、MIM 及 MOM 電容結構。

10.4.3　可變電容器 Varactor

在 PLL/VCO 類比電路對可變電容器（Varactor）的特性，依不同操作電壓產生一不同電容值，與電感 LC 振盪產生所須的振盪頻率，此需求可在 CMOS 製程中形成，由於 P-N 接面因電壓大小使接面空乏程度不同，是良好

的變容器選擇，操作時必須維持逆向偏壓、以提供較大的調諧範圍，P-N 接面可變電容有較佳的線性度但電容值較低，調諧範圍較小（~25%），品質因素亦較差。另外由於 MOS 的閘氧化層較薄，電容較大，可調變的電容範圍更大，亦可成為良好的變容器，MOS 可變電容器可操作在空乏區及電荷累積區，且兩區間的調諧範圍最大（+/-30%）。此外，若將 S/D 與基材皆用同型摻雜物，調變範圍更大且有最佳的品質因素（Q）。

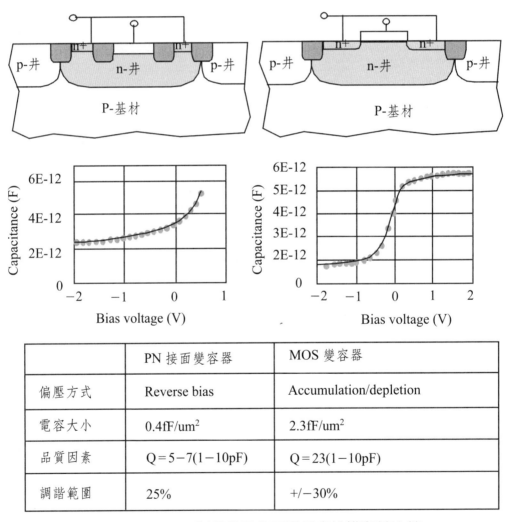

	PN 接面變容器	MOS 變容器
偏壓方式	Reverse bias	Accumulation/depletion
電容大小	0.4fF/um^2	2.3fF/um^2
品質因素	Q＝5−7(1−10pF)	Q＝23(1−10pF)
調諧範圍	25%	+/-30%

圖 10-21　CMOS 製程常用的可變電容結構與其比較。

10.4.4　電感 Inductor

　　電感在類比 CMOS 電路中的已成為了大量使用的被動元件。包括電壓控制振盪器（VOC），射頻濾波器（Filter），合成器（Synthesizer），混波器（Mixer），低噪音放大器（LNA）等，VCO 使用電感產生 LC 振盪電路，LNA 使用電感作為阻抗匹配並改善噪音現象，Filter 使用電感決定頻寬等，而 CMOS 製程提供上層金屬的螺旋狀電感（spiral inductor），在以上電路的須求上需要較大的電感及較小的能量損失（low loss, high Q），也就是較高的品質因素 Q。Q = 最大能量儲存／功率損耗。而電感最大的功率損耗來自於基材的反向電流（Eddy current）及寄生電容。

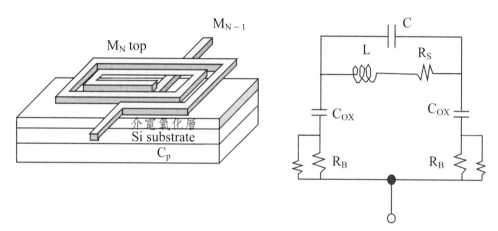

圖 10-22　CMOS 製程製作出的螺旋電感與小訊號模型。

　　因此除了採用厚金屬層或雙金屬層來降低 Rs 外，利用 Low k 介電層以降低寄生電容亦很重要，此外，由於電感面積大（>100μm），與基材距離近，會造成能量消耗（Loss），增加 IMD 厚度或增加基材阻值可改善電感的品質因素，若採用 SOI 等絕緣基材效果更好。

　　除了高電感值及高品質因素外，由於電感與電容皆常成對出現，電感匹配亦為重要考慮因素，另外也需提供完整的模型，使電路設計能選擇適當的電感值與品質因素。

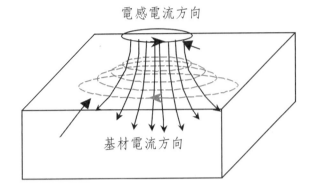
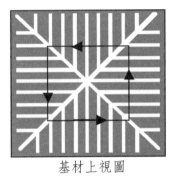

電感電流方向

基材電流方向

基材上視圖

圖 10-23　電感操作時基材產生的 Eddy 電流及利用 STI 高度變化以降低 Eddy 電流的情形。

10.5　混合訊號電路特別需求

10.5.1　匹配 Matching

我們對於差動放大器的研究大部份假定電路為完美地對稱，也就是電路的兩端都顯示了相同的特性和偏壓電流。然而實際上，名義上相同的元件會遇到因為製程步驟中每個步驟的不確定性所產生的有限不匹配現象。如 MOSFETs 的閘極尺寸會遇到隨機、微小的變化和兩個相同設計之電晶體等效長度與寬度間的不匹配現象，電阻不匹配現象，見圖 22，同樣地，MOS 元件顯示了臨界電壓不匹配，因為 V_{TH} 為通道和閘極之摻雜濃度函數，且濃度在不同元件中會隨機地變化。不匹配會導致三個重要的現象：直流偏移、失真和較低的共模排斥現象。

我們預期當 W 和 L 增加時，它們的相對不匹配 $\Delta W/W$ 和 $\Delta L/L$ 會分別減少，也就是說較大的元件會展現較小的不匹配。原因是當電晶體面積增加時，隨機變化會產生較大的平均作用。我們假設 $\mu_n C_{OX}$ 和 V_{TH} 會產生不匹配，如果元件面積增加時，$\mu_n C_{OX}$ 和 V_{TH} 會遇到更大的平均效應，使得兩個大電晶體之間的不匹配較小，被動元件的電阻、電容匹配亦顯示相同的面積效應。

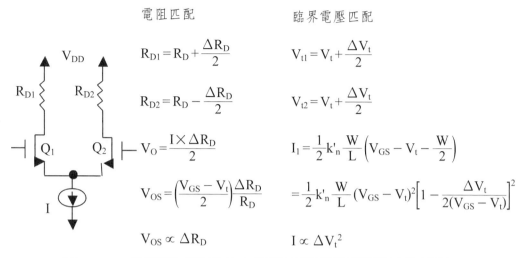

圖 10-24　匹配造成差動放大器輸出電壓與輸出電流的偏移。

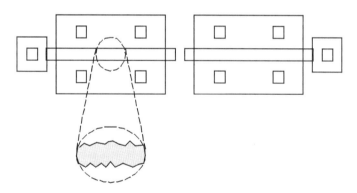

圖 10-25　匹配問題來自製程造成的局部差異或擾動。

$$\sigma(\Delta V_T) = k \cdot t_{ox} \cdot (N_A)^{1/4} / \sqrt{W \cdot L}$$

　　除了增加面積可改善匹配之外，能將參數有平均效果的方法如電晶體疊接或加入模仿單元都可改善匹配的問題，如圖 25 所示，對於寬電晶體而言，每個電晶體可能使用兩個或是更多的指狀結構來改善匹配現象。

　　高精確電路設計之電容佈線亦須遵循上述對於電晶體和電阻所描述的匹配原則，舉例來說，在需要一個良好匹配電容陣列之應用中，模仿元件必須放置於陣列的周圍。注意對稱必須被加入我們所注意的元件和其週遭環境是很重要的。

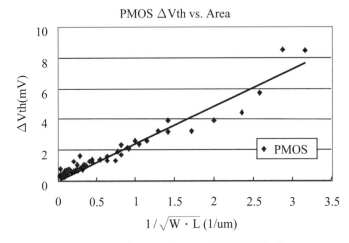

圖 10-26 臨界電壓匹配與面積效應。

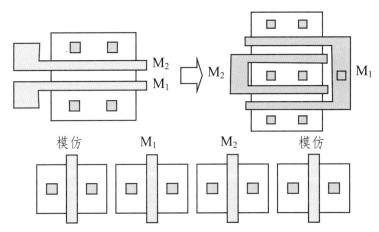

圖 10-27 對稱／疊接電晶體與加入模仿單元以改善匹配現象。

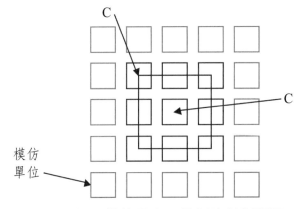

圖 10-28 加入模仿電容元件以改善對稱性。

10.5.2 雜訊噪音 Noise

高頻噪音和低頻噪音因產生機制不同而呈現出來的性能也相差很大，所以在不同的應用場合對其採取的抑制方式也不一樣。低頻噪音一般包括電源紋波、電阻和電晶體隨機熱噪音（Thermal Noise）、電晶體隨機閃爍噪音（Flicker Noise, 1/f）等。高頻噪音主要是電路以及晶片控制元件的快速切換，在晶片時脈設計中，該類型噪音佔主導地位。高頻噪音因為其頻率比較高，所產生的相位偏移 $\Delta\theta$ 比較小，一般高頻噪音用週期性的抖動（Jitter）來描述。今日之類比設計者時常會碰到雜訊問題，因為雜訊和功率消耗、速度與線性等問題將會相互牽制。

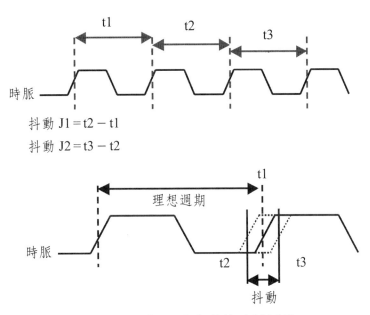

圖 10-29　高頻噪音造成的時脈抖動。

熱雜訊對於溫度 T 之相依性推論了在低溫運作下，類比電路的雜訊將會減少。當我們觀察到 MOS 元件中電荷載子之遷移率在低溫下將會增加。MOS 電晶體也顯示了熱雜訊的現象，最重要的來源是來自於通道中所產生的雜訊，電子的隨機運動引起了導體跨壓之變動，因此，熱雜訊（Thermal Noise）之頻譜和絕對溫度成比例。MOSFET 之電阻部份也將造成熱雜訊，閘極、源極

和汲極材料皆為有限電阻，故會產生雜訊。對一個相當寬之電晶體來說，源極和汲極電阻可被忽略不計，但閘極分散（Gate Distributed）電阻將變得非常重要。對熱雜訊來說，我們必須增加汲極電流或是元件寬度來將電導 g_m 最大化。

　　在一電晶體中閘極氧化層與矽基板之介面顯示了一個有趣的現象，因為矽晶體將會達到此介面之一端，許多不連接（Dangling）之鍵結將會出現，產生一多餘的能階態。當電荷載子於介面移動時，某些載子將被隨機捕捉然後以此能階態釋放，使得汲極電流產生閃爍雜訊（Flicker Noise）。除了被捕捉以外，仍有許多機制被認為會產生閃爍雜訊。不像熱雜訊一樣，閃爍雜訊之平均功無法輕易地預測出來，與氧化層─矽介面之清潔度有關，閃爍雜訊可能產生相當不同的數值並且隨著 CMOS 製程技術而變化。

　　注意到圖 28 的雜訊頻譜密度與頻率成反比，原因由於連接鍵結相關之捕捉─釋放現象在低頻時更常發生，基於這個理由，閃爍雜訊也稱為 1/f 雜訊。我們在同一軸上繪出閃爍雜訊與殼訊兩個頻譜，其交點可當做量測被閃爍雜訊破壞最少之頻帶。輸出電流之 1/f 雜訊轉折點，f_C 可被決定為

$$4kT(2/3)g_m = K/(C_{OX}WL) \cdot 1/fC$$

$$f_C = K/C_{OX}WL \cdot g_m \cdot 3/8kT$$

　　此結果暗示了 f_C 一般來說直接和元件尺寸及偏壓電流有關。但是因為對一個給定之 L 來說，此相關性非常弱，1/f 雜訊轉折頻率幾乎固定不變，對於次微米電晶體來說，約在 500kHz 至 1MHz 附近。

　　對於 1/f 雜訊，主要的方法是增加電晶體之面積。如果 WL 增加而 W/L 保持固定時，元件之轉導值與其熱雜訊將不會變化，但是其元件電容會增加，這些觀察指出雜訊、功率消耗、電壓振幅與速度之相互限制。

　　除了主動元件如 MOS 及 Bipolar 會產生雜訊外，製程內的連接線路及基材亦是雜訊噪音的重要來源，如圖 29 所示。如果需要長連接元件時，平行板和導線的邊緣電容可能會使得速度變差，舉例來說，在混合信號系統中（例如使用許多交換電容式電路的系統），時脈信號必須分佈在長導線中以容納不同建構方塊，因此會產生大的線電容。更重要的是，在線之間的電容會產生嚴重的信號耦合現象。靈敏信號可在佈線中被遮罩，如圖 30 所示，此方法將地線置於信號的兩端，迫使大部份的電場由雜訊線發散至地線上而非信號上。此方

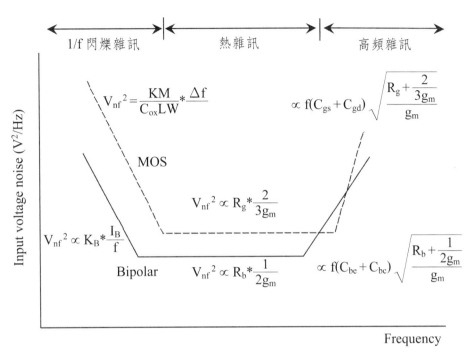

圖 10-30　雜訊頻譜圖。

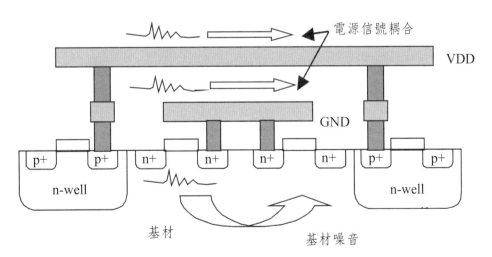

圖 10-31　基材與內連線產生的雜訊噪音。

法比在信號和雜訊線間更多空間的方法還要有效。另一個遮罩的技巧如圖 30 所示，在此訊號線被一個由較高和較低之金屬層組成之接地遮罩鎖環繞，並完全地和外加電場線隔離。

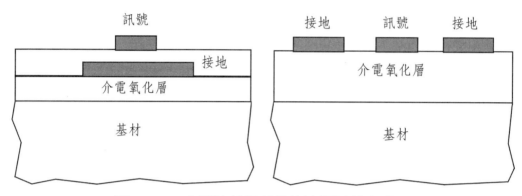

圖 10-32　內連線雜訊噪音的遮罩隔離方式。

　　再談到基材雜訊，大部份現代 CMOS 製程使用一重摻雜 p+ 基板避免元件閂鎖（Latch Up），然而，基板的低電阻性在電路之不同元件間產生了不想要的路徑，如圖 30 的傳統雙井結構，由於 p- 井與重摻雜 p+ 基板相連，因此會使得 p- 井訊號在 p- 基材內流竄，而幹擾其他電路，此效應被稱為基材耦合（Substrate Coupling）或基材雜訊（Substrate Noise），已在今日混合信號 ICs 中變成一個嚴重的問題。

　　為了將基板雜訊效應最小化，可使用下列的方法。首先，差動運作應該在整個電路中使用，使得類比電路對於共模雜訊較不敏感；第二，將類比電路的電源線與晶片其它系統的電源線分離。因為經常在邏輯電路部份出現瞬間大電流，導致主電源的電位不斷變化。電源電壓不斷變化將影響類比電路噪音抑制功能，所以在設計類比電路的電源以及接地時，應該考慮將主電源部份與類比電路部份分離，並且都用單獨的接腳提供。第三，數位電路和類比電路應予以隔離，以減少耦合雜訊。談到數位電路和類比電路應予以隔離亦有不同方法可採用，守護環狀結構（Guard Rings）可被用來隔離類比電路部份和其他部份所產生的基板雜訊。一個守護環狀結構可能僅為一個連接至電路周圍的基板組成之連續環狀結構，對於基板中所產生的電荷載子提供一個接至地端的低阻

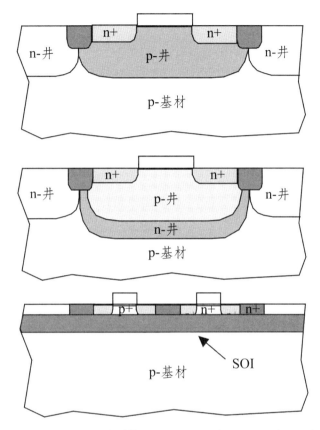

圖 10-33　傳統雙井與三井結構以及 SOI 對於低雜訊行為有不同效果。

抗路徑。用電源和地線包圍整個類比電路。地線圈能夠使類比電路周圍的基材電位保持穩定，穩定的基材電位能夠抑制噪音。另外一個方法是採用較深之 n型井完全包住 p- 井而形成三井結構，如圖 30 所示，如此每個井內訊號將不會被基材雜訊號幹擾，若使用圖 31 的 SOI 結構，由於每個元件都被場氧化層隔開，則可完全解決基材雜訊的問題。

10.6　本章習題

1. 類比電路設計較數位電路困難的原因有哪些。

2. 試述如何在 CMOS 中，形成帶差參考電路。

3. 試述如何使 CMOS 元件達到高電壓增益值。

4. 試述 Bipolar 電晶體與 CMOS 電晶體的差異。

5. 一個完整的 CMOS 電阻模型應包含哪些參數？

6. 如何在 CMOS 製程內製作出可變電容器，並請描述其特性。

7. 改善元件匹配效應的製程方法有哪些。

8. 試述 CMOS 電路中，噪音的來源及改善方法。

參考文獻

1. Design of analog CMOS Integrated circuit, Behazad Razavi, McGraw-Hill. MOS 類比電路，高木茂孝著，林振華編譯，1999 全華科技

2. 2000 IEDM short course, Joachim N. Burghartz

3. Yamashita et al., IEDM 1997, p. 673

4. S.Martin et al., "Device noise in silicone RF technologies", Bell Labs Technical J., p.30 (1997)

5. Kwok Ng, Lucent Technology, 1999

6. Hsu et al., intl. Microwave symposium, 2001

7. C.A. King, Lucent Technology, 2000

8. Jerry Lin, "Deep submicron mix-signal integrated circuit design workshop" IEEE SSCS Taipei chapter, 2002

11 記憶體

◆ CMOS 記憶體特性與分類
◆ 靜態隨機存取記憶體 SRAM
◆ 動態隨機存取記憶體 DRAM
◆ 快閃記憶體 Flash
◆ 發展中的先進記憶體

11.1　CMOS 記憶體特性與分類

　　基本上記憶體分為兩種，一種是揮發性（Volatile）記憶體、一種是非揮發性（non-volatile）記憶體。揮發性記憶體是斷電後記憶體內之資料即消失之記憶體。揮發性記憶體有 RAM，RAM 分為動態隨機存取記憶體 DRAM，及 SRAM 靜態隨機存取記憶體 SRAM。SRAM 之記憶單元是以閂鎖之結構 Latched Storage 來儲存。DRAM 之記憶單元是以電容儲存電荷之方法動態儲存。DRAM 使用電晶體數目較少、所需之面積比 SRAM 記憶單元小得多。所以 DRAM 可用作儲存資料之能力較大、價格也較便宜。SRAM 之特點是讀寫之速度較快。而非揮發性記憶體是斷電後記憶體內之資料仍能保留，非揮發性記憶體有唯讀記憶體 Read Only Memory（ROM）、可程式唯讀記憶體 Programmable ROM（PROM）、可擦拭可程式唯讀記憶體 Erasable PROM（EPROM）、可用電擦拭可程式唯讀記憶體 Electrically EPROM（EEPROM）、及 Flash 記憶體等。

　　ROM 即 Read Only Memory（唯讀記憶體）為最基本的非揮發性記憶體。如圖 1 所示，水準方向之輸入線是字元線，垂直之輸出線是位元線。水準線與垂直線之每個交點即是一個預留之電晶體。要不要此電晶體加入由邏輯函數之需要決定。編程電晶體之方法是經由 Contact 光罩定義，其記憶細胞為 MOS 矩陣，因需製作資料光罩（Contact mask），稱之為光罩式 ROM（Mask ROM）。在結構圖中，每一列與一行的交叉點上均為一個記憶細胞，當交叉點上有 MOS 連接時，相當於紀錄「0」的資料；而沒有 MOS 連接的交叉點，則相當於紀錄「1」的資料。

　　可規劃的 ROM（PROM, Programmable ROM），稱為可規劃一次的 ROM（OTPROM, One Time PROM），其記憶細胞為附有保險絲的二極體矩陣，使用者可以使用 ROM 燒錄器（Programmer 或 Writer）來燒錄自己的資料，由保險絲燒斷後無法再復原，所以僅能燒錄一次。

　　可清除規劃的 ROM（EPROM, Erasable Programmable ROM），將 PROM 的保險絲改成浮動閘極（Floating Gate）的 MOSFET，即成為 EPROM，上面的控制閘極用來編程訊號時，在控制閘極上加上一相當大之電壓（例如

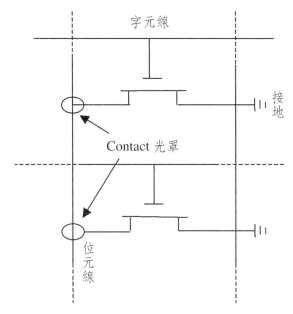

字元線

接地

Contact 光罩

位元線

圖 11-1　Contact 光罩決定記憶體資料內容。

20V），使元件中之通道處有相當大之垂直電場，影響通道中之電子。此時
VDS 之電壓（例如 5V）使正在往汲極運動之電子被垂直方向之電場之影響。
由於浮動閘極下之氧化層很薄，電子會穿過氧化層而附著在浮動閘極上。此即
熱電子注入（Hot Electron Injection）之作用。

　　由於在浮動閘極四周均有絕緣之氧化層包圍，因此浮動閘極上之注入熱電
子無處可跑，便會停留在浮動閘極上，使臨界電壓有大幅增加，臨界電壓改變
的多少由浮動閘極上之電荷決定。由於浮動閘極上之電子所生之電場會使該
元件關掉，沒有電子注入之元件其臨界電壓並不改變。如此即可用來區別該
EPROM 元件所儲存之資料。在一般 EPROM 中，浮動閘極上之電子可保留達
十年之久。編程 EPROM 所需時間只需 1ms 左右，所以可以微電腦直接編程。
以紫外線洗掉 EPROM 之資料係全面性無法部分洗掉，洗掉之時間通常是半小
時左右。

　　電子清除可規劃的 ROM（EEPROM, Electrically Erasable Programmable
ROM），或簡稱 EAROM（Electrically Alterable ROM），EEPROM 亦可寫成
E2PROM。其記憶細胞類似 EPROM，但資料的燒寫與清除方式，則皆利用反

相高電壓（12V~25V）來清除資料的。

　　以上所介紹之 EPROM 雖有以電性編程之能力，但洗掉需以紫外線，且需全面性洗掉。EEPROM 則是 Electrically Erasable Programmable ROM（可用電擦拭 PROM）。與 EPROM 類似亦有浮動閘極。但是汲極附近多了一處有浮動閘極與汲極之氧化層（Tunnel Oxide）比原浮動閘極下之氧化層更薄，這是用來作洗掉浮動閘極上之電子之用。

　　如同 EPROM 寫入資料至 EEPROM 記憶體單元中亦是以熱電子注入法。EEPROM 與 EPROM 不同是可以之方法，自由選擇的洗掉部分之資料，EEPROM 中之 Tunnel Oxide 是用來洗掉浮動閘極上之電子。當要洗掉 EEPROM 浮動閘極上之資料時，可以利用汲極加上正電壓，由於 Tunnel Oxide 之氧化層很薄，使迫使浮動閘極上之電子會 Tunnel 穿過氧化層而達汲極處，達成 Erase 之動作。此 Tunneling 過 Tunnel Oxide 之過程叫作 Fowler-Nordheim Tunneling。EEPROM 可單獨的洗掉某一指定之 byte 中之資料。達成部分洗掉之方法是使每個記憶單元加上第二個 select 電晶體。但是由於此 select 電晶體使得 EEPROM 之記憶單元面積變大，因而 EEPROM 之價格相當昂貴。

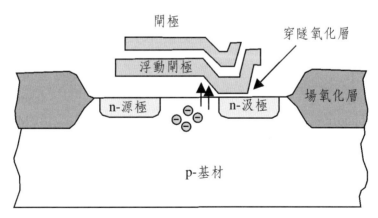

圖 11-2　EEPROM 截面示意圖。

　　快閃記憶體則是一個一般性的名詞，用於描述系統中利用不同記憶體單元結構及寫入／拭去機制特性而完成可重複寫入功能的非揮發性記憶體。其中可重複寫入功能是由控制單一記憶體單元的寫入動作及大量記憶體單元的拭

去動作所構成。一般來說，快閃記憶體為一標準的 MOS 電晶體中加多了一層被絕緣體包圍的閘極所組成（又稱為浮動閘極），電子可經由絕緣體藉外加電場的作用而置入浮動閘極或由浮動閘極移出，完成寫入／拭去的動作。除了電源關閉後仍能保存資料的完整性的優點外，快閃記憶體也擁有每個單位記憶體位元（bit）低成本特點，使其能成功應用在不同的資訊產品領域中，從 PC、手機、PDA，到數位相機、MP3 隨身聽、視訊轉換器（STB）等，都可見它的蹤跡，尤其是便於攜帶的手提式產品。如果依市場針對容量、讀取速度功能的需求來看，快閃記憶體可以分為 Code Flash 及 Data Flash 兩種。其中 Code Flash 主要以 NOR 為架構，因為 NOR 提供了高速存取（Access）時間和相對較慢的資料更新（Program & Erase）速度，剛好符合程式碼（Code）的應用特性。Code Flash 主要應用市場極為廣泛，從記憶體容量較小，如 PC-BIOS（1~2Mbit）、雷射印表機（2~4M），到容量需求愈來愈大，如手機（8~64M）、STB（8~32M）、Router（16~32M）、PDA（64M）等。而 Data Flash 通常以 NAND 為架構，應用在數位相機或 MP3 隨身聽等需儲存大量資料的產品上。

	記憶體	電晶體數目	能量消耗	邏輯製程相容性	應用
揮發性	DRAM	1.5	高	低	緩衝記憶體（buffer memory）
	SRAM	4or6	中	高	緩衝記憶體（buffer memory）Cache
非揮發性	Mask ROM	1	低	高	編碼（Code）
	EPROM	1-1.5	低	低	編碼（Code）
	EEPROM	1-1.5	低	低	資料儲存（Data storage）編碼（Code）
	Flash	1-1.5	低	低	資料儲存（Data storage）編碼（Code）

圖 11-3　半導體記憶體比較表。

11.2 靜態隨機存取記憶體 SRAM

靜態隨機存取記憶體（Static Random Access Memory; SRAM）的應用產品主要可分 2 類，第一類是資訊類在未被 CPU 整合之前，是連接 CPU 與 DRAM 的橋樑，可快速地從 CPU 接取資料，再存放在 DRAM，又稱之為快取（Cache）記憶體；常使用的資料也可存放在 SRAM 中，以方便 CPU 存取處理，而目前大多已被整合進 CPU 內。第二類是通訊／消費性電子產品，包括手機、交換機（Switch）、路由器（Router）、視訊轉換器（STB）、DVD 播放機、遊樂器等。

除存取速度快的優點外，SRAM 相較於 DRAM，還有低耗能的特色。這是因為 SRAM 採正反器（Flip-Flop），僅須在存取動作時充電即可；DRAM 則因採電容器，雖有儲存單元面積小、高整合度與集積度等優點，但因電容器會漏電，因此必須定期再充電（Refresh）。

SRAM除依應用產品分，還可依技術分成三大類，即同步（Synchronous）SRAM、非同步（Asynchronous）SRAM 與特殊 SRAM。同步 SRAM 須搭配時脈控制器，使資料存送動作與時脈運作同步，而非同步 SRAM 則無時脈控制。一般而言，同步 SRAM 速度較快，約略在 10 奈秒（ns）以下，以往多充作 PC 上之快取（Cache）記憶體，在快取記憶體整合進微處理器後，同步 SRAM 獨立晶片市場即快速萎縮。非同步 SRAM 可在粗略分為高速與低功率兩大類。非同步高速 SRAM 速度大致介於 10~20 奈秒區間，應用領域包含通訊中的類比／寬頻（ADSL、纜線）數據機，電腦週邊的掃描器與網路卡，以及消費性電子的 STB、DVD 撥放機、電視遊樂器等。非同步低功率 SRAM 速與度則更慢些，約 35~100 奈秒間，其主要特徵是較低的運作／待機電流，以節省功率的消耗，多應用於手機與 PDA 等掌上型裝置。

早期的 SRAM 常以 4T + 2R 方式，電阻提供負載使 Vcc 至 node 端產生壓降，可使 pull down 電晶體有效將 node 端電壓拉至 Vss，電阻可以由多晶矽電阻產生，由於電阻持續造成漏電，在之後的製程發展多採用 N/PMOS 6T 的 Latch 結構，由 PMOS 取代多晶矽電阻，藉由較低的 Off State 電流解決漏電／功率問題，6T SRAM 可由結構自由調整 Cell Ratio，資料穩定性高且可以完全與邏輯製程相容。

我們將以最普通被使用，由六個電晶體所形成的 SRAM 作例子，來介紹 SRAM 的結構、操作、及其特性。圖 4 顯示一個以 6 個 MOS 電晶體所構成的 SRAM 的電路結構圖。

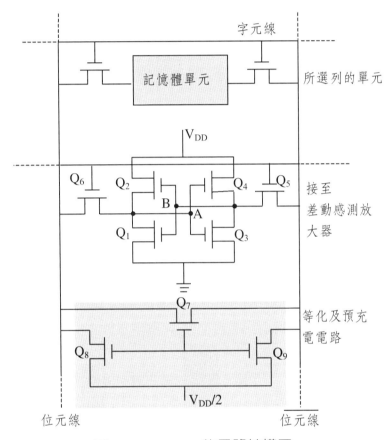

圖 11-4　SRAM 的電路結構圖。

圖裡編號 Q2 及 Q4 的兩個 PMOS 電晶體為負載（Load）；Q1 及 Q3 為 NMOS 電晶體，作為訊號電壓拉下至 Vss 用（Pull Down）；而 Q5 及 Q6 這另外兩個 NMOS 電晶體則做為 SRAM 內資料的存取（Access, Pass gate）之用，且這兩個 NMOS 的閘極都由同一個橫列的導線所控制，這條導線便是所謂的字元線，而與 Q5 及 Q6 另一端相接的縱向導線便是位元線。我們接著從 SRAM 如何存入資料開始談起，就以存入「1」做例子。

SRAM 的負載是由 PMOS 電晶體所組成的，使來自 Vd 的電流可以流經

Q2 及 Q4 到 node 端。當 SRAM 處於「寫入（Write）」的狀態時，所欲存入的資料「1」將在位元線上，當字元線上的電壓等於 Vdd，電晶體 Q5 與 Q6 將開啓，node A 由位元線經 Q6 升壓至 Vcc，同時將 node B 因 Q3 打開而拉至 Vss，當字元線關閉而 SRAM 因此閂住（Latch）Node 端的訊號，也就完成存入「1」的動作。

在讀取記憶體單元訊號時時，所要 access 之 SRAM 記憶體單元那一行之字元線打開，使得記憶體單元之內部二 Nodes 接至位元線及 $\overline{\text{位元線}}$。由於位元線很長，位元線上之寄生電容之電容值會比 SRAM 記憶體單元之內兩 Nodes 處之寄生電容大許多。所以當位元線及 $\overline{\text{位元線}}$ 接至指定之 SRAM 記憶體單元時。由於 Charge Sharing 會使位元線及 $\overline{\text{位元線}}$ 上之電壓依 SRAM 記憶體單元之內部二 nodes 之既有電壓差稍微改變。也就是由於記憶單元 Node 之等效電容比位元線上之等效電容小得多，所以當 SRAM 記憶體單元 accessed 至位元線後，位元線上之電壓只稍微改變。必須將位元線及 $\overline{\text{位元線}}$ 是接到以差動放大器爲主之感應放大器，感應放大器把此二微小之電壓變化放大至足夠的電壓差以分辨 0 與 1。

列解碼器之功能是把 Row Address 變成用來驅動字元線。我們可把 SRAM 記憶體單元矩陣分爲兩半，再把 Row 解碼器放在中央。如此距 Row 解碼器最遠之 SRAM 記憶體單元之字元線長度短了一半，以減少字元線上之延遲時間。由於二級解碼器之結構，會使記憶單元 Array 劃分爲數個 Memory Blocks。由第一級解碼器之 Global 字元線將再由第二級解碼器再變爲 Memory Block 中之區域字元線。以分級解碼器建立之 Memory Block 之設計架構對超大型之 SRAM 很重要。以記憶區塊建立之 SRAM 由於每一 Local 區塊 Local 字元線較 Global 字元線短許多，因此字元線上之時間延遲會小許多。

位元線上最重要之電路即感應放大器。圖 5 顯示記憶單元及相關位元線後接之電路──感應放大器。感應放大器分爲二級，第一級是位元線感應放大器，通常一組位元線可接一組位元線感應放大器，第二級是輸出感應放大器。第一級之位元線感應放大器輸出接至 Data Bus，由於位元線上之 ΔV 很小，除了位元線上之感應放大器外，另會有一從 Data Bus 接至 2nd stage 感應放大器即輸出感應放大器。當感應放大器操作在於 read 時，某一記憶單元已出 Access 電晶體接至位元線及 $\overline{\text{位元線}}$。Accessed 記憶單元上之 Data 會使位元線

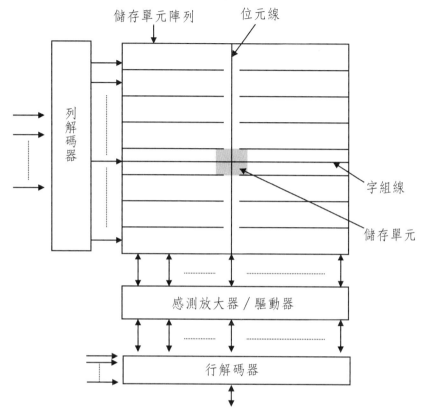

圖 11-5 由 2M 列 x2N 行陣列組成的 2M + N 位元記憶晶片。

及位元線上之電壓產生微小之變化。感應放大器即用來放大此微小之電壓。此感應放大器是以一差動放大器（Differential Amp）完成。而差動放大器之電流源（Current Source）之電晶體由行解碼器之輸出所控制。只有當指定之行時，其相關之行解碼器（Column Decoder）之輸出才為 on，行解碼器沒選到之位元線上之差動放大器即為關閉狀態以省電。

現有之 SRAM 無法同時作輸出與輸入，其主因是同一列之一對位元線接至感應放大器作輸出時即無法做輸入。若能設計出可同時輸出與輸入之雙埠 SRAM（dual-port）SRAM 對一些系統，如在一些快速存取的 Cache 應用設計上很有幫助，如圖 6 雙埠 SRAM 記憶單元電路。我們可以在同一 Node 上可以加入另一組字元線及位元線來提供 2 倍的讀取速度，但須注意在同一 bit 上，無法同時處理讀／寫的動作。在 Multi-bit 輸出／入之感應放大器需成比例增

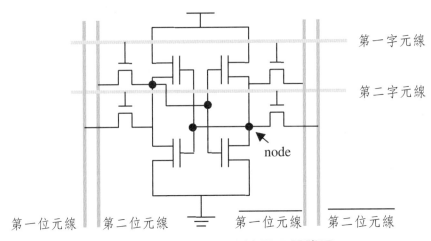

第一字元線

第二字元線

node

第一位元線　　第二位元線　　　　　第一位元線　　第二位元線

圖 11-6　雙埠 SRAM 記憶單元電路圖。

加，由於總功率不變，而同時消耗大量功率之感應放大器增加，每一感應放大器所能分到之功率相對減少，如何能使讀之速度維持是電路設計時需要考慮之重點。

　　談到 SRAM 資料的穩定性，圖 7 左圖中實線代表 SRAM 操作時 Latch 的行為，當 Node 電壓在低態時，Node bar 則保持在高態，若將 Node 電壓提高，Node Bar 則下降至低態，虛線表示同一記憶單元內另一 Node 行為，而兩線之間的矩形框即為 Signal Noise Margin（SNM），SNM 愈大允許 SRAM 較低的寫入電壓，使記憶體可在更低的 Vcc 下操作，SRAM 訊號愈穩定。

　　我們以可定義

$$\text{Cell Ratio} = \text{Pull Down 電晶體電流} \,/\, \text{Pass Gate 電晶體電流}$$
$$= \text{Pull Down 電晶體 W/L} \,/\, \text{Pass Gate 電晶體 W/L}$$

　　較大的 Cell Ratio 可有效的將 Node 端的電壓快速拉至 Vss，使記憶體單元訊號達到穩定狀態，有較大的 SNM。要維持 SRAM 的穩定操作，在製程可以藉由 Vt/Id 的設計來控制。圖 8 調整為製程改變 Butterfly 曲線，提高 SNM 使 SRAM 訊號穩定的方法。

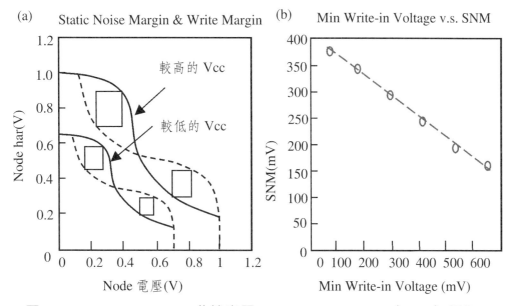

圖 11-7 SRAM Butterfly 曲線表示 Signal Noise Margin（SNM）行為。

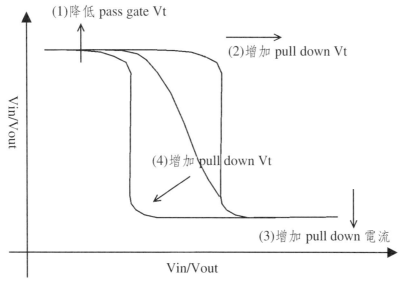

圖 11-8 調整製程改變 Butterfly 曲線，提高 SNM 使 SRAM 穩定的方法。

　　另外在記憶體單元佈局設計上應儘量保持對稱，以避免製程上因 Mis-Alignment 造成 Butterfly 曲線不對稱，降低 SNM 而使訊號不穩定，較新的 SRAM 設計以分離字元線結構（Split Word Line）來改善傳統 SRAM 轉角易由於製程造成不對稱情形。亦使記憶體單元面積減小許多。包括從 20 到 5 nm FinFET 製程，基本仍為分離字元線結構。

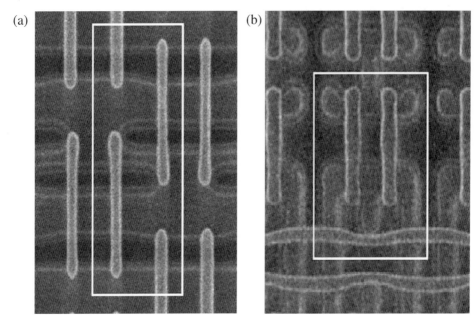

圖 11-9　分離字元線 SRAM 結構 (a) 與傳統 SRAM 結構 (b)。

　　另外在低耗能的要求下，檢視 SRAM 的漏電來源，大致可從元件的 Ioff，Ig，STI 及 Well 的 Isolation 如 P + to P +，N + to N + 以及接面漏電（Junction Leakage）的產生，其中大部分的漏電來源仍為元件的 Off State 電流，因此提高 N/PMOS 的臨界電壓，可有效降低 SRAM 的漏電問題。

11.3　動態隨機存取記憶體 DRAM

　　DRAM 中之記憶單元由一電晶體及一電容所組成。在 SRAM 中之記憶單元是一靜態閂鎖之結構，此結構由於是二反向器做正回饋接在一起。內部之儲

存之資料會自動的被保存。而在 DRAM 中記憶單元之儲存資料是以動態儲存之方式，以電荷之形式儲存於電容。由於只有一電晶體及一電容，比起 SRAM 之記憶單元需六個電晶體面積小得多，但 DRAM 在電容之周圍有許多漏電之路徑，電容中之電荷會逐漸流失。因此需過一段時間就需把電容中之資料讀出，再重新寫入。即使不作寫的動作仍需作讀出寫入之操作，此即 Refresh，此特性使其操作之步驟變得更複雜，時脈之需求更繁複。

過去，電腦效能提昇的瓶頸皆卡在主記憶體 DRAM 上，CPU 總是跑在前面，DRAM 則在後追趕，這是指在頻寬與資料傳輸速度方面的進展。以前經歷快速翻頁模式（Fast Page Mode; FPM）、延伸資料輸出（Extended Data Out; EDO）及同步（Synchronous）各種介面，現在大多採用兩倍資料速率（Double Data Rate; DDR）設計，盡量縮小 DRAM 技術進展速度與 CPU 之間的落差。

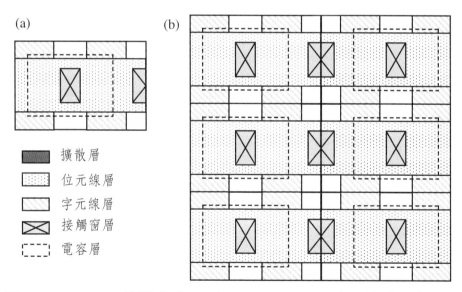

圖 11-10　DRAM 堆疊式（stack）DRAM 單元 (a) 與記憶體矩陣 (b)。

單一電晶體 DRAM 記憶體單元（Single Transistor DRAM Cell），事實上是由一個 MOS 電晶體與一個電容（Capacitor）器所構成的。圖 10 顯示一個「單一電晶體 DRAM 胞」的正視剖面圖。整個 DRAM 胞包括一個 NMOS 電晶體及一個以多晶矽（Poly-Silicon）為電極且以二氧化矽層為介電材料質

（Dielectric）所組成的電容器，且彼此成串聯，這個 DRAM 胞與字元線及位元線相連接的電路圖則如圖 11 所示。

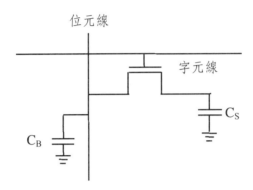

圖 11-11　DRAM 記憶體單元電路圖。

這個 DRAM 胞在操作時，底材矽將接地（Ground），而電容器的多晶矽電極將被施以 Vcc 的電壓，使得類似 MOS N 通道的反轉層與空乏層，將在電容器的介面出現。

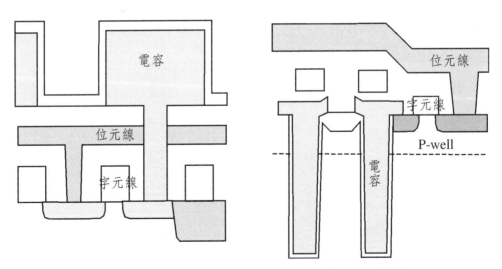

圖 11-12　堆疊式（Stack）與溝渠式（Trench）電容結構 DRAM。

在 DRAM 的電容結構設計上可分為堆疊式（Stack）及溝渠式（Trench）兩大主流，如圖 10，堆疊式 DRAM 由於必須增加電容面積，通常將電容結構

放於位元線的上方 Capacitor Over Bit line（COB），又為了增加電容值，尋求高介電常數的材料及製程的整合，溝渠式以深溝渠以增加電容面積，來形成 DRAM 的電容，且此電容器在電晶體製程前完成，並不會影響電晶體的熱預算（Thermal Budget），容易與邏輯元件整合在一起。

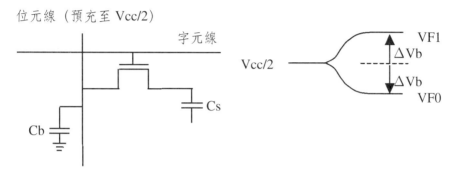

圖 11-13　DRAM 操作訊號「1」電壓 VF1 及訊號「0」與參考電壓（Vb）間的關係。

$$VF1 \equiv Vcc * [\frac{2Cs + Cb}{2_G}] * [Cs + Cb]$$

$$VF0 \equiv Vcc * [\frac{Cb}{2_G}] * [Cs + Cb]$$

$$\Delta Vb \equiv \frac{Vcc}{2_G} * [\frac{Cs}{Cs + Cb}] \approx \frac{Vcc}{2} * \frac{Cs}{Cb}$$

在 DRAM 的操作上，假如我們想要把訊號「1」寫入這個 DRAM 胞，位元線上的電位將先被提升到 Vcc，當字元線也同時達 Vcc 的電位時，NMOS 將開啟。因為 NMOS 的源極與位元線相接，且位元線上的電位此時為 Vcc（或是訊號「1」），這使得電容器及 NMOS 因強反轉所形成的電子，將由位能較低的 NMOS 源極移去。當加之於 NMOS 閘極的字元線電壓回復零伏特時，NMOS 將關閉，而電容器裏將空無電荷，這便代表數位訊號「1」，同理，假如要把「0」寫入這個 DRAM 胞，位元線上的電壓將為 0V 以代表這個輸入訊號。當字元線也達 Vcc 時，NMOS 將開啟，來自 NMOS 源極的電子（此時的電位為 0V）將流入 NMOS 及電容器，並恢復兩者的強反轉層。當 NMOS 因字元線電壓換為 0V 而關閉後電容器裡的電荷將被儲存，而完成寫入「0」的

動作，如。因為 DRAM 胞在完成「1」的寫入後，電容器將處於無電荷的非平衡狀態下，其他因熱所產生的電子將流入而破壞其狀態，因此，DRAM 胞必須週期性不停的進行所謂的「再補充（Refresh）」，以免儲存於 DRAM 胞內的訊號「1」因漏電流而變成「0」。如果存於 DRAM 胞內的訊號是「0」，這個訊號並不會隨時間而改變，因為電容器內的電荷此時是處於平衡狀態。所以「再補充」的目的，主要是針對 DRAM 內儲存「1」的 DRAM 胞而來的。

當我們要從 DRAM 胞內讀取「被寫入」的資料時，連接 NMOS 閘極的字元線將被施以 Vcc 的電壓以打開 NMOS，而位元線此時則被切換至一個「比較器電路（Comparator Circuits）」，或稱為「讀出放大器（感應放大器）」，因此 DRAM 胞電容器將與「讀出放大器」相接。讀出放大器將把來自 DRAM 胞電容器的電壓，與讀出放大器裡的「參考電壓值（Reference Voltage）」Vref 做比較，如此便可決定 DRAM 胞所儲存的數據為「1」或是「0」。因為這個讀取動作將把原來儲存於 DRAM 胞內的資料消除，因此在讀取之後，原來所儲存的資料必須立刻再予以填回。

電容器是 DRAM 胞藉以儲存訊號心臟部位，儘管記憶單元面積縮小，我們儘量希望訊號電荷不要縮小，訊號電荷（CSVD/2）之最小量必大於位元線上之雜訊電荷（CdVn）、加上 Refresh 週期中因記憶單元中電晶體之電流之總漏電之電荷、及環境放射線擊中時所產生之電荷（Qa）才會安全：當 DRAM 面積變大時，由於位元線變長，Cd 會變大，每一記憶元的相對面積會減少，如要使記憶單元面積縮小，但是訊號電荷不縮，唯一之方法即是增加電容之值。

增加電容器儲存電荷能力的方法可以減少介電層的厚度，但是介電材質本身的品質程度將使介電層的厚度無法無限制微縮，另外可以增加介電層的介電常數，使電容器單位面積所能儲存的電荷數增加，如圖 14 所示新的材料提供高介電常數與高電容值，但須克服新材料產生的製程問題。

為了改善 DRAM 的 refresh time，最重要是減少 DRAM 的漏電來源。圖 15 指出 DRAM 常見的漏電來源，我們可以藉由製程參數控制來抑制漏電來源，改善 DRAM 再補充的缺陷。

1. 接面漏電 Junction Leakage（<0.5uA/cm^2）──避免植入缺陷，或基材差排（dislocation）來減少 junction 漏電。

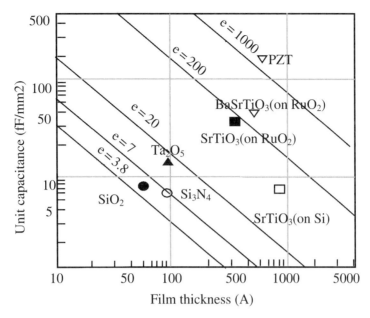

圖 11-14 不同介電常數材料之厚度與電容值關係。

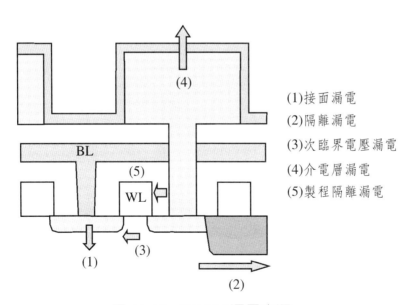

圖 11-15 DRAM 漏電來源。

2. 隔離漏電 Isolation Leakage（<0.1pA/cm²）── 控制植入能量，劑量，避免 Inter-well，Intra-well 間漏電。

3. 次臨界電壓漏電 Sub-threshold Leakage（<0.1pA/tr.）── 提高電晶體 Vt，改善短通道效應來改善元件漏電。

4. 介電層漏電 Dielectric Leakage（<0.5nA/cm²）── 改善介電材料的 Uniformity 及缺陷來降低介電層漏電。

5. 製程隔離漏電 Process Isolation Leakage（<0.1pA/cm）── 利用 Self-Alignment 製程及較佳的對準技術枚降低 node to 字元線，node to 位元線漏電。

為了與邏輯電路整合，又希望避免 SRAM 佔用太多面積，因此有了 1T-RAM 的概念產生，利用傳統 DRAM 的結構，以平面多晶矽 / 氧化物 / 基材（Poly/Oxide/Substrate）的電容來整合邏輯電路，完成電路中 SRAM 的功能，可大幅縮小 6T SRAM 的面積，卻如同 DRAM 需要 Refresh 電容，因此速度上亦比 6T SRAM 略差。

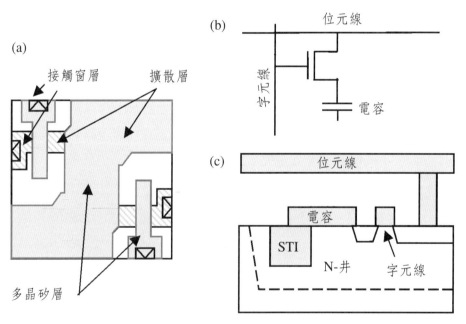

圖 11-16　(a)1T RAM 記憶體單元　(b) 與 DRAM 相同的電路結構　(c)1T RAM 的結構截面示意圖。

1T RAM 在製程的考慮及特色：

1. 與 DRAM 相同常用 PMOS/n-Substrate 來提高雜訊免疫力。

2. 為避免漏電，電容介電層氧化物厚度較難降低。

3. 由於電容值較小，須較頻繁 Refresh 的動作。

4. 可以將 STI 的場氧化層高度降低，增加電容面積。

11.3.1　先進動態隨機存取記憶體 DRAM

　　為了進一步微縮 DRAM 尺寸，埋入字元線工藝（Buried Word Line）在 45 奈米以下製程節點被提出，由於 Buried Word Line 將字元線埋在晶圓表面之下，使線路排列更為緊密，因而縮減尺寸，使得單一 DRAM 晶片容量可大於 4G 以上，並有效節省生產成本，同時降低了 Bit Line 和 Word Line 的電容，及能源消耗。

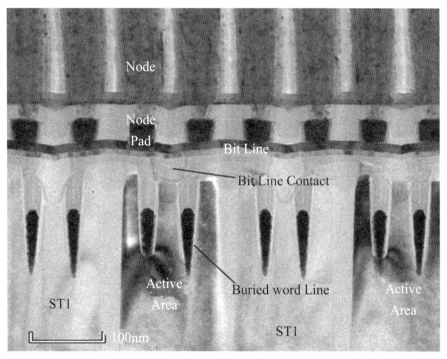

圖 11-17　埋入字元線製程成為 DRAM 45nm 節點以下主流工藝（Micron）。

　　由於將字元線向下埋入在晶圓表面以下，且把結點電容（Node Capacitor）斜放，有效將圖 8-11 的 DRAM 單元設計由 8F2（F：製程結點的最小尺寸，又可稱之為 Half Pitch），微縮至 6F2，此製程又不斷被改良並被延伸 20 奈米以下。2016 年 18nm 埋入字元線製程 DRAM 被開發出來。8Gbit DRAM 元件比 2xnm 器件快 30%，功耗更低。它還包含 DDR4 介面標準。雙倍數據速率（DDR）技術在設備的每個時鐘週期兩次傳輸資料。DDR4 的最高運行速度為 3200Mbps。

　　在工藝技術上，將電容器孔排列整齊是一個挑戰，在高縱橫比下蝕刻電容器也很困難。「ALD」和乾蝕刻都很困難，非常薄和均勻的高 k 介電沉積在按比例縮小的 DRAM 單元陣列上變得越來越重要

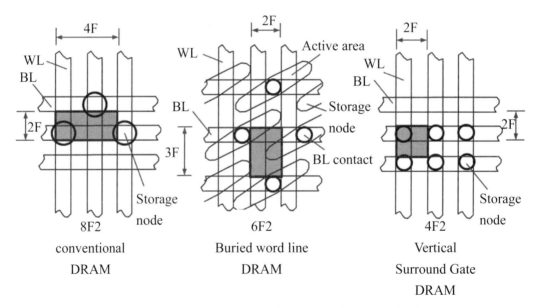

圖 11-18　DRAM 單元設計由 8F2 到 4F2 的演進。

　　此外，研究人員也在尋找以 4F2 單元尺寸將 DRAM 擴展到 10nm 以下的方法，垂直閘極 Word Line 的 4F2 DRAM 單元是研究人員的開發方向，有別於平面電晶體的結構，利用垂直的環繞閘極電晶體（Surrounding Gate Transistor, SGT）作為 Word Line 開關，將底部 Bit Line 訊號向上導入上方的電容器並儲存，此立體結構也可稱作 3D DRAM。由於電容器是垂直的圓柱狀結構。在圓柱體內部，電容器結合了金屬 - 絕緣體 - 金屬（MIM）材料疊層。

該絕緣體基於二氧化鋯高 k 材料，從而使該結構可在低洩漏時保持其電容。這裡存在一些挑戰，尤其是 3D 結構避免漏電的閘極單晶矽的製作及字元線到字元線的耦合以及位線到位線的耦合等電性考量。

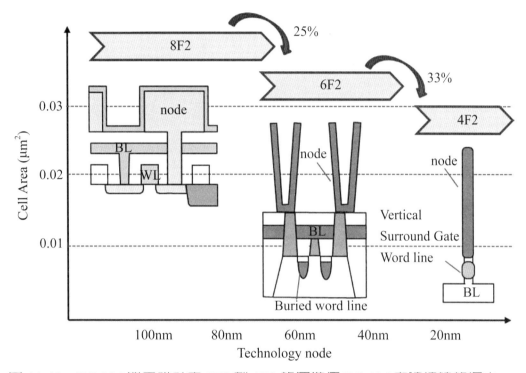

圖 11-19　DRAM 單元設計田 8F2 到 4F2 的演進使 DRAM 面積持續的縮小。

11.4　快閃記憶體 Flash

由於可攜帶式資訊 / 通訊 / 消費性產品的普及，對於記憶的需求很大，而快閃式記憶元件本身的快速讀取、耐震動、低消耗功率及非揮發性的特性，較其他記憶元件更好的競爭優勢，快閃記憶體之資料寫入浮動閘之方式與 EPROM 相同，也與 EEPROM 同樣可以電氣洗掉資料，但是價格比 ERPROM 低。為了精簡記憶體單元，快閃記憶體 Memory 並沒有單獨洗掉某些 byte 中資料之能力。洗掉時會全部洗掉。快閃式記憶體在做擦拭的時候，一個區間

內的記憶元件只需要小於一秒的時間便可以完成所有的擦拭動作，遠低於 EPROM 所需近半小時的 UV 擦拭時間與 EEPROM 將所有元件擦拭的時間。

在非揮發性元件發展初期，有兩種不同結構同時存在，其一為捕捉電荷元件（Charge Trapping Device），另一為浮動閘元件（Floating Gate Device），不過兩者均遵循著上述的儲存模式。捕捉電荷元件採行在閘極下方堆疊兩層或三層的絕緣材料，在其中會有一層具有高深電子陷阱密度（High Deep-level Trap Density）、較能捉住電子的絕緣材料，來達到儲存電荷的目的，如後面介紹的 NROM，一般來說，這層材料多為氮化矽。所謂浮動閘元件顧名思義是該元件具有一個與外界線路、接點隔絕的閘極，其目的是用以存放電荷。如圖 17 所示，浮動閘元件具有雙層的閘極，第一層閘極被絕緣層所包圍，用以儲存電荷，通稱為浮動閘 Floating Gate），而第二層閘極則為一般施加電壓的閘極，通稱為控制閘（控制閘極）。由於電荷進入浮動閘後會比留在氮化矽中的電荷補捉元件不易被電場或是外界溫度的干擾，所以在往後的發展中，非揮發性元件的市場絕大部份由浮動閘元件所主宰。

快閃記憶體大致上可分為儲存程式碼用的 NOR 型，以及儲存資料用的 NAND/AND 型兩大類。NOR 快閃記憶體通常應用在程式儲存或記憶容量不大的產品上，而 NAND 快閃記憶體則適合做大量資料的儲存與讀取。

NOR 型快閃記憶體主要用於行動電話、PC BIOS、CD-ROM、主機板、DVD、VCD 及印表機等產品，且以行動電話為主要市場，主流為 4M、8M 及 16M，有其隨機讀取（Random Access）及高讀取速度的優點，但其在陣列的佈局設計上會消耗相當的空間，因此在整個 NOR 結構的發展中，除了跟隨技術進步，把大小漸漸縮小外，結構的創新是 NOR 結構很重要的一環，如圖 17。

NAND/AND 型快閃記憶體主要用於數位相機、數位音樂隨身聽 MP3、電視遊樂器等產品用的記憶卡，因為數位相機所能拍攝的照片畫素數一直上升，8MB（64M）或 16MB 的記憶容量已不合需求，例如拍攝 500 萬畫素的影像約需要 2MB 的記憶體，則 8MB 快閃記憶體記憶卡只能儲存 4 張 500 萬畫素相機的高品質影像，所以數位元相機搭配的記憶卡容量已大幅增加，增加對 NAND/AND 型快閃記憶體的需求。NAND 陣列結構在目前具有最大的單位元件縮小能力，這主要來自該元件陣列的結構採取了邏輯電路中 NAND 的電路

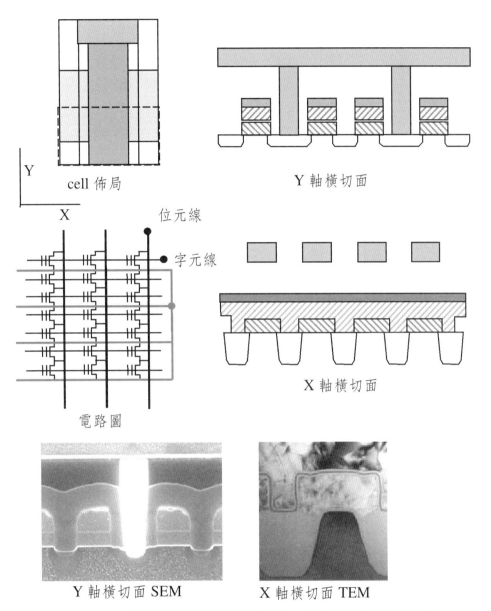

cell 佈局

Y 軸橫切面

位元線

字元線

X 軸橫切面

電路圖

Y 軸橫切面 SEM

X 軸橫切面 TEM

圖 11-20　NOR 快閃記憶體的記憶體單元、電路及橫切面示意圖。

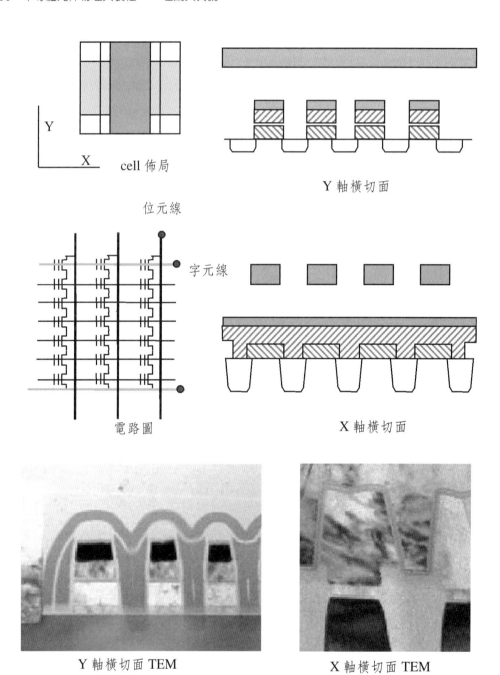

Y 軸橫切面 TEM　　　　X 軸橫切面 TEM

圖 11-21　AND 快閃記憶體的記憶體單元、電路及橫切面示意圖。

概念，將每一個元件接點（Contact Hole）要耗去的空間大部份予以省略，並且將各元件的 N + 型擴散區（N + Diffusion Region）共用，減少大約一半汲極與源極區域所佔的空間，故在任何已知的製程技術下，它都能有較小的平均元件面積，如圖 18。

　　快閃式記憶體在操作上，主要是將電子置放在浮動閘內，而拭去記憶功能是將電子自浮動閘中清除。在將電子置入浮動閘的操作上，有兩種主要的方式。第一種與 EPROM 相同，藉由通道熱載子注入的模式，將通道內的電子經過汲側空乏區之加速獲得足以越過氧化層能障的能量（~3.2eV）後，被注入浮動閘內，NOR 快閃記憶體常採用此種方式，如圖 19。另一種注入的方式在控制閘極與基極（substrate）之間施加一足以使氧化層可以產生 Fowler-Nordheim（F-N）穿隧效應之電壓，藉由電子自基極經氧化層穿隧至浮動閘內，常使用於 NAND 快閃記憶體產品，如圖 20。

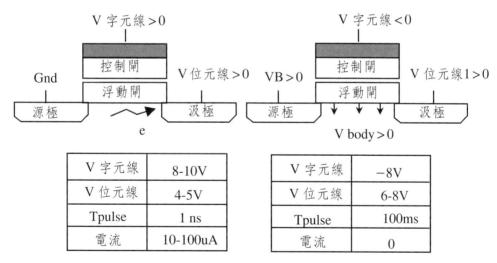

圖 11-22　NOR 快閃記憶體訊號的寫入與擦拭。

　　這兩種注入方式各有其特點。在通道熱電子注入模式上，元件不需操作在太高的電壓下，在週邊的升壓線路上，比較不需面對太大的問題。但是電子注入是利用元件導通電流中的某部份電子流注入，其在做資料寫入時必須面臨較大的電能耗損，這並不利於像手提式個人電腦這種有低功率耗損要求的應用。為了提高熱載子的產生量，位於汲極側的區域基極濃度必須增加，來使得碰撞

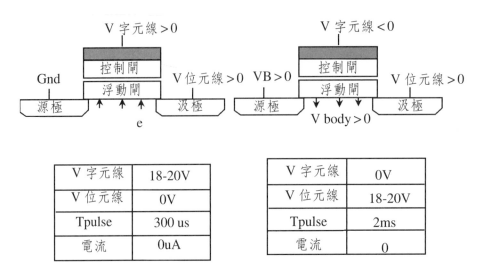

V 字元線	18-20V
V 位元線	0V
Tpulse	300 us
電流	0uA

V 字元線	0V
V 位元線	18-20V
Tpulse	2ms
電流	0

圖 11-23　NAND 快閃記憶體訊號的寫入與擦拭。

離子化的效應增強。在這部份，採取大角度離子佈植的技術，在汲極與源極端佈植入 p 型的雜質，稱做大角度 p 型雜質包覆佈植元件。由於離子佈植技術的準確控制，在 p-n 接面位置的濃度與深度均能做有效的控制，使得這個結構可以避免掉繁瑣的 n- 型／p- 型多次佈植與製程的誤差。事實上，在一些研究當中，發現在閘極覆蓋下的 n+ 區域可能會有所謂的價帶至價帶間的穿透現象（Band-to-Band Tunneling, BTBT）發生，穿透現象所產生的載子經空乏區電場影響形成熱載子，將會使得部份的熱載子受到電場的影響，往閘極氧化層的方向注入，而造成長時間的操作後元件可靠度問題，因此對於 p 型區域的控制是很重要的。

　　反之，利用穿隧效應注入電子的模式，由於穿隧的電子大部份被留存在浮動閘內，其注入的效率提高所以可以大幅減低功率的耗損。不過，由於需要在氧化層上建立足夠大的電場，才能引發電子的穿隧現象，所以，高電壓的操作將會是無可避免的。這在執行電子寫入的操作下，週邊線路必須具有把電源電壓提升的功能，往往這樣的升壓動作會加入很多線路與製程上的考量。在這方面，並不是需要一些新的汲極／源極結構，主要的要求是在製程上提升閘極氧化層的品質、提高它對通過電流的耐力以及控制閘對浮動閘的控制能力上面。

　　至於在將電子從浮動閘拉出的問題方面，早期多採用源極／汲極端擦拭

模式在目前還是主要的模式之一，不過其在 n + 區域施以較高的電壓，必須以雜質濃度分佈較平緩的接面的結構來因應，同樣的，BTBT 的現象依舊會出現在這種操作之下，且其狀況將會更嚴重。而這種情況將可以在擦寫容忍度（Endurance）測試中看出，如圖 20，目前無論 NOR/NAND 快閃記憶體則多利用 FN 穿隧模式經過整個通道區域注入電子同時利用 FN 穿隧模式經由汲極端拉出電子多次擦寫操作的結果，其由於 BTBT 所產生熱電洞對氧化層的注入，使得擦寫之間的臨界電壓差（Write/Erase Window）變小。在從源極端擦拭的方式下，元件的設計將必須考量到接面承受高電壓的能力，然而對於整個元件的縮小化是相違背的，再加上一些可靠度的問題，很顯然，從源極端擦拭的操作模式將面臨較多的考驗。

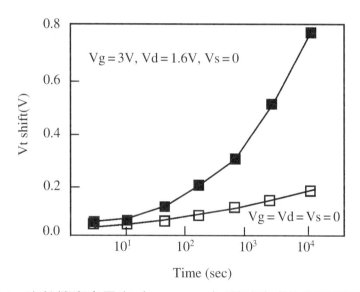

圖 11-24　由於擦寫容忍度（endurance）測試造成的臨界電壓飄移。

在資料讀取方面，快閃記憶體利用電荷儲存於浮動閘內而改變元件的臨界電壓，當字元線選出特定位址，不同的臨界電壓造成不同的汲極電流，因而分別出訊號的 0 與 1，如圖 22。

另外，在一些製程的考量上，像是降低操作電壓，可以使得場氧化層（Field Oxide）的變薄變短，以及降低場氧化層下方防止寄生電晶體導通的離子佈植量（field implant dose）使源極端雜質濃度分佈較平緩，接面深度變

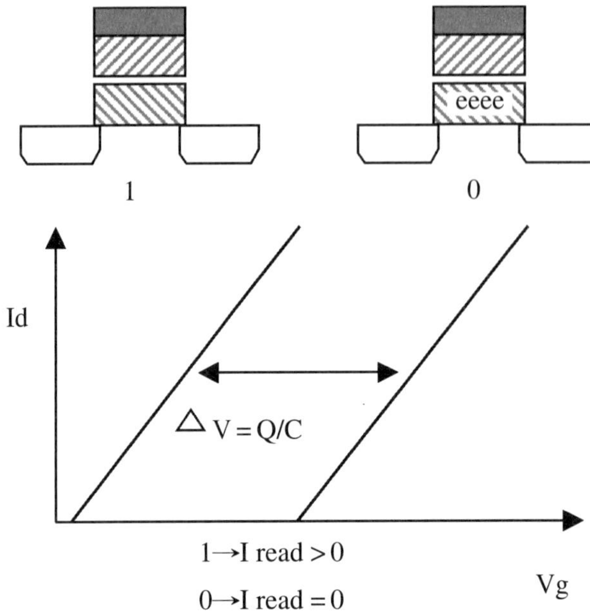

圖 11-25   快閃記憶體信號的讀出。

淺，這些相關參數的縮減，亦可以帶來實質的面積縮減。除了在電源系統需求由 5V 走向 3.3V，在可靠性之要求也須提升至 106 的擦寫次數，以符合許多應用之需求。爲了達到此可靠性之要求，製程技術必須列爲考量，如穿隧氧化層（Tunnel Oxide）之厚度要求需極爲嚴格，厚度之變動需愈小愈好。降低汲極與閘極間的重疊面積大小，以減少電子注入時所造成的電子幹擾。在控制閘與浮動閘間的介電材料（Inter-poly Dielectric）之要求上，需要在滿足不漏電的條件下，有極薄的 ONO（Oxide-Nitride-Oxide）介電材料來達到高耦合係數。

11.4.1   NORM flash (SONOS)

除了浮動閘極來完成非揮發性記憶體的電荷儲存外，另一簡化製程的方法是將電荷儲存於電晶體閘電極 ONO 結構中，且由於電荷不易移動，可分別於源極和汲極兩端分別儲存電荷，而形成 2 bits/cell 等高密度低成本的記憶體，此記憶體結構，稱之爲 NROM，或稱之爲 SONOS 結構，Cycling Endurance 和 Charge Retention 則是 NROM 在操作上和可靠度研究的重點。

NROM 大致仍以 Hot Carrier Injection 來完成寫的動作，Hot Hole Iinjection 來完成擦拭的動作，而資料的讀出則與浮動閘記憶體相同，利用不同的汲極端之臨界電壓差造成不同的汲極電流，因而讀出訊號的 0 與 1，我們亦可以將電晶體反向操作，對源極端作同樣的訊號讀出而形成 2 bits/cell 操作，可以得到相對 2 倍的記憶體容量，製程的困難點在於臨界電壓飄移會使氧化層正電荷的流失、電子捕捉於 Nitride 內，電子不易移出而形成 Read Disturb，以及為維持穩定電荷，ONO 氧化層厚度不易下降，又為了 Two bits 操作，使通道長度不易微縮等問題。

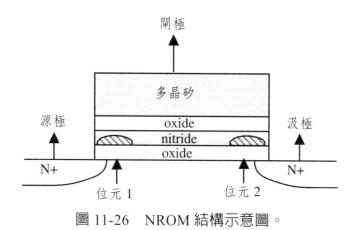

圖 11-26　NROM 結構示意圖。

11.4.2　3D Flash

利用類似 SONOS 結構的 CTF（Charge Trap Flash），然後是將 2D CTF 存儲單元 3D 化變成 3D CTF 存儲單元，最後通過工藝技術提升逐漸往上增加存儲單元的 Layer 數，把存儲單元像蓋大樓一樣越做越多層。由於 NAND flash 可共用位元線，使 Flash 單元立體化成為可能。3D NAND 存儲單元的層次（Layer）由 2009 年的 2-layer 逐漸提升至 24-layer、64-layer，96-layer 再到 128-layer，單一晶片容量可高達 1T 以上。新的 3D NAND 技術，垂直堆疊了多層資料存儲單元，具備卓越的精度。基於該技術，可支援在更小的空間內容納更高存儲容量，進而帶來很大的成本節約、能耗降低，以及大幅的性能提升以應用於消費類移動設備。

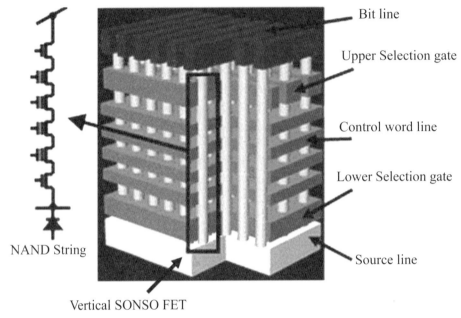

Bit line

Upper Selection gate

Control word line

Lower Selection gate

NAND String

Source line

Vertical SONSO FET

圖 11-27　3D Flash 結構示意圖（Toshiba）。

11.5 發展中的先進記憶體

11.5.1 FRAM

FRAM 是 Ferroelectric 鐵電浮動閘極 RAM 的縮寫，採用 1T-1C 記憶體結構。首先我們來看鐵電記憶體與快閃記憶體的比較，我們可以發現快閃記憶體幾個明顯的缺點：1. 寫入的工作電壓高，時間過長。由於該記憶體的資料寫入須對閘極與汲極施以高電壓，使電子橫越薄二氧化矽層而進入浮動閘，因此所需電壓高（~12V）。另外，由於電子隧穿概率（Tunneling Probability）不高，所以寫入時間長（1~10ms）。2. 寫入功率無法縮小。由於寫入功率爲總灌入的電子數與寫入電壓的乘積，基於前一項因素功率難以降低。3. 寫入次數有限。熱氧化層能忍受電子穿入穿出的次數有限。

再拿 FRAM 與 DRAM 比較時，隨著記憶胞尺寸的縮小，DRAM 內部介

電薄膜單位面積儲存的電荷量必須隨之提升，才能維持記憶胞正常運作，而 FFRAM 則不受此項限制。

鐵電浮動閘極 FRAM 驅動電壓低於快閃記憶體，且不需像 DRAM 的充電動作，因此耗電量極少。其次，現有的 ROM 型記憶體技術如 EEPROM 與快閃記憶體都難以解決快速讀寫，甚至這類記憶體在寫入動作時還需用較高的電力執行，而 FRAM 低驅動電壓則提供較快的讀寫週期。

目前應用於 FRAM 的材料有鈦鋯酸鉛 [PbTiO$_3$(ZrTiO$_3$); PZT] 與鉭鉍酸鍶（SrBi$_2$Ta$_2$O$_9$; SBT）兩種。其儲存的機制乃跟鐵電材料的極化效應，利用電場改變上下極板的極化方向而分別定義出 0 與 1 的訊號，當電場移除後因鈦鋯酸鉛的矯頑電場的遲滯特性而產生極化行為，如圖 24，使記憶單元具有非揮發的特性。

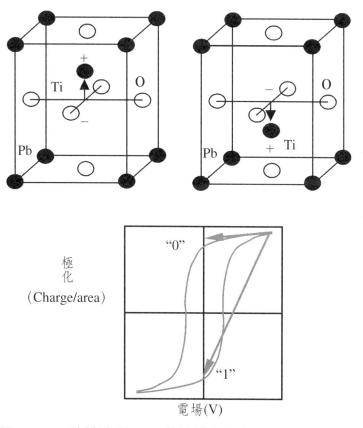

圖 11-28　鈦鋯酸鉛 PZT 的結構與極化後的遲滯曲線。

　　僅管 FRAM 有許多現存記憶體的優點，其主要問題在 FRAM 讀出訊號時，會將原有極化行為破壞，須有再寫入的動作，另外新材料導入影響元件可靠度也使製程困難提高，如上下電極板的蝕刻不易，如圖 28，造成 FRAM 記憶體單元面積不易縮小。FRAM 現今並不能取代 DRAM 與 Flash，而是應用在 IC 卡與智慧卡上，並利用其寫入電壓只要 +3V，以及和 Logic 電路混合製程較易的優勢，使得 EEPROM 受到相當大的威脅。如果，未來 FRAM 能突破現有製程技術的瓶頸，則在記憶體單元面積上，能有效地縮小。

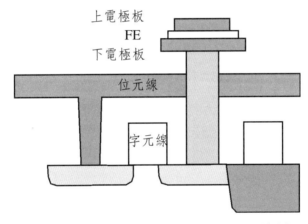

圖 11-29　FRAM 結構示意圖，與 DRAM 相似，由於蝕刻不易造成上下電極板面積不易縮小。

11.5.2　MRAM

　　MRAM 是非揮發性的磁性隨機存取記憶體，其儲存資訊的方式與硬碟（Hard Disk）類似是利用具高敏感度的磁電阻材料製成，其擁有 DRAM 隨機存取的特質，記憶容量有潛力可與 DRAM 抗衡；資料寫入與讀取速度接近 SRAM；同時又具備低耗能、非揮發的特性，寫入次數又可達到無限次數，更重要的是其耗電量亦不會太大，並可以現有的 CMOS 製程生產，因此被公認為新一代的記憶體。總和來說，MRAM 含有快閃記憶體、DRAM、SRAM 與 EEPROM 的綜合能力。

　　MRAM 主要是以自旋電子（Spintronics）方式，透過磁化方向的不同來

記錄 0 與 1，只要不增加外部磁場，磁化的方向就不會改變。其構造是在 2 個強磁性層中夾有一非強磁性層，2 層強磁性層的磁化朝相同方向（平行）時，是為 0，相反狀態（反平行）時則為 1，電阻將隨磁化方向平行或反平行呈現不同大小，如圖 29。

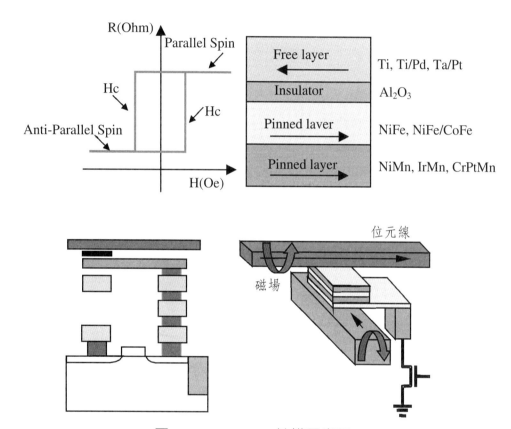

圖 11-30　MRAM 結構示意圖。

　　不過 MRAM 目前仍存在待解決的課題，方能將效能發揮極至，這些課題包括如何使磁電阻材料相容於標準 CMOS 製程技術以提高容量、及開發低溫製程等。

11.5.3　PRAM

　　Phase Change RAM（PRAM）是利用 Ge、Sb 與 Te（$Ge_2Sb_2Te_5$, GST）等硫系三化合物為材質之薄膜來儲存資料。由於其是透過電晶體控制電源使其產生相變方式來儲存資料，又稱之為 OUM（Ovonics Unified Memory），其在讀寫速度與次數上，都明顯落後 MRAM 與 FeRAM。但是 PRAM 在記憶體細胞僅有 MRAM 與 FRAM 的 1/3，寫入電壓低，以及其易於 Logic 電路整合的優勢，使得 PRAM 有相當發展的潛能。

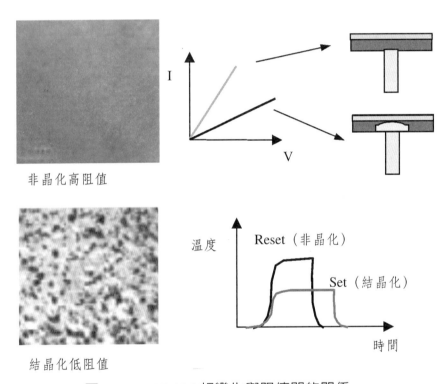

非晶化高阻值

結晶化低阻值

圖 11-31　PRAM 相變化與阻值間的關係。

　　當材料通入高電流，短時間的 Pulse，可將材料非結晶化（Amorphorize）而形成高電阻，若將材料通入低電流，長時間的 pulse，足以提高溫度而使材料結晶化而降低材料阻值，其阻值變化可達 1000 倍以上，PRAM 記憶體即利用此材料的電阻來讀出訊號，因此稱此記憶體為相變化記憶體，此種材料已廣泛應用於可讀寫的 CD/DVD 儲存裝置。除了尺寸微縮是個問題之外，須考

慮工作時所需要的高電流密度特性以及工作溫度所造成的可靠性問題，另外GST 與 CMOS 製程整合亦是一大困難，見圖 32。

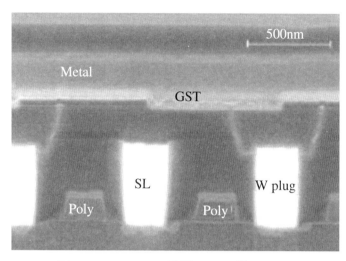

圖 11-32 OUM 結構 SEM 截面圖。

11.5.4 RRAM

可變電阻式記憶體 Resistive Random-Access Memory（RRAM），利用最基本的可變電阻由上下兩層金屬電極以及中間一層過渡金屬氧化物（Transition Metal Oxide, TMO）所組成，主要的操作原理是利用過渡金屬氧化物的阻值，會隨著所加偏壓改變而產生不同的阻值，而如何辦別內部儲存的值，則由內部的阻值高低來做分別。通常會先對剛生產好的可變電阻式記憶體進行初始化，此過程被稱爲 Forming，必須對元件施加偏壓，當電場超過臨界值時介電層會發生崩潰現象，使介電層從高阻值轉爲低阻值。而從 Forming 之後發生改變阻值的現象，若是從高阻態到低阻態的過程稱之爲 SET，相反地，從低阻態到高阻態的過程稱之爲 RESET。

對於物聯網時代需要即時資料儲存需求、低能耗、資料耐久度高、每次寫入或儲存的資料單位小等層面，綜觀上面的需要，NAND 快閃記憶體並不是一個唯一的選項，由於 RRAM 的操作電壓較低，消耗的電力亦較少，且RRAM 的寫入資訊速度比同樣是非揮發性記憶體的 NAND 快閃記憶體快 1 萬

倍，可變電阻式記憶體絕對是一個不可或缺的選項。

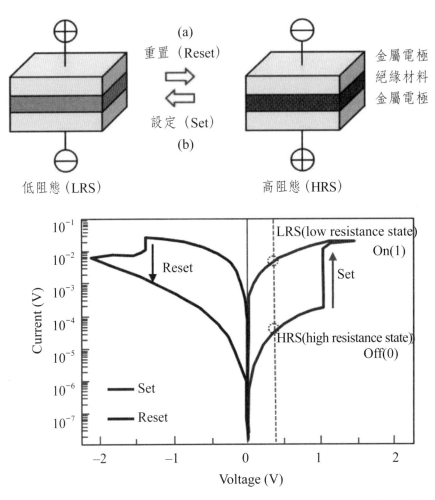

圖 11-33　RREM 利用改變外加電壓或電流使電阻切換重置，達成記憶的效果。

寫入資料 0：施加正電壓使絕緣材料由高阻態（HRS）轉變為低阻態（LRS）
寫入資料 1：施加負電壓使絕緣材料由低阻態（LRS）轉變為高阻態（HRS）
讀取資料 0：量測絕緣材料的電阻較小（電壓較小）
讀取資料 1：量測絕緣材料的電阻較大（電壓較大）

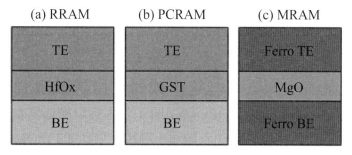

圖 11-34 三種根據材料特性形成的不同記憶體的記憶模式。

	NROM		FRAM	MRAM	OUM	RAM
記憶體型式	NOR	NAND	1T/1C	1T/1R	1T/1R	1T/1R
記憶體單元大小 (F²)	10	5	30-100	10-30	8-10	8-10
可讀寫次數	10^6		$10^{12}/10^{12}$	$> 10^{14}/$	$> 10^{14}/$	$> 10^{14}/$
讀出時間 (random)	60ns	60ns/serial	$80 + 80ns$	30ns	60ns	$< 10ns$
寫入時間 (byte)	1s	200s	(read + write	30ns	10ns	10ns
擦拭時間 (byte)	1s/sector	2ms/block	detructive read)	30ns	100ns	100ns
微縮能力	Fair		poor	poor	poor	poor
微縮決定因子	Tunnel oxide		Capacitor	Current density	Current density	Current density
多位元 / 記憶體單元	Yes		No	No	No	No
相對成本	Medium	Low	High	High	High	High
成熟度	high		Low		Low	Low

圖 11-35 五種發展中記憶體特性之比較。

　　圖 35 為五種發展中記憶體之比較，在目前的研究上，不同的新型記憶體都有其特色及發展的障礙，在製程成熟前，無法預測未來何種記憶體會勝出，或者未來會根據不同需求而發展出不同功能的記憶體，期待工程師們都能對這些困難加以克服，提供密度更高，耗能更低，速度更快，更為廉價的記憶體。

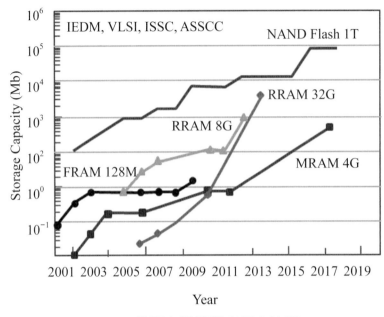

圖 11-36　發展中記憶體容量之比較。

11.6 本章習題

1. 試描述 CMOS 記憶體的分類。

2. 試述 SRAM 資料的存取方法。

3. 如何由製程改善來增加 SRAM 的穩定性。

4. 試述 DRAM 資料的存取方法。

5. 如何改善 DRAM 的 flash time。

6. 試述 1T RAM 的特色及製程應考慮的參數。

7. 試述 flash 記憶體的分類及其特色。

8. 試比較先進記憶體 NROM、FRAM、MRAM、與 OUM 等之特性與差異。

參考文獻

1. Sam C.S. Pan on IEEE EDS Taipei Chapter

2. J.R. Hwang VLSI symposium 2003

3. IEDM Tech Dig, p.971, 1998

4. Zanoni E Kluwer Academic Publishers, 1999

5. Proceedings of the IEEE, vol.91 no.4, 2003

6. IEDM Tech. Dig., p.552, 1987

7. ISSCC Tech. Gig., 2003

8. Ext. Abstract SSDM conference, 2004

9. IEDM Tech. Dig., 2003

10. IEEE EI. Dev. Lett., 2000

11. DRAM 2x node, Micron, 2018

12. 3D Fresh NAND, Toshiba, IEDM, 2007

13. Ren Liu Ming, EEboard, 2019

14. Chih-Cheng Shih, Naroscale Neserch Letter, 2013

12 分離元件

- ◆ 功率二極體
- ◆ 功率金氧半場效電晶體
- ◆ 溝槽式閘極功率金氧半電晶體 Trench MOSFET
- ◆ 超接面金氧半電晶體 Super Junction MOSFET
- ◆ 絕緣閘雙極型電晶體 Insulated Gate Bipolar Transistor（IGBT）
- ◆ 碳化矽（SiC）功率半導體
- ◆ 氮化鎵（GaN）功率半導體

　　半導體元件除了追求輕薄短小，高速運算，大量儲存之外，分離元件也是在高電壓，大電流應用的重要半導體元件，又稱之為功率半導體，而功率半導體的作用是在設備、機器和系統上控制和轉換電能。如在汽車中，功率半導體用於動力總成、便利性電子裝置，如電動車窗等。和安全系統，如電動助力轉向等。在混合動力汽車和電動汽車中，它們控制電機並管理電池充電過程。功率半導體也用於高速鐵路，捷運列車電機控制。其他應用領域包括，風電和太陽能發電系統，小型電腦和伺服器、筆記型電腦、智慧型電話、平板電腦的電源、娛樂電子設備、行動通訊基礎設施以及照明管理系統。在電力傳輸及使用過程中，必定經過交流直流互轉（A/D, D/A）、直流轉直流（D/D）、交流轉交流（A/A）等的數次功率轉換，功率半導體分離元件即應用在這些電力的直交流變換上，及控制瞬間加壓的電流穩定度等方面。

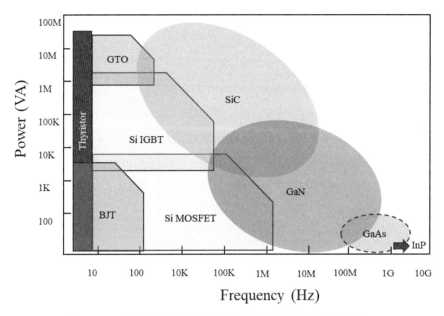

圖 12-1　功率半導體元件應用領域及頻率範圍。

12.1 功率二極體

常用的功率半導體分離元件主要為二極體和 MOS 電晶體，二極體大致上分為整流二極體（Rectifier Diode）、齊納二極體（Zener Diode）。其中以整流為主要目的的二極體又進一步分為一般通用整流用、以切換為前提的高速整流用、以及同樣有高速性和低 VF 特徵的蕭特基二極體等。

12.1.1 二極體的電氣特性

二極體的靜態特性以順向的電壓 VF 和電流 IF、逆向的電壓 VR 和電流 IR 為基本。具體來說，就是順向抵達可用 IF 之範圍以及反向破壞電壓 VR（breakdown voltage）內之區域。

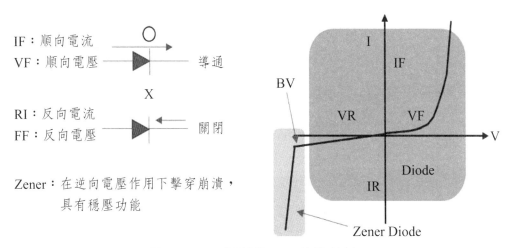

圖 12-2 二極體的 I-V 特性曲線。

二極體的動態特性主要有反向恢復時間 trr 和靜電容量 Ct。trr 就是從被施予順向電壓 VF 時，順向電流 IF 從流動狀態到電壓變為反向時流動的反向電流 IR 回到穩定狀態的時間。當 IF 從流動的 ON 狀態變為 OFF 狀態時，IF 立刻變為零是最理想的。不過實際上會產生反向電流 IR 瞬間流動，再伴隨 trr 逐漸恢復為零，trr 可以說是越短特性越佳。

　　靜電容量 Ct 是二極體所擁有的 PN 結電容，與電容器有相同的效果。如下圖所示，當二極體 ON-OFF 時，Ct 一大，俗稱的波形鈍化會變大，有時也會因時間常數的關係在到達施加電壓前進入 OFF 動作而發生問題，高速切換電路要求能有 Ct 較小的二極體。

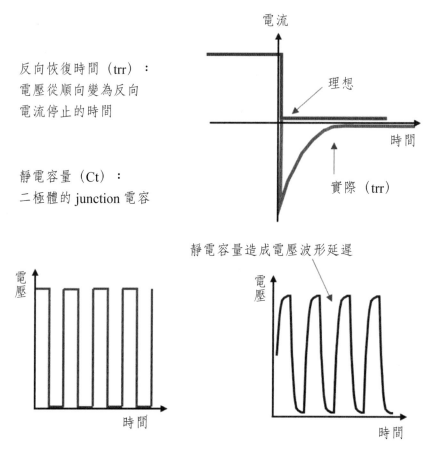

圖 12-3　二極體反向恢復時間 trr 和靜電容量 Ct。

　　這裡將整流二極體分成 4 個類型。通用整流用途、通用切換用途、蕭特基二極體、高速整流二極體 4 種，其特徵如下表。

　　通用型主要目的在於將一般的整流，也就是將交流電源整流成為直流電源。整流二極體組合作為電橋（Diode Bridge）用途，亦作為逆接電源時不讓電流流過的保護用途。順向電壓 VF 取決於可以處理之電流，通常以 1V 前後為標準。這是矽的 PN 接面二極體的一般 VF。反向恢復時間 trr 由於大多數是

表 12-1　整流二極體主要類型

類型	特徵	VF	IR	trr	適用應用
整流	通用	×	○	×	一般整流，電源的逆接保護
切換	切換用	×	○	△	單純切換用途微電腦周邊的切換
蕭特基二極體（SBD）	高速（~200V）低 VF	○	×	○	DC/DC 轉換器 AC/DC 轉換器（側）
高速整流二極體（FRD）	高速（~200V）	×	○	○	AC/DC 轉換器，變壓器電路

50Hz/60Hz 等商用電源之整流，因此以不會要求特別快速。

　　高速整流二極體（FRD）的內部結構與普通 PN 結二極體不同，它屬於 PIN 結型二極體，即在 P 型矽材料與 N 型矽材料中間增加了基區 I，構成 PIN 矽片。因基區很薄，反向恢復電荷很小，所以快速恢復二極體的反向恢復時間較短，正向壓降較低，反向擊穿電壓（耐壓值）較高。快速恢復二極體的反向恢復時間一般為幾百納秒，正向壓降約為 0.6V，正向電流是幾安培至幾千安培，反向峰值電壓可達幾百到幾千伏。超快恢復二極體的反向恢復電荷進一步減小，使其 trr 可低至幾十納秒。一般來說，VF 比通用型高，由於高耐壓和高速性，故大多被使用於 AC/DC 轉換器或變壓器電路。

　　蕭特基二極體（SBD）並非 PN 接面，而是利用金屬和半導體接面，藉由與 N 型矽接面所產生的蕭特基障壁（Schottky-Barrier）。PN 接面二極體藉由電子與電洞（Hole）復合電流而蕭特基二極體只藉由移動電子來流動電流，相較於 PN 接面的二極體，VF 低、切換特性快是一大特徵。VF 即使在 10A 等大電流操作下在 0.8V 左右，若為數 A 流操作下也在 0.5V 前後，因此在要求高效率的 DC/DC 轉換器或 AC/DC 轉換器二次側的使用為主要應用。

　　如圖 12-3 所示，SBD 相較於其他 3 類型，其 VF 低，而且 IR 也大。中間的圖則表示 SBD 和 FRD 相較於其他 2 類型，其 trr 大幅降低，而且 trr 間流動的 IR 大，損失也大。右圖為 Si 二極體的基本溫度特性，高溫時 VF 降低，IR 增加。

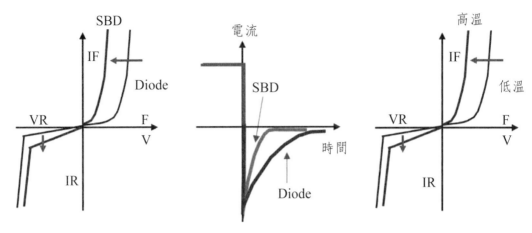

圖 12-4 不同二極體基本電性特性和溫度特性比較。

12.1.2 Si-SBD 的材料特性

由於 Si-SBD 並非 PN 接面,而是利用矽與所謂阻障金屬層（Barrier Metal）之金屬接合形成蕭特基障壁的二極體。Si-SBD 的電性特性取決於阻障金屬層的種類。而且,其特性的差異決定電路應用。

表 12-2 彙整了各阻障金屬的特徵及適合的應用程式。表中有「×」記號者,表示性能比其他差

	金屬	**VF**	**IR**	**Trr**	高溫使用	適用應用程式
超低 VF	Ti	◎	×	○	×	電池控制 下衝（undershoot）對策
低 VF 低 IR （平衡型）	Mo	○	△	○	△	DCDC 轉換器
超低 IR	Pt	△	○	○	○	高溫環境（例：車載）
其他二極體	無	×	◎	×	◎	通用

阻障金屬層

晶片（Si）

Ti：鈦（titanlum）
MO：鉬（Molybdenum）
Pt：白金（platinum）

*SBD 的特性取決於
阻障金屬層

代表性的阻障金屬層有鈦、鉬、白金。使用鈦（Titanium）的 SBD 特徵是 VF 非常低，但反向的漏電流 IR 則比其他大。因此，並不適合發熱變大、周圍變高溫的條件。容易有發生熱失控（Thermal Runaway）的傾向。應用電路方面，因 VF 小，故導通損失少，電壓下降也小，適合使用於電池驅動電路。使用鉬（Molybdenum）的 SBD 為 VF 和 IR 的平衡型，常用於 DC/DC 轉換型電路。使用白金（Platinum）的 SBD 由於 IR 非常小，發熱也少，故適合高溫下使用。此點在應用於車載電路上佔有優勢。

12.1.3　碳化矽蕭特基二極體 SiC SBD

構造方面，SiC 與 Si 的蕭特基二極體基本上相同，重點特徵也同樣為高速性。而 SiC-SBD 的特徵除了高速性佳外，同時亦可達到高耐壓。想提升 Si-SBD 的耐壓，是將 n- 型層加厚並將載子濃度（Carrier Density）變低，不過有阻抗值上升、VF 變高等大損失，實用性差。而 SiC 由於擁有矽的 10 倍絕緣破壞電場，不須太厚的 n- 型層就可實現耐高壓，同時維持較低的通道電阻。

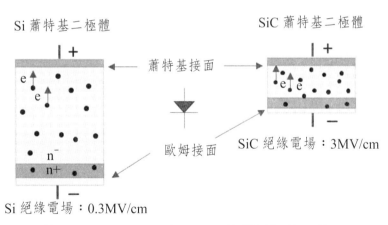

圖 12-5　SiC-SBD 與 Si-PN 絕緣電場的比較。

SiC-SBD 與 Si 二極體相比，大幅改善了反向恢復時間 trr。恢復的時間 trr 很短使得二極體關斷時的反向電流 IR 大幅減少，同時因為反向恢復電荷量 Qrr 少使得開關損耗小。開關損耗有很多好處，以相同的開關頻率工作時，發熱少，因而散熱板和散熱 PCB 板面積減小，效率也因此提高。並且，額定相

同的發熱與損耗時，開關工作可以更高速。以開關電源為例，通過提高開關頻率，將能夠使用更小型的線圈（電感）與電容，從而可實現小型化，更節省空間。

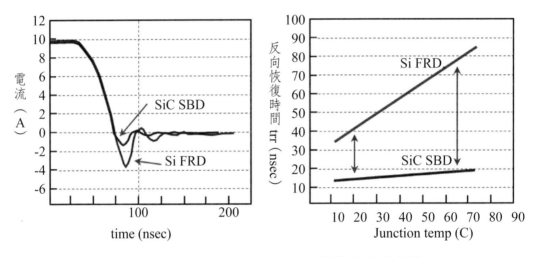

圖 12-6　SiC-SBD 與 Si-PN 的 trr 特性和溫度特性。

　　在溫度穩定性上，SiC 的溫度特性的變動比 Si 小，Si-FRD 的 trr 隨溫度上升而增加，而 SiC-SBD 則能夠保持幾乎恆定的 trr。在高溫工作時，開關損耗也幾乎沒有增加，進而促進電源系統應用的效率提高與小型化·

12.2　功率金氧半場效電晶體

　　功率金氧半場效電晶體（Power MOSFET）在發展初期是以水平式結構為主，其電流流向為水平結構，一般稱 LDMOS（Lateral Double-Diffused MOS），水平式的結構非常適合與目前積體電路整合成為功率積體電路（Power Integrated Circuit, Power IC），經常結合 CMOS 和 Bipolar 電路而稱之為 BCD 製程，但是因為其在大電流需求下會浪費太多的晶片面積，故僅適合使用高壓低電流電路。為了滿足大電流高功率的使用，研究人員將水平電流結構轉為垂直結構的發展，一般稱作 VDMOS（Vertical Diffused MOS），該

元件決定耐壓的汲極到閘極端的距離是由 N- 磊晶層厚度所決定，因爲垂直式結構使用晶片面積較水平式少很多，可以滿足更高電壓，更大電流的應用，因此垂直式 MOSFET 成爲目前分離式元件的主要採用的結構。

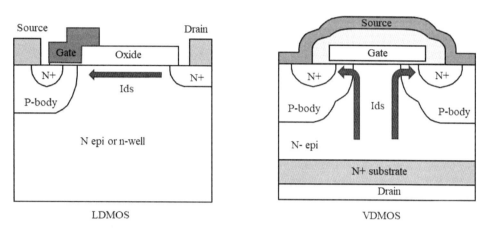

圖 12-7　水平式與垂直式功率金氧半場效電晶體結構。

12.2.1　功率金氧半場效電晶體特性

Power MOSFET 爲一種單載子導電的電壓控制元件，它具有開關速度快、輸入阻抗高、驅動功率小、熱穩定性優良、高頻特性好、安全工作區（SOA）寬、工作線性度高的特性，其所扮演的角色爲一個切換元件，其所要求的規格包含崩潰電壓值（Breakdown Voltage）、導通電流（On-Current）、導通電阻（On-resistance; Ron）、閘極電荷（Gate charge; Qg）、啓閘值電壓（Threshold voltage; Vt）、雪崩崩潰電流／能量（Avalanche current/energy; Ias/Eas）、輸入電容（Input capacitance; Ciss）、輸出電容（Output capacitance; Coss）、逆向轉換電容（Reverse Transfer capacitance; Crss）與延遲時間（Delay time）等，研究人員須設計出一顆擁有較高的耐壓、較大的電流、較小的電阻及較低的閘極電荷的元件，並在其中取得平衡。

功率金氧半場效電晶體最重要的基本特性爲額定耐壓（Breakdown Voltage）與導通電阻值（On-resistance），決定了該元件可否使用於某電路上的基本要求。由於 Power MOSFET 作爲一個用在電源控制轉換的核心元件，

元件必須滿足電路上的耐壓與通過的電流，此系統電流對於元件而言在考慮功率消耗的前提下即元件在導通時的等效電阻值 Ron。

$$Ron = RCONT\_D + RSUB + REPI + RJFET + RCH + RCONT$$

RCONT_D 為汲極（Drain）與基座的接面電阻，RSUB 為基座電阻，REPI 為磊晶層電阻，RJFET 為接面場效應電阻，RCH 為通道電阻，RCONT_S 源極（Source）接面電阻。由於元件金屬接觸端與晶片基座均為高摻雜濃度，故在中高壓元件中，為了達到高耐壓的設計，元件磊晶層通常摻雜較淡且較厚，隨著 VBR 的增加，RJFET 及 REPI 所佔比重逐漸提高。製程的調整主要針對改善阻值做的動作，來增加功率電晶體的電流特性。

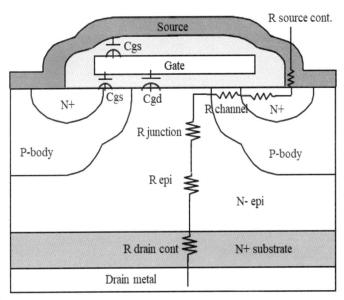

圖 12-8　功率電晶體單位晶胞之電阻成分與電容示意圖。

圖 12-8 中的右半部的各電容值亦影響了此元件在操作頻率上的限制。Power MOSFET 中的電容依其視入的端點不同，可分為輸入電容 Ciss（Input Capacitor）、輸出電容 Coss（Output Capacitor）及逆向轉換電容 Crss（Reverse Transfer Capacitor）。而此三種電容則是由三個端點之間的電容所組成，分別是：Gate Source 電容 CGS、為 Gate 到 Drain 的電容，和 CGD，為 Source 到

Drain 的電容及 CSD 所引起，其中逆向轉換電容 Crss 也有人稱爲回授電容或米勒電容。而米勒電容在不同的應用電路上將會與電路上的電阻形成一個對元件輸入端的極點，此外電路上的電阻與元件的米勒電容在元件的切換操作上將導致另一種的耗能現象，因此降低這些電容對於減少切換損失及提昇元件操作頻率有很大的幫助。

　　要提升功率金氧半場效電晶體性能主要在單位面積上提供更大的電流，方法則是降低導通電阻（Ron），對高壓元件而言，Repi 佔 Ron 很大一部分，但對低壓元件而言，Rch 佔的比例最大，最簡單的方式，就是增加通道的數量來降低 Ron。將元件的單位晶胞長度（Cell Pitch）作小，可以增加元件的晶胞密度（Cell Density）有效元件通道寬度增加，Ron 降低，電流密度提高。

　　另外閘汲極電荷（Qgd）決定了元件切換時的損耗功率（Switching Loss），原因是元件切換時，元件對閘汲極氧化層電容及空乏區電容進行充電，而空乏區電容是可變電容，電荷不易隨電壓改變而改變，所以晶胞密度的上升也造成閘極面積的增多進而提高了閘極電荷的大小，也因此增加了元件切換時的切換損耗。

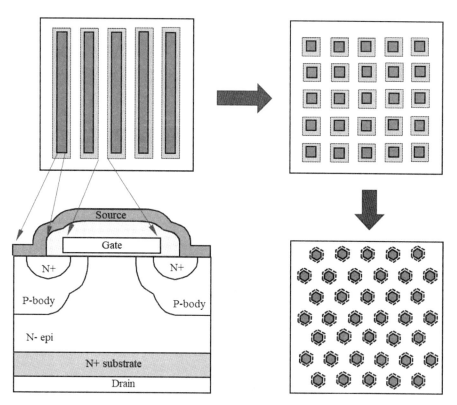

圖 12-9　增加 cell density 示意圖。

12.2.2　功率金氧半場效電晶體終端區的設計與要求

　　由於功率金氧半場效電晶體操作在高電壓，爲避免在高電場下，電流通過晶邊擊穿晶片，因此終端區設計的重點在於保證終端區的電壓崩潰值大於元件內主動區的電壓崩潰值。通常的設計方式爲在主動區外加上保護環（Guard Ring）或稱之爲有限場環（Field Limitation Ring）的設計。爲有效降低電場，越寬的保護環效果越好，但設計太寬的保護環佔的區域太大，有效主動區縮小，不利產品競爭力，其中一個方式是利用淺溝槽加上氧化物填充（Shallow Trench filled with Oxide）可改變電場集中位置，進而有效縮短終端區的寬度。

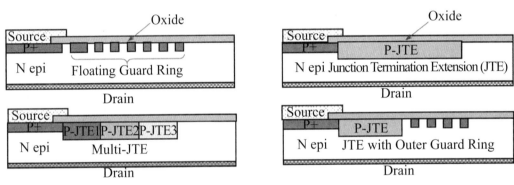

圖 12-10　終端區的結構示意圖。

12.2.3　功率金氧半場效電晶體的雪崩擊穿 Avalanche Breakage

　　對於功率金氧半場效電晶體在較大的電壓的應用時，就要考慮器件的雪崩能量，電壓的尖峰所集中的能量主要由電感和電流所決定，電晶體關閉時會產生較大的電壓峰值及衝擊電流，加上電路上有感性負載時，如電機上的電路，元件就會有雪崩損壞的可能，因此在這樣的應用條件下，就要考慮器件的雪崩能量。不考慮此特性的元件在電感性負載的電力電路中將非常容易被擊穿燒毀。

　　在電晶體製作完成後，通常會進行非嵌感性負載開關（Unclamped Inductive Switching, UIS）測試，就是一種模擬功率元件在系統應用中遭遇極

端電熱應力的測試，通過這種測試，我們可以得到電晶體耐受能量的能力。UIS 能力是衡量功率器件可靠性的重要指標，通常用 EAS（單脈衝雪崩擊穿能量）及 EAR（重複雪崩能量）來衡量 MOS 耐受 UIS 的能力。

EAS 為單脈衝雪崩能量，該值測量的是器件可以安全吸收反向雪崩擊穿能量的高低。當雪崩擊穿發生時，即使 MOSFET 處於關閉狀態，電感上的電流同樣會流過 MOSFET 器件，電感上所儲存的能量將全部通過 MOSFET 進行釋放，該值不能大於器件的 EAS，否則器件將會因過熱而損壞。另外 EAR 指的是重複雪崩能量，測量了元件所能承受的反復雪崩擊穿能量。

元件雪崩損壞有兩種模式：熱損壞和寄生雙載子電晶體 Bipolar Junction Transisitor）因 Latch Up 導通損壞。熱損壞就是功率 MOS 管在功率脈衝的作用，進入 UIS 的工作條件下，由於功耗增加導致 PN 接面溫度升高，超過熱點臨界值而產生失效。寄生 BJT 因為 Latch Up 導通損壞則來自 MOS 結構內部有一個寄生的雙載子電晶體（BJT），如圖 12-11 所示，當 DS 的反向電流開始流過 P 區，Rp 和 Rc 產生壓降，Rp 和 Rc 的壓降等於電晶體 BJT 的 VBEon，VBEon 值大於 0.7V 時，BJT 便會啓動，而導致元件的燒毀促使局部的 BJT 導通，從而導致失控發生，此時，閘極的電壓不再能夠關斷 MOS。

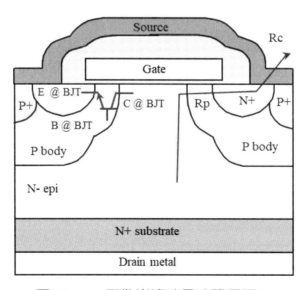

圖 12-11　元件崩潰時電流路徑圖。

改善的方式可以在製程步驟中的重摻雜 P 型元素形成重摻雜 P+ 的製程，較低阻的 P Well 使電流宣洩的過程壓降不會大於 0.7V，即爲提升此一元件特性的製作方式，P+ 的範圍越寬越廣對元件的耐用性越好。

12.3　溝槽式閘極功率金氧半電晶體

爲了降低元件操作損耗，必須由降低元件導通阻值及閘極電荷著手。在低壓 Power MOSFET 上由於阻值在 RCH 及 RJFET 佔據了大部分比例，因此提升總閘極寬度與減少 RJFET 的結構變成爲設計的重點。使用溝槽式閘極（Trench Gate）的方式可有效降低元件 RCH 阻值。此外，由於溝槽式閘極元件的通道是垂直式結構，可以對晶圓面積做更妥善的利用，隨著挖溝槽技術的改善，Power MOSFET 的單位晶胞閘極可以從數微米減少至 0.2 微米，再配合自動對準製程技術（Self-Align），Cell Pitch 可以從早期的幾微米迅速改善到一微米左右，大幅提高單位面積的晶包密度與改善元件的總通道寬度，結合晶圓面積率的提升與 RJFET 的消失，低壓 Power MOSFET 的阻值可以非常大幅被降低。另一個伴隨的好處是晶胞閘極的巨幅縮小，使得閘汲極重疊面積變小，也大幅的改善了 Qgd 的數值。溝槽式（Trench）功率 MOSFET 已成爲低壓應用的最佳功率元件選擇。

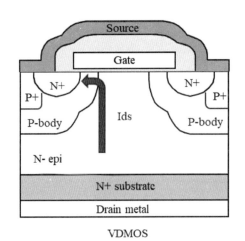 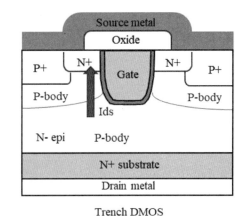

圖 12-12　溝槽式閘極功率金氧半電晶體。

　　為了進一步改善元件切換損耗，必須降低元件閘極電荷著手，由於電荷與電容成正比，降低電荷就必須減少閘極電容，可以藉由溝槽式底部厚 SiO_2 技術（BOX）或分離式閘極（Split Gate）來改善。

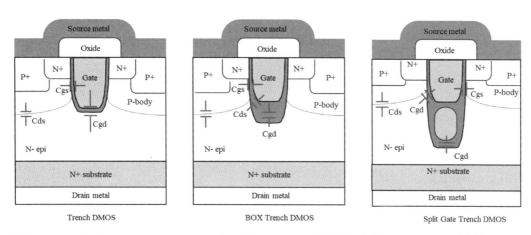

圖 12-13　傳統 (a)Trench MOS 與降低 Miller 電容的方法　(b)BOX 技術　(c) Split-Gate 技術。

　　BOX 技術的 Miller 電荷比 Split-Gate 的高，但它的閘極電荷比 Split-Gate 的低。此外，由於 Split-Gate 技術可利用其第一層多晶層（Shield）作為「體內場板」可增加磊晶層 N- 的濃度來降低漂移區的電場，所以 Split-Gate 技術通常具有更低的導通電阻和更高的擊穿電壓，並可用於中低電壓（20V-250V）的 Trench MOS 產品。

12.4　超接面金氧半電晶體 Super Junction MOSFET

　　對於常規 VDMOS 元件結構，Rdson 與 BV 這一對參數一直形成矛盾關係，要想提高 BV，都是從減小 EPI 參雜濃度著手，但是磊晶層又是正向電流流通的通道，磊晶滲雜濃度減小了，電阻必然變大，Rdson 就大了。Rdson 直接決定著 MOS 單體的損耗大小。所以對於普通 VDMOS，兩者矛盾不可調和，這就是常規 VDMOS 的局限性。

　　而 Super Junction 與 VDMOS 結構上最大不同點是在原有的 P 型井區下延伸一 P 型區域,此 P 型區域濃度較 P 型井區略低,製作方法可由利用多層磊晶,並在每層分別植入 N- 及 P- 區完成。另一方法可在先完成 N- 磊晶層,再蝕刻出 P- 區域,並在蝕刻區成長出 P- 磊晶層。

　　向下延伸的 P 型區域可以有效分散電場,使的電場分佈由垂直型變成水平式,VDMOS 的耐壓由垂直的磊晶空乏區的電場梯度分佈與磊晶厚度距離積分而成,而 Super Junction 拉高整層 P- 磊晶區的電場,電場對距離積分下在相同的磊晶厚度上會大幅增加元件耐壓,換句話說,就是把峰值電場 Ec 由靠近元件表面,向元件內部深入的區域移動。因此對於設計者而言,製作出相同的耐壓元件磊晶片可以減薄,濃度可以提升,此結構改變了原 Power MOSFET 由 PN 接面結構耐壓設計與空乏區的物理限制,因此大幅的降低了元件導通時的電阻值,與閘極電荷量 Qgd。

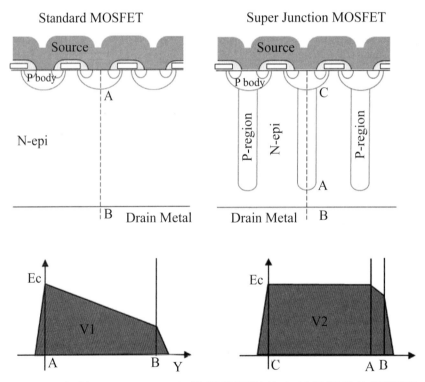

圖 12-14　超接面 MOSFET 元件示意圖及的內部電場分佈示意圖。

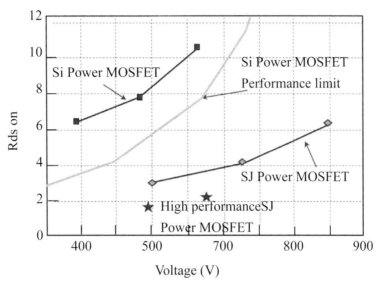

圖 12-15　VDMOS 與 Super-Junction Rdson 比較圖。

　　另外，內部二極體的反向電流 irr 和反向恢復時間 trr 是作為電晶體的關閉開關的重要特性。如下面的波形圖所示，基本上超接合面 MOSFET 的 PN 接面面積比平面 MOSFET 大，因此與平面 MOSFET 相比，具有 trr 速度更快、但 irr 較大的特性。

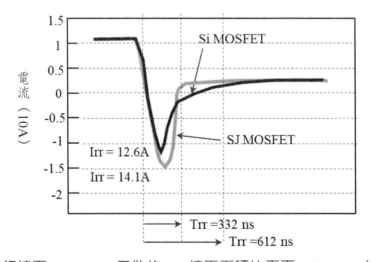

圖 12-16　超接面 MOSFET 元件的 PN 接面面積比平面 MOSFET 的大，irr 較大，但是 trr 較小。

由於 SJ-MOS 的 Rdson 遠遠低於 VDMOS，在系統電源類產品中 SJ-MOS 的導通損耗必然較之 VDMOS 要減少的多，提高了系統產品的效率，損耗少也就是發熱少，也因此 SJ-MOS 常常被稱之為 Cool MOS。同等功率規格下封裝較小，有利於功率密度的提高。SJ-MOS 的這個優點在大功率、大電流類的電源產品產品上，優勢表現的尤為突出。

12.5 絕緣閘雙極型電晶體 Insulated Gate Bipolar Transistor

從結構上看 IGBT 和 Power MOSFET 非常接近，就在背面的汲極增加了一個 P+ 層，我們稱之為 Injection Layer。在結構上汲極端多了一個 P+/N-drift 的 PN 結，不過他是正偏的，所以它不影響導通反而增加了電洞注入效應，所以它的特性就類似 BJT 了有兩種載流子參與導電。所以原來的 Source 就變成了 Emitter，而 Drain 就變成了 Collector 了。從圖 12-17 結構以及右邊的等效電路圖看出，它有兩個等效的 BJT 背靠背連結起來的，它其實就是 PNPN 的 Thyristor（晶閘管）的結構生成的。MOSFET 主要是單一載子導電，而 BJT 是兩種載子導電，所以 BJT 的驅動電流會比 MOSFET 大，但是 MOSFET 的控制級閘極是靠場效應來控制的，沒有額外的控制端功率損耗。IGBT 就是利用

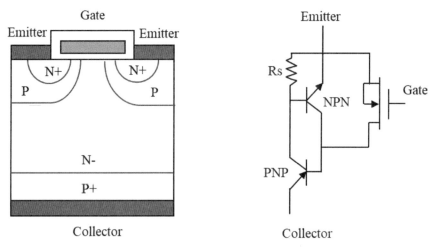

圖 12-17　IGBT 結構以及等效電路圖。

了 MOSFET 和 BJT 的優點組合起來的，兼有 MOSFET 的閘極電壓控制電晶體（高輸入阻抗），又利用了 BJT 的雙載子達到大電流（低導通壓降）的目的（Voltage-Controlled Bipolar Device）。從而達到驅動功率小、飽和壓降低的完美要求，IGBT 綜合了以上兩種元件的優點，驅動功率小而飽壓降低。非常適合應用於直流電壓為 600V 及以上的變流系統如交流電機、變頻器、開關電源、照明電路、牽引傳動等領域。

IGBT 的缺點是當元件關閉時，通道很快關閉沒有了多餘電流，可是 Collector（Drain）端這邊還繼續有少數電洞注入，形成拖尾電流（Tailing Current），所以整個元件的電流需要慢慢才能關閉，影響了元件的關閉時間及工作頻率。所以研究人員又引入了一個結構在 P+ 與 N-drift 之間加入 N+ buffer 層，這一層的作用就是讓元件在關閉的時候，從 Collector 端注入的電洞迅速在 N + buffer 層就被復合掉提高關閉頻率，我們稱這種結構為 PT-IGBT（Punch Through 型），而原來沒有帶 N + buffer 的則為 NPT-IGBT。

一般情況下，NPT-IGBT 比 PT-IGBT 的 Vce（sat）高，主要因為 NPT 是正溫度係數（P+ 襯底較薄電洞注入較少），而 PT 是負溫度係數（由於 P 襯底較厚所以電洞注入較多而導致的 Bipolar 基區調製效應明顯），而 Vce（sat）決定了開關損耗（Switch Loss），所以如果需要同樣的 Vce（sat），則 NPT 必須要增加 drift 厚度，所以 Ron 就增大了。

不管 PT 還是 NPT 結構都不能最終滿足無限高功率的要求，要做到高功率，就必須要降低 Vce（sat），也就是降低 Ron。所以必須要降低 N-drift 厚度，可是這個 N-drift 厚度又受到截止狀態的電場約束，因 N-drift 厚度太薄容易 Channel 穿通。所以如果要向降低 Drift 厚度，必須要讓截止電場到通道前提前降下來。所以需要在 P + Injection Layer 與 N-drift 之間植入一個 N + 場截止層（Field Stop, FS），當 IGBT 處於關閉狀態，電場在截止層內迅速降低到 0，而達到電流終止的目的，所以我們就可以進一步降低 N-drift 厚度達到降低 Ron 和 Vce 了。而且這個結構和 N + buffer 結構非常類似，所以它也有 PT-IGBT 的效果抑制關閉狀態下的 Tailing 電流提高關閉速度，此製程稱之為場截止 FS-IGBT。

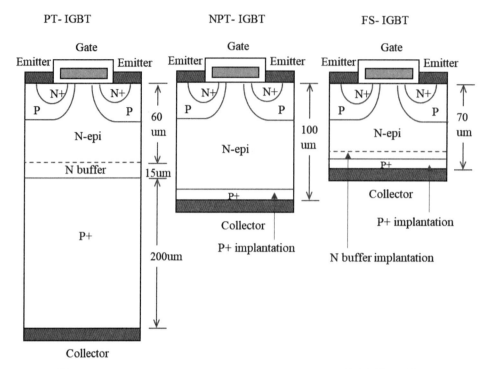

圖 12-18 PT-IGBT，NPT-IGBT，FS-IGBT 的結構比較。

12.6 碳化矽（SiC）功率半導體

另外在其他材料及元件結構上的設計也是高壓 Power MOSFET 發展的重點，透過材料及元件結構的設計來達成低阻值及低閘極電荷設計以降低損耗。受限於矽晶材料的特性而難以將 Power MOSFET 特性大幅提升，寬能隙（Wide Bandgap）材料的使用成為另一個發展方向，目前最被廣泛研究的寬能隙材料為碳化矽。SiC-DMOS 與 Si-DMOS 使用的製程技術和結構相接近但性能特別優異，相較於矽元件，碳化矽主要在耐壓、導通電阻、開關速度方面表現較佳，而且熱導率高，在高溫條件下的工作也表現良好，且具有載流子飽和漂移速度高等優點，可以製作各種耐高溫的高頻大功率元件，由於碳化矽半導體材料可應用於大功率、高熱導率的高頻率微波元件、功率元件和照明元件，因此碳化矽電力元件的普及應用將能在各領域節省大量的電能。

特性			碳化矽優勢
Eg (eV) -- bandgap	Si	1.1	×3
	SiC	3.3	
Vsn (cm/s) -- electron satuation velocity	Si	$1*10^7$	×2
	SiC	$2*10^7$	
Ec (V/cm) -- critical electrric field	Si	$2*10^5$	×15
	SiC	$3*10^6$	
k (W/cmK) -- thermal conductivity	Si	1.5	×3
	SiC	5	

圖 12-19　SiC 與 Si 在材料特性上的比較。

由於材料上的差異，碳化矽相較於矽功率元件，有以下特點

1. 更高的性能和工作電壓：由於碳化矽禁帶寬度是矽的 3 倍，擊穿電場可以達到矽的 10 倍，在同樣的擊穿電壓下，Rdson 可以降低 1/300~1/1000，使得開關效能更高，開關損耗更低，在同樣的電壓，電流操作下，尺寸小，重量輕，耗能低。

2. 更高的工作頻率：由於碳化矽載子飽和漂移速度高，元件操作速度快，可應用在更高的工作頻率。

3. 更高的工作溫度：由於熱導率高，可在高溫條件下工作，散熱要求降低，可用於輕量化系統，元件避免高溫老化，可延長使用壽命。

通過圖 12-19 SiC 與 Si 功率元件的比較，來看出 SiC-MOSFET 的耐壓範圍，導通電阻和速度上的表現。目前 SiC-MOSFET 有用的範圍是耐壓 600V 以上、特別是 1kV 以上。現將 1kV 以上的產品與當前主流的 Si-IGBT 來比較一下看看。相對於 IGBT，SiC-MOSFET 降低了開關關斷時的損耗，實現了高頻率工作，有助於應用的小型化。相對於同等耐壓的 SJ-MOSFET（超接合面 MOSFET），導通電阻較小，可減少相同導通電阻的晶片面積，並顯著降低恢復損耗。

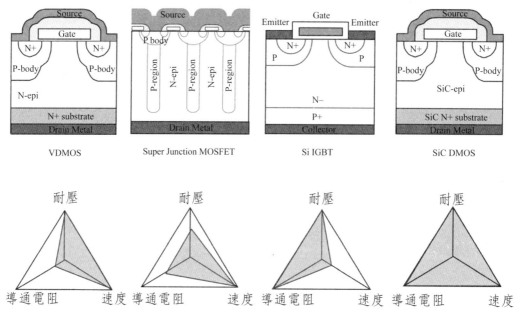

VDMOS　　　　Super Junction MOSFET　　　　Si IGBT　　　　SiC DMOS

圖 12-20　是各功率電晶體的結構、耐壓、導通電阻、開關速度的比較。

12.7　氮化鎵（GaN）功率半導體

　　氮化鎵（GaN），和碳化矽皆屬於寬禁止能帶的代表材料，砷化鎵具有較矽晶材料更高的擊穿電場（$3*10^6$ V/cm），使材料具備較矽晶元件能承受更高的電壓及更高的輸出電流，與碳化矽類似，在同樣的擊穿電壓下，有很低的 Rdson，使得開關效能更高，開關損耗更低，耗能低。

表 12-3　GaN, SiC 與 Si 在材料特性上的比較

	Si	GaAs	GaN
晶格結構	金剛石結構	閃鋅礦結構	纖鋅礦結構
帶隙寬度 Eg(eV)	1.244(300K), 1.153(0K)	1.42(300K)	3.39(300K), 3.50(0K)
帶隙類型	間接	直接	直接
晶格常數（nm）	a = 0.5431	a = 0.5653	a = 0.3189, c − 0.5182
密度	2.33 g/cm^3	5.26 g/cm^3	6.1 g/cm^3
熔點（K）	1490	1510	1770
熱導率（w/cm·K）	k = 1.313	k = 0.46	k = 1.13

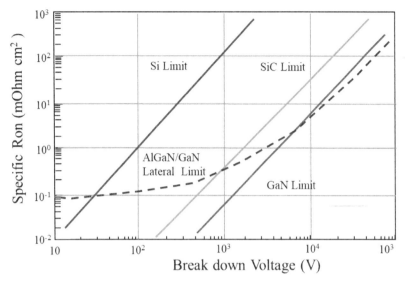

圖 12-21　矽，氮化鎵和碳化矽的導通電阻在不同電壓操作下的比較。

　　砷化鎵最大的挑戰應該是單晶材料的缺陷問題，所以 GaN 目前還只能製作出橫向結構的元件（HEMT），但更重要的是 GaN 可以調製摻雜 AlGaN/GaN 的結構，該結構在室溫下有很高的電子遷移率（$1500cm^2/V*s$），並擁有比第二代化合物半導體異質接面元件（砷化鎵）還要高的二維電子氣濃度（$2*10^{13}/cm^2$），基於 AlGaN/GaN 異質接面的高遷移率電晶體（HEMT）可同時滿足高頻微波及大功率的應用。

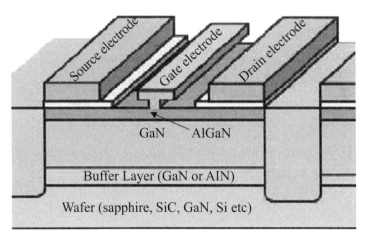

圖 12-22　基於 AlGaN/GaN 異質接面的高遷移率電晶體（HEMT）結構。

在襯底（substrate）方面，存在碳化矽基氮化鎵技術（GaN on SiC）和矽基氮化鎵技術（GaN on Silicon），目前，碳化矽基氮化鎵的技術成熟度使其相比矽基氮化鎵具有絕對優勢，大部分氮化鎵射頻應用都是通過碳化矽基氮化鎵元件得以實現。那些對性能有高要求但對成本不敏感的市場來說，碳化矽基氮化鎵技術非常有吸引力，所以很多公司的新產品和新設計選擇使用碳化矽基氮化鎵技術。與此同時，橫向擴散金屬氧化物半導體（LDMOS）和砷化鎵（GaAs）仍然是那些性能要求較低的高流量應用的主要技術方案。但由於 GaN 功率元件可在矽襯底上生長出來，與 SiC 襯底相比，它的成本更低。GaN 在 600V/3KW 以下的應用場合比較佔優勢，並有可能在這些應用取代 MOSFET 或 IGBT，這些應用包括了微型逆變器、伺服器、馬達驅動、UPS 等。

簡單講，SiC 適合做高壓開關，因為它可以利用同質磊晶易於製備縱向結構的元件提高耐壓性能電壓（>1200V）。而 GaN 只能做橫向結構的元件，所以只適合做中低壓（<1200V）但是高頻功率放大器，而目前主流的高頻功率放大器（PA）還只是 GaAs 的天下，比如無線基站、衛星通訊、雷達等。將來的 5G 基站應該就是要依賴 GaN 了，還有 RF Switch 以及 Filter 等都是 GaN 的市場。

12.8 本章習題

1. 商用二極體分為幾種，分別有哪些要求？

2. 功率金氧半場效電晶體最重要的基本特性為額定耐壓與導通電阻值，決定額定耐壓與導通電阻的製程因素有那些？

3. 使用溝槽式閘極的目的為何？

4. Super Junction MOSFET 如何兼顧高耐壓及低導通電阻？

5. IGBT 如何實現高電流及低驅動功率？

6. 碳化矽相較於矽功率元件，有哪些特點？

7. 試比較 SiC 與 GaN 的製程及應用的差異。

參考文獻

1. Feng-Tso Chien, 電子資訊專刊，2004

2. TechWeb.Rohm.com

3. C. K. KIM, Recent Advances in Telecommunications and Circuits

4. V. Benda, Global Journal of Technology and Optimization, 2011.

5. S. Linder, Proc. ISPSD'08, PP.11-20, 2008.

6. A. Q. Huang, IEEE Electron Devices Lett., 2004.

7. B. J. Baliga, Massachusetts: PWS, 1996.

8. Richard, K, William, Transection of Electronic Device, 2017

9. M. Darwish, ISPSD, 2003

13 元件電性量測

- ◆ 元件電性量測
- ◆ DC 電性量測
- ◆ CV 電性量測
- ◆ RF 電性量測
- ◆ 元件模型

13.1 元件電性量測

電子元件作為電子電路的基礎，學習半導體製程必須對電子元件參數充分的瞭解，可以分別從元件設計，製程條件調整來在滿足電路的要求，再利用測試儀器，量測出直流特性，交流特性及高頻行為，量測的時機在於晶片製程完成時進行，稱之為 WAT，全名為 Wafer Acceptance Test。其目的在於對 wafer 作初步的電性量測，以作為 Wafer Pass/Fail 之依據。

對 IC 而言，WAT 包含基本的電性參數，如 MOS 特性、阻值等保證 IC 能否正常運作的基本要素，再者由於功能性 C/P（Chip Probe）測試很耗時，因此可以藉由測試晶片的參數來檢驗 wafer 生產時是否有異常現象，提早淘汰不合規格的晶片，避免浪費 C/P 測試資源，WAT 另一個目的在於希望能透過基本的電性參數來及時反應生產線上的問題，如 Metal 的 Open/Bridge —— 等良率潛在問題。

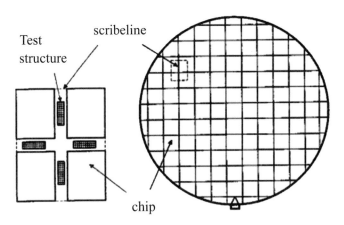

圖 13-1　晶片與測試鍵擺放位置。

元件電性量測的測試鍵（Test Key）經常設計在 Die 與 Die 之間的切割道（Scribe-Line）上，在 WAT 與 C/P 量測之後，晶片將由切割道中劃開而取下獨立的 chip，測試鍵亦因此失去作用，由於電路的外圍大都設計有 die seal ring, 不會因晶片切割時損傷了 chip 內的電路，當製程開發初期，在切割道的測試鍵經常不被滿足而以 Module Testkey 的方式佔據晶片的特定位置，因而損失部分產品的數量。

13.2　DC 電性量測

13.2.1　MOS 電晶體相關參數

　　MOS 元件可以利用四端 DC 量測方法，提取出相關元件參數，以判斷元件特性及製程變異。

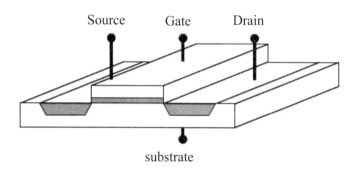

圖 13-2　MOS 電晶體之立體模型。

1. 臨界電壓（Threshold Voltage）

　　為增強型 MOSFET 導通所需的 V_{GS} 電壓，臨界電壓 V_{TH} 是決定 MOS 電晶體能否使在閘極下方 - 源極與汲極間產生反轉層而形成通道的一個界限值。對於 nMOS 而言，如果 $V_{GS} > V_{TH}$，那麼這 MOS 才有導通的機會，汲極和源極之間才會有電流的流通。否則 MOS 關閉通道無法形成，汲極和源極之間不會有電流的流通。

　　電晶體在數位電路中主要作為開關（Switch）使用。作為開關的電晶體主要是透過閘極電壓進行控制，而控制的方式則是依閘極與源極的電位差（V_{GS}）來作決定。臨界電壓受到製程參數及偏壓影響甚大。在數位電路中，可以將 V_{TH} 視為「切換電壓」，亦即 V_{GS} 大於 V_{TH} 時，方有載子運動的通道（Channel）形成，元件會有電流通過；反之 V_{GS} 小於 V_{TH}，則無通道存在，因此不會有導通電流。另外，當開關打開（元件 turn on），這時源極及汲極間的等效電阻值 Ron 主要由偏壓條件來決定它的大小。而當開關閉合（元件

turn off），這時汲極與源極間沒有電位傳遞關係，兩者間電阻值無限大，視為開路。

臨界電壓的獲得有兩個常用方法，其一是 Max. Gm 法，是取 I_D vs. V_G 圖中轉移電導（Trans-conductance, Gm）最大值，做切線與 V_G 軸所相交的點。

MOSFET in the linear region（$V_{DS} < V_{GS} - V_T$）

$$I_{DS} = \left(\frac{W_{eff}}{L_{eff}}\right) C_{OX}\, \mu_n\, (V_{GS} - V_T - 0.5V_{DS})V_{DS}$$

Measure IDS-VGS with Vs = VB = 0, VDS = 0.1V, Sweep V_{GS} = 0~2.5V

$V_{GS} = V_{TH} + 0.5V_{DS}$

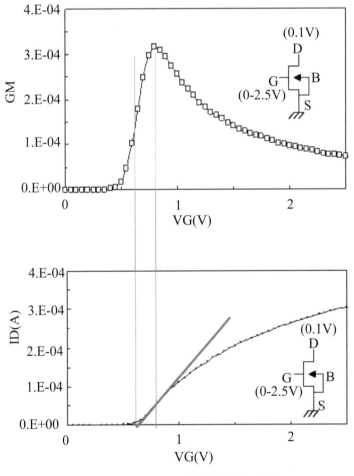

圖 13-3　Gm max 法求臨界電壓。

另一方法為固定電流法（Constant Current），較為簡化，是利用 log scale I_D vs. V_G 圖取固定汲極電流下的 V_G 值，由於簡化了複雜的參數，固定參考流會因每一世代電晶體的製程而調整，如 0.18μm 製程經常取 1E-7 A 汲極電流而 0.25μm 製程經常取 0.4E-7 作為固定汲極電流而對應之 V_G 值，即為臨界電壓 V_{TH}。

2. 飽和電流（Saturation Current）

一般來說，直流曲線的作圖都是以汲極電流（I_D）對汲極電壓（V_D）的形式來進行說明，而一般而言，若電晶體元件操作在水準電場很大的時候會發生速度飽和效應，當電場大於飽和電場（Esat）1.5V/m 時載子速度會達到飽和而不再隨著水準電場的增加而加速，這就稱為速度飽和效應。此區域內電壓 V_{DS} 持續增加，但是汲極電流 I_D 並不隨著增加而幾乎保持定值。當 V_{DS} 漸增，靠近汲極附近的氧化層所跨的電壓減少，產生反轉電荷的能帶彎曲減少，故反轉電子減少，I_D-V_{DS} 圖的斜率漸減。當反轉電子密度為零時（稱為夾止

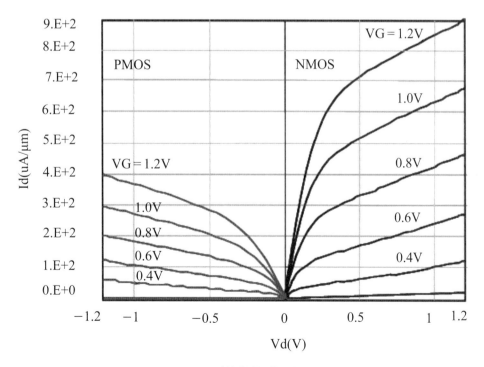

圖 13-4　0.13μm 世代的典型 I_D-V_D 圖形。

Pinch-Off），I_D-V_{DS} 圖的斜率變為零，即電流維持不變，達到飽和。當汲極電壓大於 V_{DS}(sat)，此時電子注入空間電荷區，在藉由電場掃至汲極。當 $V_D >$ V_{DS}(sat)，電壓仍為 V_{DS}(sat)，故 I_D 維持不變。

MOSFET in the Saturation region ($V_{DS} > V_{GS} - V_T$)

$$I_{DS} = \frac{1}{2}\left(\frac{W_{eff}}{L_{eff}}\right)C_{OX}\,\mu_n\,(V_{GS} - V_T)^2$$

Measure I_{DS} with $V_S = V_B = 0$, $V_{DS} = V_{GS} = Vcc$

3. 基材效應（Body Effect, Gamma）

Body Effect 是指源極與基體之間的電壓 V_{SB} 不為零而對臨界電壓所形成的影響。在 MOS 的製程上，V_{TH} 受到閘極材料種類以及基板摻雜濃度影響。例如：對 NMOS（P 型基板）而言，增加受體摻雜（B），可增加 V_{TH}，反之，將硼摻入 PMOS 的基板（N 型），可降低 V_{TH} 的絕對值。

分析結果為，V_{TH} 是為沒有基底效應時的臨界電壓，γ 為基底效應係數，另 Φ 為費米位能（Fermi Potential）。一旦源極與基底間存在電位差，則會影響到臨界電壓的大小。因此，元件一旦發生基底效應（$|V_{TH}|$ 值增大），導通電流的能力便大為降低，進而使得電路整體操作速度變慢。在某些電路設計中，尤其是類比電路，便會一直維持 V_{SB} 間無電位差（即將源極與基底接在一起），藉以避免基底效應造成電路特性上的不良影響。

$$V_{TH} = V_{TH(0)} + \gamma(V_{SB})1/2$$
$$V_{TH} = V_{TH(0)} - \gamma(V_{SB})1/2$$

其中 $V_{TH(0)}$ 是 $V_{SB} = 0$ 時的臨界電壓，γ 是常數，取決於基體的摻雜濃度。通常 γ 值介於 0.4 到 1.2 之間。當臨界電壓因效應而增加時會導致導通電流減少而使得電路速度變慢。

Threshold Voltage: $V_T = V_{fb} + 2\Phi_f + \dfrac{\sqrt{2\varepsilon_0\varepsilon_{Si}qN_a(2\Phi_f + V_{SB})}}{C_{OX}}$

Gamma $= \dfrac{\sqrt{2\varepsilon_0\varepsilon_{Si}qN_a}}{C_{OX}} = \Delta V_T / [\sqrt{(2\Phi_f + V_{SB1})} - \sqrt{(2\Phi_f + V_{SB2})}]$

Measure V_{TH1} with Vs = 0, VB1 = –1.5V, V_{DS} = 0.1V, V_{GS} = 0~2.5V

Measure V_{TH2} with Vs = 0, VB2 = 0V, V_{DS} = 0.1V, V_{GS} = 0~2.5V

When $2\Phi_f \cong 0.8$, then

$1/ [\sqrt{(2\Phi_f + V_{SB1})} - \sqrt{(2\Phi_f + V_{SB2})} \cong 1.595$

Gamma $= \dfrac{\sqrt{2\varepsilon_0\varepsilon_{Si}qN_a}}{C_{OX}} = 1.595 * (V_{T1} - V_{T2})$

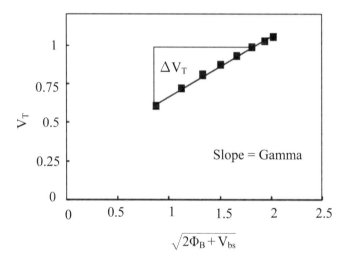

圖 13-5　臨界電壓受到基材效應產生的變化。

4. 次臨界擺幅（Sub-threshold Swing）

　　元件的次臨界擺幅（Sub-Tthreshold Swing 或 SS），即 log I_D-V_G 曲線的斜率倒數，理論上室溫時，理想的 SS 約爲 60mV/decade，一般元件則多在 70~90 mV/decade 的範圍。當閘極電壓低於臨限電壓而半導體表面只稍微反轉時，理想上汲極電流應爲零。實際上仍有汲極電流，稱爲次臨限電流（Sub-Threshold Current）。MOSFET 做爲開關使用時，次臨限區特別重要，可看出

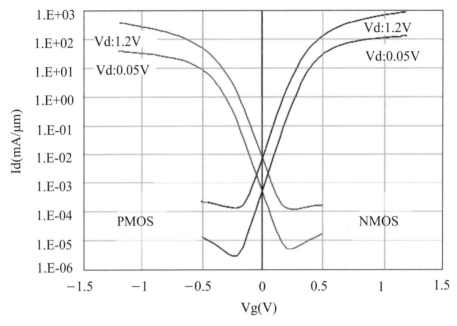

圖 13-6 0.13μm 世代的典型次臨界擺幅 $\log I_D\text{-}V_G$ 圖形。

開關是如何打開及關掉。S 越大，表示 I_D 隨 V_G 的變化越小，MOS 開關特性不明顯；S 越小，表示 ID 隨 VG 的變化越大，MOS 開關特性顯著。

In subthreshold region:

$$I_D = \frac{W_{eff}}{L_{eff}} I_o * \exp\left[\frac{q(V_{GS})}{KT}\right]$$

$$S \equiv \left[\frac{\partial \log_{10} I_D}{\partial V_G}\right]^{-1} = \left(1 - \frac{C_D}{C_{OX}}\right)\frac{kT}{q}\ln 10$$

Measure ID1 with Vs = VB = 0V, VDS = 0.1V, VGS1 = Vt − 0.1

Measure ID2 with Vs = VB = 0V, VDS = 0.1V, VGS2 = Vt − 0.2

When $\Delta V_{GS} = 0.1$, then

$$S_t = 1000 * \left[\frac{\Delta \log_{10} I_D}{\Delta V_G}\right]^{-1} = 1000 * \left[\frac{0.1}{\log_{10}(I_{D1}/I_{D2})}\right]$$

5. 基材電流（Substrate Current）

　　以 NMOS 為例，當元件受閘極正電壓使通道打開時，除了正常的汲極電流之外，由於汲極與基極接面造成的電場太大，將使介面原子產生電子、電洞對的分離，稱之為 Avalanche Break Down，負電荷受正電壓吸引而流向汲極而正電荷則受基材接近的吸引而流向基材，是為基材電流（Substrate Current），此現象又稱之為熱載子效應（Hot Carrier Effect），元件在長期熱載子效應下，將造成元件參數（Vt, Gm, Ids）的偏離，甚至造成功能性喪失，是元件可靠性的重要課題。

At Pinch-off point, we can measure ISUB = IB, max

Measure ISUB with VD = VG = VCC, VS = VB = 0V

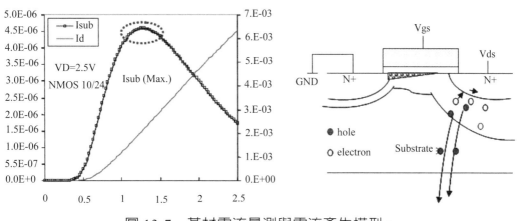

圖 13-7　基材電流量測與電流產生模型。

6. 漏電流（Leakage Current）

　　指電路在不工作下時，仍在洩漏的電流，由於數位電路僅管在不工作狀況下，Vcc 及 Vss 仍在對元件作用（如 CMOS 反向器），因此量測漏電流時，汲極仍須加上 Vcc 電壓，漏電流的來源多來自製程上的隔離不佳或材料上的差異，如氧化閘極的漏電，亦來自短通道產生的漏電行為。

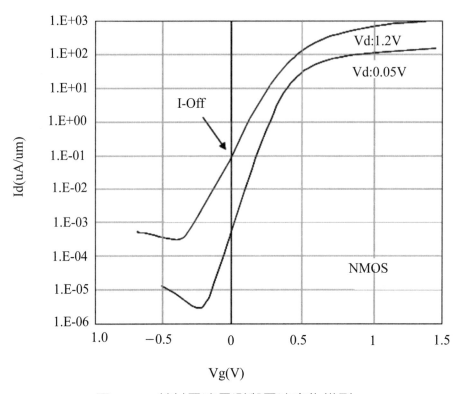

圖 13-8　基材電流量測與電流產生模型。

Measure ID with $V_D = V_{CC}$, $V_G = V_S = V_B = 0V$

Leakage current $I_{OFF} = I_D$

7. DIBL 汲極引起的位能下降（Drain Induce Barrier Lowering）

　　由於第五章「電荷共用（charge sharing）」的短通道的觀念下，臨界電壓下滑情形嚴重，其原因來自於 MOS 在操作偏壓下，汲極能帶下彎連帶拉低閘極接近汲極端的能障高度，其結果將造成臨界電壓下降及次臨界的漏電流上升的現象。量測 DIBL 值是檢視短通道效應有效的方法。

$$DIBL \equiv \frac{V_{t.lin} - V_{tsat}}{V_{CC} - V_D}$$

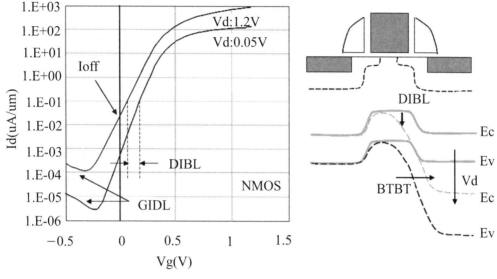

圖 13-9　DIBL 量測方法與 DIBL 產生模型。

8. 崩潰電壓（Breakdown Voltage）

　　元件的崩潰電壓對長通道 MOS 來說，來自於汲極與基材間的接面崩潰電壓，而對短通道來說，則是汲極至源極間因短通道效應造成的貫穿（Punch Through），由於 DIBL 是元件在閘極氧化層下形成漏電路徑，而貫穿則可視為遠離表面的基材區域，PN 接面受到電場移推，致使源極接面及汲極接面的合併、造成低阻值的通道而形成大量的汲極電流，而啟動大電流的電壓即為 MOS 崩潰電壓。

$$\text{Measure } V_D \text{ with } V_G = V_S = V_B = 0V, \text{ sweep } V_{DS} = 0\sim15V$$
$$\text{When } I_D = 1\mu A, \text{ then } BVD_{SS} = V_D | I_D = 1\mu A$$

9. Snapback 曲線量測

　　與崩潰電壓量測方法相似，以 TLP（Transmission Line Pulse）設備可繪出完整 snapback 的 MOS 電流電壓曲線，因為 MOS 存在寄生 Lateral Bipolar 的關係，不斷升高汲極電壓使得 Drain-Substrate 發生雪崩，並形成電子電洞

對。電子被掃向 Drain Contact，電洞則進入基材形成的基材電流 Isub，稱之為 Snapback 現象。電位逐漸升高最終會導致 Source-Substrate 反向偏壓。電子從源極端注入基材，被汲極端收集，此時 LNPN Bipolar 形成。其中汲極端為 Collector，源極端為 Emitter，基材端為 Base 極。這樣的 Snapback 模型常用於 Latch-up 分析，及 ESD 保護電路內啟動靜電防護的 SCR（Silicone control rectifier）電路分析。

Measure V_D, I_D with $V_G = V_S = V_B = 0V$, sweep $V_{DS} = 0\sim15V$

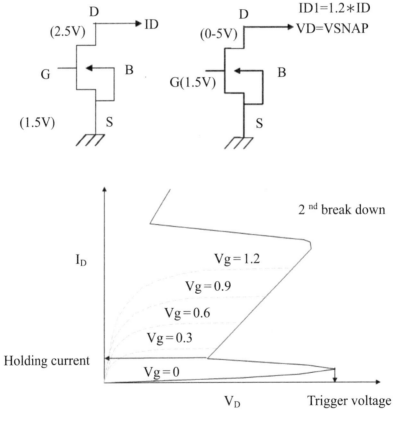

圖 13-10　MOS Snapback 量測求得的啟動電壓及維持導通狀態所須的維持電流。

10. 有效通道長度（Effective Channel Length）

由於載子植入晶片受到製程溫度擴散的影響，載子將橫向擴散至閘極氧化層的下方，將造成有效通道長度的下降，也因此造成閘極到源極／閘極到汲極電容的上升，要如何計算有效通道長度可以利用通道電阻法，取兩組不同通道長度的 MOS 元件，以兩組電壓求得通道電阻，再聯立求解得有效通道長度。

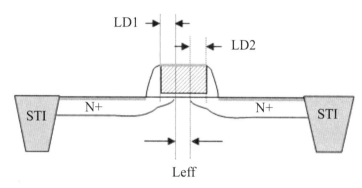

圖 13-11　電阻法求有效通道長度模型。

Leff = Lmask-2LD, LD:later diffusion length

$$R_{chan} \equiv \frac{V_{DS}}{I_{DS}} = L_{eff} / \left[W_{eff} * C_{OX}\, \mu_n \left(V_{GS} - V_T - \frac{1}{2} V_{DS} \right) \right]$$

Channel Resistance:

$$R_m = \frac{V_F}{I_m} = R_{ext} + R_{chan} = R_{ext} + A\,(L_{mask} - 2L_D)$$

$$A = 1 / \left[W_{eff} * C_{OX}\, \mu_n \left(V_{GS} - V_T - \frac{1}{2} V_{DS} \right) \right]$$

Measure I_{11} with $V_{D1} = 0.1V$, $V_{G1} = V_{T1}$, $\Rightarrow R_{11} = 0.1/I_{11}$

Measure I_{21} with $V_{D1} = 0.1V$, $V_{G1} = V_{T1} + 0.5$, $\Rightarrow R_{21} = 0.1/I_{21}$

Measure I_{12} with $V_{D2} = 0.1V$, $V_{G2} = V_{T2}$, $\Rightarrow R_{12} = 0.1/I_{12}$

Measure I_{22} with $V_{D2} = 0.1V$, $V_{G2} = V_{T2} + 0.5$, $\Rightarrow R_{22} = 0.1/I_{22}$

$$R_{SD} \equiv R_{ext} = \frac{R_{11} R_{22} - R_{12} R_{21}}{R_{22} + R_{11} - R_{12} - R_{21}}$$

$$2\Delta L = L_1 + \left[\frac{(R_{11} - R_{21})(L_2 - L_1)}{R_{22} + R_{11} - R_{21} - R_{12}} \right]$$

$$L_{eff} = L - \Delta L$$

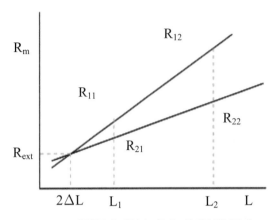

圖 13-12　電阻內差法求有效通道長度。

11. Universal Curve (On-Off Curve)

　　設計不同通道長度的 MOS 結構，再利用前述的 DC 量測 MOS 飽和電流 Ion 及漏電流 Ioff，分別在 Ion X 軸及 Ioff Y 軸上繪製，可得圖 13 的 University Curve，此圖可看出此 MOS 製程的優劣，在曲線上的右側及下方，代表製程較佳的點，如固定飽和電流 Ion 下有較低的漏電流 Ioff，或固定漏電流 Ioff 下有較高的飽和電流 Ion，是新製程在開發時重要的參考數據。

　　若要調整 MOS 元件有較低的漏電流，可將調整通道臨界電壓的植入濃度提高，在 universal curve 的表現上將曲線向下移動，若要調整 MOS 元件有較高的飽和電流，可將 MOS 製程 LDD 的濃度調高，降低通道打開時的通道電流，在 Universal Curve 的表現上將曲線向右移動，也可以降低閘極氧化層的厚度，使通道打開的能力提高，有同樣提高飽和電流的效果，當然調整的過程仍要考慮可靠性等最適化的問題。

13.2.2　隔離 Isolation

　　在元件 DC 量測時，除了對主動元件 MOS 相關參數的探討之外，亦可以利用二端元件的阻值量測，來判斷兩點間的開路、短路、漏電流及貫穿電壓等參數。

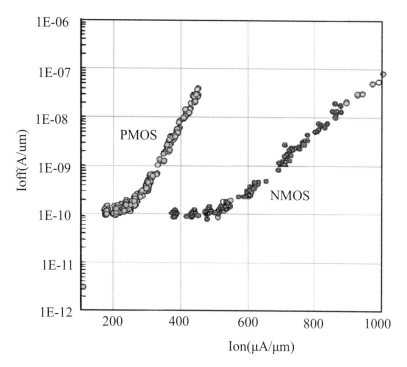

圖 13-13　典型的 90 nm 製程的 universal curve。

1. 井到井隔離（Well to Well Isolation）

　　用來檢視臨近不同井之間，有無電流洩漏的情形，由於晶片基材多探 p-type 基材，一般無 P-well to P-well 之間隔離的問題，製程開發多設計不同寬度的井到井隔離測試鍵，以瞭解最小井到井隔離能力，是 Design Rule Check 的一部分。

$$I_{BR\ NW\ to\ NW} : V_D = V_{CC}, VS = 0, \text{Measure ID} = I_{BR\ NW\ to\ NW}$$

$$\text{Search } V_D, \text{ when } I_D = 1\mu A$$

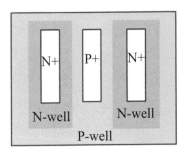
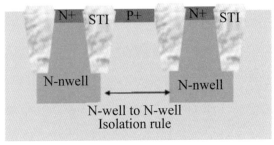

圖 13-14 典型的井到井隔離測試鍵上視圖及截面圖。

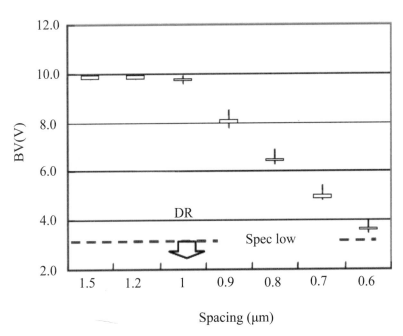

圖 13-15 典型井到井隔離量測結果,與 Design Rule 比對的情形。

2. 井間隔離(Inter-Well Isolation)

用來檢視臨近不同 P-well 到 N+ 之間,及 N-well 到 P+ 之間,有無電流洩漏的情形,井間隔離與製程能力相關,如 STI 深度,離子佈植的深度與濃度,影像轉移的對準能力等,因此必須對晶片 X 方向及 Y 方向皆進行量測,製程開發多設計不同寬度的井間隔離測試鍵,以瞭解最小井間隔離能力,也是 Design Rule check 的一部分。

$I_{BRN = to\ NW} : V_D = V_{CC}, VS = 0, Measure\ ID = I_{BRN = to\ NW}$

$Search\ V_D, when\ I_D = 1\mu A$

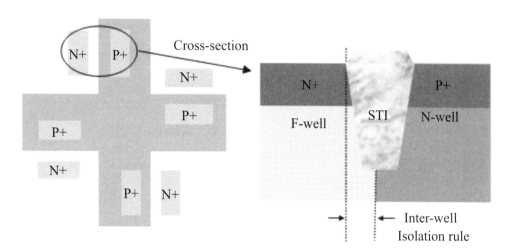

圖 13-16 典型的井間隔離測試鍵上視圖及截面圖。

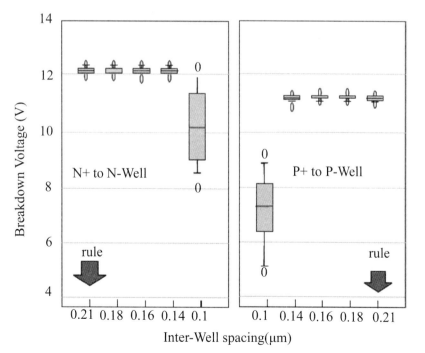

圖 13-17 典型的井間隔離 P + to N-well 及 N + to P-well 量測結果。

3. 井內隔離（Intra-Well Isolation）

用來檢視相同井內臨近的主動區域（Active）的隔離情形，有無電流洩漏的情形，井內隔離與製程能力相關，如 STI 深度，離子佈植的深度與濃度等，製程開發多設計不同寬度的井間隔離測試鍵，以瞭解最小井間隔離能力，是 Design Rule check 的一部分。

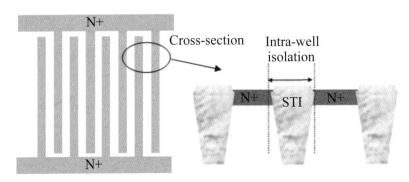

圖 13-18　典型的井內隔離測試鍵上視圖及截面圖。

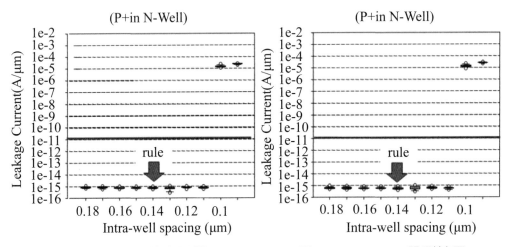

圖 13-19　典型的井內隔離 P + in N-well 及 N + in P-well 量測結果。

4. 場氧化層隔離（Field Isolation）

　　用來測量場氧化層上的多晶矽（Poly）是否因太大電場而開啟相鄰兩主動區的漏電，可利用臨界電壓及崩潰電壓的量測手法瞭解場隔離的效果，由於 0.25μm 製程以下大都採用 STI 作為主動區的隔離，場隔離能力通常沒有問題，另外也可以對第一層金屬層來檢測其對場隔離的效果。

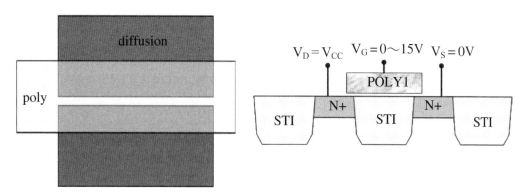

圖 13-20　典型的場隔離（Field Isolation）測試鍵上視圖及截面圖。

Threshold Voltage:

Measure I_D with $V_D = V_{CC}$, $V_G = 0{\sim}15V$, $V_S = V_B = 0V$

Search V_{TH} when $I_D = 1A$

Field Punch-through Voltage:

Measure I_D with $V_G = V_{CC}$, $V_D = 0{\sim}15V$, $V_S = V_B = 0V$

Search V_D, when $I_D = 1A$

13.2.3　電阻量測 Resistance

1. 片電阻（Sheet Resistance）

　　用來量測主動區（Active）、多晶矽（Poly）、自動對準金屬矽化物（Salicide）及金屬層（Metal）的阻值，作為電路設計時避免因電阻造成壓降的參考，亦可以量測非金屬矽化物的阻值，作為被動元件的電阻使用，要精準量測片電阻，可用 Kevin 結構分別獨立電壓源及電流讀出點，以避免兩端壓降

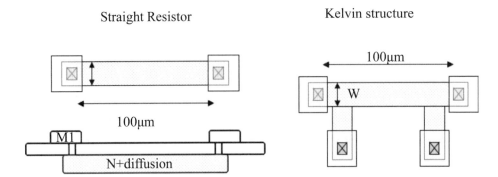

圖13-21 直條狀片電阻與Kevin結構片電阻（sheet resistance）測試鍵示意圖。

造成的誤差。

Straight Sheet Resistance

Measure IM with VF = 1V

$$R = \frac{V_F}{I_M} = \frac{L\rho}{A} = \frac{L\rho}{Wt} = \frac{L}{W} R_S$$

$$R_S = \frac{L}{W} R = \frac{R}{(L/W)}$$

Kevin Sheet Resistance:

Measure ID with VD = 1V, VS = 0V

$$R_{C\_Kevin} = \frac{\Delta V}{I_F} = \frac{(V_{HIGH} - V_{LOW})}{I_F}$$

2. 接觸窗／通孔電阻（Contact Resistance）

用來量測接觸窗（Contact）、通孔（Via）的阻值，可用一連串的接觸窗串接，經量測後再平均可得單一接觸窗阻值，要精準量測 Contact 電阻，可用 Kevin 結構分別獨立電壓源及電流讀出點，以避免兩端壓降造成的誤差。

Measure ID with VD = 1V, VS = 0V

Ex.

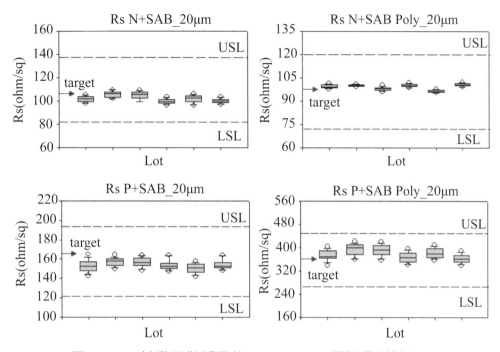

圖 13-22　被動元件採用的 non-salicide 電阻量測結果。

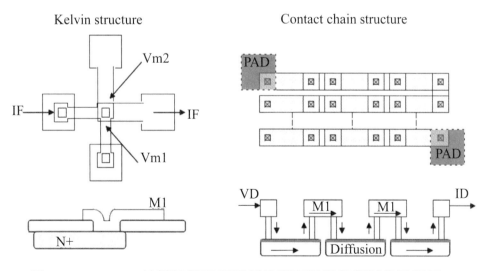

圖 13-23　Kevin 結構接觸窗電阻與接觸窗電阻鏈測試鍵示意圖。

$$R_M = \frac{V_F}{I_M} = 88*R_{CVLA2} + 44*R_{SM2} + 44*R_{SM3}$$

$$R_{CVLA2} = (R_M - 44*R_{SM2} - 44*R_{SM3})/88$$

Kevin Contact Resistance:

Measure ID with VD = 1V, VS = 0V

$$R_{C\_Kevin} = \frac{\Delta V}{I_F} = \frac{(V_{HIGH} - V_{LOW})}{I_F}$$

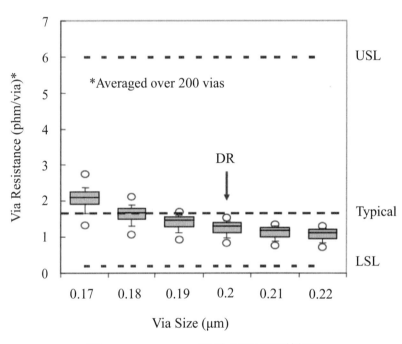

圖 13-24　0.2μm 通孔電阻量測結果

13.2.4　閘極氧化層整合（Oxide Integrity）

　　作為 MOS 元件開關最重要的氧化層，如何設計氧化層量測的測試鍵非常重要，一般以氧化層的擊穿電壓強度及漏電流來判斷氧化層的品質，又製程缺陷可能發生於整個氧化層或多晶矽邊緣或主動區邊緣，因此必須設計不同結構以觀察不同區域的氧化層品質。

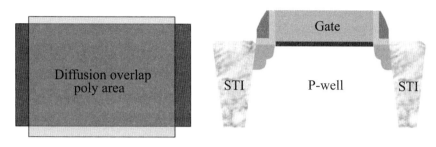

圖 13-25　氧化層測試鍵的平面與截面示意圖。

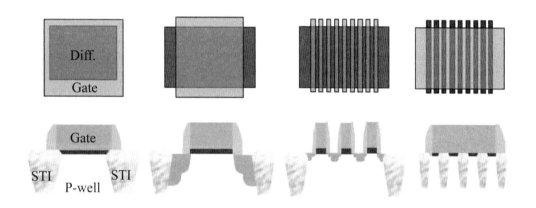

IL_COX/PW:
Poly over diffusion,
Without S/D injection

ILCOX_NWIDE:
diff over poly,
With S/D injetion
Poly Edge intensive

IIL_COX/PE:
Poly Edge intensive

IL_COX/PW_PE:
Diff Edge intensive

圖 13-26　不同狀況下的氧化層測試鍵結構。

Oxide Leakage:

Measure I_G with $V_G = 0 \sim -15V$(P-sub), $V_B = 0V$(Accumulation)

Oxide Breakdown Voltage:

Search $BVG_{OX} = V_G$, when $I_G = -1uA$

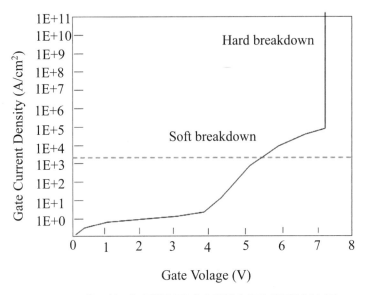

圖 13-27　典型氧化層漏電流與崩潰電壓測試結果。

13.2.5　接面整合（Junction Integrity）

　　對於 MOS 製程內的 PN 接面，一種是如下方所示的 N+ 到 P-well 或 P+ 到 N-well 的結構，可利用 DC 量測方式求得反向接面漏電流，及崩潰電壓，而存在於 MOS Spacer 下的接面，則是利用長通道反偏壓的方式可求得接面漏電流與崩潰電壓。

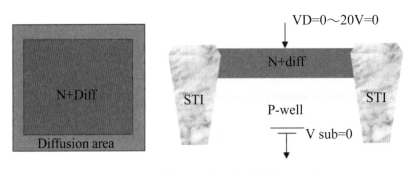

圖 13-28　接面測試鍵的平面與截面示意圖。

Junction Leakage Current:

Measure I_D with $V_D = 0\sim15V$, $V_B = 0V$ (G04, RSN +)

Junction Breakdown Voltage:

Search V_D, when $I_D = 1uA$

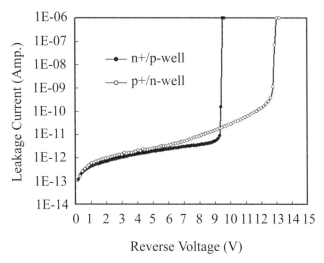

圖 13-29　典型接面漏電流與崩潰電壓測試結果。

13.2.6　設計守則檢查 Design Rule check

1. 連續性（Continuity）

　　在 CMOS 前後段製程有關連線們部分，最擔心因製程異常或異物造成斷路或連線細小造成阻值上升或形成壓降而影響電路，常用以下測試鍵來瞭解電路的連續性，以下的測試鍵常用於晶片表面主動區（N+ /P+ active area），多晶矽層（poly layer），金屬層（metal layer）等，用來檢視電路的連續性。

$$\text{Measure } I_D \text{ with } V_D = V_{CC}, V_S = 0V$$

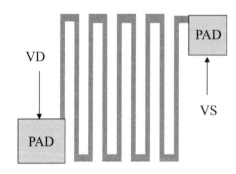

圖 13-30 典型測量電路連續性測試鍵。

2. 不同層間連續性 - 疊層接觸窗／通孔（Stack contact/via）

為了檢視不同金屬層之間的連續性，可以將接觸窗／通孔疊層形成鏈狀結構，量測方法與串接式的接觸窗／通孔結構相同，根據量測到的阻值差異用來判斷不同金屬層之間的製程異常。設計守則中的金層線或多晶矽線的延伸（Extension）及接觸窗／通孔的重疊（Overlap），其目的都是為了檢視不同層之間電路的連續性。

Ex: total 17248 via and 8624 metal

$$R_{CVLA2} = (R_M - 8624 * R_{SM2} - 8624 * R_{SM3})/17248$$

$$R_M = \frac{V_F}{I_M} = 17248 * R_{CVLA2} + 624 * R_{SM2} + 8624 * R_{SM3}$$

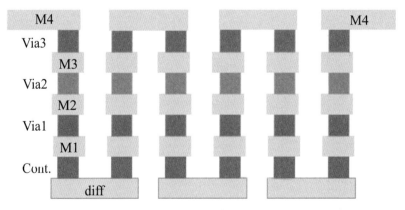

圖 13-31 疊層圖疊層接觸窗／通孔的測試鍵示意圖。

extension　　　　　　　overlap

圖 13-32　金層線或多晶矽線的延伸（Extension）及接觸窗／通孔的重疊
（Overlap）。

3. 橋接（Bridge）

為了在最小面積內繪製最密的電路，電路設計者往往採用最小的設計規
則，而製造過程是否乾淨地把電路分離，避免橋接，可以設計最小橋接設計規
則，梳狀結構來檢視相鄰電路因橋接造成的漏電情形。橋接的原因來自於製程
的能力，蝕刻的殘留，異物的阻礙，水氣的進入等。常使用於晶片表面主動區
（N + /P + active area），多晶矽層（poly layer），金屬層（metal layer）等。

EX: N + 多晶矽層間漏電 I_{BRNP1}:
I_{BRNP1}: $V_D = 1.2V$, $V_S = 0$, Measure $I_D = I_{BRNP1}$

4. 不同層間的橋接

由於半導體製程上下疊層，往往造成對不準的情形（mis-alignment），我
們可以設計不同層間的橋接測試鍵，來判斷製造是否異常而造成漏電的情形，

$V_D = V_{CC}$

$V_S = 0V$

圖 13-33　梳狀結構用來測量同層電路橋接的行為。

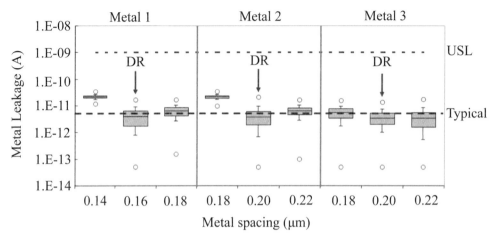

圖 13-34　梳狀結構用來測量金屬層電路橋接的量測結果。

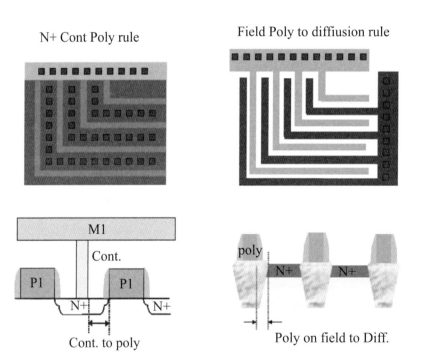

圖 13-35　常見的接觸窗到多晶矽及場多晶矽到主動區的橋接漏電量測。

且由於對準可分別為 X 軸及 Y 軸作調整，因此測試鍵也常設計成 L 型，用來檢測 X 軸及 Y 軸的漏電行為。

　　金屬通孔到通孔的漏電（Metal Via to Via Leakage）也是另一種不同層間的橋接行為，為了減少電路的使用面積，金屬線和通孔之間，經常沒有多餘的重疊，因而使通孔到通孔之間與上下金屬線的製程缺陷而產生橋接漏電的情形。

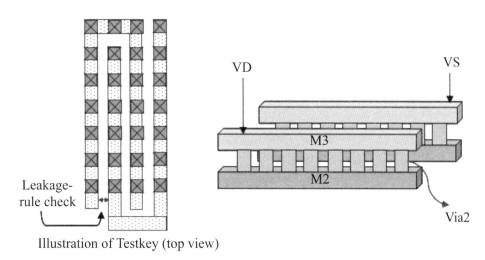

圖 13-36　常見的通孔到通孔間的橋接漏電測試鍵。

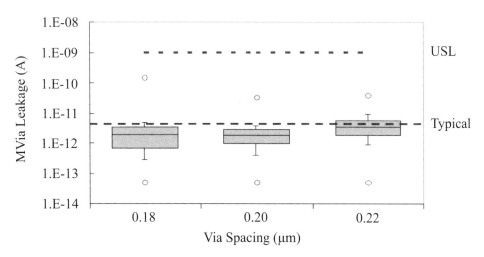

圖 13-37　常見的通孔到通孔間的橋接漏電的量測結果。

13.3 CV 電性量測

電容參數在 CMOS 製程是很重要的量測，一方面我們希望利用高電容閘極氧化層來反轉基材形成通道，一方面又希望儘量減少後段製程的寄生電容以避免造成時間延遲，因而在製程採用高介電常數（High k）材料作爲閘極氧化層，並採用低介電常數（Low k）材料作爲後段製程的介電絕緣材料之用。

13.3.1 氧化層電容（Oxide Capacitance）

用來量測閘極氧化層的電容大小，並可計算出有效的閘極氧化層厚度。

Measure C_{OX} with Cmh (sub) = Vcc (bias), Cml (gate) = 0V,

Small signal = 0.03V (default), Frequence = 1MHz (Accumulation)

$$C_{AP\_GOX} = (1.E + 12)*C_{OX}/8000 \ (pF/\mu m^2)$$

Oxide Thickness calculation:

$$C_{OX} = \frac{A_{OX}\, \varepsilon_0 \varepsilon_{Si}}{t_{OX}} \quad t_{OX} = \frac{A_{OX}\, \varepsilon_0 \varepsilon_{Si}}{C_{OX}} = \frac{\varepsilon_0 \varepsilon_{Si}}{\left(\dfrac{C_{OX}}{A_{OX}}\right)}$$

Ex. $100\mu m^2$ Cox test key, CAP_GOX/PW = 0.8156pF

$$t_{OX} = \frac{A_{OX}\, \varepsilon_0 \varepsilon_{Si}}{C_{OX}} = \frac{\varepsilon_0 \varepsilon_{Si}}{\left(\dfrac{C_{OX}}{A_{OX}}\right)} = \frac{3.9*8.85*10^{-14}(F/cm)}{(0.008156)*10^{-12}(F/\mu m^2)} = 42.3179(A)$$

圖 13-38   用來量測閘極氧化層的測試鍵結構。

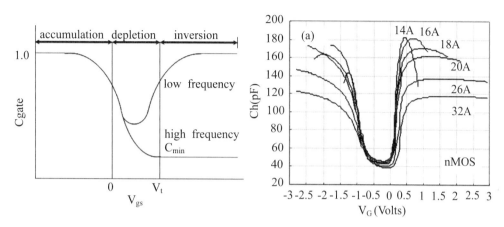

圖 13-39　典型閘極氧化層的 CV- 曲線。

13.3.2　接面電容（Junction Capacitance）

任何 PN 接面皆存在著空乏區而顯現電容特性，過大的接面電容會降低元件開關的速度，另外由於接面電容會因外加電壓調變空乏區寬度來改變電容大小，亦可設計成變容器（Varactor）等元件，用於高頻電路的使用。

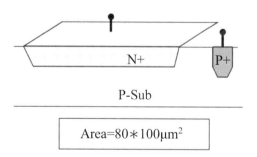

圖 13-40　N+ 到 P-sub 接面的測試鍵結構。

Measure CJ with Cmh (sub) = –Vcc (bias), Cml (drain) = 0V,

Small signal = 0.03V (default), Frequence = 1MHz (Reverse Bias)

$CAP\_GOX = (1.E + 12) *COX/8000 \ (pF/\mu m^2)$

　　另外，由於元件在接面的形狀各異，爲瞭解邊緣與平面下不同的的接面電容，可以設計不同接面結構，解聯立方程分別得到接面電容邊緣與平面的分量。

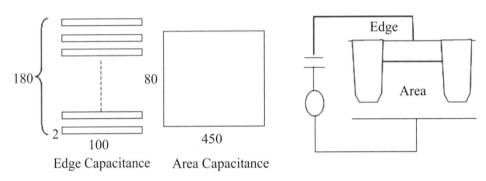

Edge Capacitance　　Area Capacitance

圖 13-41　利用不同接面結構可以分離出接面電容邊緣與平面的分量。

	Length	Area
Edge	$2*(2+100)*180$	36000（$2*100*180$）
Area	$2*(80+450)$	36000（$80*450$）

$$C.edge = 2*(2+100)*180Cj.e + 36000Cj.a \quad (fF/\mu m)$$
$$C.area = 2*(80+450)Cj.e + 36000Cj.a \quad (fF/\mu m^2)$$

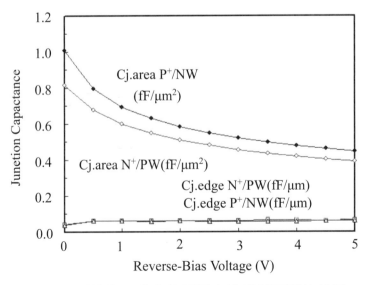

圖 13-42　計算後可求出接面電容邊緣與平面的分量。

13.3.3 電容法求有效通道長度（Leff）

當 MOS 元件愈做愈小，源汲極的電阻將因偏壓的大小產生變化，傳統的電阻法無法精確定位有效通道長度，而在側壁子（Spacer）下方的離子植入形成冶金接面（Matallurgical Junction），不會因偏壓而改變位置，因此可以用電容量測法方法來求出有效通道長度（Leff）。且由於分離出了有效通道長度與側壁子（Spacer）下方的 LDD 離子植入區（Loverlap）的位置，可以用電容量測法求出 C_{GD} 和 C_{GS}，又稱之為米勒電容，是高頻電路所須的重要參數。

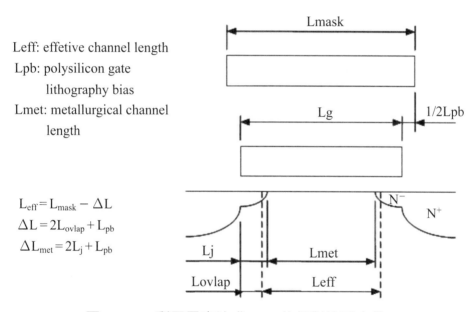

圖 13-43　利用電容法求 Leff 的相對位置定義。

Accumulation Region

Inversion Region

$\cdot\, C_{acc} = 2C_{ovlap} + 2C_{fri} + C_{offse}/W$

$\cdot\, C_{inv} = C_{gate} + 2C_{fri} + C_{offse}/W$

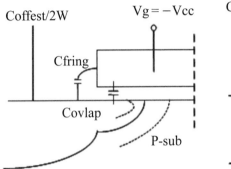

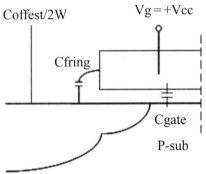

圖 13-44　分別 Accumulation 和 Inversion 模式量測電容。

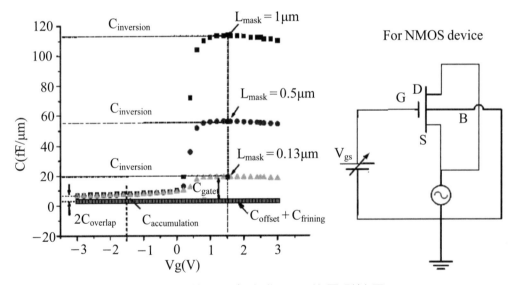

圖 13-45　利用電容法求 Leff 的量測結果。

$$C_{inv1} = C_{gate1} + 2C_{fri1} + C_{offset1}/W$$

$$C_{inv2} = C_{gate2} + 2C_{fri2} + C_{offset2}/W$$

$$C_{fri} = \frac{2\varepsilon_{ox}}{\pi} \ln\left[1 + \left(\frac{d_{gate}}{d_{ox,\,eff}}\right)\right]$$

$$L_{gate} = \frac{WC_{gate}(L_{inv1} - L_{inv2})}{(C_{inv1} - C_{inv2})W_{gate}}$$

$$L_{pb} = L_{mask1} - L_{g1}$$

$$C_{acc1} = 2C_{ovlap1} + 2C_{fri1} + C_{offset1}/W$$

$$C_{acc2} = 2C_{ovlap2} + 2C_{fri2} + C_{offset2}/W$$

$$C_{ovlap} = \left[\frac{W_1 C_{acc1} - W_2 C_{acc2}}{2(W_1 - W_2)}\right] - C_{fri1}$$

$$L_{ovlap} = \frac{C_{ovlap}(F/\mu m)}{C_{ox}(F/\mu m^2)}$$

$$L_{eff} = L_{gate} - L_{overlap}$$

$$Cgd(Vg < 0V) = Covlap, accumulation\ (Vg < 0V) + Cfringing\ (Vg < 0V)$$
$$\doteqdot Caccumulation\ (Vg = -Vcc) - (Coffset/W)]/2$$

13.3.4   金屬間／金屬內電容量測（Inter/Intra Metal Capacitance）

　　由於 CMOS 後段製程電路密度愈來愈大，以二氧化矽為主（介電常數為 4）的金屬層間的介電隔離材料將造成內連線的 RC 時間延遲，必須進行新的低介電常數材料的開發，期能藉由低介電材料的使用，取代具高介電值的 SiO₂，來降低 IC 因內連線的 RC 時間延遲，在運算速度上所面臨的瓶頸。利用金屬內及金屬間電容值的測試鍵結構可量測出金屬內及金屬間電容值，加以金屬間的距離測量，亦可以反推介電材料的介電常數。

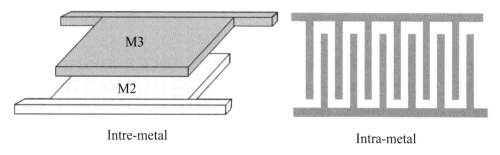

Intre-metal　　　　　　　Intra-metal

圖 13-46　用來量測金屬內及金屬間電容值的測試鍵。

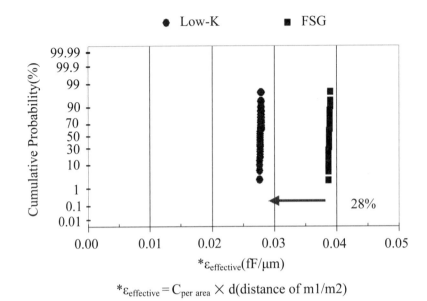

$$*\varepsilon_{effective} = C_{per\ area} \times d(distance\ of\ m1/m2)$$

圖 13-47　Low K 材料降低金屬間電容，可有效改善時間延遲現象。

13.4　RF 電性量測

　　由於各種無線通訊產品皆由各種主被動半導體元件及電路所構成，其中高頻半導體元件的特性好壞與否，對於無線通訊產品的品質更扮演著舉足輕重的關鍵。為了提供高頻元件的製程及元件設計者更快速且詳實的元件特性，以作為進一步改良之依據；並且同時精準地提供電路設計者所需的相關資訊，高頻元件測試乃為一非常重要之關鍵技術。

13.4.1　量測方法

　　RF 測試元件的設計方面，由於在電路效能的考量下，多使用多指狀結構（Multi-Finger）來增加元件寬度，有效增加元件電流，因此 RF 測試元件的設計上也採用 Multi-Finger 的設計方式來滿足電路設計者的需求。量測法主要是利用經特殊設計的微波探針（Microwave Probes）作為同軸電纜（Coaxial

Cable）和微波元件間微波訊號傳遞的接觸媒介，以直接量測未封裝前晶片上的待測元件。此處的微波探針通常爲共平面（Coplanar）的型式，例如常見的 G-S-G（Ground-Signal-Ground）和 G-S（Ground-Signal）兩種，此處的接地部分（Ground）連到同軸電纜的接地部分，此接地部分提供了微波訊號在探針上傳遞時，電磁場的一個收斂途徑，避免傳遞訊號因基板的耗損性（Substrate Loss）而失眞、衰減；也由於 G-S-G 型式的微波探針具有兩個對稱的收斂途徑（Ground 部分），因此提供了探針與基板間較佳的隔絕效果（Shielding），減少了微波訊號因傳遞的失眞。

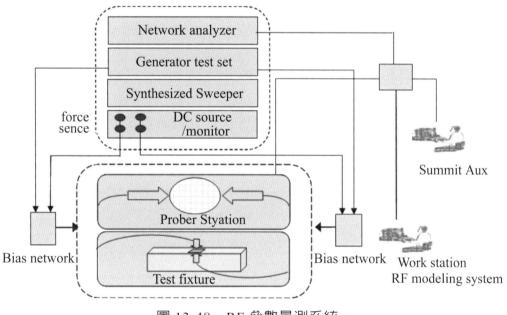

圖 13-48　RF 參數量測系統。

S 參數所需的系統架構主要包含：

1. Network analyzer：S 參數的量測。

2. Synthesized Sweeper：用來提供射頻信號源。

3. Test Set：提供雙埠間（Port-1 和 Port-2）快速切換的能力。

4. DC Bias Supplies：用來提供待測元件的直流偏壓準位，並量測直流訊號響應。

基本上，RF 的參數主要是針對輸入及輸出阻抗的閘極與基極等效網路作

萃取。主要是採用入射波（Incident）、穿透波（Transmission）、和反射波（Reflection）的觀念來表示，利用入射波打到待測物所產生的穿透波和反射波的振幅和相位等資料，描述該待測物的高頻小訊號放大特性。另外，在 RF Model 的模型化開始之前，首先要確定的是在低頻部分 S 參數量測值和 DC Model 與 CV Model 模擬值是否符合。若是有很大的誤差，則必須重新檢查之前的模型是否有問題。但是，由於 DC 與 CV 測試元件本來就和 RF 測試元件的設計方式不同，而且在量測頻率上 CV Model 的最高量測頻率為 1MHz，RF Model 的量測一開始就為 100MHz 造成電容模型的參數可能會因為量測頻率的差異下在 S 參數低頻部分會有些許的不匹配。故在萃取的一開始，必須針對 RF 測試元件的 DC 與 CV 特性作調整。

13.4.2　量測校正

另外，考慮到高頻寄生效應的影響之下，必須另外設計去嵌化（De-Embeding）用的 Dummy Device Pad，包含 Open、Short 與 Through 三個元件，其金屬導線的長度與大小將依照 RF 測試元件的大小來作設計，如此一來才能正確扣除外部的寄生效應，在高頻量測中，我們使用其網路分析儀，並同時由 DC Sourse 送出直流偏壓。

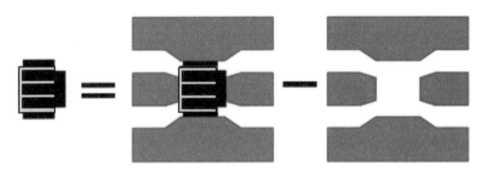

圖 13-49　RF 參數量測去嵌化之 dummy device 示意圖。

進行高頻量測前，必須對系統進行校正（Calibration），以去除量測儀器及環境所造成之效應，將量測系統的參考平面（Reference Plane）移至距離待測物越近越好。藉由校正基板（Impedance Standard Substrate）的量測，及

網路分析儀的運算,將量測系統的參考平面移至高頻微波探針的針尖處,以去除系統、電纜及微波探針等不必要的寄生效應,最常見的校正法為 SOLT(Short、Open、Load、Through)校正法,當操作頻率低於 5GHz 時,可以只用 Open 來進行去嵌化的動作,但是當操作頻率大於 5GHz 以上時,就必須再使用 Short。Open 的 Dummy 測試元件可以扣除與元件串聯的寄生元件,而 Short 是扣除與元件並聯的寄生元件,而 Through 是用來驗證去嵌化的結果,若是扣除的結果良好,在 Through 的量測上將會顯現出完美的傳輸線(Transmission Line)金氧半場效電晶體。

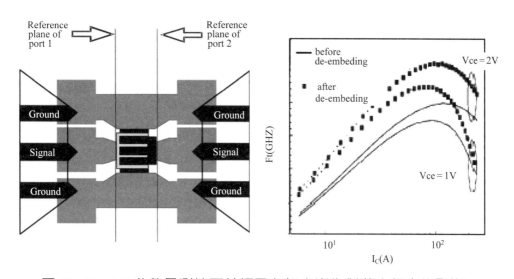

圖 13-50 RF 參數量測校正基板及有無去嵌化對截止頻率的影響。

13.4.3 量測結果

1. 散射參數(Scattering Parameter)的量測

S 參數量測是 RF 設計過程中的一項基本工具。這些量測在現今的 CAD(電腦輔助設計)工具中,可以當成電路模擬過程的一部分使用。S 參數以黑盒子(Black Box)來描述元件,並可用來模擬電子元件在不同頻率下的行為特性。S 參數在主動和被動元件的電路設計與分析中有許多用途。

　　當電子電路操作在高頻的情況下時，該頻率所對應的波長和實際電子電路的物理尺寸相較之下變小許多，因此，在低頻時常用來描述電路節點特性的電壓和電流的觀念便逐漸不適用，此時的電路特性用波或能量的觀念來表示將更爲適當。

　　此量測用來量測雙埠網路（DUT）的 S 參數特性，並利用校正係數，將量測系統的參考平面移至靠近 DUT 處，以獲得並分析元件的高頻特性。S12 爲反向傳輸係數，也就是隔離。S21 爲正向傳輸係數，也就是增益。S11 爲輸入反射係數，也就是輸入回波損耗，S22爲輸出反射係數，也就是輸出回波損耗。

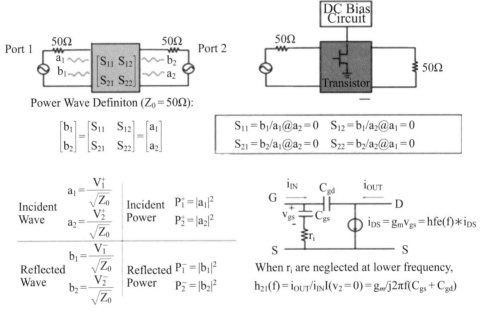

圖 13-51　該雙埠網路（DUT）的 S 參數的定義。

　　在選擇了適當的測量方式，並完成校正程式之後，即可將待測元件接到 s 參數量測系統 50ohm 的雙埠之間。量測 S 參數時，訊號由 DUT 的 Port-1 進入，Port-2 Terminate，此時所量到的反射及傳輸功率比即分別爲 S11 和 S21。藉由 Test Set 的切換，當訊號由 DUT 的 Port-2 進入，Port-1 Terminate，重複之前的量測，此時量到的反射及傳輸功率比即爲 S22 和 S12。藉由得到的 S11、S21、S22 和 S12 等四個 S 參數特性，即可得到元件的高頻特性並進行進一步的分析。

Typical Scattering Parameters, Common Source, $Z_O = 50\Omega$,

$T_A = 25°C$, $V_{DS} = 2V$, $I_{DS} = 25mA$

| Freq. | S_{11} | | S_{21} | | | S_{12} | | | S_{22} | |
MHz	Mag.	Ang.	dB	Mga.	Ang.	dB	Mag.	Ang.	Mag.	Ang.
0.5	.98	−18	14.5	5.32	163	−34.0	.020	78	.35	−9
1.0	.93	−33	14.3	5.19	147	−28.4	.038	67	.36	−19
2.0	.79	−66	13.3	4.64	113	−22.6	.074	59	.30	−31
3.0	.64	−94	12.2	4.07	87	−19.2	.110	44	.27	−42
4.0	.54	−120	11.1	3.60	61	−17.3	.137	31	.22	−49
5.0	.47	−155	10.1	3.20	37	−15.5	.167	13	.16	−54
6.0	.45	162	9.2	2.88	13	−14.3	.193	−2	.08	−17
7.0	.50	120	8.0	2.51	−10	−13.9	.203	−19	.16	45
8.0	.60	87	6.4	2.09	−32	−13.6	.210	−36	.32	48
9.0	.68	61	4.9	1.75	−51	−13.6	.209	−46	.44	38
10.0	.73	42	3.6	1.52	−66	−13.7	.207	−5	.51	34
11.0	.77	26	2.0	1.26	−82	−13.8	.205	−73	.54	27
12.0	.80	14	1.0	1.12	−97	−14.0	.200	−82	.54	15

圖 13-52　典型雙埠網路（DUT）的 S 參數測量的結果。

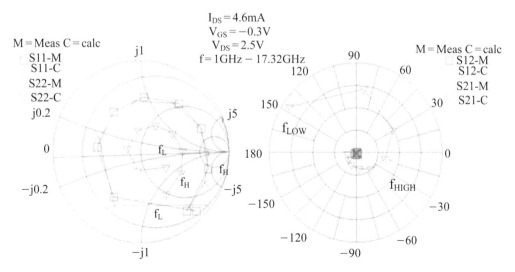

圖 13-53　典型 S 參數量測量結果繪製成的 Smith Chart。

　　以上所述的都是以頻率爲橫座標，量測元件、裝置的反射及傳輸的特性。若利用「反覆利葉轉換」（Inverse Fourier Transfer）的方式，將單埠測出的 S11，由頻率軸轉成時間軸，則可由反射回來的訊號時間延遲差異，得知待測物上分佈的所有元件的高頻特性（時間軸可轉換爲距離），作爲修正電路的依據。

　　在 RF Model 中，我們關切的除了四組 S 參數之外，還有高頻操作下元件所能使用的截止頻率 ft，截止頻率最初的定義是由單位增益頻寬乘積（Gain-Bandwidth Product）所得，可由量測到的的 S 參數直接經電路理論公式轉成 Hfe 及 Gmax，不須額外進行量測，是由頻率與增益相乘獲得，其值固定，將得到在每一點的操作頻率下乘上所對應的 H21 便可得到截止頻率，在求得截止頻率之後，再決定整個測試元件的量測頻率範圍，便可精確地決定模型的適用頻率範圍。

$$ft = \frac{g_m}{2\pi(C_{gs} + C_{got})} = \frac{1}{2\pi\tau} \approx \frac{V_s}{2\pi L_g} \propto \frac{\mu_n}{L_g^2} \propto \sqrt{I_D}$$

τ: charge transit delay from source to drain

τ = channel length Lg/electron drigt velocity

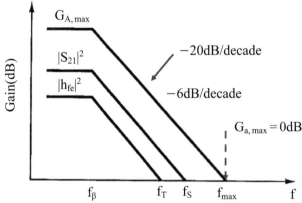

圖 13-54　量測到的 S 參數可由電路理論轉成 Hfe 及 Gmax。

2. 雜訊的量測

由於半導體技術的進步，積體電路逐漸走向低操作電壓的趨勢，因此微弱的電子訊號很容易受到電路內的不正常擾動所影響，造成訊號的失真，此電路內自發性的擾動，一般即稱爲雜訊（Noise），因此降低電路或元件的雜訊實爲一非常重要的課題。

一般常見的雜訊可概分爲下列幾種：

1. 熱雜訊（Thermal Noise）：起因於熱載子與晶格碰撞所造成，其與導體的電阻及溫度成正比。

2. 散彈雜訊（Shot Noise）：導因於載子跨越能位障所引起，如跨越 P-N 接面，其通常與電流成正比。

3. 產生（復合雜訊（Generation-Recombination Noise）：由電子電洞對的產生、復合，及晶格缺陷對載子的捕捉或釋放所引起。

4. 閃爍雜訊（Flicker Noise, 1/f noise）：一般與載子的產生及復合有關，在低頻時的大小通常與頻率成反比。

$$NF = NF_{min} + \frac{4\gamma_n|\Gamma_s - \Gamma_{opt}|^2}{(|1 - \Gamma_s|^2)|1 + \Gamma_{opt}|^2}$$

NF min: minimum noise figure

γ_n = normalized noise resistance

Γ_s = sourse reflection

Γ_{opt} = optimum reflection coefficient for minimum noise figure

針對頻率在 GHz 範圍的高頻雜訊而言，常用的雜訊參數爲雜訊因數（Noise Factor, F），其定義爲輸入端之訊號雜訊比除上輸出端之訊號雜訊比，該比值大於一，對於多級的電路而言，若各級之增益皆大於一，則整體之雜訊參數主要由第一級所決定，此結果對於電路設計，爲一非常重要的考量。另一常見的表示法則爲雜訊指數（Noise Figure, NF），其定義爲 NF = 10*logF。數的量測，我們可運用 RF 參數量測系統，再加上雜訊源（Noise Source）及雜訊計（Noise Meter）等構成元件高頻雜訊參數量測系統。在進行

雜訊指數的量測時，系統的阻抗調變器（Impedance Tuner）會不斷改變其阻抗值，並測試待測物的雜訊指數，每一個不同的阻抗值 Gs，會對應到一個不同的 Noise Figure，此外，藉由雜訊的 De-embedding 技巧，可降低接觸金屬板對雜訊指數量測結果的影響，得到更爲眞實的元件原始雜訊特性。

3. 功率的量測

功率元件通常是用來將微小的訊號放大，以作爲後續訊號的處理，例如無線通訊產品發射端的功率放大器，即是藉由功率元件將訊號放大，再透過天線把訊號發射出去；因此，唯有良好的功率元件特性，才能製作優良的高頻通訊產品。前面所提是以小訊號爲基礎的量測，但是對於經常操作在非線性區（Nonlinear）、大訊號（Large Signal）的功率放大器而言，單純的小訊號量測並不足以完整表示功率元件的特性。例如：在線性小訊號電路中，電路節點（node）上的電流電壓大小的變化，不會對電路的參數產生影響，但對非線性的功率放大器而言，電路的參數卻會跟隨節點的電流或電壓因大訊號而改變。因此，通常尚需量測的功率元件參數包括：功率增益（Power Gain）、效率 Efficiency）、線性度（Linearity）、失眞（Distortion）……等等。

功率增益（Gain）與附加功率效率（PAE）：圖所示爲典型的量測結果。橫軸爲輸入功率（Pin），縱軸分別爲輸出功率（Pout）、功率增益及附加功率效率，輸入功率及輸出功率二者比值爲其功率增益，該功率增益值越大，代表其放大能力越好。由此圖可知，當 Pin 太大後，該訊號將無法再被線性地放大，導致其增益開始下降，此現象稱爲增益壓縮（Gain Compression），當增益壓縮越晚發生，表示其線性度越佳。PAE 的定義則爲放大器將直流功率轉換成交流輸出功率的能力，即 PAE = (Pout – Pin)/Pdc，該值乃越大越好，通常介於 30% 到 60% 之間，該值越大代表放大器將直流功率轉換成交流輸出功率的能力越好。

單級電晶體放大器功率增益通常設計在 10~15dB，以避免過高的增益引起放大器不穩定而產生振盪。放大器最高頻率應設計在 (1/3)fmax~(1/6)fmax，例如設計 2.4GHz 放大器時，電晶體必須選擇 fmax = 7.2~14.4GHz。

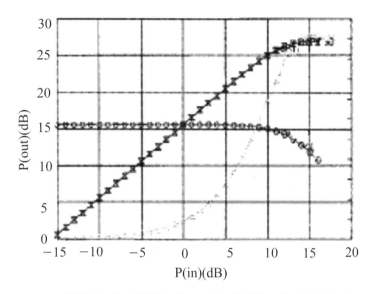

圖 13-55　RF 量測之功率增益（Gain）與附加功率效率（PAE）。

13.5　元件模型

13.5.1　元件模型介紹

　　模型參數的功用就是將工廠製程的元件特性，建立模型參數來表示，並且提供給電路設計公司為參考，設計出積體電路產品，而至工廠作量產，所以模型參數可以說是工廠與設計公司的溝通橋樑。模型參數的發展，是隨著 IC 製程技術的演進而有不同模型參數的萃取，而一般工廠所需提供給客戶設計的模型參數包括 MOS，BJT，DIODE RESISTOR 等模型參數。另外，不同客戶也會用不同的 Circuit simulator（電路模擬器）如 SPICE（Simulation Program with Integrated Circuit Emphasis），等等作電路設計的工具。

　　隨著半導體製程技術的改良與進步，能夠更穩定的製造積體電路和性能更好的半導體元件。因此，半導體元件之電路模型對於電路設計非常重要，有可靠且準確的元件電路模型，才能模擬電路的性能和結果。如果元件的電路模型不準確，則設計電路之預估性能和結果，將和實際電路有所差異，而必須重新設計、製作，不但成本提高更會浪費許多設計時間。

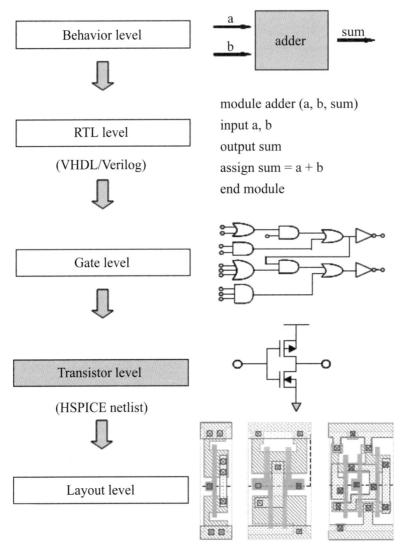

圖13-56　元件模型用於設計流程中Transistor Level，模擬電路實際運行效能。

　　不論處於那個設計階段，IC 設計工程師都經常使用電路模擬軟體來驗證及估計電路的效能，決定電路模擬正確性的最重要因素就是使用模型的種類。由於系統整合度日漸提高，進而導致線路的複雜度上升，要達到最佳化（Optimization）電路設計的目標也就越來越困難。對於負責模型化（Modeling）的工程師而言，元件尺寸的縮小、運作速度的提高、更低的設計邊界（Margin）、還有更大的線路尺寸都使得奈米級 MOSFET 的模型化

更為困難。正因為如此，正確、具延伸性（Scalable）、可預測、以及實體化的 MOSFET 模型就成為深次微米技術與設計上不可或缺的要件。晶圓廠（Foundry）即使使用的是相同的製程技術，但卻因為需要提供不同模型給予不同電路模擬軟體，所以需要有標準化模型的概念。有了標準化模型之後，晶圓代工廠只需要針對每一種技術維持一種模型，不論有幾種的電路模擬軟體，這樣就可以大大減少支援與減少參數萃取與驗證期間所花的功夫。

　　一般而言，電晶體的電路模型研究的領域大致上分為三種，一類是在固定偏壓及元件尺寸大小下所使用的特殊模型，由於在較高頻下做探討，一般稱之為小訊號模型（Small-Signal Model）；而另一類是所謂查表法的模型（Look-up Table model），它需要有大量的元件及資料庫才能夠使用，此種模型效率極低；最後一類是實際的物理模型（Physical Compact Model），藉由量測得到的物理現象與電氣特性，並且將各種可能會發生的物理效應考慮在電路模型之內，但是半導體製程技術達到奈米之後，所需考慮的物理現象太多，如熱電子效應（Hot Electron Effect）、短通道效應（Short Channel Effect）、窄通道效應（Narrow Channel Effect）、載子速度過衝（Carrier Velocity Overshot）……等，使得這類型電晶體模型的參數過多，而且描述複雜，往往有些物理效應沒有考慮進去時，會使得電晶體的模型不太準確，另外，在電路模擬時，過多的模型參數，會使得電路模擬的時間過於冗長，站在商業產品的立場來看，模擬時間與正確性必須做一個取捨。

　　元件建模的方式有許多種，像是全域性建模法（Global-Model）、分割式建模法（Bin-Model）。一般晶圓廠提供之元件模型多為 Bin-Model 的方式，此法可說為 Global-Model 的延伸，目的是為了解決區域性不精確的狀況，但相對而言，此種方法便較不具物理意義，因為每個參數值會隨著使用區域的不同而不同。Global-Model 的建模方式，具有物理性以及高效率的優點。而 DC 測試元件的選擇上，為了定義出本模型適用的範圍，參考晶圓廠提供的 Design Rules 得知最小線寬之後，決定此四顆元件大小（W/L），並定義其名稱分別為 Large（10μm/10μm）、Short（10μm/0.18μm）、Narrow（0.24μm/10μm）、Small（0.24μm/0.18μm）；而 Scaling Testkey 的尺寸則是固定元件通道長度或是寬度而改變通道寬度或長度，目的是為了量得元件隨通道長度及寬度變化的資料。

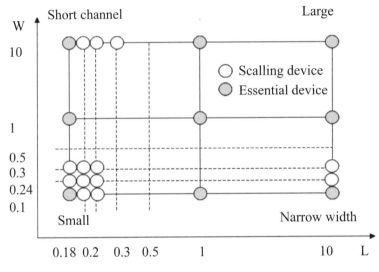

圖 13-57　DC MOS 元件測試尺寸的選擇。

一般完整元件模型卡（Model Card）包含以下參數：

MOS 主動元件參數（MOS parameter）

寄生 BJT 元件參數（BJT parameter）

二極體接面參數（Diode parameter）

電阻參數（Resistor parameter）

MOS 邊際參數（Typical/Typical, Fast/Fast, Slow/Slow, Fast/Slow, Slow/Fast）

氧化層厚度 TOX：gate oxide thickness

長通道臨界電壓 VTHO：threshold voltage of long channel at Vbs = 0

閘／汲極重疊電容 CGDO：voltage-independent gate-drain overlap cap

源汲極接面電容 CJ：drain/source bottom junction capacitance

不同元件尺寸及溫度效應 various dimension, temperature-400C, 250C, 1200C

金屬層／通孔／接觸窗電阻，介電層電容（metal/ via/ contact resistance, interconnection-capacitance）

13.5.2 元件模型描述

SPICE 的電路描述包含著以下幾個部份：

1. 定義元件形態：（電阻、電容、電感及電晶體……等等）及其參數形態。

2. 定義分析形態：直流分析、交流分析或暫態分析。

3. 定義輸出形態：PRINT, PLOT, PROBE。

分述如下

1. 電路元件形態描述

金氧半場效電晶體（MOSFET）來作為電路元件，在電路描述方面如下：

a. MOSFET（金氧半場場效電晶體）的描述

其中 L 和 W 分別是通道（channel）的長度及寬度，我們可以在元件，或是模型參數或 .OPTION 宣告時加以設定，但在元件宣告時設定的值效力高過在模型參數中設定。

以下是 MOSFET 設定使用範例：

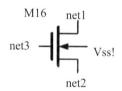

MM16 net3 net1 net2 Vss! Nmos W = 1.36e-6 L = 240e-9 M = 1.0

b. SUBCKT（副電路）

對於電路元件數目都不大的的電路而言，使用 S PICE 是相當容易的，但若是要處理一個比較龐大的電路時，如果沒有使用到副電路的觀念，那麼電路不但寫起來複雜，而且除錯也相當不易，以下是副電路的宣告通式：

.SUBCKT SUBNAME (2 or more nodes)

Subckt netlist

.ENDS

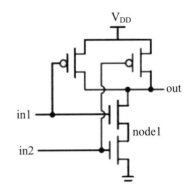

```
.subckt NAND2 in1 in2 out
+ wp=0.75u   Ip=0.25u   wn=0.50u   In=0.25u
mp1   out   in1   vdd   vdd   pmos   I=Ip   w=wp
mp2   out   in2   vdd   vdd   pmos   I=Ip   w=wp
mn1   out   in1   node1 gnd   nmos   I=In   w=wn
mn2   node1 in2   gnd   gnd   nmos   I=In   w=wn
.end
```

圖 13-58　典型 NAND 副電路在 SPICE 模型的電路描述。

c. Passive Element（被動元件）

對電路中每一個被動元件，將被賦予一個屬性代號，例如 R 代表電阻，C 代表電容，在屬性後再附上數字或文字即該元件的名字。

描述被動元件（Passive Element）的格式如下：

〈元件名稱〉〈正端節點〉〈負端節點〉〈元件值〉

其中電流假設是自正端節點流入，從負端節點流出。

如電容通式如下：

Cname N + N- value

2. 定義分析形態

在電路分析中，我們介紹了電路中的主動和被動元件的描述方法，接下來將介紹一些電路的分析方法。

・OP（偏壓點）

電子電路中通常都含有二極體、電晶體等非線性元件（device），其多項參數隨著工作點或叫偏壓點（bias point）的不同而不同。在 DC 掃描（DC sweep）及轉移函數分析中，SPCIE 通常都要先模擬工作點以便計算非線性元件的小訊號參數。

・IC（初始暫態情況）

在暫態分析（transient analysis）時，我們可以設定電路節點之初始電壓

值，其設定格式為：

.IC V(1) = V1, V(2) = V2 ……. V(N) = VN.

‧DC（直流掃描分析）

可對電源、.Temp、.Param 做掃描。

其設定格式為：

.DC var1 start1 stop1 incr1 < var2 start2 stop2 incr2 >

.DC var1 start1 stop1 incr1 <SWEEP var2 DEC/OCT/LIN/POI np start2 stop2>

‧TRAN（暫態分析）計算時域反應

宣告格式如下：

. TRAN TINC1 TSTOP1 <tincr2 tstip2 ><START = val>

‧TEMP（設定操作溫度）

操作溫度不屬於直流或交流分析的一種，但由於溫度的高低會影響電子元件的電壓電流特性，因此操作溫度便顯得相當重要，其格式如下：

. TEMP < temperature values >

3. 定義輸出形態

‧OPTION

SPICE 留給使用者許多對列印及分析加以控制操縱的自由選擇項目，譬如如果我們不希望輸出檔案中含有輸入電路檔案，或是希望增加暫態分析在每一時間點的反覆計算次數，以保證更好的準確度的話，我們都可以利用其中選擇項可以任意次序排列。

例如：.OPTION POST 是把輸出的結果存成 graph 檔。

· **PRINT** 指定輸出之內容。

宣告格式如下：

.PRINT DC/ AC /TRAN <output variable>

· **PLOT** 在 **.list** 檔案中，產生低解析度的圖形式輸出。

宣告格式如下：

.PRINT DC/ AC /TRAN <output variable>（下限值，上限值）

· **PROBE** 允許儲存輸出變數到圖檔（AvanWave）。

宣告格式如下：

.PROBE DC/AC/TRAN <output variable>

· **MEASURE** 測量特定變數的結果。

宣告格式如下：

.MEASURE DC/AC/TRAN result_var TRIG...TARG...<Optimization Option>

· **LIB**（資料庫宣告）

我們可以在一輸入電路檔案中呼叫資料庫檔案以減少電路檔案的內容及增加其可讀性。其宣告通式如下：

. LIB Fname

以上訊息須在製程開發完成時，在不更動製程參數的情況下，量測特定的測試鍵，收集完整的元件模型參數，當在電路模擬器中輸入元件模型參數後，可得獲得以下訊息：

1.直流分析結果，如特定元件尺寸的臨界電壓、飽和電流等；

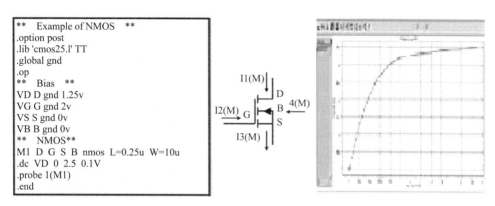

```
**    Example of NMOS    **
.option post
.lib 'cmos25.l' TT
.global gnd
.op
**    Bias    **
VD D gnd 1.25v
VG G gnd 2v
VS S gnd 0v
VB B gnd 0v
**    NMOS**
M1  D  G  S  B  nmos  L=0.25u  W=10u
.dc  VD  0  2.5  0.1V
.probe 1(M1)
.end
```

圖 13-59　典型 MOS 在 SPICE 模型的電路描述，條件分析及輸出形態。

2. 交流分析結果，如元件開關週期 tpLH, tpHL 及開關的時間延遲（time delay, tpd）……等；

3. 交流功率分析結果，如特定頻率下，特定電路的消耗功率等。

　　從以上三方面針對模擬的結果與技術指標進行比較，以確定所設計的電路是否滿足技術指標。由於完整的元件模型來自穩定的製程條件，當模擬的結果與技術指標有差異時，應從設計端調整元件尺寸來修正，不適合調整製程參數來符合技術指標，後者將大幅改變元件模型中其他參數的行為。

　　有感於 RF IC 與 CMOS 製程技術的進步，一個完整的 MOSFET 模型，不只需要在中低頻有良好的特性，在高頻操作之下，也必須要有完美的特性表現，例如：閘極的穿隧電流（Gate Tunneling Current）、基底電流（Substrate Current）、閘極與基極電阻網路等參數，有助於正確描述元件在高頻之下訊號輸入及輸出的特性。

13.6　本章習題

1. 試說明元件電性量測 WAT 的目的與使用時機。其與功能性 C/P 測試及良率間的可能關係為何？

2. 請說明 WAT 上常用來量測臨界電壓 V_{TH} 的兩種方法。

3. 試述 WAT 上量測電晶體的基底電流（substrate current）之主要目的為何？其量測條件為何？

4. 試寫出量測 nMOSFET 之崩潰電壓的 WAT 量測條件。

5. 參考圖 13-13，說明繪製 universal curve（或 on-off curve）的方法。試述其在製程上的應用？

6. 試繪一個用來檢視臨近 N-well 到 N-well 之間隔離（well-to-well isolation）好壞的測試鍵之上視圖。其 WAT 量測條件為何？

7. 參考圖 13-25，說明量測閘極氧化層（或閘極介電層）之漏電流與崩潰電壓的原理。

8. 試繪一個用來檢視 P^+ 到 N-well 接面（即 P^+-N junction）測試鍵之上視圖。如何量測其接面漏電流與接面崩潰電壓。

9. 請繪製與說明，如何利用梳狀結構判別同層電路是否有橋接（bridging）的異常發生。

10. 設計一 $50\mu m^2$ 的閘極氧化層測試鍵，經 WAT 量測為 0.654pF，試計算氧化層厚度。

11. 試比較電阻法及電容法求有效通道長度（Leff）的差異與優缺點。

12. 金屬層間的介電層（inter metal dielectric, IMD）希望使用 low-k（低介電常數）材料取代 SiO_2 的原因為何？如何量測金屬層間介電層的介電常數？

13. 以銅製程為例，如第二金屬層厚度為 2600 埃，試計算第二金屬層的片電阻值，若銅電阻率 ρ 為 1.7Ω-cm。

14. 設計一 L = 100μm 與 W20μm 的 RsN+ 電阻測試鍵，若外加電壓為 1V，經 WAT 量測電流為 32.535mA，試計算 RsN+ 的片電阻值。

15. 試描述常見的電子元件隔離的方式及有效隔離確認的方法。

16. 試比較電阻串及 Kelvin 結構法用來求接觸窗通孔（Contact/Via）電阻的差異與優缺點。

17. 積體電路中常見的雜訊（noise）有哪幾類？試述其成因。

18. 一般完整元件模型卡（Model Card）包含那些參數。

參考文獻

1. C.C.Sue, "Standard Deep Submicron MOSFET model~Spectre/ Device model"Electric Monthly, vol.3,No.9, 1997, pp 124~131

2. C.C. Enz, Yuhua. Cheng "MOS transistor modeling for RF ICDesign", IEEE Transactions on Solid-State Circuits, Vol.35, No.2, 2000

3. SPICE 使用手冊 V1.0

4. Samir Palnitkar " Gate level modeling in Verilog HDL-A Guide to Digital Design and Synthesis"Dept. od CSIE, DYU

5. Fan His Kong " RF circuit introduction" ETEK Technology CO., LTD

6. Tomas H Lee. "The Design of CMOS Radio Rfequency Integrated circuits"Cambridge University Press, 1998.

7. Coming Chen "WAT training course" United Microelectronics Corporation, 2004.

14 SOC 與半導體應用

- ◆ IC 功能分類
- ◆ SOC
- ◆ 半導體應用
- ◆ 資訊電子 Computer
- ◆ 通訊電子 Communication
- ◆ 消費性電子產品 Consumer
- ◆ 汽車電子 Car
- ◆ 網際網路

14.1 IC 功能分類

IC 其產品從元件功能上可概分為三大類，分別為記憶體（Memory）IC、邏輯 IC（Logic）和類比 IC（Analog），其電路設計與半導體製程已於前三章概述過，簡單結論如下。

記憶體依其斷電後，記憶內容消失與否，又可分為揮發性（Volatile）和非揮發性（Nonvolatile）兩大類，前者主要成員有動態隨機存取記憶體（Dynamic Random Access Memory; DRAM）和靜態隨機存取記憶體（Staic Random Access Memory; SRAM）；後者有光罩式唯讀記憶體（Mask Read Only Memory; Mask ROM）、可抹除式記憶體（Erasable Programmable Read Only Memory; EPROM）、電氣式可抹除記憶體（Electrically Erasable Programmable Read Only Memory; EEPROM）和快閃式記憶體（Flash Memory）。記憶體產品通常追求高集積度，製程研究的重點在於追求元件的微縮。

邏輯 IC 提供基本邏輯運算，例如 AND、OR、NAND 等再由使用者自行組合成本身電子產品所需之電路特性。MOS 製程為邏輯產品大宗，微處理器（Microprocesor; MPU），微控制器（Microcontroller; MCU），和可程式的數位訊號處理器（Digital Signal Processor; DSP）亦屬於邏輯元件的一部分，由於此類產品具有運算控制功能，為資訊產品重要的核心元件。其中 MPU 又可分為複雜指令集（Complex Instruction Set Computing; CISC）和精簡指令集（Reduced Instruction Set Computing; RISC）二大類；配合各式 MPU 的系統則有邏輯晶片組（System core Logic Chipsets）、各式視訊控制晶片組（Graphics and Imaging Controllers）、通訊控制晶片組（Communications Controllers）、儲存控制晶片組（Mass Storage Controllers）和其他輸出入控制晶片組，如：鍵盤控制器、語音輸出入控制器、筆式輸入控制器等。微元件 IC 大多使用於資訊、通訊等數位式訊號處理的部份，幾乎全是 MOS 製程的產品。特殊用 IC（Application Specific Integrated Circuit; ASIC）指專為某些特定用途設計的產品，為邏輯 IC 家族中另一主要成員。依其設計方式分為可程式化邏輯元件（PLD）、閘陣列（Gate Arrays）、和全客戶設計（Full Custom Design）等。

同時有數位與類比訊號大的混合訊號（Mixed-Signal）IC 和上述邏輯 IC 屬性差異甚大。類比 IC 在 IC 家族中可以算是特異獨行的一員，Bipolar 的製程在此領域佔有相對優勢。尤其線性 IC 部份幾乎不見 MOS 製程產品的蹤影，而 Mixed-Signal 的產品由於內含數位的訊號，所以 MOS 製程亦逐漸發展出與類比電路 / 數位電路相容的產品。

14.2 SOC

近三十多年來，半導體產業的發展大致遵循著英特爾前總裁摩爾（Moore）在 70 年代的大膽預測，積體電路形成數以百兆計的大型高科技產業。為了降低單位製造成本及增加良率和效率，半導體必須要極力縮減其元件大小，增加整合密度及運算頻率。摩爾定律（Moore's Law）確立了積體電路設計製造的複雜度呈現定期級數增長的時代走向，也造就了多製造及設計的困難度。隨著半導體執行速度的急速提昇，微電腦的效能大致已符合甚至超越人類一般功能的主要需求，因此，效能之外的因素如價格、可攜性，省電以及多功能性已逐漸成為市場決勝的新關鍵。尤有過之的是市場的競爭已使設計時間（Time to Market）不斷地縮減，然而工程師的設計效率近年來並未如摩爾定律的提升，加上產品複雜度的提高，人類的設計能力已逐漸無法應付市場時效的需求。為了提升人類的設計效率，半導體設計領域效法近年來軟體的發展提出了設計重複使用的電路資料庫 Intellectual Property（IP），提供電路設計者依據需求組合成系統晶片（SoC; System-on-Chip）。SOC 具有以下數個效益，因而創造其產品價值與市場需求。

1. 降低耗電量

隨各類電子產品小型化、可攜性的需求趨勢，對各類零組件的省電需求將大幅提升，由於大部份的電能皆是消耗在 IC/ 零組件間外部訊號的傳輸，SOC 產品則將其轉為 IC 內部訊號的傳輸，可大幅降低功耗。

2. 減少體積

數顆 IC 整合為一顆 SOC 後，可有效縮小在電路板上所佔體積，尤其對可攜式產品而言，除省電外，亦有助於達到重量輕、體積小的特色。

3. 增加系統功能

隨 SOC 體積的縮小，在系統產品相同的內部空間內，可整合入更多的功能元件、模組或次系統，而得以提升系統功能的豐富度。

4. 提高速度

由於晶片間訊號傳遞，轉為晶片內訊號傳遞，隨傳遞距離的縮短，可提升訊號傳輸的速度。

5. 節省成本

在理想狀況下，SOC 的出現使得在相同的系統功能要求下，不須再生產、封裝、測試與組裝多顆不同功能 IC，亦縮減了印刷電路板的面積，因此可適度節省成本。

由於系統晶片的基本理念在於將整個晶片置放於同一晶片，就如同系統置於同一塊主機板（System-on-Board）一般，因為製程的精進，晶體的密度及成本正急速降低，數以千萬計的電晶體置於同一晶片已逐漸能低價達成。同時由於包裝的成本相對提升，因此，SoC 也的確簡化了晶片輸出／入的設計，因為晶片在包裝的 I/O 設計的困難度極高，必須牽涉阻抗匹配等電性問題，許多系統效能及可靠性因而降低，所以系統晶片預計將會大幅降低製造成本及設計時程。僅管系統晶片（SoC）有這些特色及優點，但設計及製造上的困難並未因此而減少，相反地許多問題必須要先克服。

1. 首先為散熱，眾所周知晶片過熱會造成運算失誤甚至損害晶片本身，因此如何有效率的將百瓦的熱能在如此微小的約一公分平方的面積迅速排出是一個設計上極重要的問題，目前複雜的散熱裝置已造成晶片封裝上成本的急速提升。因此，功率已不只是晶片設計上的最佳化的參數而是一個基本上的設計限制。

2. 系統晶片設計挑戰為低功率問題。功率消耗與 CV^2f 成正比，C 是每一週期有充放電的電容，V 是供應電壓而，f 是操作頻率。晶片電容大致與晶片大小正比，因此一般晶片設計理念以最少面積為原則，而功率與電壓的平方比關係，若將電壓降低 10%，則功率消耗下降約 20%，因此降低電壓為減少功率消耗的主要方式，近年來各晶片的供應電壓已從 5 伏降至 1 伏左右。為了提升操作速度，頻率基本上必須大幅提升以達效率的要求。降低電壓時，晶片速率常常下降，因此為了平衡甚至提升效能，晶片的臨界電壓必須同時下降，加上日益減縮的閘級絕緣層，晶體的漏電現象日益嚴重，由於高 k 值閘級絕緣層的製程不易，在不久的未來，晶體的漏電可能會超越動態功率。為此，目前高階微處理器晶片設計已從單一供應電壓及臨界電壓提升至多供應電壓及臨界電壓。為了進一步減少漏電，電源管理電路的使用已經是普遍採用的技術。

3. 目前半導體業界的現象是半導體製造技術愈走愈快，但 IC 設計與驗證能力卻追趕不上，製造與設計間出現明顯落差，成為 SOC 發展的最大瓶頸。SOC 設計所遇到的主要技術問題在於需要一套 IP 重複使用與以平台為基礎的設計方法。而這套方法需要於公司內部或市面上具備眾多質佳而易整合的 IP 作為基礎，且須含括邏輯、混訊電路、RF 電路與各類記憶體電路的設計方法的整合，並克服不同電路區塊不同製程相容性的問題，其中較簡單的是邏輯電路間的整合，難度較高的是類比電路與邏輯電路間的整合，最難的是邏輯電路與記憶體間的整合，特別是嵌入式 DRAM 的情況。此類製程整合疊加的狀況，會使 SOC 製程過於繁複，影響技術可行性或經濟效益。

4. 而由於各種特殊製程之微縮進展不一，使得在打造 SOC 製程時，微縮進展最落後的功能區塊部份將成為 SOC 之經濟瓶頸所在，整體的 SOC 製程均需遷就於其中。以 SOC 裡的各功能區塊為例，微處理器及 DSP 需要先進製程技術，但類比 IC 卻需要低階製程技術，遷就於類比技術把各個元件整合在一起後，有可能使得成本不一定是最佳情況。

5. 在封裝技術方面，改善晶片與接腳的連接方式，提高晶片與封裝基板的導熱傳輸，提高散熱率相當重要。此外，由於晶片功能提高，工作頻率過高的情況下，將導致連接線上的電感效應，造成訊號互相干擾所引

發的雜訊，因而限制晶片達到更高的性能，這是性能導向的 SOC 須面對的問題。在 IC 朝小型化、高速化、高集積度發展的趨勢下，以打線（Wire Bond）為主的傳統封裝技術，已無法滿足未來技術需要，BGA（ball grid array）I/O 高腳位錫球封裝、Free Chip、晶片級封裝 CSP（Chip-Scale Packaging）、已是 SOC 封裝技術的主流。而由於 SOC 受限於技術瓶頸高、生產良率低、及研發時間與成本高昂等因素影響下，利用高階的多晶片模組（Multi Chip Module；MCM）封裝結構或是系統封裝（System in a Package; SiP）可減低 SOC 晶片複雜的要求。在更高階封裝的開發中，包括 CoW（Chip on Wafer），WoW（Wafer on Wafer），InFo（Intergrated Fan Out），COWOS（Chip on Wafer on Substrate 等 3D 矽堆疊封裝技術，可實現更佳電源完整性（PI）及訊號完整性（SI），使 SiP 系統中將最高水平密度及最高垂直密度整合，超過摩爾定律並挑戰半導體技術極限。

SOC 是市場導向、應用導向的 IC 產品，在許多區隔中產品生命週期較短，但 SOC 的開發整合工作往往多又複雜，使得由設計至真正大量量產出貨的時間會相對拉長，成本亦增加，未必能有理想獲益。當 SOC 的目的是在價格導向的市場時，像是 PC 或消費性電子產品市場，在採用 SOC 的晶片時，所能支付的價格較低，但 SOC 從設計到製造的總成本會比傳統的方法更高。此外，SOC 往往需要先進的製程，但 EDA 工具的建置、光罩成本與量產時的投片費用將十分高昂，對許多小資本的 IC 設計公司來說，更是先天上的市場進入障礙。

14.3　半導體應用

一般我們將半導體的應用領域區分成三大類、分別為資訊電子、通訊電子、消費性電子和汽車電子等 4C 應用和其他各式電子產品，且由於網際網路的蓬勃發展，將 4C 結合並創造出另一波嶄新應用的系統產品。

14.4　資訊電子 Computer

就四大應用領域而言，資訊工業乃當今電子工業第一大產業，產品種類繁多，依其處理資料性質可分為電腦系統、資料儲存裝置、輸出入週邊等產品。

中央處理器 CPU

伴隨資訊與半導體製造技術發展，中央微處理器（CPU）功能與架構日趨複雜化。除傳統微 CISC 處理器外，另發展出精簡指令型微處理器，其所包含指令集數目較低，電晶體數目少，且更加便宜、容易設計與生產，此種類型微處理器通稱為 RISC。

RISC 在架構設計與實際應用方面，擁有簡單便宜與執行快速優勢，支持者指稱其能夠符合未來應用需求。然而，在半導體設計與製造技術日益精進情況下，CISC 設計複雜度即使持續提升，卻同樣可朝價格便宜與執行快速發展，加上 RISC 複雜度也逐步提高，令 RISC 與 CISC 之間優劣勢分野更是逐漸模糊。

嵌入式系統

除 PC 用微處理器外，另有所謂微處理器核心嵌入式系統，所謂嵌入式系統，簡言之，就是由微處理器（Micro Processor）所驅動的非 PC 用具、及通常不需很大記憶體（如硬碟）配合的電腦系統，它與 PC 最大之不同點，就在於 PC 有主要的特定溝通方式，如鍵盤為 PC 的主要輸入方式，其輸出，則為各類文檔。而嵌入式系統的溝通則因終端用具之需求，而各有不同，如汽車的安全氣囊設置，其輸入是汽車的非正常振動，其輸出是空氣，即為嵌入式系統與 PC 系統的差異。IBM/Power PC，ARM 與 MIPS 等所提供的微處理器核心嵌入式系統，在設計上強調低耗能、非桌面功能、及兼容多種操作系統，藉由公開授權微處理器核心，迅速募集眾多發展廠商，開發各式各樣應用產品，具備架構簡單與整合容易的特長，為 ASIC 範疇的特殊應用微處理器產品。

　　ARM 架構為其中一種嵌入式系統，是一個精簡指令集（RISC）處理器架構家族，由於節能的特點，經過多年發展，已廣泛地使用在行動通訊領域，符合其主要設計目標為低成本、高效能、低耗電的特性。另一方面，超級電腦消耗大量電能，ARM 同樣被視作更高效的選擇開發此架構並授權其他公司使用，以供他們實現 ARM 的某一個架構，開發自主的系統單晶片和系統模組。ARM 架構版本從 ARMv3 到 ARMv7 支援 32 位元空間和 32 位元算數運算，從 ARMv8-A 架構開始添加了對 64 位元空間和 64 位元算術運算的支援。ARM 處理器可以在很多消費性電子產品上看到，從可攜式裝置（PDA、行動電話、多媒體播放器、數位電視和機上盒、掌上型電玩和計算機）到電腦週邊設備（筆記本、硬碟、桌上型路由器）等。

　　在處理器領域，除了主流的架構為 x86 與 ARM 架構外，由加州大學伯克萊分校開發的第五代精簡指令集計算（RISC-V），借助計算機體系經過多年的發展已經成為比較成熟的技術，由於採用開源的模式，企業完全可以自由免費使用，同時也容許企業添加自有指令集拓展且不必開放共享以實現差異化發展，RISC-V 指令集架構可以設計服務器 CPU，家用電器 CPU，工業控制 CPU 等，為嵌入式系統的另一選項。

系統晶片組 Core Logic Chipset

　　PC 主機板上的半導體元件很多，其中以 CPU、系統晶片組（Core Logic Chip）、繪圖晶片組及主記憶體 DRAM 最為重要，DRAM 為標準工業化元件，隨 PC 作業系統及應用軟體愈來愈複雜，以致整個 DRAM 的需求價格高於系統晶片組，系統晶片組雖不若整個 DRAM 晶片組貴，但以單一 DRAM 晶片論，仍遠低於系統晶片，所以系統晶片組是除了 CPU 以外，單價最高的半導體元件。

　　從過去至今，系統晶片與 CPU 間仍舊以分離式架構為主流，一般系統晶片是由俗稱北橋（North Bridge）與南橋（Ssouth Bridge）的兩個晶片組成。俗稱北橋的晶片功能主要是負責控制記憶體、CPU 介面、繪圖介面、L2 cache 介面及維持 L2 cache（快取記憶體）與 L1 cache 的資料一致性等相關功能的運作，至於南橋的晶片則是負責各種輸出輸入訊號與資料，所以北橋稱之為

MCH（Memory Control Hub）晶片，南橋稱爲 ICH（I/O Control Hub）。

繪圖晶片 Graphic

作業系統由於 Microsoft 的 Windows 問世，以其較 DOS 爲親和力的人機界面，帶領 PC 走入色彩繽紛的時代，也是繪圖晶片由單純的界面架構，加入圖形區塊搬移的功能，並且分擔 CPU 的運算工作，此時 2D 的加速繪圖晶片正式興起，使電腦的應用由文書處理走向多媒體的應用，遊戲軟體、工程繪圖等需求。隨著多媒體應用愈加成熟，逐漸由 2D 的繪圖功能走向 3D。3D 繪圖晶片由於須處理大量視訊與聲音，對於元件的要求不亞於 CPU，會使用最先進的製程技術來改善繪圖晶片的性能，亦有繪圖晶片與系統晶片組整合型晶片的產生，甚至是繪圖晶片與 CPU 的整合晶片出現。

接口電路 USB4/Type-C

接口電路指的是電腦與電腦之間，電腦與週邊設備之間，電腦內部部件之間起連接作用的邏輯電路。接口電路是 CPU 與外部設備進行資訊交互的橋樑。輸入、輸出接口電路也稱爲 I/O 電路（Input/Output），即通常所說的適配器或介面卡。它是微型電腦與外部設備交換資訊的橋樑。接口電路在結構上包括由寄存器組、專用記憶體和控制電路幾部分組成，當前的控制指令、通信資料、以及外部設備的狀態資訊等分別存放在專用記憶體或寄存器組中。而通信方式分爲並行通信和串列通信。並行通信是將資料各位同時傳送；串列通信則使資料一位元一位元地順序傳送。

在越來越高解析度與高刷新率的要求下對系統的資料頻寬提出了更高要求。傳統的各式各樣接口協議，如 GPIB，IEEE-1394，RS-232，USB，LAN，PCI，PCIeTM，DDR4 等已不能滿足不同裝置的需求，行業裡存在多種匯流排標準，如 DisplayPort、HDMI、MIPI 等，這些匯流排大都採用高速串列匯流排（SEDES）技術，2019 年前後，USB4、PCIe5.0 等高速 I/O 技術標準密集更新，這意味著，高速 I/O 介面速度將從單通道 10Gbps 以內，跳到單通道 10Gbps 以上。以 USB4 爲例，作爲 USB 標準組織 USB-IF 在 2019 年

8 月底推出了新一代 USB4 技術規範，USB4 最高支援 40Gbps 傳輸速率，該速率可同時驅動兩台 4K 顯示器。USB4 支援多種資料和顯示協定（DisplayPort、PCIe 等），可以有效共用最大頻寬。此外，USB4 還向後相容 USB 3.2，USB 2.0，在 USB4 時代，USB 已經不只是傳輸資料的標準，而是提供了一條全新的高速介面，無論是音視頻，還是其他格式的資料，都可以在這條路上走，USB4 協定進一步降低了系統設計難度，只需要 USB4 type-C 口連接，就可以實現終端系統幾乎全部的對外介面功能，大大降低了系統設計難度。但這是以增加晶片設計複雜度為代價而得到的，要支援 USB4 標準，晶片必然需要更複雜的信號調製機制，更複雜的預加重處理方法，也更難實現性能、功耗與成本的平衡。

　　由於需求在持續增長，現在的 5G、AI 晶片、資料中心、大型交換機都需要傳輸大量的資料，有資料傳輸的地方就需要高速串行接口。高速接口晶片作為基本的資料介面，在一個大系統裡必不可少，且不與 5G、AI 等熱點技術構成競爭關係，反而受到這些技術發展的帶動。目前來看，現在的高速接口晶片還沒有達到這一點，在能耗和最高的資料率上還有不少提高空間。

人工智慧晶片 AI

　　初期人工智慧（Artificial Intelligence, AI）運用單純的程式控制，或根據輸入的情況，思考探取更聰明的方法，來決定輸出的動作。當人工智慧利用機器學習的演算法，內建搜尋引擎或以大數據為基礎，結合輸入與從資料庫學習，機器會將數據累積透過演算法分析數據以學習執行，可自動判斷最佳的輸出。而深度學習則是讓電腦在數據中自己選擇出重要的變數特徵，目前以人工神經網路演算法為主，選擇什麼作為特徵，將大大影響預測的準確率。此迅速發展的浪潮，已在各領域對我們的生活產生重大影響。

　　而實現人工智慧的核心技術，則是具有強大運算能力的半導體晶片技術，AI 晶片的技術手段方面包括現成的 CPU，GPU，FPGA 和 DSP 的各種組合，也有神經網路（Neural-network Processing Unit, NPU）的稱呼。AI 晶片該使用什麼方法原理去實現，仍然眾說紛紜，這是新技術的特點，探索階段百花齊放，這也與深度學習等演算法模型的研發有關，即 AI 的基礎理論方面仍然存

在很大研究空間。

量子電腦

傳統運算的基本位元稱爲 bit，每一個位元可以是 0 或 1；但，而量子電腦的基本位元是量子位元（Qbit），它的物理特性可以讓 0 和 1 同時存在。也就是說，一個量子位元能一次帶出更多的 0 與 1 的組合狀態，加入越多的量子位元，電腦的算力就會以指數型成長。

有別於超導體量子電腦及光量子電腦，目前對於量子位元技術大多傾向於矽基（Silicon-Based）量子位元的發展，利用不同電荷量在同一電晶體內形成多電荷量子比特，就像 NAND Flash charge trap 技術，可在一電晶體內形成多電荷量子比特，由於矽材料成本低廉、且與積體電路及與現有資訊處理技術相容，並且可以利用先進的半導體工藝技術完成大面積的集成，成爲量子計算研究最熱門的研究方向。

14.5　通訊電子 Communication

至於在通訊應用方面。通訊產品依其技術和用途，可概分爲有線用戶產品、無線用戶產品、系統交換傳輸設備三大部份。其中系統交換傳輸設備和一般使用者關係較不直接，且全球市場爲少數幾家主要通訊大廠所壟斷，系統產品附加價值並非來自零組件，半導體的使用比例並不高；而用戶端產品不管有線或無線，在輕薄短小的趨勢下，半導體使用比例逐年增加。

數位訊號處理器 DSP

DSP 主要就是用以處理與重組正確二位元訊號的執行單位，採儘可能最有效的方式，來運用頻寬與壓縮、解壓縮資料。CPU 或微控制器（MCU）等通用處理器（General Purpose Processor），主要功能在儘速執行與中斷指令，重點在於應付隨機（Random）需求的指令分派任務，因此指令的擷取能力等

於判定 CPU 的優劣高下，而 DSP 專做資訊處理，因而，資料的取樣／計算能力是判定 DSP 好壞的標準。中央微處理器（CPU）是 PC 得以運作的核心，但隨通訊應用趨勢的興起，DSP 與 CPU 都已依任務專業分工，而達效能加乘之效。

DSP 可以將類比訊號分隔成許多微小時段訊號，以取樣的方式取得精確量化的數值，以適當的演算法則對取樣的訊號做算數邏輯分析與處理，如語音、影像編排辨識，解碼，資料壓縮、解壓縮，雜音通道內通訊處理、補強，頻譜分析等資訊／擷取傳輸／儲存。分析處理後的結果再經由轉換電路，轉換成相對應的類比訊號。

因網路與通訊應用的需求與日遽增，更強化了 DSP 的重要性，在可見的將來，DSP 的應用將相當一般生活化，在辦公室裡有：ISDN 數據機、多媒體工作站、數位影像系統、語音辨識系統、語音信箱系統、遠端存取集中器與雷射印表機。或是在家裡有：ADSL 數據機、變頻式空調、指紋與面孔之家庭安全管理系統、DVD 數位影音系統；個人則有：行動電話、個人數位助理（PDA）、數位答錄機、數位相機；汽車則是：電子動力驅動系統、引擎控制、全球定位系統等。

短距無線通訊 Blue Tooth/WiFi

藍芽是一種短距離無線連接技術方案，用來讓固定與行動裝置，在短距離間交換資料，可將多台電子、通訊產品同步串接起來，提供語音、數據傳輸功能。就家庭網路應用部份，藍芽可建構一個家用型的無線工作環境，利用無線電波傳輸，將所有的電腦、週邊設備連結在一起。藍芽可以提供相關產品，諸如行動電話、筆記型電腦、桌上型電腦，與數位相機等裝置，於短距離內互連傳輸。藍芽的操作頻段位於 2.45GHz（Industrial-Scientific-Medical 頻段），在同一個藍芽微網下，每個單機可以同時與另外 7 個單機運作，為減少與其他共用 ISM 頻帶的無線傳輸系統發生干擾，藍芽採用跳頻展頻技術，隨機在頻道中跳頻傳輸。較新版的藍牙規格 5.0 在 2016 年 6 月發布。在有效傳輸距離理論上可達 300 公尺，傳輸速度將是 24Mbps。藍牙 5.0 還支援室內定位導航功能（結合 WiFi 可以實現精度小於 1 公尺的室內定位，允許無需配對接受信

標的資料，針對物聯網進行了很多底層最佳化

　　除了藍芽系統之外，WiFi 則用在不須頻道執照申請的 ISM 頻段（2.4GHz，5GHz），屬於國際電子電機工程協會（Institute of Electrical and Electronics Engineers；IEEE）定義的 802.11X 無線通訊技術。在 3G 無線通訊系統下，除了提供高品質語音服務外，更要能夠提供即時多媒體的數據傳輸服務，但最高傳輸速率也只到 2Mbps，相對於無線區域網路來說，802.11a/g 的傳輸速率可達 54Mbps。IEEE 802.11b 採用直序展頻技術 DSSS（Direct Sequence Spread Spectrum）於 2.4GHz 的頻段，提供 11Mbps 的傳輸速度。IEEE 802.11b 下一代版本是 IEEE 802.11a，利用 5G 的頻段，速度提升到 54Mbps，可因應影音多媒體播放所需的頻寬。

　　Bluetooth 被界定在 PAN（Personal Access Network），而 802.11X 則被界定在 LAN 的範圍。隨著時間的演變，愈來愈多的晶片廠商，將這些現在以及未來可能的主流標準整合在晶片組中，讓一款晶片組可以同時提供兩到三種標準。另外 Bluetooth 與 WLAN 在傳輸距離、傳輸速率及產品功耗等考量，兩者互補並存在無線電子產品中。

5G 行動電話

　　1980 年代，歐洲電信標準協會（ETSI）設立，頒佈以 GSM 系統為歐洲統一標準的指令。使得歐洲行動電話業者主導了第一代和第二代行動電話規格。GSM 在數據傳輸上的功能有短訊服務（Short Message Service）、電路交換服務（Circuit Switch Service）、分封模式工作（Packet Mode Working）、無線電分封模式（Packet Radio Mode）等，而 CDMA 分碼多重存取，則是由美國所發展出來的技術，主要是將通訊端的訊號數位化後，再利用所有可得的頻寬來分散傳送，每道訊息傳輸都會被分派到一個序列碼，等全部接收到之後再加以重組。

　　第二代行動電話系統下的行動電話數據功能，在雙向傳呼的狀態，提供 9.6kbps 的傳輸速度，但由於行動數據需求愈來愈大，短訊服務將不敷使用。在這種情況下，以 GSM 為基礎的數據傳輸技術，整體無線電封包服務 GPRS（General Packet Padio Services）應運而生。GPRS 是以封包交換技術來進行

資料傳輸，其最大優點是以數據傳輸量計價，對於上網的用戶來說，是比較經濟實惠的選擇。此外，在傳輸速度 115 Kbps，2.5 代技術著墨最多之處在於強化數據傳輸能力、提升通話、待機時間，以提供高速數據服務、虛擬專用網路、無線區域迴路等。

　　第三代無線行動通訊技術，泛指通訊速度在 384kbps，是 GSM 40 倍的速率的技術，第三代移動通信增加了語音容量，並提供高速數據傳輸。根據國際電信聯盟（ITU）的正式定義，3G 網絡必須可以從一個移動位置提供至少 144 Kbps 的傳輸速率，或必須可以從一個固定位置提供最高 2 Mbps 的傳輸速率。3G 可向用 提供高速數據、全球漫遊，以及多媒體功能，然而眾多的規格中，以 W-CDMA、CDMA2000 的支持者最多。WCDMA 寬頻分碼多重存取是由 GSM 網路核心所發展出來，它採用了 5 MHz 的寬頻網路，傳輸速度在每秒 384 Kb 到 2 Mb 之間，CDMA 2000 是由 CDMA ONE 所演變而來的技術，目的是讓行動電話系統業者能快速的由 CDMA ONE 轉換成 CDMA 2000，其資料傳輸的速度，分別是每秒 144 Kb 到每秒 2 Mb 之間。

　　第四代無線行動通訊技術第一發布版本的 LTE（3GPP Release 8）和 WiMAX（IEEE 802.16e）支援遠小於 1 Gbit/s 的峰值位元速率，經過後來的發展，LTE 的升級演進為 LTE-Advanced，WiMAX 的升級演進為 WiMAX-Advanced，峰值速率為下行 1Gbps，上行 500Mbps，是主流的 4G 標準。4G 帶來的穩定速度，被認為是應用程式（App）經濟推手，更帶動社群網站發展。

　　第五代行動通訊技術為 4G（LTE-A、WiMAX-A）系統後的延伸。5G 的效能目標是高資料速率、減少延遲、節省能源、降低成本、提高系統容量和大規模裝置連接。5G 規範的第一階段是為了適應早期的商業部署，頻寬在 6 GHz 以下。5G 規範的第二階段於 2020 年 4 月完成 Release-16，作為 IMT-2020 技術的候選提交給國際電信聯盟（ITU），ITU IMT-2020 規範要求速度高達 20 Gbit/s，可以實現寬通道頻寬和大容量 MIMO。第三代合作夥伴計劃（3GPP）將提交 5G NR（新無線電）作為其 5G 通訊標準提案。5G NR 可包括低頻（FR1），低於 6 GHz 和更高頻率（FR2），高於 24 GHz 和毫米波範圍。由於更高頻率應用對半導體元件提出更高要求，30~300 Gz 屬於毫米波的範圍，矽元件較難達到此規格，而三五族的 GaAs，GaN 所製成 MOSFET/MESFET（金氧半導體場效電晶體），HBT（異質接面雙極電晶體）和 HEMT

（高速電子移動電晶體）可滿足高頻，高功率的需求。

表 14-1　不同世代行動通訊技術的比較

行動通訊技術	功能	峰值速率	頻率
1G (1980s)	通話	2 Kbps	800-900 MHz
2G (1990s)	通話、簡訊、Mail（純文字）	10 Kbps	850-1900 MHz
3G (2000s)	通話、簡訊、網路、音樂串流	3.8 Mbps	1.6-2.5 GHz
4G (2010s)	通話、簡訊、網路、1080p 影片串流	0.1-1 Gbps	2-8 GHz
5G (2020s)	通話、簡訊、網路、4K 影片串流、VR 直播、自駕車、遠距手術	1-10 Gbps	3-3000 GHz

有線通訊－區域網路／數據機

　　有線通訊產業大致可歸類為區域網路、數據機等類別。區域網路設備則以網路卡、集線器、交換器與路由器為主。

　　乙太網路為目前最成熟的區域網路技術，由於企業擁有的資訊產品越來越多，例如電腦、印表機、掃描器等。為了能夠分享資源，乙太網路架構最先進入企業網路的應用。架設乙太網路基本上需要網路線、網路卡，同時必須在作業系統做若干設定。一旦連成網路之後，達到資料與設備共享的目標，同時具有防毒與備分的優點，假如再設定網際網路資源共享，則可以多人共用同一帳號連上網際網路。但對於家庭用戶而言，仍需要佈線的手續，造成使用上的門檻。再者，家庭中的連網需求，漸漸從電腦擴充至家電用品的領域，而乙太網路的應用多侷限於電腦及週邊，假如要與家電相串連，技術複雜程度高，且需要調整許多設定，因此乙太網路在使用上，仍以企業為主。

　　區域網路設備作為連結技術為主的重要產品有集線器（Hub），路由器（Router），以及交換器（Switch）等，集線器在連結媒介擷取層（MAC，Medium Access Control）通訊協定相同的網路，如乙太（Ethernet）Hub。目前，集線器大多含有訊號放大功能，部份則有可堆疊性（Stackable），即可使多台串接達到經濟擴充效能目的，和簡單的網路管理功能（如 SNMP，

Simple Network Management Protocol）。路由器用來連結 OSI（Open System Interconnection）網路層通訊協定相同的網路，如：IP Router，IPX router。可連接多個網絡或網段的網絡設備，它能將不同網絡或網段之間的數據信息進行翻譯，以使它們能夠相互讀懂對方的數據，從而構成一個更大的網絡。路由器包含兩個基本的動作：確定最佳路徑和通過網絡傳輸信息。交換器名稱來自電話系統，主要使用在進行通話時點對點連結，而網路交換器則是在網路上執行類似功能。

光纖通訊

　　電信網路的發展，由實體層的傳輸技術來看可以劃分爲三個階段：第一階段乃利用銅導線或微波做爲傳輸的介質，例如乙太網路；第二階段光纖取代了這些銅導線，進行訊號傳輸的任務，但是訊號放大、交換等處理仍需將光訊號轉換爲電訊號之後才能進行，例如在電信網路中廣泛地用以連接區間幹線的 SDH/SONET 便是；到了第三階段，波長分段多工（Wavelength Division Multiplex; WDM）技術被開發出來，在既有光纖上同時傳送長短不同的多個波長訊號，而且所有的訊號傳輸及處理均以光波形式處理，不但大幅度提高了網路的容量，也降低了光纖通訊網路的成本。隨著技術的發展，WDM 技術亦更加提升，並發展出波長間隔小於 1nm 的 DWDM 技術，突破了光纖通訊技術瓶頸，而促成其應用快速發展的重要技術有光放大器、可調雷射源、波長轉換及光交換機等。在應用方面，自從一九七〇年代石英系光纖發展成功，因其具有寬頻帶、低傳輸損耗、不易受干擾等特性，加上光電元件技術日益成熟及通訊技術蓬勃發展，光纖通訊系統的應用發展更爲快速，傳輸速率愈快、距離愈遠、容量愈大、應用與服務領域愈廣。

　　由於從訊號從光纖到電子計算機需經過光電轉換過程，光纖收發器（Fiber Optical Transceiver）成爲光電轉換重要元件，光纖收發器主要是由光纖通訊過程兩端的光接收器（Receiver）與光發送器（Transmitter）整合而成。光接收器功能是由光信號輸入模組後由光探測二極體（Photo diode, PD）轉換爲電信號，經前置放大器後輸出相應電子信號。而光發送器則將輸入訊號經內部的驅動晶片處理後驅動半導體雷射器（LD）或發光二極體（LED）發射出相應

速率的調製光信號。而光纖收發器則將光接收器與光發送器封裝在同一個模組內，具有同時接收與發送的功能，形成完整光通信模組。

　　傳統的光通信模組主要是由 III-V 族半導體晶片（InP, GaAs）、高速電路晶片、被動光元件及光纖封裝而成，新的技術利用 Ge 磊晶在 Si 上作爲光電二極體接收元件（Photo Diode, PD），並利用矽基（Si, SiN）材料作爲光波導（Wave Guide, WG）被動元件形成與 CMOS 工藝相近的矽光（Silicone Potonic）工藝，矽光系統利用光傳輸更多的資料，效率更高，傳送速率更快，同時能耗更低。對於雲計算、物聯網（IoT）、5G 的資料中心來說，資料量成指數級增長且對整個通信網路在能耗，時延，安全可靠等方面也有更高的要求，而矽光技術能使資料中心內部和之間的頻寬傳輸顯著提高，所有這些因素都加速了矽光技術的產業化，滿足更快、更多資料的日益增長的需求。

14.6　消費性電子 Consumer

　　消費性電子方面包括相機、冷凍空調、洗衣機、電扇等家電產品和視訊、音響等組成的消費性電子產品，在家庭自動化和數位化的潮流趨勢下，半導體採用比例逐年增加。尤其電子玩具、電視遊樂器等所謂個人電子產品，在個人化趨勢下，已漸成爲半導體在消費性電子產品領域的主要目標市場。新一代數位消費電子產品包括了數位攝影機、DVD、視訊轉換器、數位相機、電視遊樂器、數位電視等，這些產品是數位時代所產生的新消費電子產品。

　　由於訊號處理、解壓縮及半導體製程各項技術的進步，使得數位影音產品的表現逐漸超過傳統類比產品，加上體積小、耗電低的特性，因此逐漸受到市場接受。更重要的，網際網路不斷的發展，應用的範圍越來越廣。新一代消費電子產品由於是數位化，可以互相連結並進行資訊傳遞，可以滿足消費者利用網路傳輸或者是下載資訊的需求，因此成長速度顯著超越傳統消費電子產品。以半導體型態來看，可以發現 ASSP 與 ASIC 佔了最主要部份。這反應出越來越多的系統整合將會應用在新興的消費性產品中。另外，記憶體 IC 也佔有重要的比重。

微控制器 MCU

在消費性電子所使用的微控制器常被稱為 MCU，是指一個系統能獨立執行特定控制功能的 IC 元件。為達此目的，需將記憶體、I/O 控制電路，時間計數器、A/D、D/A、微處理器（MPU）以及相關電路整合在單一晶片上。由於半導體製程技術的持續微縮，傳統需由多顆 IC 與分離元件（Discrete）才能完成的小系統，已能以系統單晶片（System On a Chip）呈現。一般而言，微控制器和微處理器的差異在 I/O、中斷處理能力與指令集結構等。由於 MCU 透過 I/O 埠接腳控制週邊裝置，故 I/O 處理能力特強，一般 MCU 包含多種 I/O 處理功能，如 A/D、D/A 及串列埠等。

數位相機／影像傳感器 CMOS Image Sensor

數位相機的外型大致與傳統相機相同，在內部構造方面則以 CCD 或 CMOS 為影像感測元件（CMOS Image Sensor, CIS），利用半導體製程工藝，在晶片每一像素（Pixel）上製作微透鏡（Micro Lense）及彩色濾光片（Color Filter），當入射光經微透鏡聚焦並穿過具有紅藍綠三原色分開的拜爾（Bayer）圖像彩色濾光片，再根據光電效應在每像素底下的 PN 二極體，提取不同強度的電子訊號，取代傳統底片感光成像的功能，經數位訊號處理器將影像轉成數位資料後，儲存在相機內建的快閃記憶體（Flash）內，而照相手機的發展亦使影像感測元件，數位訊號處理器，記憶體等 CMOS 製程應用更上層樓。

數位電視／機上盒 Set Top Box（STB）

所謂數位電視（Digital TV）是電視訊號傳送過程的數位化。數位電視是利用數位訊號，傳送影像及聲音的一種新工業標準，比傳統類比式的傳輸方式，更大幅提高影像及聲音的品質。數位電視用數位訊號來做傳輸，就是電視訊號在發射台（電視台），以數位方式進行資料的紀錄、處理、壓縮、編碼及傳送，而接收端用戶也以數位方式進行接收、解調、解碼、解壓縮及播放的

電視系統。數位電視除了可以消除雜訊和干擾外，也具有畫質更清晰與解析度更高的特性，且在影像的處理上也更靈活與彈性，不僅可以分割畫面，還可以局部放大畫面等效果。電視節目提供者可將數位電視的功能，擴充為互動式電視，將各種動態影像、購物情報及音樂等資訊傳送至消費者家中的電視，並可透過電視與使用者進行互動，利用此服務，消費者可直接在家中選購想要的物品或票券等，成為生活中不可或缺的功能。目前大多數家庭所使用的電視機已逐漸由類比式電視取代為數位電視。

此外，數位電視機上盒（Set Top Box, STB）由於能提供大量的數位視訊與相關服務，且電視又是家庭網路娛樂的重要樞紐，所以 STB 所被附加的功能也就越來越多。目前除隨選視訊（Video on Demand）、計次付費服務（Pay Per View）、線上購物（Home Shopping）等功能外，且家庭對網路的需求也愈來愈多的情況下，網路瀏覽、電子郵件也已加入 STB 的功能之一。結合數位電視的應用，使得 STB 的市場頗為看好。

手持行動裝置 PDA/Smart Phone/Pad/Smart Watch

個人數位助理 PDA（Personal Digital Assistant）的功能早期像是一個簡單的電子記事本，可以用來打點個人隨身必備的資訊，功能就好比是上班族常用的萬用記事本一樣。可以用來管理你經常需要辦理或記錄的事情、數字、文字、住址、電話等等的資料，讓你的工作更有效率。但持續發展下來，在與電腦相容之後，自此 PDA 的功能趨於完善，由於 PDA 的重量大多在 200 公克以下，放在口袋隨身攜帶並不會感到累贅。更重要的是，PDA 只要一開機馬上就可以進入你想操作的程式下，完全不必浪費時間等待，同時電池電力供應可以維持數天，是 PDA 相對於筆記型電腦的優勢。

隨著通訊科技的進步，行動電話持續性不斷地改良，並且和目前的 Pager、PDA 等應用相結合，已經進化為智慧型手機（Smart Phone）及其延伸產品智慧平板（Pad）智慧手錶（Smart Watch）等。可用來撥打行動電話和進行多功能行動計算。有客製化的行動操作系統，可瀏覽網頁和播放多媒體檔案，也可通過安裝應用軟體、遊戲等程式來擴充功能。智慧型手機通常有許多半導體以及各種感測器，支援無線通訊協定。可攜式媒體播放器、數位相機和

閃光燈（手電筒）、和 GPS 導航、NFC、重力感應水平儀等功能，亦提供用戶下載與購買軟體程式的軟體商店，也具有雲端儲存和同步、虛擬助理，乃至行動支付的服務。使其成爲了一種功能多樣化的裝置，其運算能力及功能均優於傳統功能型手機。隨著行動網際網路的發展，智慧型手機成爲核心的通訊工具，行動應用程式市場及行動商務、手機遊戲產業、社交即時通訊網路高度繁榮，甚至產生了相關的職業。通訊技術的發展，萬物互聯概念的提出，使得智慧型手機成爲了重要的終端裝置，進駐了現代社會的各方面，已經是不可取代的物品。

顯示器控制與驅動晶片

一台 TFT-LCD 顯示器裡，除了面板、背光版、彩色濾光片外，接在面板週邊的驅動 IC 和控制 IC，是點亮 LCD 顯示器的關鍵元件。

LCD 晶片組包括控制晶片與驅動晶片二大類型，控制晶片負責影像訊號轉換與處理，接收來自電腦的訊號，驅動晶片負責影像訊號輸出與顯示，輸出訊號至 LCD 面板。

電腦傳送影像資料普遍屬類比訊號，控制晶片組必須先進行類比數位轉換動作後，方可進行影像資料加工處理。伴隨數位介面興起，控制晶片組逐步由類比走向數位，排除類比數位轉換過程與設計，非僅能降低成本，更可保持訊號完整。LCD 控制晶片組功能模塊，包括類比數位轉換（ADC）、縮放控制器（Scaler）、螢幕直接顯示（On Screen Display; OSD）三個主要部分，加上周邊鎖相迴路（Phase Locked Loop; PLL）、微控制器與記憶體等晶片配合，而伴隨數位介面崛起，數位影像介面（Digital Visual Interface; DVI）功能組塊，也逐漸加進晶片組內。ADC 負責將 RGB 類比訊號轉換成數位訊號，由於涉及類比設計技術，爲設計最爲困難部份。Scaler 進一步處理數位訊號，調整數位訊號輸出至驅動晶片組，藉以控制畫面大小、亮度與色彩。

驅動晶片組透過輸出電壓方式，改變控制液晶分子排列方向，藉由每個畫素透光度高低來構成畫面。當顯示器逐步提昇解析度、亮度與反應速度時，驅動晶片越需要朝向高頻與高壓方向發展，以符合高掃瞄頻率與快速驅動需求。LCD 驅動晶片組功能組塊，包括 Source 與 Gate 二個主要部分，依據解

析度高低而分別使用若干顆晶片組合而成。Gate 負責顯示器每列訊號的開關動作，當顯示器進行一次一列且逐列而下掃瞄動作時，Gate 配合打開一整列開關，讓 Source 進行訊號輸入動作。Source 負責顯示器每行訊號的輸入動作，當 Gate 打開一整列開關時，Source 即時配合輸入該列資料電壓，提供顯示畫面所需訊號。一般 CMOS 製程電壓約在 5V 以下，但 TFT LCD 驅動 IC 的高壓製程可達 15V 或更高。，以 TFT LCD 用的一顆 6 位元、384 個輸出端子（384-Channel）的 Source Driver 為例，它將 6 位元的數位資料，轉換為供 384 個輸出端子的類比電壓，依據數位資料的內容，將每個次像素（R、G、B）增壓到所需的色階，因 6 位元資料可表示 64 種色階，所以 LCD 面板即具有顯示 262,144 種顏色（64×64×64）的能力。

　　就數量來看，每塊 LCD 面板只要用到 1 顆控制 IC，來負責影像信號的處理；但是驅動 IC 的數量，則會隨著面板尺寸而有所不同，平均來說，一塊 15 吋的 LCD 面板需要 11 顆驅動 IC，而 17 吋面板由於解析度較高的原因，則需要 15 顆驅動 IC。

遊戲機 Game Console

　　電子遊戲機的主要組成元件包括 CPU、GPU、記憶體、儲存媒體、影音輸出設備、訊號輸入設備等。早期電子遊戲機與採開放標準的其他消費電子產品不同，多年來皆採用特殊、獨立規格，以與其他競爭對手做出區別。隨著時代演進，電子遊戲機不再像過去一般功能，漸漸兼具了 CD 播放機、DVD 播放機、藍光光碟播放機、聯網用裝置及數位視訊轉換盒等多元化功能。

　　由於高階的遊戲機須處理複雜的 2D/3D 像影及虛擬實境（Virtual Reality, VR）業界基本上已經不做自有架構的研發，而是直接採用內嵌的處理器方案，對於下一代遊戲機，無論從畫面的進化，以及目前腦機接口等技術，再加上基於 AI 技術建構的游戲世界，無論 CPU 或 GPU 都會跟上最前沿的半導體工藝節點以帶來更好的沉浸式體驗，使得玩家完全融入游戲設定的角色。

IC 卡 / 個人行動儲存裝置

相較於磁條卡，IC 卡則是利用晶片來儲存資料，具備較佳的防偽及保密功能，產品代表即是行動電話用的 SIM 卡及公用電話晶片卡，甚至信用卡的晶片卡等皆屬 IC 卡的範疇。IC 卡的晶片由微處理器、ROM/RAM 記憶體組成，且多半將微處理器、記憶體整合成 SOC。相較於磁條卡，IC 卡的容量較大，而 IC 卡又可分爲兩大類：一爲記憶卡（Memory card），內含 EEPROM 或 Flash 作爲記憶體，儲存容量可從 8K、16K 到 32K 不等，僅具備單純的記憶功能，另一爲智慧卡（Smart card），除了記憶功能外尙有較高的附加價值，例如在記憶體外另加微控制器（Microprocessor, MPU）可以執行較複雜的功能，通常在智慧卡中所用的 IC 多半是整合 MPU 及 Memory 的 SOC。

攜帶記憶裝置

以儲存容量區隔，未來仍將繼續存活的儲存媒體，高容量以硬碟爲主、中間地帶則以 DVD 光碟爲主，小型可攜式儲存媒體則非快閃記憶卡莫屬。

快閃記憶卡的應用範圍甚廣，除了手機、數位相機、MP3、數位攝錄影機、PDA 等外型小巧的產品之外，也可用在個人電腦、筆記型電腦、以連網爲訴求的 IA 產品上。再者，耐震動的特性，也使得快閃記憶卡可望搶進汽車音響、GPS 等市場。未來還將進一步深入家庭，甚至攻佔所有的家電市場。業者更希望利用這小小的快閃記憶卡，來連結所有裝置，成爲儲存標準平台。

14.7　汽車電子 Car

汽車電子（Automotive Electronics）是車輛中使用的電子系統，包括引擎管理、點火系統、廣播、車載電腦、車載資訊系統、車載娛樂設備等。在卡車、摩托車、越野車中也會有點火、引擎管理、傳動電子系統的設備，而其他以內燃機爲動力來源的設備（如叉車、拖拉機、挖土機等也有類似設備。而在混合動力車輛及純電動車系統中也有控制電子系統的一些元件。汽車電子系統

在車輛成本中佔的比例越來越大，在 1950 年時只佔 1%，而 2010 年時已佔到 30%。

其中車用微處理器（ECU）在 1974 年起開始普及，讓許多車用電子應用的成本降低，電子控制的點火及油料噴射系統讓汽車設計者在設計時可以符合燃料效率及低排放的需求，並且維持駕駛者對性能及駕車便利性的要求。今天的車輛中至少包括十多個微處理器，其功能包括發動機管理、動力控制、空調溫控、防鎖死煞車系統、被動安全系統、導航功能等。

電動汽車

電動汽車是指使用電能作爲動力源，通過電動機驅動行駛的汽車。它屬於新能源汽車，按照動力來源分類，又細分爲純電動汽車（BEV）、混合動力電動汽車（HEV）和燃料電池電動汽車（FCEV）。進入 1990 年代後，以鋰電池爲代表的儲能單元能量密度加速提升，解決了電動汽車續航難題，與此同時，電動汽車配套的充電樁、換電站、其主動力系統及電池管理系統上都是需大量使用功率電力電子元件，如 IGBT 或高功率的碳化矽（SiC）來提升電池使用效率並降低能耗。

自動駕駛

自動駕駛汽車能以雷達、光學雷達（Lidar）、GPS 及電腦視覺等技術感測其環境。先進的控制系統能將感測資料轉換成適當的導航道路，以及障礙與相關標誌。根據定義，自動駕駛汽車能透過感測輸入的資料，結合車載通訊系統更新其地圖資訊，讓交通工具可以持續追蹤其位置。通過多自動駕駛汽車構成的車聯網系統可以有效減輕交通壓力，並因此提高交通系統的運輸效率。

新一代的混合型 ECU，結合了信息娛樂系統主控單元、高級輔助駕駛系統（Advanced Driver Assistance Systems, ADAS）、儀錶板、後置攝像頭、停車輔助系統及環視系統等系統的 ECU。例如其硬體線路、機構外殼，以及各 ECU 之間的互連。利用中心化的控制，在系統中無縫的交換資料。車載通訊系統使用車輛及路邊設施作爲點對點網路裡之通訊節點，互相提供有用訊息。

透過合作之方式，車載通訊系統能讓所有合作之交通工具變得更有效率。

14.8　網際網路

網際網路的出現，帶動了 PC 產業的成長，而使 PC 成本大幅降低。同時隨著低價 PC 的出現，又增加了網際網路的普及。除了 PC 之外，為了要滿足網路通訊的需求，其他相關電子產業也蓬勃發展。無論是伺服器、交換器、集線器、光纖網路等網路傳輸基礎設備，帶動了從骨幹網路、廣域／擷取網路、乃至於區域網路的頻寬升級行動，促使電信基礎建設的持續升級，而語音通訊與數據通訊仍方興未艾。此外，連網功能終將會出現在 PC、手機、PDA 乃至於各式各樣的數位電子產品內，成為不可或缺的功能要素。無論有線，無線，廣域（WAN）或區域（LAN）的應用，皆必須遵守 OSI 的七個協定中的各種規格，來完成資訊的傳遞。

1. 實體層（Physical）

這層實際是定義了應用在網路傳輸中的各種設備規格，以及如何將硬體所攜載的信號轉換成電腦可以理解的信號（0 和 1），這通常都是設備上面之韌體（Firmware）的功能。這些規格一般是由硬體的生產廠商制定的，比如：數據線的接腳、電壓、波長、相位、等等。網線、網路卡、電話線，等等，都是屬于實體層的範疇，也就是用來連接兩台電腦的可以攜帶數據的媒體：可以是銅線、也可以是無線電波、也可以是光學纖維。而我們常見的實體層會是用來連接辦公室網路的 Ethernet 和 Token Ring 線路，或者是連接 Modem 的電話線。而機器上的網路卡）或是連接 Modem 的通訊口，都會將物理媒體上面的電子脈衝（MAC）轉換成電腦所能讀得懂的 1 和 0。

2. 資料連接層（Data Link）

由於數據在實體層是以 bit 為單位來傳輸的，資料連接層則使用數據框包（Frame）的概念來在電腦之間傳輸數據，它負責安排框包的界定，也同時處理重複框包和框包的確認。所以資料連接層要制定不同網路形態的資料框包格

式，確保數據能夠在不同的網路實體（比如：同軸電纜、雙絞線、光纖、電話數據線、等等）上進行資料傳送。我們通常用來撥接上網的 PPP 協定就是在這層裡面定義的了，且一般給 Mainframe 使用的 xDLC 協定也屬于這裡的範圍。IEEE802 標準裡面，還將資料連接層再劃分爲兩層 Media Access Control（MAC）和 Logical Link Control 等。

3. 網路層（Network）

網路層的主要功能是讓封包（Packet）在不同的網路之間成功地進行傳遞。它規定了網路的定址方式，及處理資料在不同網路之間的傳遞方式、處理子網路之間的傳遞、決定路由路徑、網路環境、資料處理順序、等等。

4. 傳送層（Transport）

OSI 的最底三層屬於網路功能，而上面四層則屬于使用者功能。傳送層的主要功能是確保電腦資料正確的傳送到目的地。它的工作就是「打包」也就是將電腦資料變成封包的形態，將資料正確的傳到目的電腦，然後再將封包重組回資料。

5. 會談層（Session）

這層所負責的是建立和管理電腦與電腦之間的溝通模式）也就是在資料眞正進行傳輸之前設定並建立好連線。這裡定義了連線的請求和結束、傳送和接收狀態的設定、等等動作。

6. 表現層（Presentation）

如果您想將您的 PC 通過網路連接 Mainframe 電腦，那您就必須使用合適的編碼，通常會是 EBCDIS（External Binary Coded Decimal for Interchange Code），然而您的 PC 使用的卻是 ASCII 碼。表現層負責在不同機器之間進行編碼轉換。當資料抵達目的地，表現層也會將網路的編碼換成對方應用程式所需的格式。

7. 應用層（Application）

表現層是負責將傳入來的資料種類轉換成 PC 的資料種類，不過，應用層則只轉換應用程式相關的檔案格式。例如您的網路流覽器或許只能看得懂 BMP 的圖像格式，那麼當接收到 JPEG 或 GIF 圖像的時候，應用層就可以將他們轉換成 BMP 的格式，以讓您的瀏覽器能看到圖像。表現層的轉換與應用層的轉換之間，最大的分別是：表現層是針對特定的主機的 CPU 類型，而應用層則針對特定應用程式。

網際網路逐漸成為企業及社會大眾主要的資訊與媒體界面後，亦同時助長了廣域（WAN）及區域網路（LAN）等各項半導體應用的需求，這其中尤以網路集線器（Hub）、路由器（Router）及交換器（Switch）為主要半導體系統需求。再加上藍芽技術（Blue Tooth）與各項資訊家電（IA：Information Appliance）與網路應用（IA，Internet Appliance）等必然的需求結合，網路與通訊所形成的綜效中更可望創造出另一波嶄新應用的系統產品。

雲端運算（Cloud Computering）

雲端運算是一種基於網際網路的運算方式，通過這種方式，共享的軟硬體資源和資訊可以按需求提供給電腦各種終端和其他裝置，使用服務商提供的電腦基建作運算和資源。雲端運算定義了三種服務模式：

1. 軟體即服務（SaaS）

消費者使用應用程式，但並不掌控作業系統、硬體或運作的網路基礎架構。是一種服務觀念的基礎，軟體服務供應商，以租賃的概念提供客戶服務，而非購買，比較常見的模式是提供一組帳號密碼。

2. 平台即服務（PaaS）

消費者使用土機操作應用程式。消費者掌控運作應用程式的環境，也擁有主機部分掌控權，但並不掌控作業系統、硬體或運作的網路基礎架構。平台通常是應用程式基礎架構。

3. 基礎設施即服務（IaaS）

消費者使用「基礎運算資源」，如處理能力、儲存空間、網路元件或中介軟體。消費者能掌控作業系統、儲存空間、已部署的應用程式及網路元件（如防火牆、負載平衡器等，但並不掌控雲端基礎架構。

雲端運算的基本概念，是透過網路將龐大的運算處理程式自動分拆成無數個較小的子程式，再由多部伺服器所組成的龐大系統搜尋、運算分析之後將處理結果回傳給使用者。透過這項技術，遠端的服務供應商可以在數秒之內，達成處理數以千萬計甚至億計的資訊，達到和「超級電腦」同樣強大效能的網路服務。

智能家居 Smart home

智能家居是以住宅為平台，利用佈線技術、網絡通信技術、安全防範技術、自動控制技術、音視頻技術將家居生活有關的設施集成，構建高效的住宅設施与家庭日程事務的管理系統，提升家居安全性、便利性、舒適性、並實現環保節能的居住環境，智能家居是在網際網路影響之下物聯化的體現。智能家居利用計算機技術、微電子技術、通信技術，將家中的各種設備，如音視頻設備、照明系統、窗簾控制、空調控制、統、影音服務器、網絡家電等）連接到一起，提供家電控制、照明控制、電話遠程控制、室內外遙控、防盜報警、環境監測、以及可編程定時控制等多種功能和手段。與普通家居相比，智能家居不僅具有傳統的居住功能，兼備建築、網絡通信、信息家電、設備自動化，提供全方位的信息交互功能，甚至為各種能源費用節約資金。

物聯網 IoT

物聯網（Internet of Things, IoT）是指通過各種信息傳感器、射頻識別技術、全球定位系統、紅外線感應器、雷射掃描器等各種裝置与技術，實時採集任何需要監控、連接、互動的物體或過程，採集其聲、光、熱、電、力學、化學、生物、位置等各種需要的信息，通過各類可能的網絡接入，實現物與物、

物與人的廣泛連接，實現對物品和過程的智能化感知、識別和管理。物聯網是一個基于網際網路、傳統電網絡等的信息承載體，它讓所有能夠被獨立尋址的普通物理對象形成互聯互通的網絡，應用範圍相當廣，包括自動駕駛車、智能家居、工業 4.0、智能交通、環境監測、公共安全、廣告投放、甚至是金融科技（Financial Technology, FinTech）都包含在內。

4C 結合應用

　　微電子技術最近二十多年來進展神速，促使下游應用產品，不僅能在品質、性能方面有所提昇，而且得以不斷推出新的產品。尤其製程技術進入到深次微米時代，再加上數位訊號處理技術的成熟等因素，已使諸多新近推出的電子產品，不易用傳統的資訊、通訊、消費性和汽車等應用領域加以區分，反而以 4C 結合的產品型態居多，既有資訊產品的特質，又有通訊或消費性產品的功能。產品走向低價格、大量生產、低成本、整合性高，重視個人化及多樣化的趨勢發展。因此，4C 這個名詞也被視作未來的願景，也就是透過科技技術的進步，能突破空間與時間的限制，讓消費者可以達到在隨時、隨地以及任何媒體都能相互溝通，享受資訊帶來 Comfort（舒適）、Convenience（便利）與 Connection（互通）的多元生活。

14.9　本章習題

1. 試述 SOC 發展具有的效應。

2. 試述 SOC 發展所遭遇的困難。

3. 試述 CMOS 半導體在資訊產品上的應用。

4. 試述 CMOS 半導體在通訊產品上的應用。

5. 試述 CMOS 半導體在消費性電子產品上的應用。

6. 試述網際網路中，有關 OSI 的七個協定。

參考文獻

1. 矽導新勢力，半導體與零組件產業趨勢，大橡出版社
2. 電子時報
3. 電子工程專輯
4. The information Technology industry at Taiwan 財訊出版社

索 引

五劃

七劃

八劃

九劃

十劃

十一劃

十二劃

十三劃

十四劃

十五劃

十六劃

十七劃

十八劃

國家圖書館出版品預行編目資料

半導體元件物理與製程：理論與實務 ＝
Semiconductor device physics and
process integration : theory &
practice／劉傳璽，陳進來著. ——四
版.——臺北市：五南圖書出版股份有限公
司, 2022.01
　面；　公分
ISBN 978-626-317-514-3 (平裝)

1.CST：半導體

448.65　　　　　　　　　　110022290

5D75

半導體元件物理與製程
—理論與實務（第四版）

Semiconductor device physics and
process integration : theory & practice

作　　　者 — 劉傳璽（347.1）、陳進來（258.4）

發 行 人 — 楊榮川

總 經 理 — 楊士清

總 編 輯 — 楊秀麗

副總編輯 — 王正華

責任編輯 — 張維文

封面設計 — 王麗娟

出 版 者 — 五南圖書出版股份有限公司

地　　　址：106台北市大安區和平東路二段339號4樓

電　　　話：(02)2705-5066　　傳　　真：(02)2706-6100

網　　　址：https://www.wunan.com.tw

電子郵件：wunan@wunan.com.tw

劃撥帳號：01068953

戶　　　名：五南圖書出版股份有限公司

法律顧問　林勝安律師

出版日期　2006年 1 月初版一刷
　　　　　2006年11月二版一刷
　　　　　2011年 9 月三版一刷
　　　　　2022年 1 月四版一刷
　　　　　2024年 5 月四版四刷

定　　　價　新臺幣730元

經典永恆・名著常在

五十週年的獻禮 —— 經典名著文庫

五南，五十年了，半個世紀，人生旅程的一大半，走過來了。

思索著，邁向百年的未來歷程，能為知識界、文化學術界作些什麼？

在速食文化的生態下，有什麼值得讓人雋永品味的？

歷代經典・當今名著，經過時間的洗禮，千錘百鍊，流傳至今，光芒耀人；

不僅使我們能領悟前人的智慧，同時也增深加廣我們思考的深度與視野。

我們決心投入巨資，有計畫的系統梳選，成立「經典名著文庫」，

希望收入古今中外思想性的、充滿睿智與獨見的經典、名著。

這是一項理想性的、永續性的巨大出版工程。

不在意讀者的眾寡，只考慮它的學術價值，力求完整展現先哲思想的軌跡；

為知識界開啟一片智慧之窗，營造一座百花綻放的世界文明公園，

任君遨遊、取菁吸蜜、嘉惠學子！